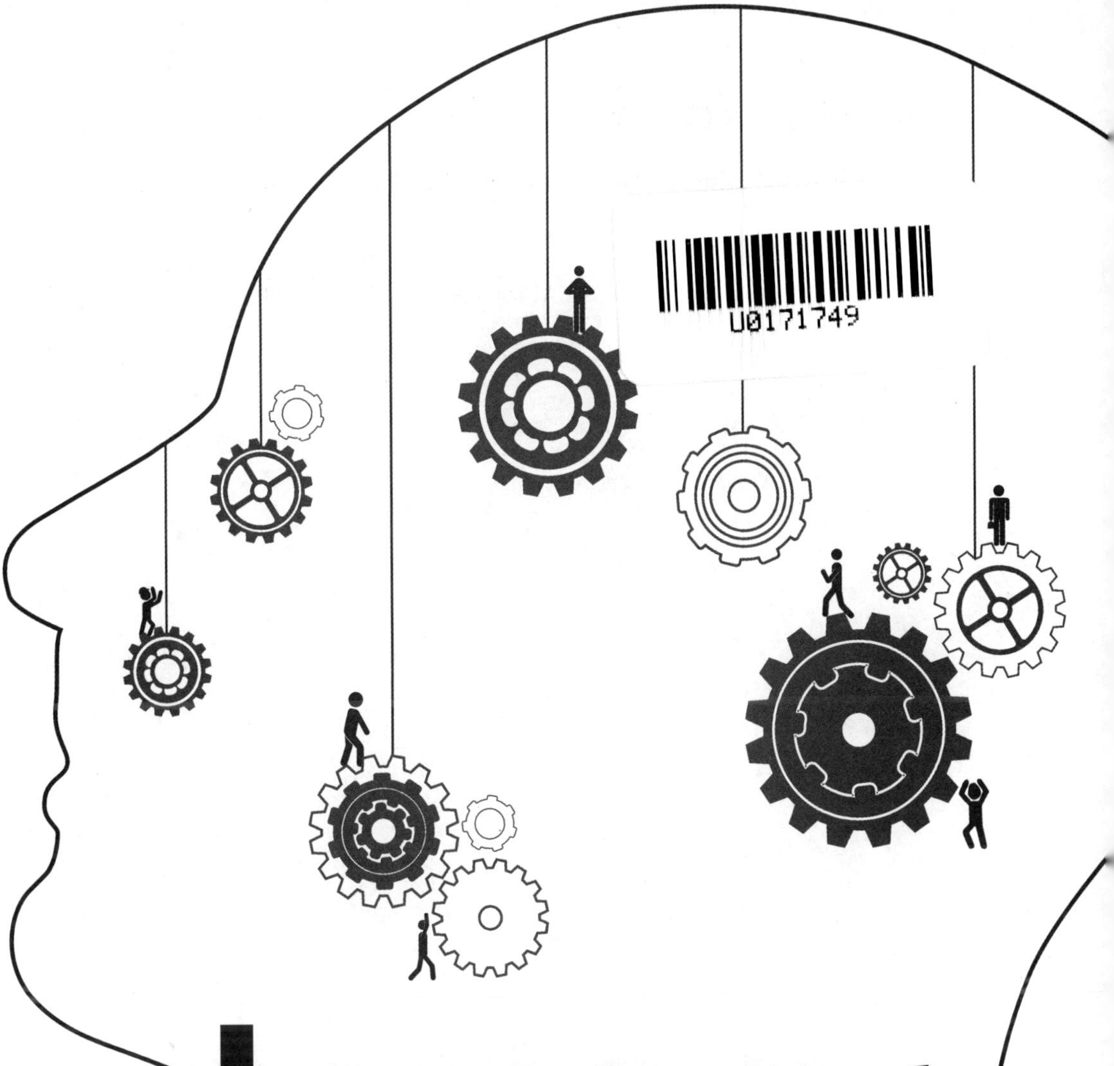

U0171749

Java程序性能优化实战

葛一鸣◎著

机械工业出版社
China Machine Press

图书在版编目（CIP）数据

Java程序性能优化实战/葛一鸣著. —北京：机械工业出版社，2020.11

ISBN 978-7-111-66943-2

Ⅰ. ①J… Ⅱ. ①葛… Ⅲ. ①JAVA语言－程序设计 Ⅳ. ①TP312.8

中国版本图书馆CIP数据核字（2020）第229285号

Java 程序性能优化实战

出版发行：机械工业出版社（北京市西城区百万庄大街 22 号 邮政编码：100037）

责任编辑：迟振春　　责任校对：姚志娟

印　　刷：中国电影出版社印刷厂　　版　　次：2021 年 1 月第 1 版第 1 次印刷

开　　本：186mm×240mm　1/16　　印　　张：27

书　　号：ISBN 978-7-111-66943-2　　定　　价：119.00 元

客服电话：（010）88361066　88379833　68326294　　投稿热线：（010）88379604

华章网站：www.hzbook.com　　读者信箱：hzit@hzbook.com

版权所有 · 侵权必究

封底无防伪标均为盗版

本书法律顾问：北京大成律师事务所　韩光/邹晓东

前言

Java 是目前应用最为广泛的软件开发平台之一。随着 Java 及 Java 社区的不断壮大，Java 早已不再是一门简单的计算机语言了，它更是一个平台、一种文化、一个社区。

作为一个平台，JVM 虚拟机起着举足轻重的作用。除了 Java 语言，任何一种能够被编译成字节码的计算机语言都属于 Java 这个平台。Groovy、Scala 和 JRuby 等都是 Java 平台的一部分，它们依赖于 JVM 虚拟机，同时，Java 平台也因为它们而变得更加丰富多彩。

作为一种文化，Java 几乎成为“开源”的代名词。在 Java 平台上，有大量的开源软件和框架，如 Tomcat、Struts、Hibernate 和 Spring 等。就连 JDK 和 JVM 自身也有不少的开源实现版本，如 OpenJDK 和 Harmony。可以说，“共享”的精神在 Java 世界里体现得淋漓尽致。

作为一个社区，Java 拥有无数的开发人员、数不清的论坛和资料。从桌面应用软件和嵌入式开发，到企业级应用、后台服务器和中间件，都可以看到 Java 的身影。其应用形式之复杂、参与人数之庞大也令人咂舌。可以说，Java 社区已经成为一个良好而庞大的生态系统。

本书特色

本书的主要特色有：

- 专注于 Java 应用程序的优化方法、技巧和思想，并深度剖析 JDK 部分的实现。
- 具有较强的层次性和连贯性，深入剖析软件设计层面、代码层面和 JVM 虚拟机层面的优化方法。
- 理论结合实践，使用丰富的示例帮助读者理解理论知识。

本书内容

本书主要介绍 Java 应用程序的优化方法和技巧，共分为 6 章。

第 1 章介绍性能的基本概念、两个重要理论（木桶原理和 Amdahl 定律），以及系统调优的一般步骤与注意事项。

第 2 章从设计层面介绍与性能相关的设计模式、组件及有助于改善性能的软件设计思想。

第 3 章从代码层面介绍如何编写高性能的 Java 代码，涉及的主要内容有字符串的优化处理、文件 I/O 的优化、核心数据结构的使用、Java 的引用类型及一些常用的惯例。

第 4 章介绍并行程序开发的相关知识，以及如何通过多线程提高系统性能，涉及的主要内容有并发设计模式、多任务执行框架、并发数据结构的使用、并发控制方法、“锁”的优化、无锁的并行计算及协程。

第 5 章立足于 JVM 虚拟机层面，介绍如何通过设置合理的 JVM 参数提升 Java 程序的性能。

第 6 章主要介绍获取和监控程序或系统性能指标的各种工具，以及 Java 应用程序相关的故障排查工具。

读者对象

想要通读本书并取得良好的学习效果，读者需要具备 Java 的基础知识。本书不是一本帮助 Java 初学者入门的书籍，而是一本介绍如何编写高质量 Java 程序的书籍，主要适合以下读者阅读：

- 拥有一定开发经验的 Java 开发人员；
- Java 软件设计师和架构师；
- 系统调优人员；
- 有一定 Java 语言基础而想进一步提高开发水平的程序员。

本书约定

本书在讲解的过程中有如下约定：

- 书中所述的 JDK 1.5、JDK 1.6、JDK 1.7 和 JDK 1.8，分别等同于 JDK 5、JDK 6、JDK 7 和 JDK 8。
- 如无特殊说明，JVM 虚拟机均指 Hot Spot 虚拟机。
- 如无特殊说明，本书中的程序和示例均可在 JDK 1.6、JDK 1.7 和 JDK 1.8 环境中运行。

配书资源获取方式

本书涉及的所有源代码需要读者自行下载。请在华章公司的网站（www.hzbook.com）上搜索到本书，然后单击“资料下载”按钮，即可在本书页面上找到下载链接。

致谢

在本书的写作过程中，我充满着感激之情。首先感谢我的家人！在本书完稿前，父亲病重，但由于我的工作繁忙，未能抽出太多时间照顾他，幸好得到了母亲的大力支持和父亲的谅解，我才能够全身心投入到写作之中。同时，母亲对我的悉心照料也让我能够更加专注于写作。

其次，感谢我的工作单位UT斯达康对我的支持和理解，让我能安心写作。另外，还要感谢两位前辈Rex Zhu和Tao Tao！正是他们在工作中对我的悉心指导，才能让我有所进步，而这一切，正是写作本书的基础。

最后，再次感谢我的母亲，祝她身体健康！

售后支持

Java程序性能优化涉及的知识较为庞杂，而且Java技术也在不断地迭代和发展，加之笔者水平和成书时间所限，书中可能存在一些疏漏和不当之处，敬请各位读者指正。阅读本书时若有疑问，请发电子邮件到hzbook2017@163.com。

目录

第 1 章　Java 性能调优概述

本章将对性能优化技术进行整体性概述，让读者了解性能的概念和性能优化的基本思路和方法。掌握这些内容，有助于读者对性能问题进行系统分析。

本章涉及的主要知识点有：

- 评价性能的主要指标；
- 木桶原理的概念及其在性能优化中的应用；
- Amdahl 定律的含义；
- 性能调优的层次；
- 系统优化的一般步骤和注意事项。

1.1 性能概述

为什么程序总是那么慢？它现在到底在干什么？时间都耗费在哪里了？也许，你经常会抱怨这些问题。如果是这样，那么说明你的程序出现了性能问题。和功能性问题相比，性能问题在有些情况下可能并不算什么太大的问题，将就将就，也就过去了。但是，严重的性能问题会导致程序瘫痪、假死，直至崩溃。本节就先来认识性能的各种表现和指标。

1.1.1 看懂程序的性能

对于客户端程序而言，拙劣的性能会严重影响用户体验。界面停顿、抖动、响应迟钝等问题会遭到用户不停地抱怨。一个典型的例子就是 Eclipse IDE 工具在执行 Full GC 时会出现程序“假死”现象，相信这一定被不少开发人员所诟病。对于服务器程序来说，性能问题则更为重要。相信不少后台服务器软件都有各自的性能目标，以 Web 服务器为例，服务器的响应时间和吞吐量就是两个重要的性能参数。当服务器承受巨大的访问压力时，可能出现响应时间变长、吞吐量下降，甚至抛出内存溢出异常而崩溃等问题。这些问题，都是性能调优需要解决的。

一般来说，程序的性能可以有以下几个方面的表现。

- 执行速度：程序的反应是否迅速，响应时间是否足够短。
- 内存分配：内存分配是否合理，是否过多地消耗内存或者存在泄漏。

- 启动时间：程序从运行到可以正常处理业务需要花费多长时间。
- 负载承受能力：当系统压力上升时，系统的执行速度和响应时间的上升曲线是否平缓。

1.1.2　性能的参考指标

为了能够科学地进行性能分析，对性能指标进行定量评测是非常重要的。目前，可以用于定量评测的性能指标有：

- 执行时间：一段代码从开始运行到运行结束所使用的时间。
- CPU 时间：函数或者线程占用 CPU 的时间。
- 内存分配：程序在运行时占用的内存空间。
- 磁盘吞吐量：描述 I/O 的使用情况。
- 网络吞吐量：描述网络的使用情况。
- 响应时间：系统对某用户行为或者事件做出响应的时间。响应时间越短，性能越好。

1.1.3　木桶原理与性能瓶颈

木桶原理又称短板理论，其核心思想是一只木桶盛水的多少，并不取决于桶壁上最高的那块木板，而是取决于桶壁上最短的那块木板，如图 1.1 所示。

将这个理论应用到系统性能优化上可以这么理解，即使系统拥有充足的内存资源和 CPU 资源，但是，如果磁盘 I/O 性能低下，那么系统的总体性能是取决于当前最慢的磁盘 I/O 速度，而不是当前最优越的 CPU 或者内存。在这种情况下，如果需要进一步提升系统性能，优化内存或者 CPU 资源是毫无用处的，只有提高磁盘 I/O 性能才能对系统的整体性能进行优化。此时，磁盘 I/O 就是系统的性能瓶颈。

图 1.1　木桶原理示意图

注意：根据木桶原理，系统的最终性能取决于系统中性能表现最差的组件。因此，为了提升系统的整体性能，必须对系统中表现最差的组件进行优化，而不是对系统中表现良好的组件进行优化。

根据应用的特点不同，任何计算机资源都有可能成为系统瓶颈。其中，最有可能成为系统瓶颈的计算资源有：

- 磁盘 I/O：由于磁盘 I/O 读写的速度比内存慢很多，程序在运行过程中，如果需要等待磁盘 I/O 完成，那么低效的 I/O 操作会拖累整个系统。

- 网络操作：对网络数据进行读写的情况与磁盘 I/O 类似，由于网络环境的不确定性，尤其是对互联网上数据的读写，网络操作的速度可能比本地磁盘 I/O 更慢，因此，如不加特殊处理，也极可能成为系统瓶颈。
- CPU：对计算资源要求较高的应用，由于其长时间、不间断地大量占用 CPU 资源，那么对 CPU 的争夺将导致性能问题。例如，科学计算、3D 渲染等对 CPU 需求量大的应用便是如此。
- 异常：对 Java 应用来说，异常的捕获和处理是非常消耗资源的。如果程序高频率地进行异常处理，则整体性能便会有明显下降。
- 数据库：大部分应用程序都离不开数据库，而海量数据的读写操作往往是相当费时的。应用程序需要等待数据库操作完成并返回结果，那么缓慢的同步操作将成为系统瓶颈。
- 锁竞争：对高并发程序来说，如果存在激烈的锁竞争，对性能无疑是极大的打击。锁竞争将会明显增加线程上下文切换的开销，而且这些开销都是与应用需求无关的系统开销，白白占用宝贵的 CPU 资源，却不带来任何好处。
- 内存：一般来说，只要应用程序设计合理，内存在读写速度上不太可能成为性能瓶颈。除非应用程序进行了高频率的内存交换和扫描，但这种情况比较少见。内存制约系统性能最有可能出现的情况是内存容量不足。与磁盘相比，内存的容量似乎小得可怜，这意味着应用软件只能尽可能将常用的核心数据读入内存，这在一定程度上降低了系统性能。

1.1.4　Amdahl 定律

Amdahl 定律是计算机科学中非常重要的定律，它定义了串行系统并行化后的加速比的计算公式和理论上限。

加速比定义如下：

加速比=优化前系统耗时/优化后系统耗时

即所谓的加速比，就是优化前系统耗时与优化后系统耗时的比值。加速比越高，表明优化效果越明显。

Amdahl 定律给出了加速比与系统并行度和处理器数量的关系。设加速比为 *Speedup*，系统内必须串行化的程序比重为 F，CPU 处理器的数量为 N，则有

$$Speedup \leqslant \frac{1}{F + \frac{1-F}{N}}$$

根据这个公式可知，如果 CPU 处理器的数量趋于无穷，那么加速比与系统的串行化率成反比，如果系统中必须有 50%的代码串行执行，那么系统的最大加速比为 2。

假设有一程序分为 5 个步骤执行，每个执行步骤花费 100 个时间单位。其中，只有步骤 2 和步骤 5 可以进行并行，步骤 1、3、4 必须串行，如图 1.2 所示。在全串行的情况下，系统合计耗时 500 个时间单位。

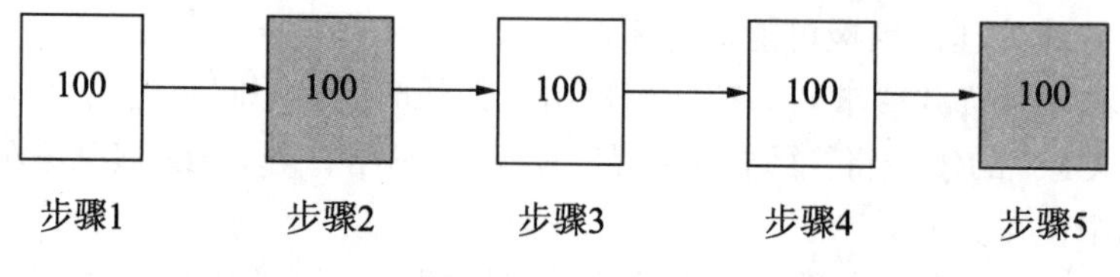

图 1.2　串行工作流程

若将步骤 2 和步骤 5 并行化，假设在双核处理器上，则有如图 1.3 所示的处理流程。在这种情况下，步骤 2 和步骤 5 的耗时将为 50 个时间单位，故系统整体耗时为 400 个时间单位。根据加速比的定义有：

加速比=优化前系统耗时/优化后系统耗时=500/400=1.25

或者使用 Amdahl 定律给出的加速比公式。由于 5 个步骤中，3 个步骤必须串行，因此其串行化比重为 3/5=0.6，即 F=0.6，且双核处理器的处理器个数 N 为 2。代入公式得：

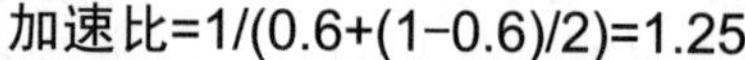

加速比=1/(0.6+(1−0.6)/2)=1.25

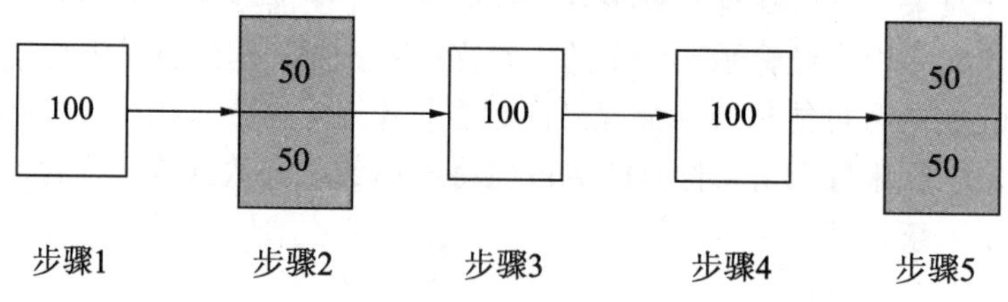

图 1.3　双核处理器上的并行化

在极端情况下，假设并行处理器个数为无穷大，则有如图 1.4 所示的处理过程。步骤 2 和步骤 5 的处理时间趋于 0。即使这样，系统整体耗时依然大于 300 个时间单位，即加速比的极限为 500/300=1.67。

使用加速比计算公式，N 趋于无穷大，有 $Speedup=1/F$，且 F=0.6，故有 $Speedup$=1.67。

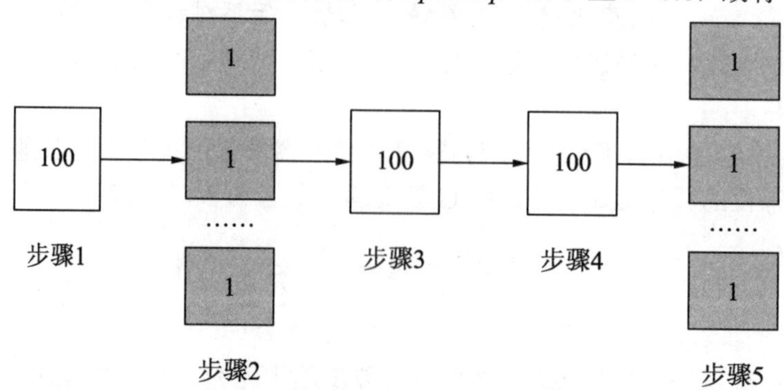

图 1.4　极端情况下的并行化

由此可见，为了提高系统的速度，仅增加 CPU 处理器的数量并不一定能起到有效的作用。需要从根本上修改程序的串行行为，提高系统内可并行化的模块比重，在此基础上合理增加并行处理器的数量，才能以最小的投入得到最大的加速比。

注意：根据 Amdahl 定律，使用多核 CPU 对系统进行优化，优化的效果取决于 CPU 的数量及系统中串行化程序的比重。CPU 数量越多，串行化比重越低，则优化效果越好。仅提高 CPU 数量而不降低程序的串行化比重，则无法提高系统性能。

1.2　性能调优的层次

为了提升系统性能，开发人员可以从系统的各个角度和层次对系统进行优化。除了最常见的代码优化外，在软件架构、JVM 虚拟机、数据库及操作系统几个层面可以通过各种手段进行调优，从而在整体上提升系统的性能。

1.2.1　设计调优

设计调优处于所有调优手段的上层，它往往需要在软件开发之前进行。在软件开发之初，软件架构师就应该评估系统可能存在的各种潜在问题，并给出合理的设计方案。由于软件设计和架构对软件整体质量有决定性的影响，所以，设计调优对系统性能的影响也是最大的。如果说代码优化、JVM 优化都是对系统在微观层面上“量”的优化，那么设计优化就是对系统在宏观层面上“质”的优化。

设计优化的一大显著特点是，它可以规避某一个组件的性能问题，而非改良该组件的实现。例如，系统中组件 A 需要等待某事件 E 才能触发一个行为。如果组件 A 通过循环监控不断监测事件 E 是否发生，其监测行为必然会占用部分系统资源，因此，开发人员必须在监测频率和资源消耗间取得平衡。如果监测频率太低，虽然减少了资源消耗，但是系统实时反应性就会降低。如果进行代码层的调优，就需要优化监测方法的实现以及求得一个最为恰当的监测频率。

而若将此问题预留在设计层解决，便可以使用事件通知的方式将系统行为进行倒置。例如，使用将在第 2 章中提到的观察者模式，在事件 E 发生的时刻，由事件 E 通知组件 A，从而触发组件 A 的行为。这种设计方法弃用了存在性能隐患的循环监控，从根本上解决了这一问题。

从某种程度上说，设计优化直接决定了系统的整体品质。如果在设计层考虑不周，留下太多问题隐患，那么这些“质”上的问题，也许无法再通过代码层的优化进行弥补。因此，开发人员必须在软件设计之初，要认真、仔细地考虑软件系统的性能问题。

进行设计优化时，设计人员必须熟悉常用的软件设计方法、设计模式、基本性能组件和常用的优化思想，并将其有机地集成在软件系统中。

注意：一个良好的系统设计可以规避很多潜在的性能问题。因此，尽可能多花一些时间在系统设计上，这是创建高性能程序的关键。

1.2.2 代码调优

代码调优是在软件开发过程中或者在软件开发完成后，软件维护过程中进行的对程序代码的改进和优化。代码优化涉及诸多编码技巧，需要开发人员熟悉相关语言的 API，并在合适的场景中正确使用相关 API 或类库。同时，对算法和数据结构的灵活使用，也是代码优化的重要内容。

虽然代码优化是从微观上对性能进行调整，但是一个“好”的实现和一个“坏”的实现对系统的影响也是非常大的。例如，同样作为 List 的实现，LinkedList 和 ArrayList 在随机访问上的性能却相差几个数量级。又如，同样是文件读写的实现，使用 Stream 方式与 Java NIO 方式，其性能可能又会相差一个数量级。

因此，与设计优化相比，虽然笔者将代码优化称为在微观层面上的优化，但它却是对系统性能产生最直接影响的优化方法。

1.2.3 JVM 调优

由于 Java 软件总是运行在 JVM 虚拟机之上，因此对 JVM 虚拟机进行优化也能在一定程度上提升 Java 程序的性能。JVM 调优通常可以在软件开发后期进行，如在软件开发完成或者在软件开发的某一里程碑阶段进行。

作为 Java 软件的运行平台，JVM 的各项参数如 JVM 的堆大小和垃圾回收策略等，将会直接影响 Java 程序的性能。

要进行 JVM 层面的调优，需要开发人员对 JVM 的运行原理和基本内存结构有一定了解，例如堆内存的结构、GC 的种类等，然后依据应用程序的特点，设置合理的 JVM 启动参数。

1.2.4 数据库调优

对绝大部分应用系统而言，数据库是必不可少的一部分。Java 程序可以使用 JDBC 的方式连接数据库。对数据库的调优可以分为以下 3 个部分：

- 在应用层对 SQL 语句进行优化；
- 对数据库进行优化；
- 对数据库软件进行优化。

在应用层优化数据库访问，涉及大量的编程技巧。例如，当使用 JDBC 进行查询时，对于大量拥有相同结构的 SQL 查询，可以使用 PreparedStatement 代替 Statement，提高数据库的查询效率；在 Select 语句中，显示指定要查询的列名，避免使用星号“*”。

在对数据库进行优化时，主要目的是建立一个具有良好表结构的数据库。例如，为了提高多表级联查询效率，可以合理地使用冗余字段；对于大表，可以使用行的水平切割或者类似于 Oracle 分区表的技术；为了提高数据库的查询效率，可以建立有效且合理的索引。

对于数据库软件的优化，根据不同的数据库，如 Oracle、MySQL 或 SQL Server，都拥有不同的方式。以 Oracle 为例，设置合理大小的共享池、缓存缓冲区或者 PGA，对 Oracle 的运行性能都有很大的影响。

鉴于本书的讨论范围，数据库优化将不作为本书的阐述重点。

1.2.5　操作系统调优

作为软件运行的基础平台，操作系统的性能对应用系统也有较大的影响。不同类型的操作系统，调优的手段和参数可能会有所不同。例如，在主流 UNIX 系统中，共享内存段、信号量、共享内存最大值（shmmax）、共享内存最小值（shmmin）等都是可以进行优化的系统资源。此外，如最大文件句柄数、虚拟内存大小、磁盘的块大小等参数都可能对软件的性能产生影响。图 1.5 展示了在 Windows 平台上配置虚拟内存的界面。

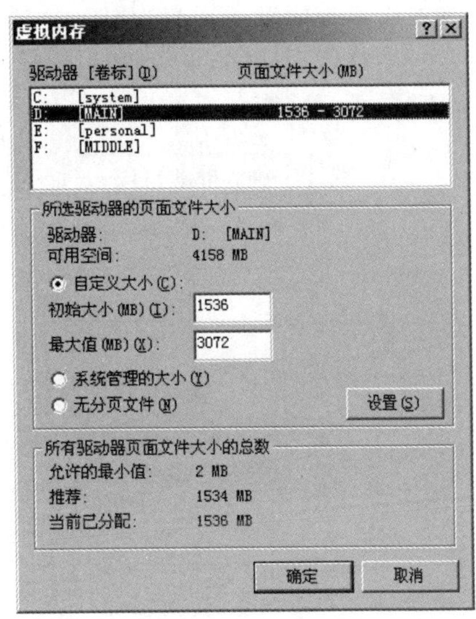

图 1.5　在 Windows 上设置虚拟内存

说明： 操作系统的性能调优不在本书的讨论范围内，有兴趣的读者可以参考相关书籍。

1.3　基本调优策略和手段

存在性能问题的系统，十有八九是由某一系统瓶颈导致的。只要找到该性能瓶颈，分析瓶颈的形成原因，对症下药，使用合理的方法解决系统瓶颈，就能从根本上提升性能。所以，系统性能优化的最主要目的就是查找并解决性能瓶颈问题。但值得注意的是，性能优化往往会涉及对原有的实现进行较大的修改，因此很难保证这些修改不引发新的问题。所以，在性能优化前，需要对性能优化的目标和使用的方法进行统筹安排。

1.3.1 优化的一般步骤

对软件系统进行优化，首先需要有明确的性能目标，清楚地指出优化的对象和最终目的。其次，需要在目标平台上对软件进行测试，通过各种性能监控和统计工具，观测和确认当前系统是否已经达到相关目标，若已经达到，则没有必要再进行优化；若尚未达到优化目标，则需要查找当前的性能瓶颈。

可能成为性能瓶颈的因素很多，如磁盘 I/O、网络 I/O 和 CPU。当找到性能瓶颈后，首先需要定位相关代码，确认是否在软件实现上存在问题或者具有优化的空间。若存在优化空间，则进行代码优化；否则需要考虑进行 JVM 层、数据库层或者操作系统的优化，甚至可以考虑修改原有设计，或者提升硬件性能。

当优化完成后，需要在目标平台上进行确认测试。若达到性能目标，则优化过程结束；否则需要再次查找系统瓶颈，如此反复，如图 1.6 所示。

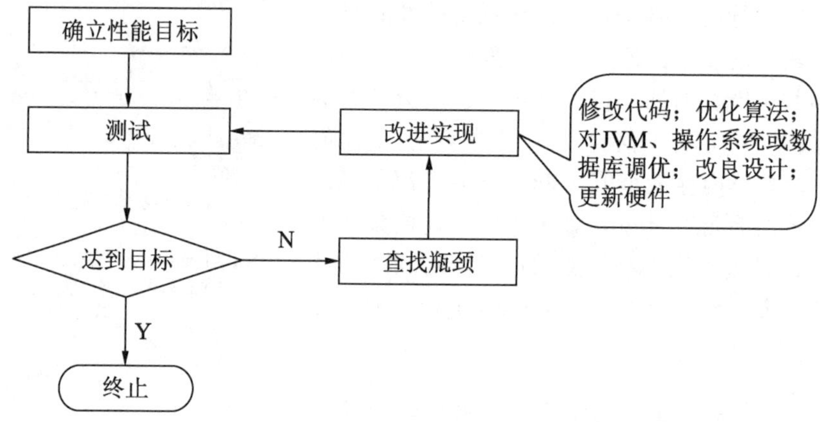

图 1.6　性能优化的一般步骤

1.3.2 系统优化的注意事项

性能优化虽然能提升软件的性能，但是优化过程往往伴随着一些风险和弊端。例如，为了优化某一段代码的实现，就需要重写原有的算法，而这就很可能引入新的 Bug。重新实现新的功能模块同时也意味着需要重新对其进行完整的功能性测试，使优化前所做的测试工作变得毫无意义。而且，优化后的代码与优化前的代码相比，可能会比较晦涩难懂，在一定程度上影响了系统的可维护性。因此，软件优化需要在软件功能、正确性和可维护性之间取得平衡，而不应该过分地追求软件性能。

在进行优化前，必须要有明确的已知问题和性能目标，决不可为了“优化”而“优化”。因此在动手前，必须知道自己要干什么。任何优化都是为了解决具体的软件问题，如果软件已经可以正常工作，在没有性能问题暴露前，只是凭着主观臆断对某些模块进行性能改进，从软件规范化开发的角度来说是非常冒险的。因为修改后的新代码没有经过完整的测试，软件质量就没有保障。而且，优化后的性能提升幅度可能并不足以让开发者值得如此费尽心机。因此，在进行软件优化时，必须要进行慎重的评估。

注意： 性能调优必须有明确的目标，不要为了调优而调优。如果当前程序并没有明显的性能问题，盲目地进行调优，其风险可能远远大于收益。

1.4 小　结

通过本章的学习，读者应该了解性能的基本概念及常用的参考指标。此外，本章还较为详细地介绍了与性能调优相关的两个重要理论——木桶原理和 Amdahl 定律。

根据木桶原理，系统的最终性能总是由系统中性能最差的组件决定的，因此，改善该组件的性能对提升系统整体性能有重要的作用。而根据 Amdahl 定律可以知道，只是增加处理器数量对提升系统性能并没有太大的实际意义，还必须同时提高程序的并行化比重。

本章还简要介绍了在软件开发和维护过程中可以进行性能优化的各个阶段。例如，在软件的设计阶段，需要选用合理的软件结构和性能组件；在编码阶段，需要提高代码的执行效率；对于 Java 应用程序，在系统的运行期，还需要设置合理的 JVM 虚拟机参数；同时，优化数据库和操作系统也对系统整体性能有直接影响。

在本章的最后还简要介绍了性能优化的一般步骤和注意事项。

第 2 章　设 计 优 化

本章主要介绍与软件设计相关的性能优化方法和思想。软件的结构对系统的整体性能有着重要的影响，优秀的设计结构可以规避很多潜在的性能问题，对系统性能的影响可能远远大于对代码的优化。因此，熟悉一些常用的软件设计模式和方法，对设计高性能软件有很大帮助。本章着眼于设计优化，主要讲解一些与性能相关的常用设计模式、组件和设计方法。

本章涉及的主要知识点有：

- 单例模式的使用和实现；
- 代理模式的实现和深入剖析；
- 享元模式的应用；
- 装饰者模式对性能组件的封装；
- 观察者模式的使用；
- 使用值对象模式减少网络数据传输；
- 使用业务代理模式添加远程调用缓存；
- 缓冲和缓存的定义与使用；
- 对象池的使用场景及其基本实现；
- 负载均衡系统的构建及 Terracotta 框架的简单使用；
- 时间换空间和空间换时间的基本思路。

2.1　善用设计模式

设计模式是前人工作的总结和提炼。通常，被人们广泛流传的设计模式都是对某一特定问题的成熟解决方案。如果能合理地使用设计模式，不仅能使系统更容易被他人理解，同时也能使系统拥有更加合理的结构。本节总结归纳一些经典的设计模式，并详细说明它们与软件性能之间的关系。

2.1.1　单例模式

单例模式是设计模式中使用最为普遍的模式之一，它是一种对象创建模式，用于产生一个对象的具体实例，可以确保系统中一个类只产生一个实例。在 Java 语言中，这样的行为能带来两大好处：

（1）对于频繁使用的对象，可以省去 new 操作花费的时间，这对于那些重量级对象而言，是一笔非常可观的系统开销。

（2）由于 new 操作的次数减少，因而对系统内存的使用频率也会降低，这将减轻 GC 压力，缩短 GC 停顿时间。

因此对于系统的关键组件和被频繁使用的对象，使用单例模式可以有效地改善系统的性能。

单例模式的角色非常简单，只有单例类和使用者两个，如表 2.1 所示。

表 2.1　单例模式的角色

角　色	作　用
单例类	提供单例的工厂，返回单例
使用者	获取并使用单例类

单例模式的基本结构如图 2.1 所示。

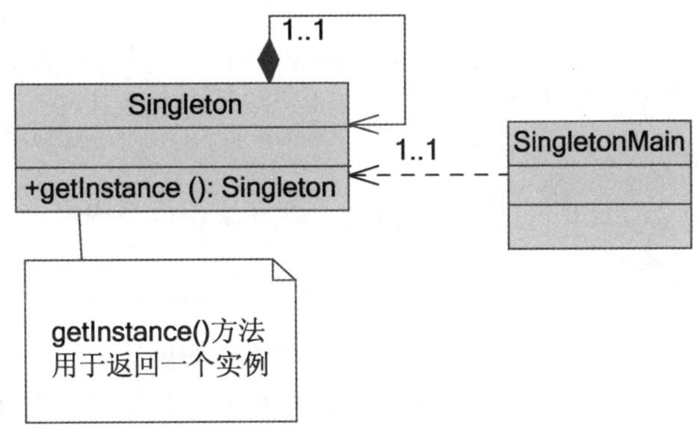

图 2.1　单例模式的结构

单例模式的核心在于通过一个接口返回唯一的对象实例。一个简单的单例实现如下：

```
public class Singleton {
    private Singleton(){
        System.out.println("Singleton is create");   //创建单例的过程可能会比较慢
    }
    private static Singleton instance = new Singleton();
    public static Singleton getInstance() {
        return instance;
    }
}
```

注意代码中的重点标注部分，首先单例类必须要有一个 private 访问级别的构造函数，只有这样，才能确保单例不会在系统的其他代码内被实例化，这一点是相当重要的。其次，instance 成员变量和 getInstance()方法必须是 static 的。

注意： 单例模式是一种非常常用的结构，几乎所有的系统中都可以找到它的身影。因此，希望读者通过本节的学习，了解单例模式的几种实现方式及各自的特点。

这种单例的实现方式非常简单，而且十分可靠，唯一的不足仅是无法对 instance 做延迟加载。假如单例的创建过程很慢，而由于 instance 成员变量是 static 定义的，因此在 JVM 加载单例类时，单例对象就会被建立，如果此时这个单例类在系统中还扮演其他角色，那么在任何使用这个单例类的地方都会初始化这个单例变量，而不管是否会被用到。例如，单例类作为 String 工厂用于创建一些字符串（该类既用于创建单例，又用于创建 String 对象）：

```
public class Singleton {
    private Singleton() {
        //创建单例的过程可能会比较慢
        System.out.println("Singleton is create");
    }

    private static Singleton instance = new Singleton();
    public static Singleton getInstance() {
        return instance;
    }

    public static void createString(){            //这是模拟单例类扮演其他角色
        System.out.println("createString in Singleton");
    }
}
```

当使用 Singleton.createString()执行任务时，程序输出以下内容：

```
Singleton is create
createString in Singleton
```

可以看到，虽然此时并没有使用单例类，但它还是被创建出来，这也许是开发人员所不愿意见到的。为了解决这个问题，并提高系统在相关函数调用时的反应速度，就需要引入延迟加载机制。

```
public class LazySingleton {
    private LazySingleton(){
        //创建单例的过程可能会比较慢
        System.out.println("LazySingleton is create");
    }
    private static LazySingleton instance = null;
        public static synchronized LazySingleton getInstance() {
        if (instance==null)
            instance=new LazySingleton();
        return instance;
    }
}
```

首先，对于静态成员变量 instance 赋予初始值 null，确保系统启动时没有额外的负载。其次，在 getInstance()工厂方法中，判断当前单例是否已经存在，若存在，则返回，不存在，再建立单例。这里尤其要注意，getInstance()方法必须是同步的，否则在多线程环境下，当线程 1 正新建单例完成赋值操作前，线程 2 可能判断 instance 为 null，故线程 2 也将启动新建单例的程序，从而导致多个实例被创建，因此同步关键字是必需步骤。

使用上例中的单例，虽然实现了延迟加载的功能，但和第一种方法相比，它引入了同步关键字，因此在多线程环境中，它的时耗要远远大于第一种单例模式的时耗。以下测试代码就说明了这个问题。

```
@Override
public void run(){
    for(int i=0;i<100000;i++)
        Singleton.getInstance();
        //LazySingleton.getInstance();
    System.out.println("spend:"+(System.currentTimeMillis()-begintime));
}
```

开启 5 个线程同时完成以上代码的运行，使用第一种单例耗时 0ms，而使用 LazySingleton 却相对耗时约 390ms，性能至少相差 2 个数量级。

注意：在本书中，会使用很多类似的代码片段来测试不同代码的执行速度，在不同的计算机上其测试结果很可能与笔者不同。读者大可不必关心测试数据的绝对值，而只要观察用于比较的目标代码间的相对耗时即可。

为了使用延迟加载引入的同步关键字反而降低了系统性能，是不是有点得不偿失呢？为了解决这个问题，还需要对其进行以下改进：

```
public class StaticSingleton {
    private StaticSingleton(){
        System.out.println("StaticSingleton is create");
    }
    private static class SingletonHolder {
        private static StaticSingleton instance = new StaticSingleton();
    }
    public static StaticSingleton getInstance() {
        return SingletonHolder.instance;
    }
}
```

在这个实现中，单例模式使用内部类来维护单例的实例，当 StaticSingleton 被加载时，其内部类并不会被初始化，故可以确保当 StaticSingleton 类被载入 JVM 时不会初始化单例类，而当 getInstance()方法被调用时才会加载 SingletonHolder，从而初始化 instance。同时，由于实例的建立是在类加载时完成的，故天生对多线程友好，getInstance()方法也不需要使用同步关键字。因此，这种实现方式同时兼备以上两种实现方式的优点。

注意：使用内部类的方式实现单例，既可以做到延迟加载，也不必使用同步关键字，是一种比较完善的实现方式。

通常情况下，用以上方式实现的单例已经可以确保在系统中只存在唯一实例了。但仍然有例外情况——可能导致系统生成多个实例，例如在代码中通过反射机制，强行调用单例类的私有构造函数生成多个单例。考虑到情况的特殊性，本书不对这种极端的方式进行讨论。但仍有些合法的方法，可能导致系统出现多个单例类的实例。

以下是一个可以被串行化的单例：

```
public class SerSingleton implements java.io.Serializable{
    String name;

    private SerSingleton() {
        //创建单例的过程可能会比较慢
        System.out.println("Singleton is create");
        name="SerSingleton";
    }

    private static SerSingleton instance = new SerSingleton();
    public static SerSingleton getInstance() {
        return instance;
    }

    public static void createString(){
        System.out.println("createString in Singleton");
    }

    private Object readResolve(){        //阻止生成新的实例，总是返回当前对象
       return instance;
    }
}
```

测试代码如下：

```
@Test
public void test() throws Exception {
    SerSingleton s1 = null;
    SerSingleton s = SerSingleton.getInstance();
    //先将实例串行化到文件
    FileOutputStream fos = new FileOutputStream("SerSingleton.txt");
    ObjectOutputStream oos = new ObjectOutputStream(fos);
    oos.writeObject(s);
    oos.flush();
    oos.close();
    //从文件读出原有的单例类
    FileInputStream fis = new FileInputStream("SerSingleton.txt");
    ObjectInputStream ois = new ObjectInputStream(fis);
    s1 = (SerSingleton) ois.readObject();

    Assert.assertEquals(s, s1);
}
```

使用一段测试代码测试单例的串行化和反串行化，当去掉 SerSingleton 代码中加粗的 readResolve()函数时，测试代码抛出以下异常：

```
junit.framework.AssertionFailedError:
expected:javatuning.ch2.singleton.serialization.SerSingleton@5224ee
 but was:javatuning.ch2.singleton.serialization.SerSingleton@18fe7c3
```

这说明测试代码中的 s 和 s1 指向了不同的实例，在反序列化后生成了多个对象实例。而加上 readResolve()函数的程序则正常退出，这说明即便经过反序列化，也仍然保持单例的特征。事实上，在实现了私有的 readResolve()方法后，readObject()方法已经形同虚设，它直接使用 readResolve()替换了原本的返回值，从而在形式上构造了单例。

注意： 序列化和反序列化可能会破坏单例。一般来说，对单例进行序列化和反序列化的场景并不多见，但如果存在，就要多加注意。

2.1.2　代理模式

代理模式也是一种很常见的设计模式，它使用代理对象完成用户请求，屏蔽用户对真实对象的访问。就如同现实中的代理一样，代理人被授权执行当事人的一些事宜，而无须当事人出面，从第三方的角度看，似乎当事人并不存在，因为他只和代理人通信。而事实上，代理人要有当事人的授权，并且在核心问题上还需要请示当事人。

在现实中，使用代理的情况很普遍，而且原因也很多。例如：当事人因为某些隐私不方便出面，或者当事人不具备某些相关的专业技能，而需要一个专业人员来完成一些专业的操作；由于当事人没有时间处理事务，而聘用代理人出面。

在软件设计中，使用代理模式的意图也很多，例如，出于安全原因，需要屏蔽客户端直接访问真实对象；在远程调用中，需要使用代理类处理远程方法调用的技术细节（如 RMI）；为了提升系统性能，对真实对象进行封装，从而达到延迟加载的目的。在本小节中，主要讨论使用代理模式实现延迟加载，从而提升系统的性能和反应速度。

1．代理模式的结构

代理模式的主要角色有 4 个，如表 2.2 所示。

表 2.2　代理模式的角色

角　色	作　用
主题接口	定义代理类和真实主题的公共对外方法，也是代理类代理真实主题的方法
真实主题	真正实现业务逻辑的类
代理类	用来代理和封装真实主题
Main	客户端，使用代理类和主题接口完成一些工作

下面以一个简单的示例来阐述使用代理模式实现延迟加载的方法及其意义。假设某客户端软件有根据用户请求去数据库查询数据的功能，在查询数据前需要获得数据库连接，软件开启时初始化系统的所有类，此时尝试获得数据库连接。当系统有大量的类似操作（如 xml 解析等）存在时，所有这些初始化操作的叠加会使得系统的启动速度变得非常缓慢。为此，可以使用代理模式的代理类封装对数据库查询中的初始化操作，当系统启动时初始

化这个代理类，而非初始化真实的数据库查询类，在此过程中代理类什么都没有做，因此它的构造是相当迅速的。

在系统启动时，将消耗资源最多的方法都使用代理模式分离，这样就可以加快系统的启动速度，从而减少用户的等待时间。而在用户真正做查询操作时，再由代理类单独去加载真实的数据库查询类，从而完成用户的请求。这个过程就是使用代理模式实现了延迟加载。

注意：代理模式可以用于多种场合，如用于远程调用的网络代理，以及考虑安全因素的安全代理等。延迟加载只是代理模式的一种应用场景。

延迟加载的核心思想是：如果当前并没有使用这个组件，则不需要真正地初始化它，而是使用一个代理对象替代它原有的位置，只有在真正需要使用的时候，才对它进行加载。使用代理模式的延迟加载是非常有意义的：首先，它可以在时间轴上分散系统的压力，尤其是在系统启动时，不必完成所有的初始化工作，从而减少启动时间；其次，对于很多真实主题而言，可能在软件启动直到关闭的整个过程中根本不会被调用，因此初始化这些数据无疑是一种资源浪费。图 2.2 显示了使用代理类封装数据库查询类后系统的启动过程。

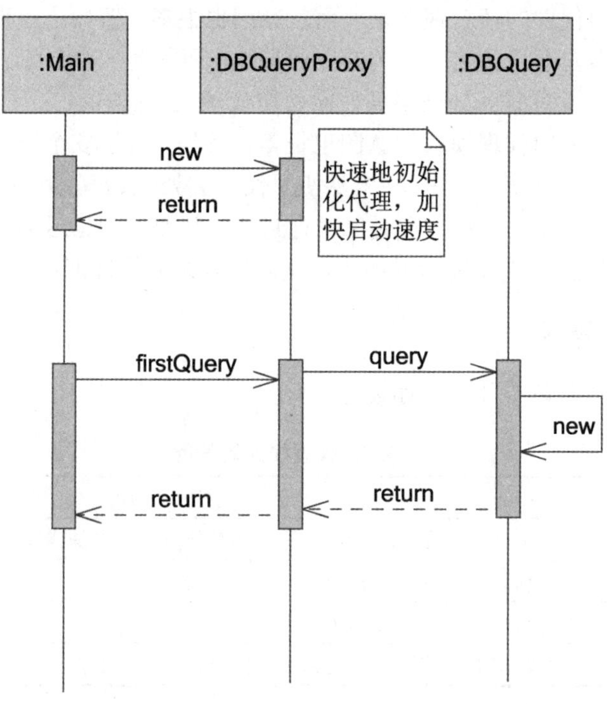

图 2.2　代理类的工作流程

若系统不使用代理模式，则在启动时就要初始化 DBQuery 对象，而使用代理模式后，启动时只需要初始化一个轻量级的对象 DBQueryProxy 即可。

系统结构如图 2.3 所示。IDBQuery 是主题接口，定义代理类和真实类需要对外提供的服务，在本例中定义了实现数据库查询的公共方法，即 request()函数。DBQuery 是真实主题，负责实际的业务操作，DBQueryProxy 是 DBQuery 的代理类。

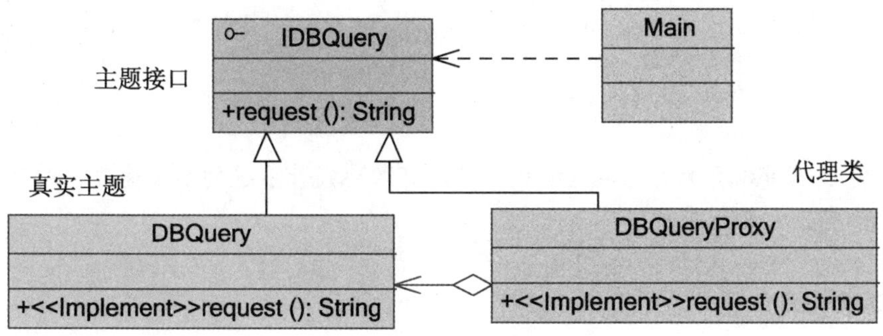

图 2.3　代理模式的一种实现

2. 代理模式的实现和使用

基于以上设计，IDBQuery 的实现方式如下。它只有一个 request()方法。

```
public interface IDBQuery {
    String request();
}
```

DBQuery 的实现方式如下。它是一个重量级对象，构造会比较慢。

```
public class DBQuery implements IDBQuery{
    public DBQuery(){
        try {
            Thread.sleep(1000);                //可能包含数据库连接等耗时操作
        } catch (InterruptedException e) {
            e.printStackTrace();
        }
    }
    @Override
    public String request() {
        return "request string";
    }
}
```

代理类 DBQueryProxy 是轻量级对象，创建很快，用于替代 DBQuery 的位置。

```
public class DBQueryProxy implements IDBQuery {
    private DBQuery real=null;
    @Override
    public String request() {
        //在真正需要的时候才创建真实的对象，创建过程可能很慢
        if(real==null)
            real=new DBQuery();
        //在多线程环境下，返回一个虚假类，类似于 Future 模式
        return real.request();
    }
}
```

最后，主函数如下。它引用 IDBQuery 接口，并使用代理类工作。

```
public class Main {
    public static void main(String args[]){
        IDBQuery q=new DBQueryProxy();      //使用代理
        q.request();                        //在真正使用时才创建真实对象
    }
}
```

注意： 将代理模式用于实现延迟加载，可以有效地提升系统的启动速度，对改善用户体验有很大的帮助。

3. 动态代理介绍

动态代理是指在运行时动态生成代理类，即代理类的字节码将在运行时生成并载入当前的 ClassLoader。与静态代理类相比，动态类有诸多好处。首先，不需要为真实主题写一个形式上完全一样的封装类，假如主题接口中的方法很多，为每一个接口写一个代理方法也是非常烦人的事，如果接口有变动，则真实主题和代理类都要修改，不利于系统维护；其次，使用一些动态代理的生成方法甚至可以在运行时指定代理类的执行逻辑，从而大大提升系统的灵活性。

注意： 动态代理使用字节码动态生成加载技术，在运行时生成并加载类。

生成动态代理类的方法很多，如 JDK 自带的动态代理、CGLIB、Javassist 或者 ASM 库。JDK 的动态代理使用简单，内置在 JDK 中，因此不需要引入第三方 Jar 包，但功能相对比较弱。CGLIB 和 Javassist 都是高级字节码生成库，总体性能比 JDK 自带的动态代理好，而且功能十分强大。ASM 是低级字节码生成工具，使用 ASM 已经近乎于在使用 Java 字节码编程，对开发人员要求最高，当然也是一种性能最好的动态代理生成工具。但 ASM 的使用实在过于烦琐，而且性能也没有数量级的提升，与 CGLIB 等高级字节码生成工具相比，ASM 程序的可维护性也较差，如果不是对性能有苛刻要求的场合，笔者还是推荐使用 CGLIB 或者 Javassist。

4. 动态代理实现

仍以 DBQueryProxy 为例，使用动态代理生成动态类，替代上例中的 DBQueryProxy。首先，使用 JDK 的动态代理生成代理对象。JDK 的动态代理需要实现一个处理方法调用的 Handler，用于实现代理方法的内部逻辑。

```
public class JdkDbQueryHandler implements InvocationHandler {
    IDBQuery real=null;                    //主题接口

    @Override
    public Object invoke(Object proxy, Method method, Object[] args)
            throws Throwable {
```

```
            if(real==null)
                real=new DBQuery();                    //如果是第一次调用，则生成真实对象
            return real.request();                     //使用真实主题完成实际操作
        }
    }
```

以上代码实现了一个 Handler。可以看到，它的内部逻辑和 DBQueryProxy 是类似的。在调用真实主题的方法前，先尝试生成真实主题对象，接着需要使用这个 Handler 生成动态代理对象，代码如下：

```
    public static IDBQuery createJdkProxy(){
        IDBQuery jdkProxy = (IDBQuery) Proxy.newProxyInstance(
                ClassLoader.getSystemClassLoader(),
              new Class[] { IDBQuery.class },
              new JdkDbQueryHandler());                       //指定 Handler
          return jdkProxy;
    }
```

以上代码生成一个实现了 IDBQuery 接口的代理类，代理类的内部逻辑由 JdkDbQueryHandler 决定。生成代理类后，由 newProxyInstance()方法返回该代理类的一个实例。至此，一个完整的 JDK 动态代理就完成了。

CGLIB 和 Javassist 的使用和 JDK 的动态代理的使用非常类似，下面尝试使用 CGLIB 生成动态代理。CGLIB 也需要实现一个处理代理逻辑的切入类，代码如下：

```
    public class CglibDbQueryInterceptor implements MethodInterceptor {
        IDBQuery real=null;
        @Override
        public Object intercept(Object arg0, Method arg1, Object[] arg2,
                MethodProxy arg3) throws Throwable {
            if(real==null)                                  //代理类的内部逻辑
                                                            //和前文中的一样
                real=new DBQuery();
            return real.request();
        }
    }
```

在这个切入对象的基础上可以生成动态代理，代码如下：

```
    public static IDBQuery createCglibProxy(){
            Enhancer enhancer = new Enhancer();
            //指定切入器，定义代理类逻辑
            enhancer.setCallback(new CglibDbQueryInterceptor());
            //指定实现的接口
            enhancer.setInterfaces(new Class[] { IDBQuery.class });
            //生成代理类的实例
            IDBQuery cglibProxy = (IDBQuery) enhancer.create();
            return cglibProxy;
    }
```

使用 Javassist 生成动态代理有两种方式，一种是使用代理工厂创建，另一种是使用动态代码创建。使用代理工厂创建时，方法与 CGLIB 类似，也需要实现一个用于处理代理逻辑的 Handler，代码如下：

```
public class JavassistDynDbQueryHandler implements MethodHandler {
    IDBQuery real=null;
    @Override
    public Object invoke(Object arg0, Method arg1, Method arg2, Object[]
arg3)
            throws Throwable {
        if(real==null)
            real=new DBQuery();
        return real.request();
    }
}
```

以这个 Handler 为基础，创建动态 Javasssit 代理，代码如下：

```
public static IDBQuery createJavassistDynProxy()  throws Exception {
    ProxyFactory proxyFactory = new ProxyFactory();
    //指定接口
    proxyFactory.setInterfaces(new Class[] { IDBQuery.class });
    Class proxyClass = proxyFactory.createClass();
    IDBQuery javassistProxy = (IDBQuery) proxyClass.newInstance();
                                                    //设置 Handler
    ((ProxyObject) javassistProxy).setHandler(new JavassistDynDbQueryHandler());
    return javassistProxy;
}
```

Javassist 使用动态 Java 代码创建代理的过程和前文的方法略有不同。Javassist 内部可以通过动态 Java 代码生成字节码，这种方式创建的动态代理非常灵活，甚至可以在运行时生成业务逻辑。

```
public static IDBQuery createJavassistBytecodeDynamicProxy() throws Exception {
    ClassPool mPool = new ClassPool(true);
    //定义类名
    CtClass mCtc = mPool.makeClass(IDBQuery.class.getName() + "Javassist
BytecodeProxy");
    //需要实现的接口
    mCtc.addInterface(mPool.get(IDBQuery.class.getName()));
    //添加构造函数
    mCtc.addConstructor(CtNewConstructor.defaultConstructor(mCtc));
    //添加类的字段信息，使用动态 Java 代码
    mCtc.addField(CtField.make("public " + IDBQuery.class.getName() +
" real;", mCtc));
    String dbqueryname=DBQuery.class.getName();
    //添加方法，这里使用动态 Java 代码指定内部逻辑
    mCtc.addMethod(CtNewMethod.make("public String request() { if(real==
null)real=new "+dbqueryname+"();return real.request(); }", mCtc));
    //基于以上信息生成动态类
    Class pc = mCtc.toClass();
    //生成动态类的实例
    IDBQuery bytecodeProxy = (IDBQuery) pc.newInstance();
    return bytecodeProxy;
}
```

在以上代码中，使用 CtField.make()方法和 CtNewMehod.make()方法在运行时分别生成了代理类的字段和方法。这些逻辑由 Javassist 的 CtClass 对象处理，将 Java 代码转换为

对应的字节码，并生成动态代理类的实例。

注意：与静态代理相比，动态代理可以大幅度地减少代码行数，并提升系统的灵活性。

在 Java 中，动态代理类的生成主要涉及对 ClassLoader 的使用。这里以 CGLIB 为例，简要阐述动态类的加载过程。使用 CGLIB 生成动态代理，首先需要生成 Enhancer 类实例，并指定用于处理代理业务的回调类。在 Enhancer.create()方法中，会使用 DefaultGeneratorStrategy.Generate()方法生成动态代理类的字节码，并保存在 byte 数组中。接着使用 ReflectUtils.defineClass()方法通过反射调用 ClassLoader.defineClass()方法，将字节码装载到 ClassLoader 中，完成类的加载。最后使用 ReflectUtils.newInstance()方法通过反射生成动态类的实例，并返回该实例。无论使用何种方法生成动态代理，虽然实现细节不同，但主要逻辑都如图 2.4 所示。

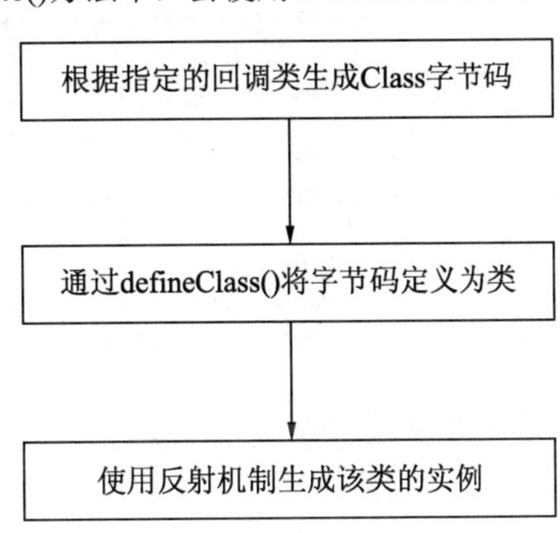
根据指定的回调类生成Class字节码
通过defineClass()将字节码定义为类
使用反射机制生成该类的实例

图 2.4　实现动态代理的基本步骤

前文介绍的几种动态代理的生成方法，性能有一定差异。为了能更好地测试它们的性能，去掉 DBQuery 类中的 sleep()代码，并使用以下方法进行测试。

```
public static final int CIRCLE=30000000;
public static void main(String[] args) throws Exception {
    IDBQuery d=null;
    long begin=System.currentTimeMillis();
    d=createJdkProxy();                    //测试 JDK 动态代理
    System.out.println("createJdkProxy:"+(System.currentTimeMillis()-begin));
    System.out.println("JdkProxy class:"+d.getClass().getName());
    begin=System.currentTimeMillis();
    for(int i=0;i<CIRCLE;i++)
        d.request();
    System.out.println("callJdkProxy:"+(System.currentTimeMillis()-begin));

    begin=System.currentTimeMillis();
    d=createCglibProxy();                  //测试 CGLIB 动态代理
    System.out.println("createCglibProxy:"+(System.currentTimeMillis()
-begin));
    System.out.println("CglibProxy class:"+d.getClass().getName());
    begin=System.currentTimeMillis();
    for(int i=0;i<CIRCLE;i++)
        d.request();
    System.out.println("callCglibProxy:"+(System.currentTimeMillis()
-begin));

    begin=System.currentTimeMillis();
    d=createJavassistDynProxy();               //测试 Javassist 动态代理
    System.out.println("createJavassistDynProxy:"+(System.currentTimeMillis()
-begin));
```

```
        System.out.println("JavassistDynProxy class:"+d.getClass().getName());
        begin=System.currentTimeMillis();
        for(int i=0;i<CIRCLE;i++)
            d.request();
        System.out.println("callJavassistDynProxy:"+(System.currentTimeMillis()
    -begin));

        begin=System.currentTimeMillis();
        //测试 Javassistbytecode 动态代理
        d=createJavassistBytecodeDynamicProxy();
        System.out.println("createJavassistBytecodeDynamicProxy:"+(System.
    currentTimeMillis()-begin));
        System.out.println("JavassistBytecodeDynamicProxy class:"+d.getClass().
    getName());
        begin=System.currentTimeMillis();
        for(int i=0;i<CIRCLE;i++)
            d.request();
        System.out.println("callJavassistBytecodeDynamicProxy:"+(System.
    currentTimeMillis()-begin));
    }
```

以上代码分别生成了 4 种代理，并对生成的代理类进行高频率的调用，最后输出各个代理类的创建耗时、动态类类名和方法调用耗时。结果如下：

```
createJdkProxy:0
JdkProxy class:$Proxy0
callJdkProxy:610
createCglibProxy:140
CglibProxy class:$javatuning.ch2.proxy.IDBQuery$$EnhancerByCGLIB$$b75a4bbf
callCglibProxy:594
createJavassistDynProxy:47
JavassistDynProxy class:javatuning.ch2.proxy.IDBQuery_$$_javassist_0
callJavassistDynProxy:1422
createJavassistBytecodeDynamicProxy:94
JavassistBytecodeDynamicProxy  class:javatuning.ch2.proxy.IDBQueryJavassist
BytecodeProxy
callJavassistBytecodeDynamicProxy:562
```

可以看到，JDK 的动态类创建过程最快，这是因为在这个内置实现中，defineClass()方法被定义为 native 实现，故性能高于其他几种实现。但在代理类的函数调用性能上，JDK 的动态代理不如 CGLIB 和 Javassist 的基于动态代码的代理，而 Javassist 的基于代理工厂的代理实现，代理的性能质量最差，甚至不如 JDK 的实现。在实际开发应用中，代理类的方法调用频率通常要远远高于代理类的实际生成频率（相同类的重复生成会使用 Cache），故动态代理对象的方法调用性能应该作为性能的主要关注点。

注意： 就动态代理的方法调用性能而言，CGLIB 和 Javassist 的基于动态代码的代理都优于 JDK 自带的动态代理。此外，JDK 的动态代理要求代理类和真实主题都实现同一个接口，而 CGLIB 和 Javassist 则没有强制要求。

5. Hibernate中代理模式的应用

用代理模式实现延迟加载的一个经典应用就在 Hibernate 框架中。当 Hibernate 加载实体 bean 时，并不会一次性将数据库所有的数据都装载。默认情况下，它会采取延迟加载的机制，以提高系统的性能。Hibernate 中的延迟加载主要有两种：一是属性的延迟加载；二是关联表的延时加载。这里以属性的延迟加载为例，简单阐述 Hibernate 是如何使用动态代理的。

假定有以下用户模型：

```
public class User implements java.io.Serializable {
    private Integer id;
    private String name;
    private int age;
    // 省略 getter 和 setter
```

使用以下代码，通过 Hibernate 加载一条 User 信息：

```
public static void main(String[] args) throws SecurityException,
                                   NoSuchFieldException,
                                   IllegalArgumentException,
                                   IllegalAccessException {
    //从数据库载入 ID 为 1 的用户
    User u=(User)HibernateSessionFactory.getSession().load(User.class, 1);
    //打印类名称
    System.out.println("Class Name:"+u.getClass().getName());
    //打印父类名称
    System.out.println("Super Class Name:"+u.getClass().getSuperclass().
getName());
    //实现的所有接口
    Class[] ins=u.getClass().getInterfaces();
    for(Class cls:ins){
        System.out.println("interface:"+cls.getName());
    }
    System.out.println(u.getName());
}
```

以上代码在执行 load(User.class.1)后，首先输出了 User 的类名、父类名以及 User 实现的接口，最后输出调用 User 的 getName()方法，取得数据库中的数据。这段程序的输出结果如下（本例中使用的是 Hibernate 3.2.6，不同的 Hibernate 版本会有细节上的差异）：

```
Class Name:$javatuning.ch2.proxy.hibernate.User$$EnhancerByCGLIB$$96d498be
Super Class Name:javatuning.ch2.proxy.hibernate.User
interface:org.hibernate.proxy.HibernateProxy
Hibernate: select user0_.id as id0_0_, user0_.name as name0_0_, user0_.age
as age0_0_ from test.user user0_ where user0_.id=?
Geym
```

仔细观察这段输出结果可以看到，session 的载入类并不是之前定义的 User 类，而是名为 javatuning.ch2.proxy.hibernate.User$$EnhancerByCGLIB$$96d498be 的类。从名称上可以推测，它是使用 CGLIB 的 Enhancer 类生成的动态类。该类的父类才是应用程序定义的 User 类。

此外，它实现了 HibernateProxy 接口。由此可见，Hibernate 使用一个动态代理子类替代用户定义的类。这样，在载入对象时就不必初始化对象的所有信息，而是通过代理拦截原有的 getter 方法，可以在真正使用对象数据时才去数据库中加载实际数据，从而提升系统性能。由这段输出结果的顺序来看也正是这样，在 getName()被调用之前，Hibernate 从未输出过一条 SQL 语句。这表示 User 对象被加载时根本就没有访问数据库，而是在 getName()方法被调用时才真正完成了对数据库的操作。

注意：Hibernate 框架中对实体类的动态代理是代理模式用于延迟加载的经典实现。有兴趣的读者，可以深入研究 Hibernate 的内部实现。

2.1.3　享元模式

享元模式是设计模式中少数几个以提高系统性能为目的的模式。它的核心思想是：如果在一个系统中存在多个相同的对象，那么只需共享一份对象的拷贝，而不必为每一次使用都创建新的对象。在享元模式中，由于需要构造和维护可以共享的对象，因此享元模式中常常会出现一个工厂类，用于维护和创建对象。

享元模式对性能提升的主要帮助有以下两点：

（1）可以节省重复创建对象的开销，因为被享元模式维护的相同对象只会被创建一次，当创建对象比较耗时时，便可以节省大量时间。

（2）由于创建对象的数量减少，所以对系统内存的需求也减小，这将使得 GC 操作的压力也相应地降低，进而使得系统拥有一个更健康的内存结构和更快的反应速度。

享元模式的主要角色有享元工厂、抽象享元、具体享元类和主函数，它们的功能如表 2.3 所示。

表 2.3　享元模式的角色

角　色	作　用
享元工厂	用以创建具体的享元类，维护相同的享元对象。它保证相同的享元对象可以被系统共享，即其内部使用了类似于单例模式的算法，当请求对象已经存在时直接返回对象，不存在时再创建对象
抽象享元	定义需共享的对象的业务接口。享元类被创建出来总是为了实现某些特定的业务逻辑，而抽象享元便定义了这些逻辑的语义行为
具体享元类	实现抽象享元类的接口，完成某一具体逻辑
Main	使用享元模式的组件，通过享元工厂取得享元对象

基于以上角色，享元模式的结构如图 2.5 所示。

享元工厂是享元模式的核心，它需要确保系统可以共享相同的对象。一般情况下，享元工厂会维护一个对象列表，当任何组件尝试获取享元类时，如果请求的享元类已经被创建，则直接返回已有的享元类，若没有被创建，则创建一个新的享元对象，并将它加入维护队列中。

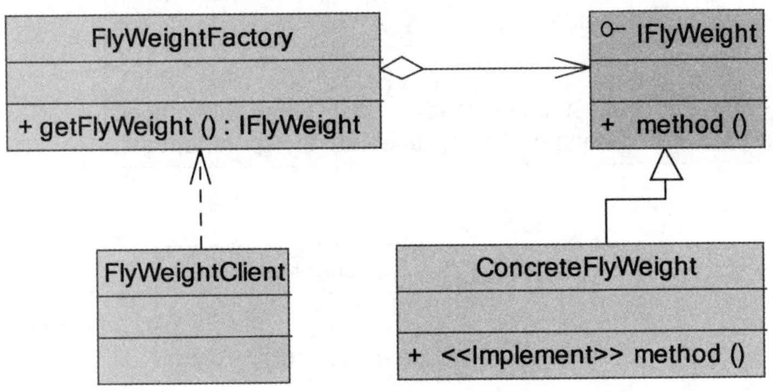

图 2.5　享元模式的结构

注意：享元模式是为数不多的只为提升系统性能而生的设计模式，它的主要作用就是复用大对象（重量级对象），以节省内存空间和对象创建时间。

享元模式的一个典型应用是用在 SaaS 系统中。SaaS 即 Software as a Service，是一种目前比较流行的软件应用模式。

以一个人事管理系统的 SaaS 软件为例，假设公司甲、乙、丙均为这个 SaaS 系统的用户，则定义每个公司为这套系统的一个租户。每个公司（租户）有 100 个员工，假设这些公司的所有员工都可以登录这套系统查看自己的收入情况，并且为了系统安全，每个公司（租户）都拥有自己独立的数据库。为了使系统的设计最为合理，在这种情况下，便可以使用享元模式为每个租户分别提供工资查询的接口，而一个公司（租户）下的所有员工可以共享一个查询（因为一个租户下所有的员工数据都存放在一个数据库中，它们共享数据库连接）。这样系统只需要 3 个享元实例，就足以应对 300 个员工的查询请求。享元模式示例结构如图 2.6 所示。

图 2.6 中，ReportManagerFactory 为享元工厂，负责创建具体的报表工具，它确保每个公司（租户）下的所有员工都共享一个具体的享元实例（FinancialReportManager 或 EmployeeReportManager）。这样，当公司甲的两个员工登录系统进行财务查询时，系统不必为两个员工都新建 FinancialReportManager，而是可以让他们共享一个 FinancialReportManager 实例。

通过这个示例，还可以进一步了解享元工厂和对象池的一个重要区别。在一个对象池中，所有的对象都是等价的，任意两个对象在任何使用场景中都可以被对象池中的其他对象代替。而在享元模式中，享元工厂所维护的所有对象都是不同的，任何两个对象之间不能相互代替。如本例中，为公司甲创建的 FinancialReportManagerA 和为公司乙创建的 FinancialReportManagerB 分别对应后台各自不同的数据库，因此两者是不可相互替代的。

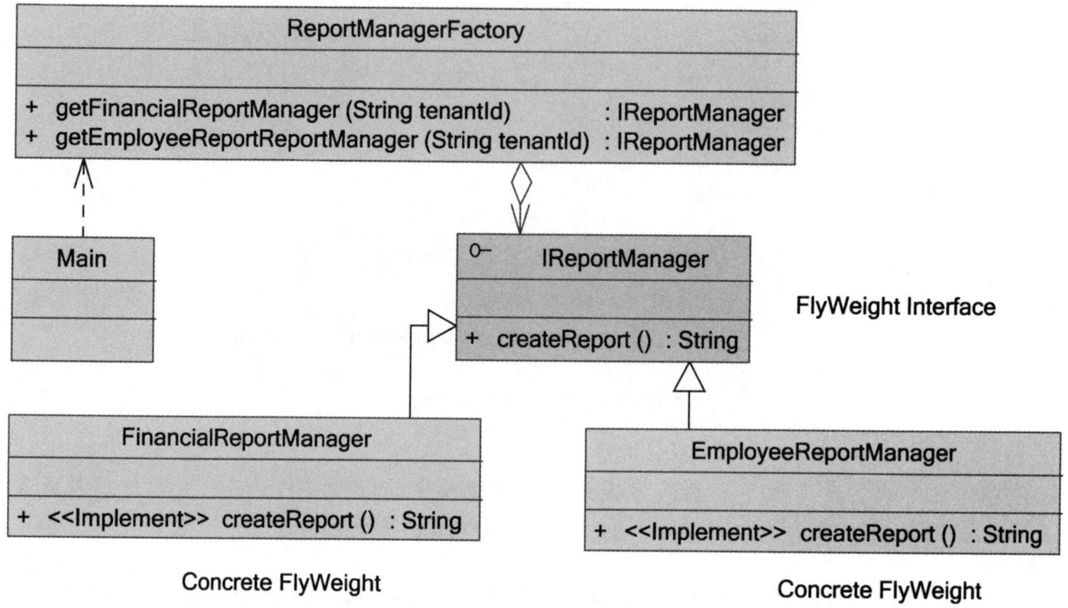

图 2.6　享元模式示例结构图

注意：享元模式和对象池的最大不同在于：享元对象是不可相互替代的，它们都有各自的含义和用途，而对象池中的对象，如数据库连接池中的数据库连接，都是等价的。

本例中享元对象接口的实现代码如下。它用于创建一个报表，即所有的报表生成类将作为享元对象在一个公司（租户）中共享。

```
public interface IReportManager {
    public String createReport();
}
```

两个报表生成的实例分别对应员工财务收入报表和员工个人信息报表，它们都是具体的享元类。

```
//财务报表
public class FinancialReportManager implements IReportManager {
    protected String tenantId=null;
    public FinancialReportManager(String tenantId){        //租户 ID
        this.tenantId=tenantId;
    }
    @Override
    public String createReport() {
        return "This is a financial report";
    }
}

//员工报表
```

```
public class EmployeeReportManager implements IReportManager {
    protected String tenantId=null;
    public EmployeeReportManager(String tenantId){          //租户 ID
        this.tenantId=tenantId;
    }
    @Override
    public String createReport() {
        return "This is a employee report";
    }
}
```

最为核心的享元工厂类是享元模式的精髓所在，它确保同一个公司（租户）使用相同的对象产生报表。这是相当有意义的，否则系统可能会为每个员工生成各自的报表对象，从而导致系统开销激增。享元工厂类的实现代码如下：

```
public class ReportManagerFactory {

    Map<String ,IReportManager> financialReportManager=
new HashMap<String ,IReportManager>();
    Map<String ,IReportManager> employeeReportManager=
new HashMap<String ,IReportManager>();

    //通过租户 ID 获取享元
    IReportManager getFinancialReportManager(String tenantId){
        IReportManager r=financialReportManager.get(tenantId);
        if(r==null){
            r=new FinancialReportManager(tenantId);
            //维护已创建的享元对象
            financialReportManager.put(tenantId, r);
        }
        return r;
    }

    //通过租户 ID 获取享元
    IReportManager getEmployeeReportReportManager(String tenantId){
        IReportManager r=employeeReportManager.get(tenantId);
        if(r==null){
            r=new EmployeeReportManager(tenantId);
            //维护已创建的享元对象
            employeeReportManager.put(tenantId, r);
        }
        return r;
    }
}
```

使用享元模式的方法如下：

```
public static void main(String[] args) {
    ReportManagerFactory rmf=new ReportManagerFactory();
    IReportManager rm=rmf.getFinancialReportManager("A");
    System.out.println(rm.createReport());
}
```

ReportManagerFactory 作为享元工厂，以租户的 ID 为索引，维护了一个享元对象的集合，它确保相同租户的请求都返回同一个享元实例，从而确保享元对象的有效复用。

2.1.4 装饰者模式

装饰者模式拥有一个设计非常巧妙的结构，它可以动态地添加对象功能。在基本的设计原则中，有一条重要的设计准则叫作合成/聚合复用原则。根据该原则的思想，代码复用应该尽可能使用委托，而不使用继承。这是因为，继承是一种紧密耦合，任何父类的改动都会影响其子类，不利于系统的维护；而委托则是松散耦合，只要接口不变，委托类的改动并不会影响其上层对象。

装饰者模式就充分运用了这种思想，通过委托机制复用系统中的各个组件，在运行时可以将这些功能组件进行叠加，从而构造一个“超级对象”，使其拥有所有这些组件的功能。而各个子功能模块被很好地维护在各个组件的相关类中，拥有整洁的系统结构。

本节之所以提到装饰者模式，是因为这种结构可以很好地将功能组件和性能组件进行分离，彼此互不影响，并在需要的时候有机地结合起来。为了更好地理解装饰者模式如何做到性能模块的分离，首先需要对装饰者模式有一个总体的了解。

注意：装饰者模式可以有效分离性能组件和功能组件，从而提升模块的可维护性，并增加模块的复用性。

装饰者模式的基本结构如图 2.7 所示。

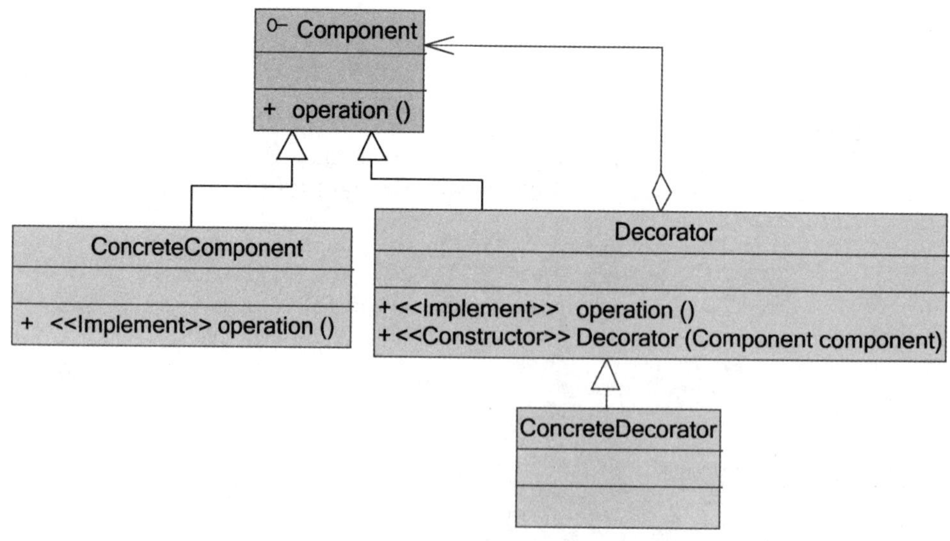

图 2.7 装饰者模式的基本结构

装饰者（Decorator）和被装饰者（ConcreteComponent）拥有相同的接口 Component。

被装饰者通常是系统的核心组件，完成特定的功能目标；而装饰者则可以在被装饰者的方法前后加上特定的前置处理和后置处理，增强被装饰者的功能。

装饰者模式的主要角色如表 2.4 所示。

表 2.4　装饰者模式的角色

角　色	作　用
组件接口	组件接口是装饰者和被装饰者的父类或者接口，它定义了被装饰者的核心功能和装饰者需要加强的功能点
具体组件	具体组件实现组件接口的核心方法，从而完成某一个具体的业务逻辑。具体组件也是被装饰的对象
装饰者	实现组件接口，并持有一个具体的被装饰者对象
具体装饰者	具体实现装饰的业务逻辑，即实现被分离的各个增强功能点。各个具体装饰者是可以相互叠加的，从而构成一个功能更强大的组件对象

装饰者模式的一个典型案例就是对输出结果进行增强。例如，现在需要将某一结果通过 HTML 进行发布，那么首先就需要将内容转换为一个 HTML 文本，同时，由于内容需要在网络上通过 HTTP 传输，因此还需要为其增加 HTTP 头。有时情况更复杂，可能还需要添加 TCP 头，但作为一个示例，这里做简化处理。

装饰者模式的核心思想在于：无须将所有的逻辑，即核心内容构建、HTML 文本构造和 HTTP 头生成 3 个功能模块黏合在一起实现。通过装饰者模式，可以将它们分解为 3 个几乎完全独立的组件，并在使用时灵活地进行装配。为实现这个功能，可以使用如图 2.8 所示的结构。

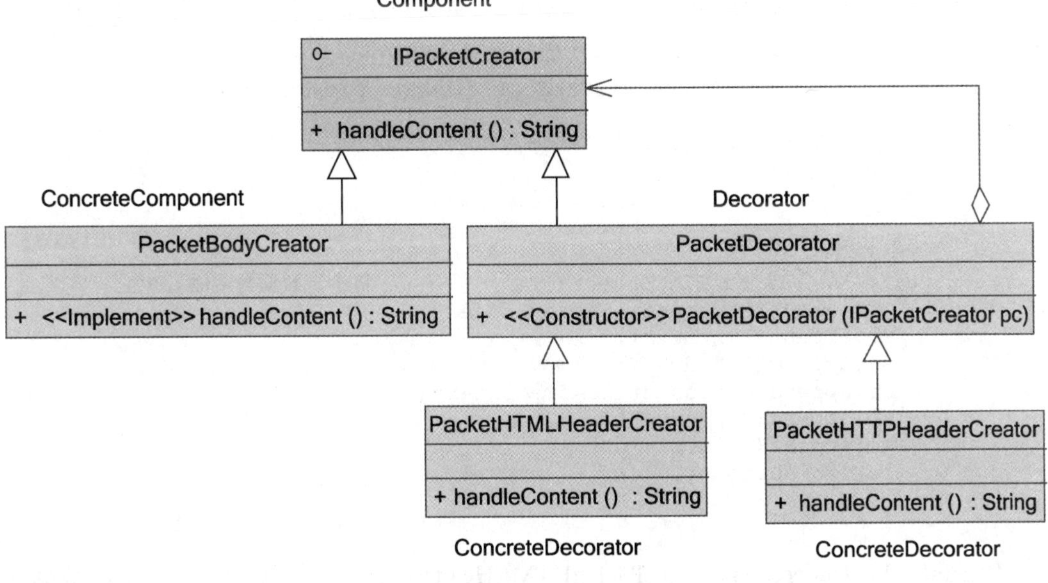

图 2.8　装饰者模式示例结构图

IPacketCreator 即装饰接口，用于处理具体的内容；PacketBodyCreator 是具体的组件，它的功能是构造要发布信息的核心内容，但是它不负责将其构造成一个格式工整的可直接发布的数据格式；PacketHTTPHeaderCreator 负责对给定的内容加上 HTTP 头部；PacketHTMLHeaderCreator 负责将给定的内容格式化成 HTML 文本。如图 2.8 所示的 3 个功能模块相对独立且分离，易于系统维护。

IPacketCreator 的实现很简单，它是一个单方法的接口。

```
public interface IPacketCreator {
    public String handleContent();          //用于内容处理
}
```

PacketBodyCreator 用于返回数据包的核心数据。

```
public class PacketBodyCreator implements IPacketCreator{
    @Override
    public String handleContent() {
        return "Content of Packet";         //构造核心数据，但不包括格式
    }
}
```

PacketDecorator 维护核心组件 component 对象，它负责告知其子类，其核心业务逻辑应该全权委托 component 完成，自己仅仅是做增强处理。

```
public abstract class PacketDecorator implements IPacketCreator{
    IPacketCreator component;
    public PacketDecorator(IPacketCreator c){
        component=c;
    }
}
```

PacketHTMLHeaderCreator 是具体的装饰器，负责对核心发布的内容进行 HTML 格式化操作。需要特别注意的是，它委托具体组件 component 进行核心业务处理。

```
public class PacketHTMLHeaderCreator extends PacketDecorator{

    public PacketHTMLHeaderCreator(IPacketCreator c) {
        super(c);
    }

    @Override
    public String handleContent() {         //将给定数据封装成 HTML
        StringBuffer sb=new StringBuffer();
        sb.append("<html>");
        sb.append("<body>");
        sb.append(component.handleContent());
        sb.append("</body>");
        sb.append("</html>\n");
        return sb.toString();
    }
}
```

PacketHTTPHeaderCreator 与 PacketHTMLHeaderCreator 类似，但是它完成数据包 HTTP 头部的处理，其余业务处理依然交由内部的 component 完成。

```
public class PacketHTTPHeaderCreator extends PacketDecorator{
    public PacketHTTPHeaderCreator(IPacketCreator c) {
        super(c);
    }

    @Override
    public String handleContent() {          //对给定数据加上 HTTP 头信息
        StringBuffer sb=new StringBuffer();
        sb.append("Cache-Control:no-cache\n");
        sb.append("Date:Mon,31Dec201204:25:57GMT\n");
        sb.append(component.handleContent());
        return sb.toString();
    }
}
```

对于装饰者模式，另一个值得关注的是它的使用方法。在本例中，通过层层构造和组装这些装饰者和被装饰者到一个对象中，使其有机地结合在一起工作。

```
public class Main {
    public static void main(String[] args) {
        IPacketCreator pc=new PacketHTTPHeaderCreator(
                            new PacketHTMLHeaderCreator(
                                new PacketBodyCreator()));
        System.out.println(pc.handleContent());
    }
}
```

可以看到，通过装饰者的构造函数将被装饰对象传入，本例中共生成了 3 个对象实例，作为核心组件的 PacketBodyCreator 最先被构造，其次是 PacketHTMLHeaderCreator，最后才是 PacketHTTPHeaderCreator。

这个顺序表示，首先由 PacketBodyCreator 对象生成核心发布内容，接着由 PacketHTMLHeaderCreator 对象对这个内容进行处理，将其转换为 HTML，最后由 PacketHTTPHeaderCreator 对 PacketHTMLHeaderCreator 的输出结果设置 HTTP 头部。程序运行的输出结果如下：

```
Cache-Control:no-cache
Date:Mon,31Dec201204:25:57GMT
<html><body>Content of Packet</body></html>
```

如图 2.9 所示为本例的调用堆栈，从调用堆栈中，读者应该可以更容易地理解各个组件间的相互关系。

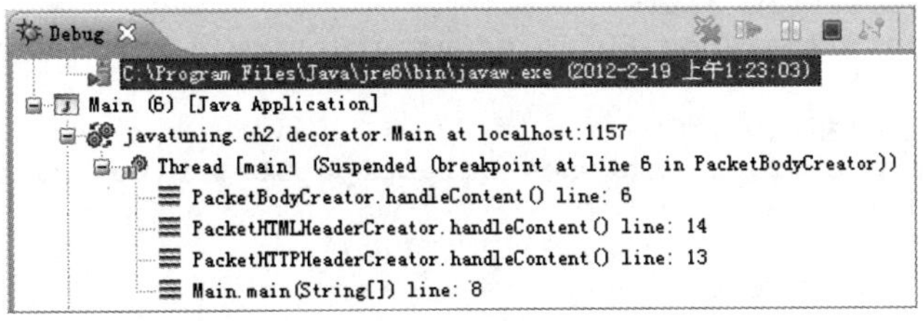

图 2.9　装饰者模式示例的调用堆栈

在 JDK 的实现中，有不少组件也是用装饰者模式实现的。其中，一个最典型的例子就是 OutputStream 和 InputStream 类族的实现。以 OutputStream 为例，OutputStream 对象提供的方法比较简单，功能也比较弱，但通过各种装饰者的增强，OutputStream 对象可以被赋予强大的功能，如图 2.10 所示。

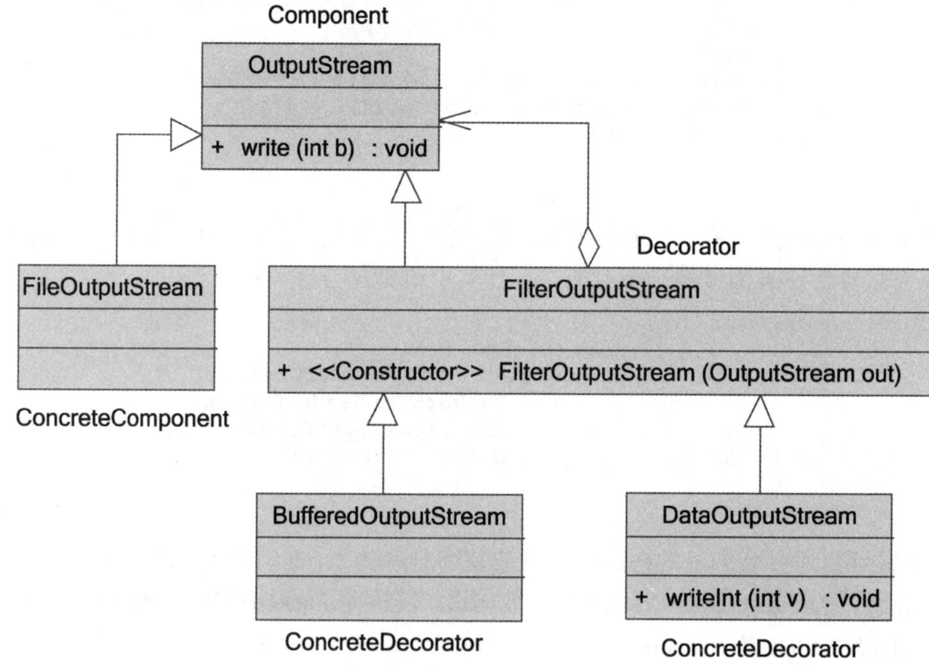

图 2.10　装饰者模式在 OutputStream 中的应用

图 2.10 显示了以 OutputStream 为核心的装饰者模式的实现。其中，FileOutputStream 为系统的核心类，它实现了向文件写入数据。使用 DataOutputStream 可以在 FileOutputStream 的基础上增加对多种数据类型的写操作支持，而 BufferedOutputStream 装饰器可以对 FileOutputStream 增加缓冲功能，从而优化 I/O 的性能。以 BufferedOutputStream 为代表的性能组件是将性能模块和功能模块分离的一种典型实现。

```
public static void main(String[] args) throws IOException {
    //生成一个有缓冲功能的流对象
    DataOutputStream dout=
new DataOutputStream(new BufferedOutputStream(new FileOutputStream
("C:\\a.txt")));
    //没有缓冲功能的流对象
    //DataOutputStream dout=new DataOutputStream(new FileOutputStream
("C:\\a.txt"));
    long begin=System.currentTimeMillis();
    for(int i=0;i<100000;i++)
        dout.writeLong(i);
    System.out.println("spend:"+(System.currentTimeMillis()-begin));
}
```

以上代码显示了 FileOutputStream 的典型应用。加粗部分是两种建立 OutputStream 的方法，第一种方法加入了性能组件 BufferedOutputStream，第二种方法没有加入该组件。因此，第一种方法产生的 OutputStream 拥有更好的 I/O 性能。

注意： JDK 中，OutputStream 和 InputStream 类族的实现是装饰者模式的典型应用，其通过嵌套的方式不断地将对象聚合起来，最终形成一个超级对象，并使之拥有所有相关子对象的功能。

下面来看一下装饰者模式是如何通过性能组件增强 I/O 性能的。在运行时，其工作流程如图 2.11 所示。

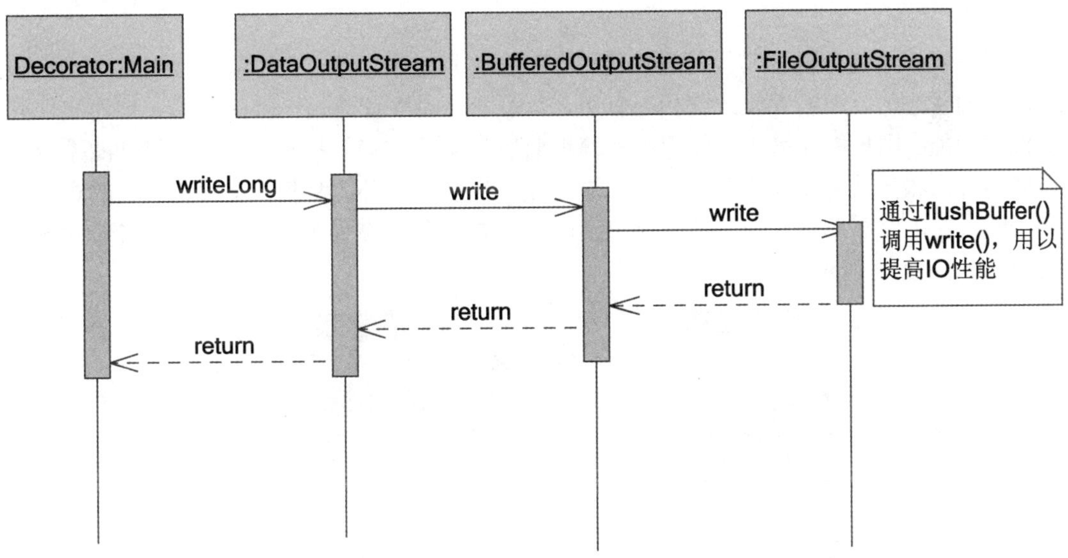

图 2.11　装饰者模式的工作流程

在 FileOutputStream.write()调用之前，首先会调用 BufferedOutputStream.write()，实现代码如下：

```
public synchronized void write(byte b[], int off, int len) throws IOException {
    if (len >= buf.length) {                //如果要写入的数据数量大于缓存容量
        flushBuffer();                      //写入所有缓存
        out.write(b, off, len);             //直接将数据写入文件
        return;
    }
    if (len > buf.length - count) {
        flushBuffer();
    }
    //如果写入的数据比较少，则写入缓存
    System.arraycopy(b, off, buf, count, len);
    count += len;
}
```

```
private void flushBuffer() throws IOException {
    if (count > 0) {
        out.write(buf, 0, count);    //这里的 out 对象就是 FileOutputStream
        count = 0;
    }
}
```

可以看到，并不是每次进行 BufferedOutputStream.write()调用都会去磁盘写入数据，而是将数据写入缓存中，当缓存没有空间时，才调用 FileOutputStream.write()方法实际写入数据，以此实现性能组件与功能组件的完美分离。

2.1.5 观察者模式

观察者模式是一种很常用的设计模式。在软件系统中，当一个对象的行为依赖于另一个对象的状态时，观察者模式就相当有用。若不使用观察者模式提供的通用结构而实现其类似的功能，则只能在另一个线程中不停地监听对象所依赖的状态。在一个复杂的系统中可能会开启很多线程来实现这一功能，这将使系统产生额外的负担。观察者模式的意义也在于此，它可以在单线程中使某一对象及时得知自身所依赖状态的变化。观察者模式的经典结构如图 2.12 所示。

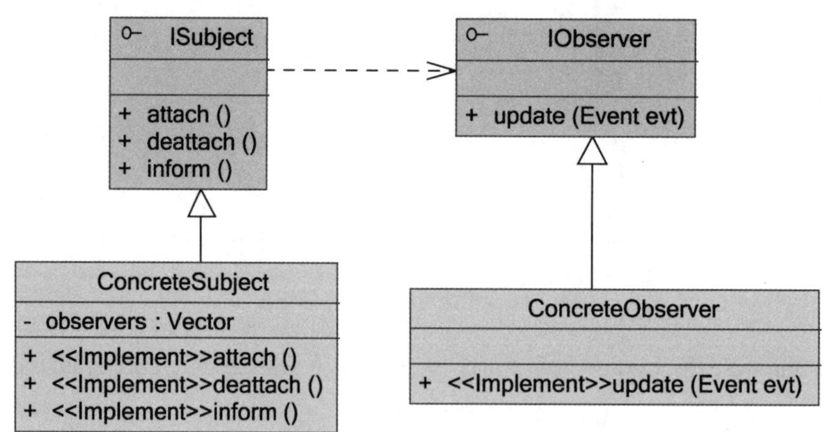

图 2.12　观察者模式的经典结构

ISubject 是被观察对象，它可以增加或者删除观察者；IObserver 是观察者，它依赖于 ISubject 的状态变化。当 ISubject 的状态发生改变时，会通过 inform()方法通知观察者。

注意：观察者模式可以用于事件监听、通知发布等场合，它可以确保观察者在不使用轮询监控的情况下及时收到相关消息和事件。

观察者模式的主要角色如表 2.5 所示。

表 2.5　观察者模式的角色

角　　色	作　　用
主题接口	指被观察的对象。当其状态发生改变或者某事件发生时，它会将这个变化通知观察者，从而维护观察者所需要依赖的状态
具体主题	实现主题接口中的方法，如新增观察者、删除观察者和通知观察者，其内部维护一个观察者列表
观察者接口	定义观察者的基本方法，当依赖状态发生改变时，就会调用观察者的update()方法
具体观察者	实现观察者接口的update()方法，用于具体处理当被观察者状态改变或者某一事件发生时的业务逻辑

主题接口的实现代码如下：

```
public interface ISubject{
    void attach(IObserver observer);            //添加观察者
    void detach(IObserver observer);            //删除观察者
    void inform();                              //通知所有观察者
}
```

观察者接口的实现代码如下：

```
public interface IObserver{
    void update(Event evt);                     //更新观察者
}
```

下面是一个具体的主题实现示例。需要注意的是，以下代码维护了观察者队列，提供了增加和删除观察者的方法，并通过其 inform()通知观察者。

```
public class ConcreteSubject implements ISubject{
    Vector<IObserver> observers=new Vector<IObserver>();
    public void attach(IObserver observer){
    observers.addElement(observer);
    }
    public void detach(IObserver observer){
    observers.removeElement(observer);
    }
    public void inform(){
    Event evt=new Event();
    for(IObserver ob:observers){
        ob.update(evt);                         //注意，在这里通知观察者
    }
    }
}
```

下面是一个具体的观察者实现示例。当监听的状态发生改变时，update()方法就会被主题回调，进而在观察者内部进行业务逻辑的处理。

```
public class ConcreteObserver implements IObserver{
    public void update(Event evt){
    System.out.println("obserer receives information");
    }
}
```

观察者模式是如此常用，以至于 JDK 内部就已经为开发人员准备了一套观察者模式的实现。它位于 java.util 包中，包括 java.util.Observable 类和 java.util.Observer 接口，它们的关系如图 2.13 所示。

注意：在 JDK 中已经实现了一套观察者模式，读者可以直接复用相关代码。

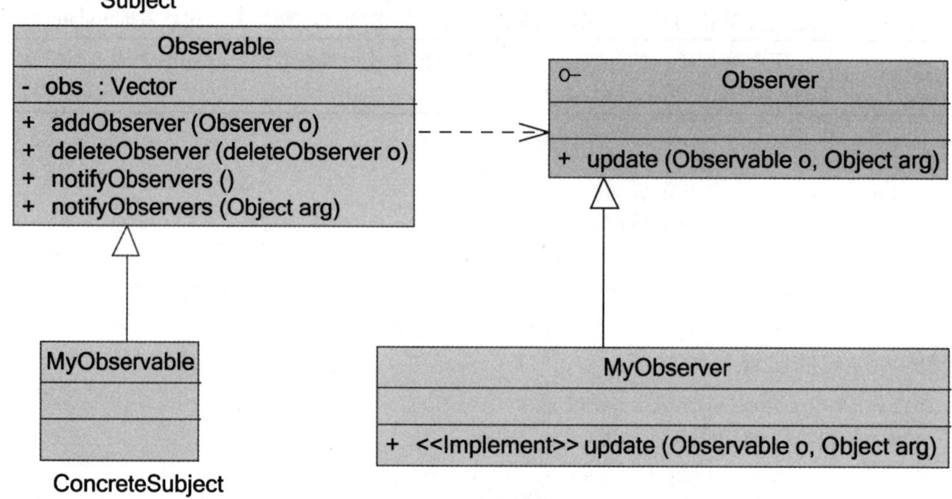

图 2.13　JDK 内置的观察者模式

java.util.Observable 类已经实现了主要的功能，如增加观察者、删除观察者和通知观察者，开发人员可以直接通过继承 Observable 使用这些功能。java.util.Observer 接口是观察者接口，它的 update()方法会在 java.util.Observable 的 notifyObservers()方法中被回调，以获得最新的状态变化。通常在观察者模式中，Observer 接口总是应用程序的核心扩展对象，具体的业务逻辑总是会被封装在 update()方法中。

在 JDK 中，观察者模式也得到了普遍的应用。一个最典型的应用便是 Swing 框架的 JButton 实现，它的事件处理机制如图 2.14 所示。

JButton 继承自 AbstractButton，在 AbstractButton 中维护了一组监听器，它们扮演着被观察者的角色，而 AbstractButton 本身就是被观察对象。监听器 ActionListener 并不是依靠循环监听去获取按钮何时被单击，而是当按钮被单击时，通过 AbstractButton 的 fireActionPerformed()方法回调 ActionListener.actionPerformed()方法来实现。基于这种结构，在应用程序开发时，只需要简单地实现 ActionListener 接口（也就是 Observer），并将其添加到按钮（Subject 角色）的观察者列表中，那么当单击事件发生时，就可以自动触发监听器的业务处理函数。下面从观察者模式的角度，分析一段按钮单击处理的代码。

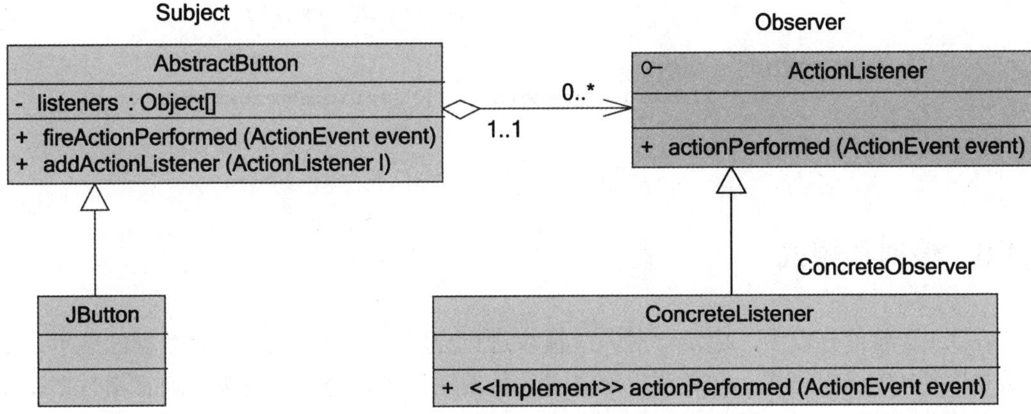

图 2.14　Swing 中的观察者模式

```
//是具体的观察者
public static class BtnListener implements ActionListener{
    @Override
    //在 fireActionPerformed()中被回调按钮单击时，由具体观察者处理业务
    public void actionPerformed(ActionEvent e) {
        System.out.println("click");
    }
}
public static void main(String args[]){
    JFrame  p=new JFrame  ();
    JButton btn=new JButton("Click ME");        //新建具体主题
    btn.addActionListener(new BtnListener());  //在具体主题中加入观察者
    p.add(btn);
    p.pack();
    p.setVisible(true);
}
```

当按钮被单击时，通过被观察对象通知观察者。以下是 AbstractButton 中的一段事件处理代码，显示了被观察对象如何通知观察者。

```
protected void fireActionPerformed(ActionEvent event) {
    //应用层实现的 ActionListener
    Object[] listeners = listenerList.getListenerList();
    ActionEvent e = null;
    for (int i = listeners.length-2; i>=0; i-=2) {
        if (listeners[i]==ActionListener.class) {
            if (e == null) {
                  String actionCommand = event.getActionCommand();
                  if(actionCommand == null) {
                     actionCommand = getActionCommand();
                  }
                  e = new ActionEvent(AbstractButton.this,
                                      ActionEvent.ACTION_PERFORMED,
                                      actionCommand,
                                      event.getWhen(),
                                      //构造事件参数，告诉应用层是何种事件发生
```

```
                                event.getModifiers());
            }
            //回调应用层的实现
            ((ActionListener)listeners[i+1]).actionPerformed(e);
        }
    }
}
```

2.1.6 值对象模式

在 J2EE 软件开发中，通常会对系统模块进行分层。展示层主要负责数据的展示，定义数据库的 UI 组织模式；业务逻辑层负责具体的业务逻辑处理；持久层通常指数据库以及相关操作。在一个大型系统中，这些层次很有可能被分离，并部署在不同的服务器上。而在两个层次之间，可能通过远程调用 RMI 等方式进行通信。如图 2.15 所示，展示层组件作为 RMI 的客户端，通过中间的业务逻辑层取得一个订单（Order）的信息，假设一个订单由客户名、商品名和数量构成，那么在一次交互过程中，RMI 的客户端会与服务端进行 3 次交互，依次取得这些信息。

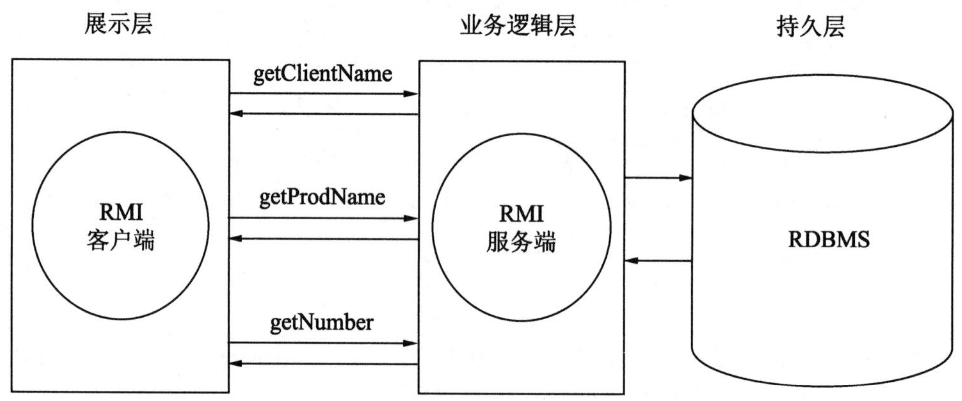

图 2.15　展示层与业务逻辑层的交互示例 1

基于以上模式的通信方式是一种可行的解决方案，但是它存在两个严重的问题：

（1）对于获取一个订单对象而言，这个操作模式略显烦琐，且不具备较好的可维护性。

（2）前后累计进行了 3 次客户端与服务端的通信，性能成本较高。

为了解决这两个问题，可以使用值对象模式。值对象模式提倡将一个对象的各个属性进行封装，并将封装后的对象在网络中传递，从而使系统拥有更好的交互模型，并且减少了网络通信数据，从而提高系统性能。使用值对象模式对以上结构进行改良，定义对象 Order，由 Order 对象维护客户名、商品名和数量等信息，而 Order 对象就是值对象，它必须是一个可串行化的对象。将值对象模式应用到本例中，便可以得到如图 2.16 所示的结构。

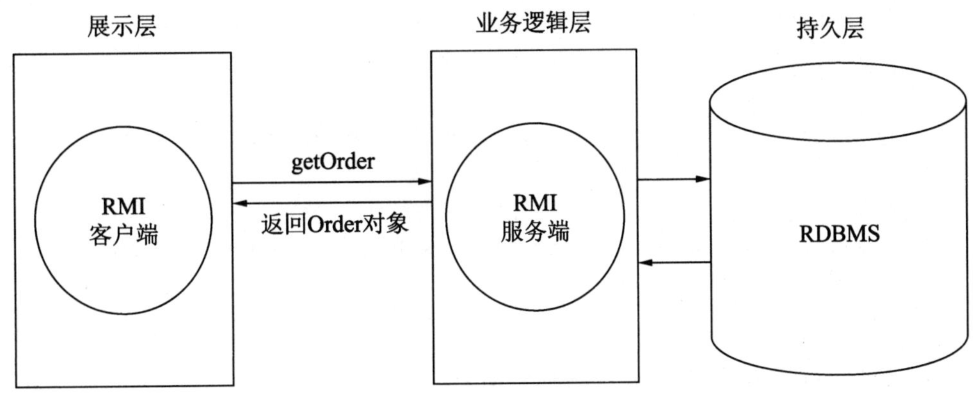

图 2.16　值对象模式架构图

在基于值对象模式的结构中，为了获得一份订单信息，只需要进行一次网络通信，缩短了数据存取的响应时间，减少了网络数据流量。

注意：使用值对象模式可以有效地减少网络交互次数，从而提高远程调用方法的性能，并使系统接口具有更好的可维护性。

下面是 RMI 服务端的接口实现代码。其中，getOrder()方法取得一个值对象，其他方法均取得 Order 对象的一部分信息。

```
public interface IOrderManager  extends Remote {
    //值对象模式
    public Order getOrder(int id) throws RemoteException;
    public String getClientName(int id) throws RemoteException;
    public String getProdName(int id) throws RemoteException;
    public int getNumber(int id) throws RemoteException;
}
```

下面是一个最简单的 IOrderManager 的实现代码，它什么也没做，只是返回数据。

```
public class OrderManager extends UnicastRemoteObject implements IOrder
Manager {
    protected OrderManager() throws RemoteException {
        super();
    }
    private static final long serialVersionUID = -1717013007581295639L;
    @Override
    public Order getOrder(int id) throws RemoteException { //返回订单信息
        Order o=new Order();
        o.setClientName("billy");
        o.setNumber(20);
        o.setProdunctName("desk");
        return o;
    }
    @Override
    //返回订单的客户名
    public String getClientName(int id) throws RemoteException {
```

```
            return "billy";
        }
        @Override
        //返回商品名称
        public String getProdName(int id) throws RemoteException {
            return "desk";
        }
        @Override
        public int getNumber(int id) throws RemoteException { //返回数量
            return 20;
        }
    }
```

作为值对象的 Order 对象，其实现代码如下：

```
public class Order implements java.io.Serializable{
    private int orderid;
    private String clientName;
    private int number;
    private String produnctName;
    // 省略setter和getter方法
}
```

业务逻辑层注册并开启 RMI 服务端的实现代码如下：

```
public class OrderManagerServer {
      public static void main(String[] argv)
       {
          try
          {
             LocateRegistry.createRegistry(1099);             //注册 RMI 端口
             //RMI 远程对象
             IOrderManager usermananger = new OrderManager();
             Naming.rebind("OrderManager", usermananger);   //绑定 RMI 对象
             System.out.println("OrderManager is ready.");
          }
          catch (Exception e)
          {
             System.out.println("OrderManager Server failed: " + e);
          }
       }
}
```

下面是客户端的测试代码，分别展示了使用值对象模式封装数据和不使用值对象模式的性能差异。

```
public static void main(String[] argv) {
    try {
        IOrderManager usermanager = (IOrderManager) Naming
                .lookup("OrderManager");
        long begin = System.currentTimeMillis();
        for (int i = 0; i < 1000; i++) {
            usermanager.getOrder(i);                      //值对象模式
        }
        System.out.println("getOrder spend:"
                + (System.currentTimeMillis() - begin));
```

```
        begin = System.currentTimeMillis();
        for (int i = 0; i < 1000; i++) {
            usermanager.getClientName(i);              //通过多次交互获取数据
            usermanager.getNumber(i);
            usermanager.getProdName(i);
        }
        System.out.println("3 Method call spend:"
                + (System.currentTimeMillis() - begin));
        System.out.println(usermanager.getOrder(0).getClientName());
    } catch (Exception e) {
        System.out.println("OrderManager exception: " + e);
    }
}
```

结果显示，使用 getOrder()方法相对耗时 469ms，而使用连续 3 次离散的远程调用耗时 766ms。由此可见，对传输数据进行有效封装，可以明显提升远程方法调用的性能。

2.1.7　业务代理模式

值对象模式是将远程调用的传递数据封装在一个串行化的对象中进行传输，而业务代理模式则是将一组由远程方法调用构成的业务流程封装在一个位于展示层的代理类中。例如，如果用户需要修改一个订单，相关操作可细分为以下 3 个子操作：

- 校验用户；
- 获取旧的订单信息；
- 更新订单。

系统结构如图 2.17 所示。

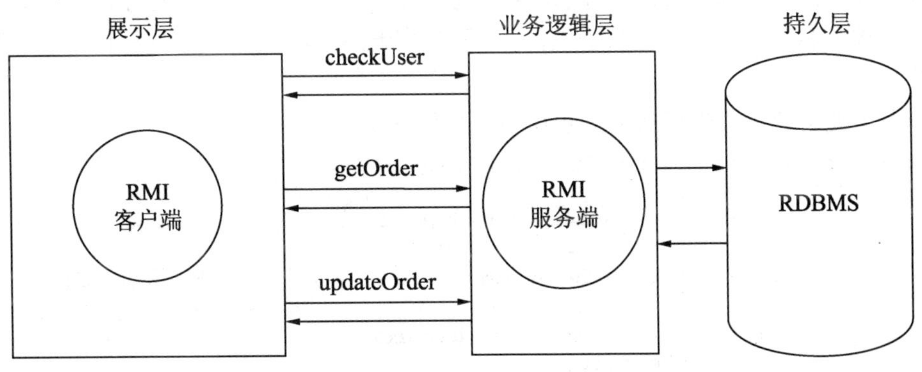

图 2.17　展示层与业务逻辑层的交互示例 2

图 2.17 所示结构存在两个问题：

（1）当展示层存在大量并发线程时，这些线程会直接进行远程方法调用，进而会加重网络负担。

（2）由于缺乏对订单修改操作流程的有效封装，如果将来修改流程发生变化，那么展示层组件也需要修改。

为了有效地解决以上两个问题，可以在展示层中加入业务代理对象，业务代理对象负责和远程服务器通信，完成订单修改操作。而业务代理对象本身只暴露简单的 updateOrder()订单修改操作供展示层组件使用。修改后的结构如图 2.18 所示。

注意：业务代理模式将一些业务流程封装在前台系统，为系统性能优化提供了基础平台。在业务代理中，不仅可以复用业务流程，还可以视情况为展示层组件提供缓存等功能，从而减少远程方法调用的次数，从而减少系统压力。

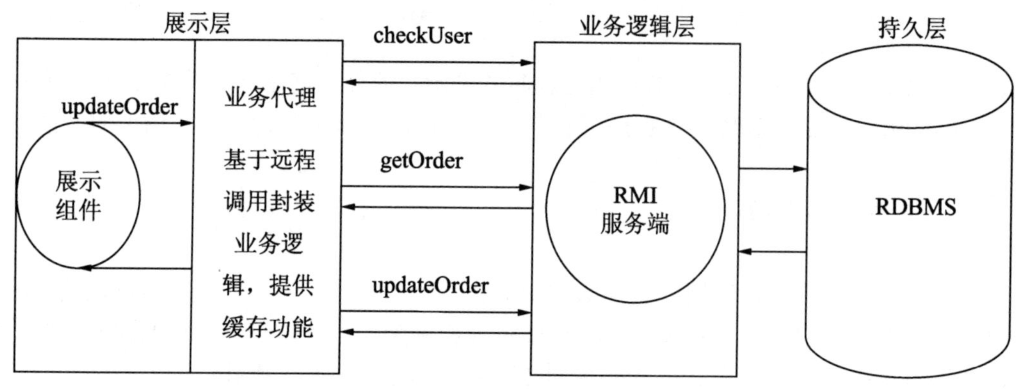

图 2.18　业务代理模式架构图

这种结构体现了业务代理模式的核心思想。由于该业务代理被展示层的请求线程和客户端共享，故系统将会有较好的可维护性。如果业务流程发生变化，只需要简单地修改业务代理对象暴露的 updateOrder()方法即可。除此之外，通过业务代理对象，可以更容易地在多个线程或客户端请求之间共享数据，从而有效地利用缓存，减少远程调用的次数，提高系统性能。

一个未使用业务代理模式的展示层实现代码如下：

```
public static void main(String[] argv) {
    try {
        IOrderManager usermanager = (IOrderManager) Naming
                .lookup("OrderManager");
        if (usermanager.checkUser(1)) {     //所有的远程调用都会被执行
                                            //当并发量较大时，严重影响性能
            Order o = usermanager.getOrder(1);
            o.setNumber(10);
            usermanager.updateOrder(o);
        }
    } catch (Exception e) {
        System.out.println("OrderManager exception: " + e);
    }
}
```

而使用了业务代理后，展示层组件可以优化为如下代码：

```
public static void main(String[] argv) throws Exception {
    BusinessDelegate bd=new BusinessDelegate();
    Order o=bd.getOrder(11);
    o.setNumber(11);
    bd.updateOrder(o);                          //使用业务代理完成更新订单
}
```

在业务代理对象 BusinessDelegate 中可以增加缓存，从而直接减少远程方法调用的次数。以下是一段不完整的实例代码，但足以说明问题。

```
public class BusinessDelegate {
    IOrderManager usermanager =null;            //封装远程方法调用的流程

    public BusinessDelegate(){
        try {
            usermanager = (IOrderManager) Naming.lookup("OrderManager");
        } catch (MalformedURLException e) {
            e.printStackTrace();
        } catch (RemoteException e) {
            e.printStackTrace();
        } catch (NotBoundException e) {
            e.printStackTrace();
        }
    }

    public boolean checkUserFromCache(int uid){
        return true;
    }
    //当前对象被多个客户端共享，可以在本地缓存中校验用户
    public boolean checkUser(int uid) throws RemoteException{
        if(!checkUserFromCache(uid)){
            return usermanager.checkUser(1);
        }
        return true;
    }

    public Order getOrderFromCache(int oid){
        return null;
    }
    //可以在本地缓存中获取订单，减少远程方法调用的次数
    public Order getOrder(int oid) throws RemoteException{
        Order order=getOrderFromCache(oid);
        if(order==null){
            return usermanager.getOrder(oid);
        }
        return order;
    }


    //暴露给展示层的方法封装了业务流程，可能在缓存中执行
    public boolean updateOrder(Order order) throws Exception{
        if(checkUser(1)){
            Order o=getOrder(1);
            o.setNumber(10);
            usermanager.updateOrder(o);
```

```
            }
            return true;
        }
    }
```

2.2　常用的优化组件和方法

本节主要介绍用于系统性能优化的组件和性能优化思想。其中，重点介绍缓冲和缓存两个组件以及它们的使用方法。此外，还会介绍几种常用的优化思想，如池化对象、并行代替串行、负载均衡以及时间换空间和空间换时间。

2.2.1　缓冲

缓冲区（Buffer）是一块特定的内存区域。开辟缓冲区的目的是通过协调应用程序上下层之间的性能差异，提高系统的性能。在日常生活中，缓冲的一个典型应用是漏斗，如图 2.19 所示。

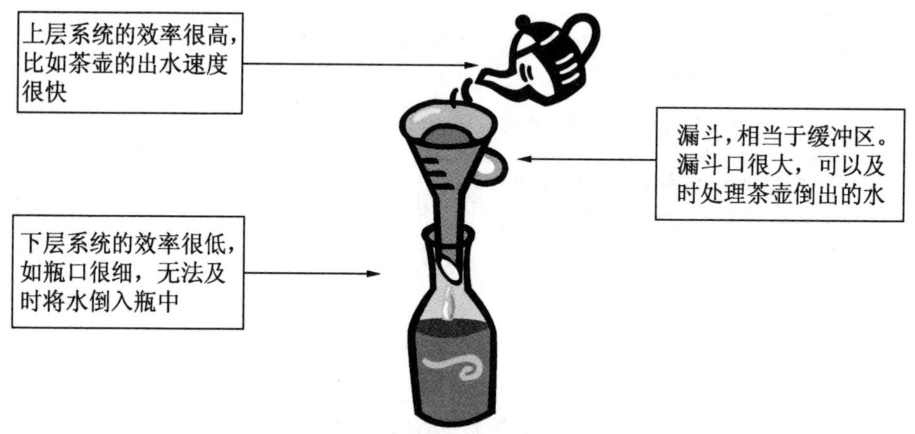

图 2.19　缓冲的示意图

图 2.19 显示了漏斗作为缓冲区的使用场景。上层系统如茶壶，下层系统如水瓶，现需要将茶壶中的水倒入水瓶中，这就好像将内存中的数据写入硬盘中一样。茶壶的出水速度可以很快，但是水瓶的瓶口很细，因此形成性能瓶颈。要将水全部倒入瓶中，必须等待瓶口的水缓缓流下。为了加快速度，可以使用一个漏斗（缓冲）。

漏斗的初始口径很大，并且拥有一定的容量，因此茶壶中的水可以先倒入漏斗中，就犹如内存数据先写入一块缓冲区一样。只要漏斗的容量够大，茶壶里的水很快就能倒完。至此，上层系统完成工作，可以去处理其他业务逻辑。而此时，水并未完全进入瓶中，大部分仍被积压在漏斗中，此时就可以由下层系统慢慢处理，直到水完全进入瓶中，漏斗（缓冲区）被清空。

注意： 缓冲可以协调上层组件和下层组件的性能差异。当上层组件的性能优于下层组件的性能时，可以有效减少上层组件等待下层组件的时间。

基于这样的结构，上层应用组件不需要等待下层组件真实地接收全部数据，即可返回操作，加快了上层组件的处理速度，从而提升系统的整体性能。

缓冲最常用的场景就是提高 I/O 的速度。为此，JDK 内不少 I/O 组件都提供了缓冲功能。例如，当使用 FileWriter 时，进行文件写操作的代码如下：

```
Writer writer = new FileWriter(new File("file.txt"));
long begin=System.currentTimeMillis();
for (int i = 0; i < CIRCLE; i++) {
    writer.write(i);                                    //写入文件
}
writer.close();
System.out.println("testFileWriter spend:"+(System.currentTimeMillis()-
begin));
```

为进行 I/O 优化，可以为 FileWriter 加上缓冲，代码如下：

```
//增加了缓冲
Writer writer = new BufferedWriter(new FileWriter(new File("file.txt")));
long begin=System.currentTimeMillis();
for (int i = 0; i < CIRCLE; i++) {
    writer.write(i);
}
writer.close();
System.out.println("testFileWriterBuffer spend:"+(System.currentTimeMillis()-
begin));
```

以上代码使用 BufferedWriter 为 FileWriter 对象增加缓冲功能。BufferedWriter 对象拥有以下两个构造函数：

```
public BufferedWriter(Writer out)
public BufferedWriter(Writer out, int sz)
```

其中，第 1 个构造函数将构造大小为 8KB 的缓冲区，第 2 个构造函数允许在应用层指定缓冲区的大小。一般来说，缓冲区不易过小，过小的缓冲区无法起到真正的缓冲作用；缓冲区也不宜过大，过大的缓冲区会浪费系统内存，增加 GC 操作的负担。在本例中，设置循环次数 CIRCLE 为 10 万，若不使用缓冲区操作，耗时 63ms，而使用缓冲区的 FileWriter 仅耗时 32ms，性能提升一倍。

另一个有用的缓冲组件是 BufferedOutputStream。在 2.1.4 节“装饰者模式”中已经提过，使用 BufferedOutputStream 可以包装所有的 OutputStream，为其提供缓冲功能，从而提高输出流的效率。和 BufferedWriter 类似，BufferedOutputStream 组件也提供了两个构造函数：

```
public BufferedOutputStream(OutputStream out)
public BufferedOutputStream(OutputStream out, int size)
```

第 2 个构造函数可以指定缓冲区的大小，默认情况下，和 BufferedWriter 一样，缓冲区大小为 8KB。

此外，在本书的第 3 章中将详细介绍 JDK 的 NIO 缓存。NIO 的 Buffer 类族提供了更为强大和专业的缓冲区控制功能。有兴趣的读者可以仔细阅读第 3 章中的相关内容。

除了能够改善 I/O 性能，缓冲区对任何一种上下层组件存在性能差异的场合都可以起到很好的调节作用。另一个典型的例子是使用缓冲区提升动画显示效果。下面的示例实现一个左右平移的圆球。

```
public class NoBufferMovingCircle extends JApplet implements Runnable {
    Image screenImage = null;
    Thread thread;
    int x = 5;
    int move = 1;

    public void init() {
        screenImage = createImage(230, 160);
    }

    public void start() {
        if (thread == null) {
            thread = new Thread(this);
            thread.start();
        }
    }

    public void run() {
        try {
            while (true)
            {
                x += move;
                if ((x > 105) || (x < 5))
                    move *= -1;
                repaint();
                Thread.sleep(10);
            }
        } catch (Exception e) {
        }
    }

    public void drawCircle(Graphics gc) {
        Graphics2D g = (Graphics2D) gc;
        g.setColor(Color.GREEN);
        g.fillRect(0, 0, 200, 100);
        g.setColor(Color.red);
        g.fillOval(x, 5, 90, 90);
```

```
    }

    public void paint(Graphics g) {                          //画一个圆
        g.setColor(Color.white);                             //这里没有缓冲
        g.fillRect(0, 0, 200, 100);
        drawCircle(g);
    }
}
```

以上代码没有 main()函数，但在 Eclipse 中，可以通过右键菜单 Run As 下的 Java Applet 命令运行。结果显示，虽然程序可以完成红球的左右平移，但是效果较差，因为每次的界面刷新都涉及图片的重新绘制，而这是较为费时的操作，因此画面的抖动和白光效果明显。为了能得到更优质的显示效果，可以为它加上缓冲区。

```
public class BufferMovingCircle extends NoBufferMovingCircle {
    Graphics doubleBuffer = null;                   //缓冲区

    public void init() {
        super.init();
        doubleBuffer = screenImage.getGraphics();
    }

    public void paint(Graphics g) {       //使用缓冲区，优化原有的 paint()方法
        doubleBuffer.setColor(Color.white);     //先在内存中画图
        doubleBuffer.fillRect(0, 0, 200, 100);
        drawCircle(doubleBuffer);
        g.drawImage(screenImage, 0, 0, this);   //将 Buffer 一次性显示出来
    }
}
```

加上缓冲区后，动画的显示要比之前清晰许多，并且没有抖动和白光效果出现。

除了性能上的优化，缓冲区还可以作为上层组件和下层组件的一种通信工具，将上层组件和下层组件进行解耦，优化设计结构。典型的案例可以参考本书 4.1.5 节“生产者-消费者模式”。在生产者-消费者模式中，连接生产者和消费者的缓冲区正好起到了这个作用。有兴趣的读者，可以仔细阅读该节。

注意： 由于 I/O 操作很容易导致性能瓶颈，所以尽可能在 I/O 读写中加入缓冲组件，以提高系统的性能。

2.2.2 缓存

缓存（Cache）也是一块为提升系统性能而开辟的内存空间，其主要作用是暂存数据处理结果，并提供给下次访问使用。在很多场合，数据的处理或者数据获取可能会非常费时，当对数据的请求量很大时，频繁地进行数据处理会耗尽 CPU 资源。缓存的作用就是将这些来之不易的数据处理结果暂存起来，当有其他线程或者客户端需要查询相同的数据

资源时，省去对这些数据的处理流程，而直接从缓存中获取处理结果，并立即返回给请求组件，以此提高系统的响应速度。

缓存的使用非常普遍，例如目前流行的几种浏览器都会在本地缓存远程的页面，从而减少远程 HTTP 访问次数，加快网页的加载速度。又如，在服务端的系统开发中，设计人员可以为一些核心 API 加上缓存，从而提高系统的整体性能。

最为简单的缓存可以直接使用 HashMap 实现。当然，这样做会遇到很多问题，例如何时应该清理无效的数据，如何防止缓存数据过多而导致内存溢出等。一个稍好的替代方案是直接使用 WeakHashMap，它使用弱引用维护一张哈希表，从而避免潜在的内存溢出问题，但是作为专业的缓存，它的功能也略有不足。

注意： 缓存可以保存一些来之不易的数据或计算结果。当需要再次使用这些数据时，可以从缓存中低成本获取，而不需要占用宝贵的系统资源。

幸运的是，目前有很多基于 Java 的缓存框架，如 EHCache、OSCache 和 JBossCache 等。EHCache 缓存出自 Hibernate，是 Hibernate 框架默认的数据缓存解决方案；OSCache 缓存是由 OpenSymphony 设计的，它可以用于缓存任何对象，甚至是缓存部分 JSP 页面或 HTTP 请求；JBossCache 是由 JBoss 开发的，可用于 JBoss 集群间的数据共享。

下面以 EHCache 缓存为例，简单介绍一下缓存的基本使用方法。

在使用 EHCache 之前，需要对 EHCache 进行必要的配置。一个典型的配置如下：

```
<ehcache>
    <diskStore path="data/ehcache" />

    <defaultCache maxElementsInMemory="10000" eternal="false"
        overflowToDisk="true" timeToIdleSeconds="120" timeToLiveSeconds="120"
        diskPersistent="false" diskExpiryThreadIntervalSeconds="120" />

    <cache name="cache1" maxElementsInMemory="100" eternal="false"
        timeToIdleSeconds="6" timeToLiveSeconds="60" overflowToDisk="true"
        diskPersistent="false" />

    <cache name="cache2" maxElementsInMemory="100000" eternal="false"
        timeToIdleSeconds="300" timeToLiveSeconds="600" overflowToDisk="false"
        diskPersistent="false" />
</ehcache>
```

以上配置文件首先设置了一个默认的 Cache 模板。在程序中使用 EHCache 接口动态地生成缓存时，会使用这些参数定义新的缓存。随后定义两个缓存，名称分别是 cache1 和 cache2。

配置文件中，一些主要参数的含义如下：

- maxElementsInMemory：该缓存中允许存放的最大条目数量。
- eternal：缓存内容是否永久存储。
- overflowToDisk：如果内存中的数据超过 maxElementsInMemory，是否使用磁盘存储。

- timeToIdleSeconds：如果不是永久存储的缓存，那么在 timeToIdleSeconds 指定的时间内没有访问某一条目，就移除它。
- timeToLiveSeconds：如果不是永久存储的缓存，一个条目可以存在的最长时间。
- diskPersistent：磁盘存储的条目是否永久保存。
- diskExpiryThreadIntervalSeconds：磁盘清理线程的运行时间间隔。

EHCache 使用简单，可以像使用 HashMap 一样使用它。但为了能够更方便地使用 EHCache，笔者还是对 EHCache 进行了简单的封装，提供了 EHCacheUtil 工具类，专门针对 EHCache 做各种操作。

首先进行 EHCache 的初始化操作，实现代码如下：

```
static{
    try {
        //载入 EHCache 的配置文件，创建 CacheManager
        manager = CacheManager.create

    (EHCacheUtil.class.getClassLoader().getResourceAsStream(configfile));
    } catch (CacheException e) {
        e.printStackTrace();
    }
}
```

以上代码载入了 EHCache 的配置文件，并生成 CacheManager 的实例，之后就可以通过 CacheManager 对 Cache 进行管理。

将数据存入 Cache 的实现代码如下：

```
public static void put(String cachename,Serializable key,Serializable value){
    manager.getCache(cachename).put(new Element(key, value));
}
```

在 put()操作中，首先指定要使用的 Cache 名称，接着就是类似于 HashMap 的名值对。get()操作也类似，实现代码如下：

```
public static Serializable get(String cachename,Serializable key){
    try {
        Element e=manager.getCache(cachename).get(key);
        if(e==null)return null;
        return e.getValue();                    //取得缓存中的数据
    } catch (IllegalStateException e) {
        e.printStackTrace();
    } catch (CacheException e) {
        e.printStackTrace();
    }
    return null;
}
```

有了以上的工具类，便可以方便地在实际工作中使用 EHCache。从软件设计的角度来说，笔者建议在频繁使用且负载较重的函数实现中加入缓存，以提高它在被频繁调用时的性能。

在为方法加入缓存时，可以使用最原始的硬编码方式，首先根据传入的参数构造 key，然后去缓存中查找结果。如果找到，则立即返回；如果找不到，则再进行相关的业务逻辑处理，得到最终结果，并将结果保存到缓存中，然后返回这个结果。这种方式的好处是代码比较简单，缺点是缓存组件和业务层代码紧密耦合，依赖性强。

本节介绍基于动态代理的缓存解决方案。对动态代理尚不了解的读者，可以回顾 2.1.2 节的“代理模式”。基于动态代理的缓存方案的最大好处是：在业务层无须关注对缓存的操作，缓存操作代码被完全独立并隔离，而且一个新的函数方法加入缓存不会影响原有方法的实现，是一种非常灵活的软件结构。

注意：使用动态代理无须修改一个逻辑方法的代码，便可以为它加上缓存功能，提高其性能。

现在，假设有一个可能被频繁调用的方法，它用于对一个整数做因式分解。实现代码如下（由于本文不关注因式分解算法，故只列出该类的结构）：

```
public class HeavyMethodDemo {
    public String heavyMethod(int num) {
        StringBuffer sb = new StringBuffer();
        //对 num 进行因式分解，将结果保存在 sb 中
        return sb.toString();
    }
}
```

使用 CGLIB 生成动态代理类的方法拦截器的逻辑如下：

```
public class CglibHeavyMethodInterceptor implements MethodInterceptor {
    HeavyMethodDemo real=new HeavyMethodDemo();
    @Override
    public Object intercept(Object arg0, Method arg1, Object[] arg2,
          MethodProxy arg3) throws Throwable {
        //查询缓存
        String v=(String)EHCacheUtil.get("cache1", (Serializable)arg2[0]);
        if(v==null){
          v=real.heavyMethod((Integer)arg2[0]);        //缓存中未找到结果
          EHCacheUtil.put("cache1", (Integer)arg2[0], v); //保存计算结果
        }
        return v;
    }
// 省略其他代码
```

在这个方法拦截器中实现了对缓存的操作，它首先查询系统是否已经计算并缓存了所请求的数字。如果没有，则进行计算，并将结果保存在缓存中；如果有，则直接从缓存中取得结果。在使用动态代理时，可以通过下面的代码生成动态代理对象，其中包含上述缓存逻辑。

```
public static HeavyMethodDemo newCacheHeavyMethod(){     //生成带有缓存功能的类
    Enhancer enhancer = new Enhancer();
    enhancer.setSuperclass(HeavyMethodDemo.class);
    enhancer.setCallback(new CglibHeavyMethodInterceptor());//设置缓存逻辑
    HeavyMethodDemo cglibProxy = (HeavyMethodDemo) enhancer.create();
    return cglibProxy;
}
```

以上代码首先生成一个 HeavyMethodDemo 类的子类，并使用 CglibHeavyMethodInterceptor 作为它的方法拦截器，最后生成动态类的对象。这个对象是 HeavyMethodDemo 的动态子类的实例。

以下代码只是简单地生成了 HeavyMethodDemo 类。下文将对 newHeavyMethod()和 newCacheHeavyMethod()生成的对象进行简单的性能测试。

```
public static HeavyMethodDemo newHeavyMethod(){        //不带有缓存功能
    return new HeavyMethodDemo();
}
```

下面是一段测试代码，分别使用代理类对象和 HeavyMethodDemo 对象对一个大整数进行因式分解运算。在笔者的计算机上，使用动态代理的缓存对象相对耗时 188ms，而 HeavyMethodDemo 相对耗时 609ms。

```
public static void main(String args[]){
    HeavyMethodDemo m=newCacheHeavyMethod();    //使用缓存
    long begin = System.currentTimeMillis();
    for(int i=0;i<100000;i++)                   //使用缓存时，只需要计算一次
        m.heavyMethod(2147483646);
    System.out.println("cache method spend:"+(System.currentTimeMillis()
-begin));

    m=newHeavyMethod();                         //不使用缓存
    begin = System.currentTimeMillis();
    for(int i=0;i<100000;i++)                   //不使用缓存时，每次都要计算
        m.heavyMethod(2147483646);
    System.out.println("no cache method spend:"+(System.currentTimeMillis()
-begin));
}
```

2.2.3　对象复用——池

对象池化是一种很常用的系统优化技术。其核心思想是：如果一个类被频繁地请求使用，那么不必每次都生成一个实例，而将这个类的一些实例保存在一个池中，待需要使用的时候直接从池中获取。这个池就称为对象池。在实现细节上，它可能是一个数组，也可能是一个链表或任何集合类。

对象池的使用非常广泛，其中最为大家所熟悉的就是线程池和数据库连接池。线程池中保存着可以被重用的线程对象，当有任务被提交到线程池时，系统并不需要新建线程，而是从池中获得一个可用的线程来执行这个任务。在任务结束后，也不用关闭线程，而是将它返回到池中，以便下次继续使用。由于线程的创建和销毁是较为费时的操作，因此在线程调度频繁的系统中，线程池可以很好地改善性能。有关线程池更详细的介绍，读者可以参考 4.2.2 节“简单的线程池实现”。

数据库连接池也是一种特殊的对象池，它用于维护数据库连接的集合。当系统需要访问数据库时，不需要重新建立数据库连接，而直接从池中获取，在数据库操作完成后，也

不用关闭数据库连接，而是将连接返回到连接池中。由于数据库连接的创建和销毁是重量级的操作，因此避免频繁地进行这两种操作，对改善系统的性能也有积极意义。

注意： 在程序中使用数据库连接池和线程池，可以有效地改善系统在高并发下的性能。这是两个非常重要的性能组件，任何对性能敏感的系统都需要考虑合理配置这两个组件。

目前应用较为广泛的数据库连接池组件有 C3P0 和 Proxool。其中，C3P0 是伴随着 Hibernate 一起发布的，它是一个与 Hibernate 联系紧密的数据库连接池。这里以 C3P0 为例，展示数据库连接池的一般使用方法和特性。

若在 Hibernate 中使用 C3P0 连接池，只需要将 C3P0 的 JAR 包复制到开发环境中，并在 hibernate.cfg.xml 中加入以下配置项。

```
<property
name="connection.provider_class">org.hibernate.connection.C3P0Connection
Provider</property>
<property name="connection.autoReconnect">true</property>
<property name="connection.autoReconnectForPools">true</property>
<property name="connection.is-connection-validation-required">true</property>
<!-- 最大连接数 -->
<property name="hibernate.c3p0.max_size">20</property>
<!-- 最小连接数 -->
<property name="hibernate.c3p0.min_size">5</property>
<!-- 获得连接的超时时间，如果超过这个时间，会抛出异常，单位为 ms -->
<property name="hibernate.c3p0.timeout">120</property>
<!-- 最大的 PreparedStatement 数量 -->
<property name="hibernate.c3p0.max_statements">100</property>
<!-- 每隔 120s 检查连接池里的空闲连接，单位是 s-->
<property name="hibernate.c3p0.idle_test_period">120</property>
<!-- 当连接池里的连接用完的时候，C3P0 一次性获取的新连接数量 -->
<property name="hibernate.c3p0.acquire_increment">2</property>
<!-- 每次都验证连接是否可用 -->
<property name="hibernate.c3p0.validate">true</property>
```

当然，也可以脱离 Hibernate 单独在应用程序中使用 C3P0。以下代码构建了一个 C3P0 的数据库连接池，并从中获得一个数据库连接。

```
DataSource unpooled = DataSources
        .unpooledDataSource(
                "jdbc:mysql://127.0.0.1:3306/test",     //连接 MySQL 数据库
                "root", "");                            //这不是连接池
//构建了一个连接池
DataSource pooled = DataSources.pooledDataSource(unpooled);
con = pooled.getConnection();                           //从连接池中获取连接
```

为了能够从代码层面更好地理解数据库连接池，读者可以仔细阅读以下代码。

```
public static void main(String[] argv) {
    try {
        Class.forName("com.mysql.jdbc.Driver");
```

```
        DataSource unpooled = DataSources
                .unpooledDataSource(
                        "jdbc:mysql://127.0.0.1:3306/test",
                        "root", "");
        DataSource pooled = DataSources.pooledDataSource(unpooled);
        Connection con = null;
        Statement stmt = null;
        ResultSet rs = null;

        con = pooled.getConnection();          //第一次取得数据库连接
        System.out.println("con Class Type is:"+con.getClass().getName());
        Object o1=getInnter(con);              //取得内部的实际数据库连接
        System.out.println("Inner con Class Type is:"+o1.getClass().getName());

        stmt = con.createStatement();
        rs = stmt.executeQuery("SELECT * FROM user");
        while (rs.next())
            System.out.println("Data from DB:"+rs.getString(1));
        rs.close();
        stmt.close();
        con.close();

        Thread.sleep(1000);                    //等待连接返回池中
        con = pooled.getConnection();          //第二次取得数据库连接
        Object o2=getInnter(con);
        if(o1==o2)                             //相同，则说明数据库连接被复用
            System.out.println("o1 and o2 is same object.");
        stmt = con.createStatement();
        rs = stmt.executeQuery("SELECT * FROM user");
        while (rs.next())
            System.out.println("Data from DB:"+rs.getString(1));
        rs.close();
        stmt.close();
        con.close();

    } catch (Exception e) {
        e.printStackTrace();
    }
}
public static Object getInnter(Object con){
    Object re=null;
    Field f;
    try {
        f = con.getClass().getDeclaredField("inner");
        f.setAccessible(true);
        re= f.get(con);                        //取得内部包装的连接
        f.setAccessible(false);
    } catch Exception e) {
    }
    return re;
}
```

以上代码运行后，输出结果如下：

```
con Class Type is:com.mchange.v2.c3p0.impl.NewProxyConnection
```

```
Inner con Class Type is:com.mysql.jdbc.JDBC4Connection
Data from DB:1
o1 and o2 is same object.
Data from DB:1
```

上述代码中，首先从数据库连接池中获得一个连接，发现连接类型并不是 MySQL 的数据库连接，而是 com.mchange.v2.c3p0.impl.NewProxyConnection。根据类名可以推测，从数据库连接池中获得的连接只是一个代理。接着通过反射，取得这个对象中名为 inner 的属性，并打印其 Class 类型，发现这才是真正的 MySQL 连接。关闭 NewProxyConnection 连接，再向池中请求一个新的连接，同样获取该连接内部的实际数据库连接对象，发现第一次使用的实际数据库连接对象 o1 和第二次使用的对象 o2 是完全相同的。

前后两次数据库连接的请求均返回了相同的数据库连接，这说明关闭 NewProxy-Connection 连接时，并没有真正关闭数据库连接，而只是将数据库连接放入连接池中保存，使得数据库连接在连接池中得到了复用，而从连接池返回的 NewProxyConnection 对象只是对真实数据库连接的包装。

除了线程池和数据库连接池，对于普通的 Java 对象，在必要的时候也可以进行池化管理。对于那些经常使用并且创建很费时的大型对象来说，使用对象池不仅可以节省获得对象实例的成本，还可以减轻 GC 频繁回收这些对象产生的系统压力。但对于生成对象开销很小的对象进行池化，反而可能得不偿失，因为维护对象池的成本可能会大于对象池带来的好处。

注意：在 JDK 中，new 操作的效率是相当高的，不需要担心频繁的 new 操作对系统性能有影响。但是进行 new 操作时所调用的类构造函数在一些比较老的机器上可能是非常耗时的，对于这些对象，可以考虑池化。

在 4.4.7 节“信号量”中，使用信号量同步机制实现了一个简单的对象池。读者可以参考相关代码，在此不予重复。该对象池使用一个对象数组和一个标志位布尔数组分别表示池中的对象和对象的可用性（一个对象一次只能被一个线程使用）。在获取对象时，在池中找到一个可用的对象（标志位为空闲）并返回，而且将标志位设置为使用中，当对象使用完成后，将标志位设置为空闲，并归还对象池，等待下次使用。

在实际开发中，开发人员完全不必自行开发对象池，因为在 Apache 中已经提供了一个 Jakarta Commons Pool 对象池组件，可以直接使用。

Jakarta Commons Pool 定义的对象池接口如下：

```
public interface ObjectPool<T> {
    T borrowObject();
    void returnObject(T borrowed);
}
```

其中，borrowObject()方法从对象池中取得一个对象；returnObject()方法在使用完成后，将对象返回给对象池。

另一个重要的接口是 PoolableObjectFactory，它告诉对象池如何创建一个对象和如何销毁一个对象。该接口的定义如下：

```
public interface PoolableObjectFactory<T> {
    T makeObject();
    void activateObject(T obj);
    void passivateObject(T obj);
    boolean validateObject(T obj);
    void destroyObject(T obj);
}
```

PoolableObjectFactory 接口的方法都将被对象池回调，以指导对象池在对象的生命周期中如何管理这些对象。

PoolableObjectFactory 接口的主要方法如下：

- makeObject()：定义如何创建一个新的对象实例。
- activateObject()：在对象从对象池取出前会激活该对象。
- passivateObject()：在对象返回对象池时被调用。
- destroyObject()：在对象从对象池中被销毁时会执行这个方法。
- validateObject()：判断对象是否可用。

在 Jakarta Commons Pool 中已经内置了 3 个对象池，分别是 StackObjectPool、GenericObjectPool 和 SoftReferenceObjectPool。

StackObjectPool 利用 java.util.Stack 保存对象，可以为 StackObjectPool 指定一个初始化大小的空间，并且当空间不够时，StackObjectPool 可以自动增加。当无法从该对象池中得到可用的对象时，它会自动创建新的对象。

GenericObjectPool 是一个通用的对象池，它可以设定对象池的容量，也可以设定在无可用对象的情况下对象池的表现行为（等待或者创建新的对象实例），还可以设置是否进行对象的有效性检查。GenericObjectPool 由一个复杂的构造函数来定义它的下列行为：

```
GenericObjectPool(
PoolableObjectFactory<T> factory,   //指定 PoolableObjectFactory
int maxActive,                      //能从池中借出的对象的最大数目
byte whenExhaustedAction, //指定对象池耗尽时的行为（等待、创建新实例、抛出异常）
long maxWait,                       //当耗尽行为为等待时，最大的等待时间
int maxIdle,                        //最大的空闲对象数
int minIdle,                        //最小的空闲对象数
boolean testOnBorrow,               //执行 borrowObject()时是否进行有效性验证
boolean testOnReturn,               //执行 returnObject()时是否进行有效性验证
long timeBetweenEvictionRunsMillis, //休眠多少毫秒的对象将被进行对象清理
int numTestsPerEvictionRun,         //在进行后台对象清理时，每次检查几个对象
long minEvictableIdleTimeMillis,    //休眠多长时间的对象设置为过期
boolean testWhileIdle,              //是否对没有过期的对象进行有效性检查
//对象被回收前在池中保持空闲状态的最小时间（毫秒数）
long softMinEvictableIdleTimeMillis,
boolean lifo                        //是否使用后进先出策略
)
```

SoftReferenceObjectPool 使用 ArrayList 保存对象，但是它并不直接保存对象的强引用，而是保存对象的软引用。它使用如下方法向池中加入新对象：

```
_pool.add(new SoftReference<T>(obj, refQueue));
```

SoftReferenceObjectPool 对对象的数量没有限制。当对象池中没有可用对象时，borrowObject()方法会新建对象。当内存紧张时，JVM 可以自动回收具有软引用的对象。

以下代码显示了一个简单的对象池工厂：

```
public class PoolableObjectFactoryDemo implements PoolableObjectFactory {
    private static  AtomicInteger counter = new AtomicInteger(0);

    public Object makeObject() throws Exception {  //创建对象
        Object obj = String.valueOf(counter.getAndIncrement());
        System.out.println("Create Object " + obj);
        return obj;
    }

    public void activateObject(Object obj) throws Exception {
        System.out.println("Before borrow " + obj); //在取出前被调用
    }

    public void passivateObject(Object obj) throws Exception {
        System.out.println("return "+obj);          //当对象返回池中时被调用
    }

    public boolean validateObject(Object obj) {
        return true;
    }

    public void destroyObject(Object obj) throws Exception {
        System.out.println("Destroying Object " + obj);
    }
}
```

对象池的使用示例如下：

```
public class ObjectPoolDemo {
    static PoolableObjectFactory factory = new PoolableObjectFactoryDemo();
    static ObjectPool pool = new GenericObjectPool(factory);
    private static AtomicInteger endcount = new AtomicInteger(0);
    public static class PoolThread extends Thread{
        public void run(){
            Object obj = null;
            try {
                for (int i = 0; i < 100; i++) {
                    System.out.println("== " + i + " ==");
                    obj = pool.borrowObject();          //从池中得到对象
                    System.out.println(obj+" is get"); //模拟使用对象
                    pool.returnObject(obj);     //使用完成后，将对象返回池中
                }
            } catch (Exception e) {
                e.printStackTrace();
            } finally {
```

```
                endcount.getAndIncrement();
            }
        }
    }
    public static void main(String[] args) {
        new PoolThread().start();
        new PoolThread().start();
        new PoolThread().start();
        try{
        while(true){
            if(endcount.get()==3){                //等待 3 个线程全部结束
                pool.close();
                break;
            }
        }
        }catch(Exception e){
        }
    }
}
```

以上代码的部分输出结果如下：

```
== 0 ==
Create Object 0
== 0 ==
Create Object 1
== 0 ==
Create Object 2
Before borrow 2
省略部分输出结果
0 is get
return 0
== 98 ==
Before borrow 0
0 is get
return 0
== 99 ==
Before borrow 0
0 is get
return 0
Destroying Object 0
Destroying Object 2
Destroying Object 1
```

可以看到，在 3 个线程从对象池获取对象的过程中，共建立了 3 个对象。这 3 个对象被不停地复用，当对象池被关闭时，使用对象池工厂的 destroyObject()方法销毁对象，从而释放资源。

注意： 只有对重量级的对象使用对象池技术才能提高系统的性能；对于轻量级的对象使用对象池，反而可能会降低系统的性能。

2.2.4 并行替代串行

随着多核时代的到来，CPU 的并行能力有了很大的提升。在这种背景下，传统的串行程序已经无法发挥 CPU 的最大潜能，造成系统资源的浪费。而并行软件开发技术恰好可以在这方面将 CPU 的性能发挥到极致。

Java 对多线程的支持为多核计算提供了强有力的保障。首先，Java 中提供了 Thread 对象和 Runnable 接口用于创建进程内的线程。其次，为了优化并行程序的性能，JDK 还提供了 java.util.concurrent 并发包，内置各种多线程性能优化工具和组件，如线程池、各种并发数据结构等。除此之外，为确保多线程间能相互协作，JDK 还提供了各种同步工具。

有关并行程序的开发和优化方法，可以参考第 4 章“并行程序开发及优化”。

2.2.5 负载均衡

对于大型应用来说，系统负载可能非常重。以网站应用为例，如果并发数很多，则单台计算机就无法承受，此时为保证应用程序的服务质量，需要使用多台计算机协同工作，将系统负载尽可能均匀地分配到各个计算节点上。

一个典型的实现方式便是 Tomcat 集群。配置 Tomcat 集群实现负载均衡可以通过 Apache 服务器实现，即使用 Apache 服务器作为负载分配器，将请求转向各个 Tomcat 服务器，从而实现负载均衡。如图 2.20 所示，客户端请求被均匀地分配到了各个 Tomcat 节点上。

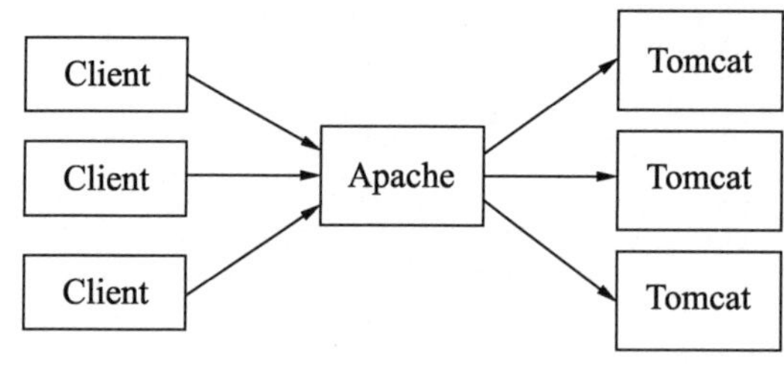

图 2.20　基于 Apache 的负载均衡结构

在使用 Tomcat 集群时，有两种基本的 session 共享模式：黏性 session 模式和复制 session 模式。

在黏性 session 模式下，所有的 session 信息被平均分配到各个 Tomcat 节点上，以实现负载均衡，但是一旦一个节点宕机，它所维护的 session 信息将丢失，所以不具备高可用性，且同一个用户只能与一台 Tomcat 交互，因为其他 Tomcat 节点上不保存这个用户信息。

而使用复制 session 模式，将使得所有的 session 在所有的 Tomcat 节点上保持一致。当一个节点上的 session 信息被修改时，这个 session 会被广播到其他 Tomcat 节点上，以保持与 session 同步。这样，当用户的下一次请求被分配到其他 Tomcat 节点上时，将拥有足够多的信息处理用户请求。这样做的坏处是很容易引起网络繁忙，影响系统效率。

在 Java 开源软件中还有一款跨 JVM 虚拟机而专门用于分布式缓存的框架——Terracotta。使用 Terracotta 也可以实现 Tomcat 的 session 共享，同时 Terracotta 也是一个成熟的高可用性系统解决方案。

由于 Terracotta 进行内存共享时并不会进行全复制，而仅仅传输变化的部分，网络负载也相对较低。因此，使用 Terracotta 进行 Tomcat 的 session 共享，其效率也远远高于普通的 session 复制。除了与 Tomcat 集成外，Terracotta 还可以与主流的 Java 组件，如 Jetty、Spring 和 EHCache 集成使用。Terracotta 的工作架构如图 2.21 所示。

使用 Terracotta，可以在多个 Java 应用服务器间共享缓存，并且在增加应用服务器时，不会像 Tomcat 那样引起网络风暴，系统负载可以呈线性增长，是一种可靠的负载均衡方案。

注意：Terracotta 是一款企业级的、开源的、JVM 层的集群解决方案，它可以实现诸如分布式对象共享、分布式缓存、分布式 session 等功能，可以作为负载均衡、高可用性的解决方案。

读者可以在 Terracotta 的官方网站 http://terracotta.org/上下载并试用 Terracotta。在 Terracotta 安装完成后，可以参考 Terracotta 自带的几个实例，深入对 Terracotta 的了解。在此，笔者简单介绍两个有代表性的 Terracotta 应用案例。

首先介绍分布式 Cache 的使用。在 Terracotta 中，EHCache 得到了加强，因而具备分布式功能。在 Terracotta 安装目录的 ehcache\samples 子文件夹中，有一个名为 colorcache 的分布式 EHCache 应用示例，该示例由用户指定某一种颜色的名称，并由后台生成这种颜色。生成颜色的初始化时间会比较长，但一旦生成后，这种颜色便会进入缓存，以后再获取相同的颜色时，能很快得到响应。

要正常运行这个示例，首先需要运行 start-sample-server.bat，以启动 Terracotta 服务器，如图 2.22 所示。

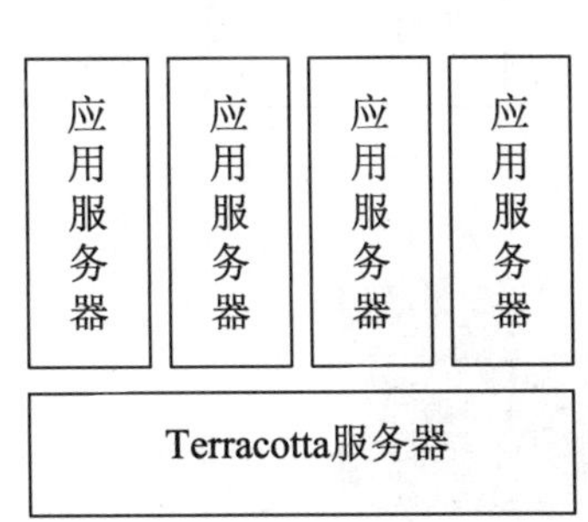

图 2.21　Terracotta 工作架构

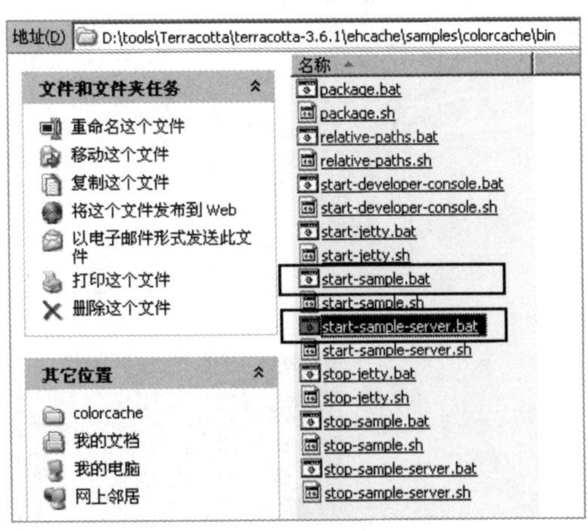

图 2.22　colorcache 示例目录

在 Terracotta 服务器启动后，便可以运行 start-sample.bat，从而启动两个 Web 应用。该批处理程序将在 9081 和 9082 端口启动两个 Web 服务器。当然，这两个 Web 服务器运行在彼此独立的 JVM 中。在程序启动后可以正常访问 http://localhost:9081/colorcache/和 http://localhost:9082/colorcache/两个网页。

访问 http://localhost:9081/colorcache 并获取黑色，由于是第一次申请黑色，因此会等待较长的时间，大约 3.7s 后，颜色创建成功，同时黑色被保存到缓存中，如图 2.23 所示。

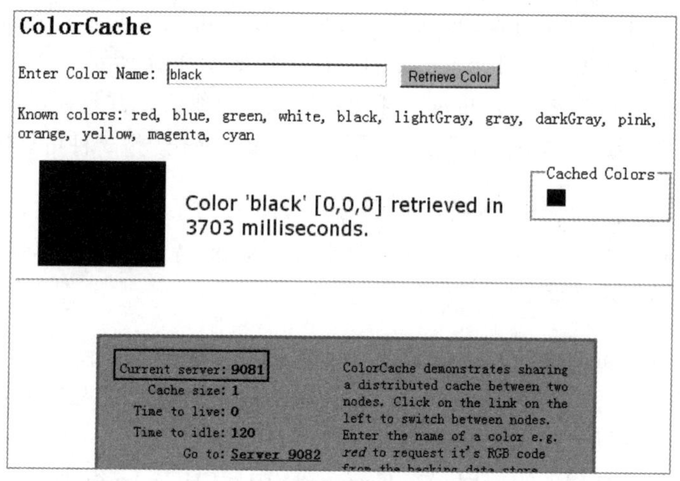

图 2.23　colorcache 示例示意图 1

此时打开 http://localhost:9082/colorcache/(注意它和 9082 运行在两个不同的 JVM 中)，可以发现虽然在 9082 服务器上并没有做过颜色的获取操作，但是在它的缓存中已经存在黑色，如图 2.24 所示。在 9082 服务器上同样尝试获取黑色，操作可以很快完成，这说明缓存生效。

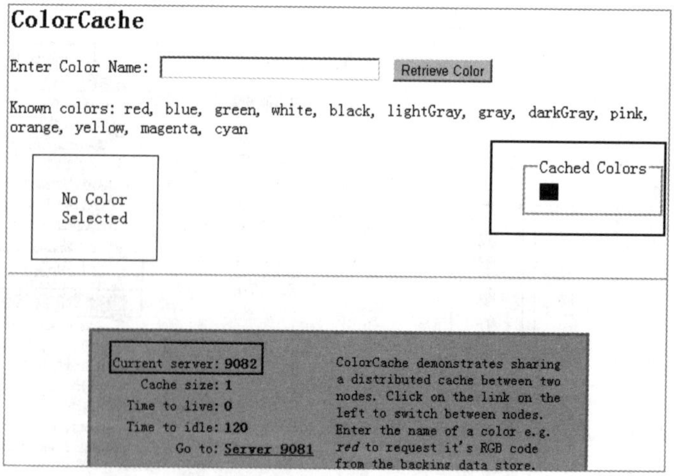

ColorCache

Enter Color Name: Retrieve Color

Known colors: red, blue, green, white, black, lightGray, gray, darkGray, pink, orange, yellow, magenta, cyan

No Color Selected

Cached Colors

Current server: 9082
Cache size: 1
Time to live: 0
Time to idle: 120
Go to: Server 9081

ColorCache demonstrates sharing a distributed cache between two nodes. Click on the link on the left to switch between nodes. Enter the name of a color e.g. red to request it's RGB code from the backing data store.

图 2.24　colorcache 示例示意图 2

通过这个实验可以看到，9081 和 9082 的 Web 服务器通过 Terracotta 服务器共享了同一份缓存。在本例中，Web 应用的缓存配置如下：

```
<?xml version="1.0" encoding="UTF-8"?>

<ehcache name="ColorCache">
  <defaultCache
      maxElementsInMemory="10000"
      eternal="false"
      timeToIdleSeconds="120"
      timeToLiveSeconds="120"
      overflowToDisk="true"
      diskSpoolBufferSizeMB="30"
      maxElementsOnDisk="10000000"
      diskPersistent="false"
      diskExpiryThreadIntervalSeconds="120"
      memoryStoreEvictionPolicy="LRU"/>
  <cache name="colors"
          maxElementsInMemory="100"
          maxElementsOnDisk="0"
          eternal="false"
          timeToIdleSeconds="120"
          timeToLiveSeconds="0"
          memoryStoreEvictionPolicy="LFU">
    <terracotta/>
  </cache>
  <terracottaConfig url="localhost:9510"/>
</ehcache>
```

该缓存是前文介绍的 EHCache 缓存的分布式形态，在配置文件最后指定了缓存服务器地址。在程序中使用分布式缓存的方法也很简单，与前文介绍的 EHCache 几乎相同，具体代码如下：

```
private static final CacheManager  cacheManager  = new CacheManager();
  private Ehcache getCache() {
    return cacheManager.getEhcache("colors");         //与配置文件中的名称一样
  }

  public Color getColor(String name) {
    Element elem = getCache().get(name);              //从分布式缓存中获取数据
    if (elem == null) {                               //如果不存在，则新建颜色
      Color color = colorDatabase.getColor(name);
      if (color == null) { return null; }
      getCache().put(elem = new Element(name, color)); //将颜色放入缓存中
    }
    return (Color) elem.getValue();
  }
```

Terracotta 的另一个重要应用是 session 共享。在 Terracotta 安装目录的 sessions\samples\cart 子文件夹内有 session 共享的示例。与 colorcache 示例一样，首先需要启动 Terracotta 服务器，接着启动两个 Web 应用程序，分别运行在 9081 和 9082 端口上。两个 Web 服务器在彼此独立的 JVM 虚拟机中运行。

打开 http://localhost:9081/Cart/，选择要购买的商品，这里选择了 X-files movie 和 NIN CD，如图 2.25 所示。

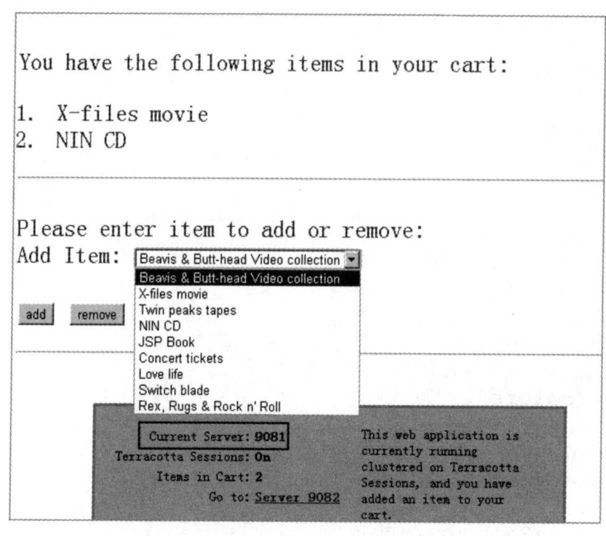

图 2.25 共享 session 示例示意图 1

这些数据保存在 Web 服务器的 session 中。接着打开 http://localhost:9082/Cart/，虽然从未在 9082 服务器上做过任何选择操作，但是 9082 服务器的返回数据和 9081 完全一致，如图 2.26 所示。

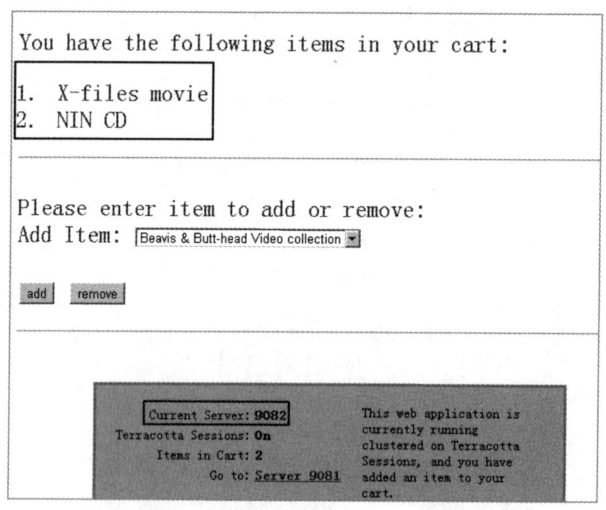

图 2.26 共享 session 示例示意图 2

这表明两个 Web 应用通过 Terracotta 服务器，完全共享了 session。使用 Terracotta 在不同 Web 服务器间共享 session，只需要做一些简单的配置即可，例如在 web.xml 中加入 Terracotta 过滤器。以下代码片段便在配置文件中指定了 Terracotta 服务器的地址。

```
<filter>
  <filter-name>terracotta-filter</filter-name>

<filter-class>org.terracotta.session.TerracottaJetty61xSessionFilter</f
ilter-class>

  <init-param>
    <param-name>tcConfigUrl</param-name>
    <param-value>localhost:9510</param-value>
  </init-param>
</filter>

<filter-mapping>
  <filter-name>terracotta-filter</filter-name>
  <url-pattern>/*</url-pattern>
  <dispatcher>ERROR</dispatcher>
  <dispatcher>INCLUDE</dispatcher>
  <dispatcher>FORWARD</dispatcher>
  <dispatcher>REQUEST</dispatcher>
</filter-mapping>
```

在使用时，分布式 session 对于应用是透明的。以下代码片段显示了在 JSP 中访问分布式 session 的方法。

```
<%
  cart.processRequest(request);

  // 为了在集群中更新数据，需要在每个请求中更新 session 中的属性
  session.setAttribute("cart", cart);
%>
```

2.2.6 时间换空间

系统的资源是有限的，为了在有限的资源内达成某些特定的性能目标，需要使用时间换空间或者空间换时间的方法。

时间换空间通常用于嵌入式设备或者内存、硬盘空间不足的情况，通过牺牲 CPU 性能的方式，获得原本需要更多内存或硬盘空间才能完成的工作。

下例是一个非常简单的时间换空间的算法，实现了 a、b 两个变量的值交换。交换两个变量最常用的方法是使用一个中间变量，而引入额外的变量意味着要使用更多的空间。采用下面的方法，可以免去中间变量，并且达到变量交换的目的，其代价是引入了更多的 CPU 运算。

```
a=a+b;
b=a-b;
a=a-b;
```

另一个较为有用的例子是对无符号整数的支持。在 Java 语言中，不支持无符号整数，

当需要无符号的 byte 时，需要使用 short 代替，这也意味着对空间的浪费。下例使用位运算模拟无符号 byte。虽然在取值和设值过程中需要更多的 CPU 运算，但是却可以大大降低对内存空间的需求。

```
public class UnsignedByte {
    public short getValue(byte i) {          //将 byte 转为无符号的数字
        short li = (short) (i & 0xff);
        return li;
    }

    public byte toUnsignedByte(short i) {  //将 short 转为无符号 byte
        return (byte) (i & 0xff);
    }

    public static void main(String args[]) {
        UnsignedByte ins = new UnsignedByte();
        short[] shorts=new short[256];      //声明一个 short 数组
        for(int i=0;i<shorts.length;i++)    //数值不能超过无符号 byte 的上限
            shorts[i]=(short)i;
        byte[] bytes=new byte[256];         //使用 byte 数组替代 short 数组
        for(int i=0;i<bytes.length;i++)
            //将 short 数组的数据存到 byte 数组中
            bytes[i]=ins.toUnsignedByte(shorts[i]);
        for(int i=0;i<bytes.length;i++)
            //从 byte 数组中取出无符号的 byte
            System.out.print(ins.getValue(bytes[i])+" ");
    }
}
```

注意：性能优化的关键在于掌握各部分组件的性能平衡点。如果系统 CPU 资源有空闲，但是内存使用紧张，便可以考虑使用时间换空间的策略，以达到整体性能的改良。反之，CPU 资源紧张，而内存资源有空闲，则可以使用空间换时间的策略，从而提升整体性能。

2.2.7 空间换时间

与时间换空间的方法相反，空间换时间则是尝试使用更多的内存或者磁盘空间换取 CPU 资源或者网络资源等，通过增加系统的内存消耗，来加快程序的运行速度。

这种方法的典型应用就是缓存。缓存是一块额外的系统内存区，如果没有缓存，程序依然可以正常工作。一般情况下，缓存中总是保存那些来之不易的数据，即重新取得这些数据会花费大量的资源和时间，而通过缓存这块额外的内存，避免了频繁的资源消耗，加快了程序的运行速度。

空间换时间是一种软件设计思路，除了缓存外，在一些算法中也可以使用这样的技术。以下代码是典型的空间换时间排序方法：

```
public class SpaceSort {
    public static int arrayLen = 1000000;

    public static void main(String[] args) {
        int[] a = new int[arrayLen];
        int[] old = new int[arrayLen];
        Map<Integer, Object> map = new HashMap<Integer, Object>();
        int count = 0;
        while (count < a.length) {                //初始化数组数据
            int value = (int) (Math.random() * arrayLen * 10) + 1;
            if (map.get(value) == null) {
                map.put(value, value);
                a[count] = value;
                count++;
            }
        }
        //这里只是为了保存原有数组
        System.arraycopy(a, 0, old, 0, a.length);
        long start = System.currentTimeMillis();
        Arrays.sort(a);
        System.out.println("Arrays.sort spend:"+ (System.currentTimeMillis()
 - start) + " ms");
        System.arraycopy(old, 0, a, 0, old.length);    //恢复原有数据
        start = System.currentTimeMillis();
        spaceToTime(a);
        System.out.println("spaceToTime spend:"+ (System.currentTimeMillis()
 - start) + " ms");
    }

    public static void spaceToTime(int[] array) {
        int i = 0;
        int max = array[0];
        int l = array.length;
        for (i = 1; i < l; i++)
            if (array[i] > max)                    //找出最大值
                max = array[i];
        int[] temp = new int[max + 1];             //分配临时空间
        for (i = 0; i < l; i++)
            temp[array[i]] = array[i];             //以索引下标来标识数字大小
        int j = 0;
        int max1 = max + 1;
        for (i = 0; i < max1; i++) {               //线性复杂度
            if (temp[i] > 0) {
                array[j++] = temp[i];
            }
        }
    }
}
```

本例中，函数 spaceToTime()实现了数组的排序。它不计空间成本，以数组的索引下标来表示数据大小，因此避免了数字间的相互比较。这是一种典型的空间换时间的思路。

在本例中，如果对 100 万个数据进行排序（使用 JVM 参数-Xmx512m -Xms512m 运行程序），在笔者的计算机上输出结果如下：

```
Arrays.sort spend:250 ms
spaceToTime spend:125 ms
```

可以看到，在本例中 spaceToTime()的速度优于 JDK 自带的数组排序方法。但是需要指出的是，这并不表示对任何规模的数组排序，spaceToTime()都优于 Arrays.sort()。如果数组中元素不多，或者当前 CPU 的运算能力很强，那么 Arrays.sort()方法的执行速度并不会比 spaceToTime()慢。相反，如果 CPU 运算能力较弱，那么这种以空间换取计算资源的方法会取得相对较好的效果。

2.3 小　　结

本章主要介绍了一些比较重要的与性能相关的设计模式、性能组件和优化方法。其中，重点阐述了单例模式、代理模式、享元模式、装饰者模式、观察者模式、值对象模式和业务代理模式的结构、使用方法与实现细节；在性能优化组件中，详细介绍了缓冲、缓存和对象池等常用组件；对于性能优化的基本方法，介绍了负载均衡的作用与实现，以及时间换空间和空间换时间的思想。

第 3 章　Java 程序优化

本章主要介绍在代码层面优化 Java 应用程序的方法。与设计优化相比，程序级别的优化更具技巧性。高效而精炼的代码、正确的函数使用方法和优良的软件开发习惯也对应用程序的整体性能有着决定性的影响。可以说，代码层面的优化是每个程序员的必修课，自始至终贯穿于整个软件的编码过程中。

本章涉及的主要知识点有：

- Java 语言中的字符串优化，以及如何更高效地使用字符串；
- Vector 和 ArrayList 等核心数据结构的优化方法；
- 在 Java 语言中使用 NIO 提高 I/O 性能，摆脱最大堆束缚；
- Java 中的引用类型及其使用方法；
- 一些有助于提高系统性能的技巧。

3.1　字符串优化处理

字符串是软件开发中最为重要的对象之一。通常，字符串对象或者其等价对象（如 char 数组）在内存中总是占据了最大的空间块，因此如何高效地处理字符串必将是提高系统整体性能的关键所在。

3.1.1　String 对象及其特点

String 对象是 Java 语言中重要的数据类型，但它并不是 Java 的基本数据类型。在 C 语言中，对字符串的处理通常的做法是使用 char 数组，但这种方式的弊端是显而易见的，即数组本身无法封装字符串操作所需要的基本方法。而在 Java 语言中，String 对象可以认为是 char 数组的延伸和进一步封装。图 3.1 展示了 Java 6 中 String 类的基本实现方式，它主要由 3 部分组成，即 char 数组、偏移量和 String 的长度。char 数组表示 String 的内容，它是 String 对象所表示字符串的超集。String 的真实内容还需要由偏移量和长

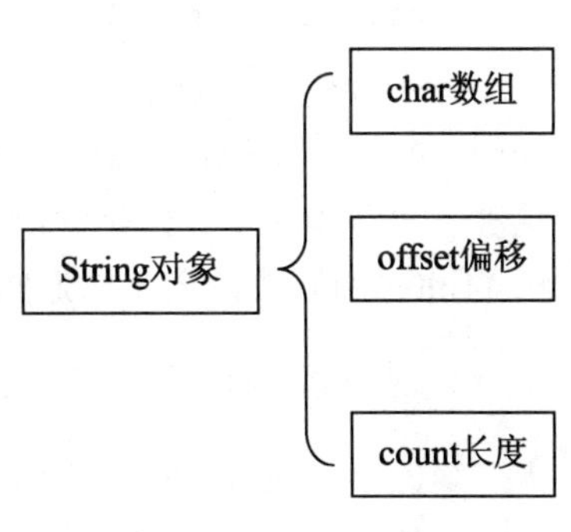

图 3.1　String 对象内部结构

度在这个 char 数组中进行定位和截取。理解这点很重要，这将有助于更好地了解后续章节中阐述的有关 Java 6 中 String.substring()方法导致的内存泄漏问题。

在 JDK 6 之后的版本中，String 的结构和实现有了优化，去掉了 offset 和 count 字段，只保留了 char 数组，并使 char 数组的内容严格等于 String 的内容，无须再进行计算。

在 Java 语言中，Java 的设计者对 String 对象进行了大量的优化，主要表现在以下 3 个方面（同时这也是 String 对象的 3 个基本特点）：

- 不变性；
- 针对常量池的优化；
- 类的 final 定义。

1. 不变性

不变性是指 String 对象一旦生成，则不能再对它进行修改。String 的这个特性可以泛化成不变（immutable）模式，即一个对象的状态在对象被创建之后就不再发生变化。不变模式的主要作用在于当一个对象需要被多线程共享，并且访问频繁时，可以省略同步和锁等待的时间，从而大幅提高系统性能。

注意： 不变模式是一个可以提高多线程程序的性能，并且降低多线程程序复杂度的设计模式。详细的内容可以参考 4.1.4 节。

2. 针对常量池的优化

针对常量池的优化是指，当两个 String 对象拥有相同的值时，它们只引用常量池中的同一个拷贝。当同一个字符串反复出现时，这个技术可以大幅度节省内存空间。例如以下代码：

```
String str1="abc";
String str2="abc";
String str3=new String("abc");
System.out.println(str1==str2);                    //返回 true
System.out.println(str1==str3);                    //返回 false
System.out.println(str1==str3.intern());           //返回 true
```

以上代码显示 str1 和 str2 引用了相同的地址，但是 str3 却重新开辟了一块内存空间，如图 3.2 所示。但即便如此，str3 在常量池中的位置和 str1 是一样的，也就是说，虽然 str3 单独占用了堆空间，但是它所指向的实体和 str1 完全一样。以上示例代码中，最后一行使用了 intern()方法，该方法返回 String 对象在常量池中的引用。

3. 类的final定义

除以上两点外，final 类型定义也是 String 对象的重要特点。作为 final 类的 String 对象在系统中不能有任何子类，这是对系统安全性的保护。同时，对于 JDK 1.5 版本之前的环境，使用 final 定义有助于帮助虚拟机寻找机会内联所有的 final 方法，从而提高系统效率。但这种优化方法在 JDK 1.5 之后的版本中效果并不明显。

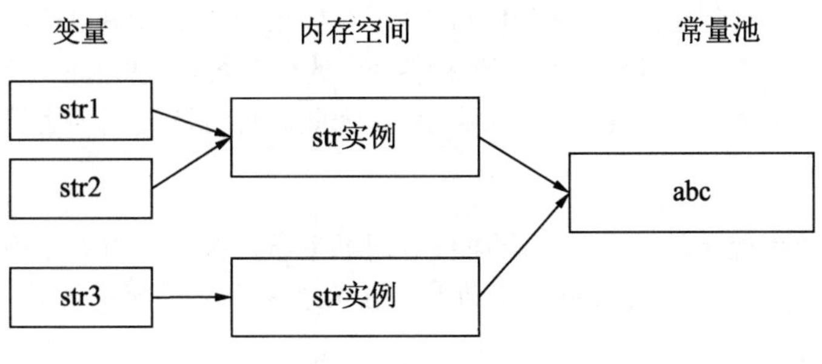

图 3.2　String 内存分配方式

3.1.2　substring()方法的内存泄漏

截取子字符串是字符串操作中最常用的操作之一。在 Java 中，String 类提供了以下两个截取子字符串的方法：

```
public String substring(int beginIndex)
public String substring(int beginIndex, int endIndex)
```

以第 2 个方法为例，它返回原字符串中以 beginIndex 开始，到 endIndex 为止的子字符串。然而，这个方法在 JDK 的实现中存在严重的内存泄漏问题。此方法的源代码（Java 6 代码）如下：

```
    public String substring(int beginIndex, int endIndex) {
if (beginIndex < 0) {
    throw new StringIndexOutOfBoundsException(beginIndex);
}
if (endIndex > count) {
    throw new StringIndexOutOfBoundsException(endIndex);
}
if (beginIndex > endIndex) {
    throw new StringIndexOutOfBoundsException(endIndex - beginIndex);
}
return ((beginIndex == 0) && (endIndex == count)) ? this :
    new String(offset + beginIndex, endIndex - beginIndex, value);
}
```

在方法的最后返回了一个新建的 String 对象。该 String 的构造函数如下：

```
// 包内可见的构造器，通过共享数组内容加速访问
String(int offset, int count, char value[]) {
this.value = value;
this.offset = offset;
this.count = count;
}
```

在源码的注释中说明这是一个包作用域的构造函数，其目的是为了能高效且快速地共享 String 内的 char 数组对象。但在这种通过偏移量来截取字符串的方法中，String 的原生内容 value 数组被复制到新的子字符串中。设想，如果原始字符串很长，截取的字符串长度却很短，那么截取的子字符串中包含原生字符串的所有内容，并占据了相应的内存空间，而仅通过偏移量和长度来决定自己的实际取值。因此这种算法提高了运算速度却浪费了大量的内存空间。

注意： String 的构造函数使用了以空间换时间的策略，浪费了内存空间，却提高了字符串的生成速度。以时间换空间的策略在第 2 章中有详细的讲解。

下面以一个实例来说明该方法的弊端。

```
1    public static void main(String args[]) {
2         List<String> handler = new ArrayList<String>();
3
4         /**
5          * HugeStr 不到 1000 次就会导至内存溢出
6          * 但是 ImprovedHugeStr 不会
7          */
8         for(int i = 0; i < 1000; i++) {
9             HugeStr h = new HugeStr();
10            ImprovedHugeStr h = new ImprovedHugeStr();
11            handler.add(h.getSubString(1, 5));
12        }
13   }
14
15   static class HugeStr {
          //一个很长的 String
16        private String str = new String(new char[100000]);
          //截取字符串，有溢出
17        public String getSubString(int begin, int end) {
18            return str.substring(begin, end);
19        }
20   }
21
22   static class ImprovedHugeStr {
23        private String str = new String(new char[100000]);
          //截取子字符串，并重新生成
24        public String getSubString(int begin, int end) {
              //新的字符串，没有溢出
25            return new String(str.substring(begin, end));
26        }
27   }
```

以上代码中，加粗的第 9 行和第 10 行代码在运行时只取其中一行运行。当使用第 9 行代码时，程序以 Out of Memory 状态结束。跟踪程序在运行时的内存和 GC 执行情况（仅截取执行 Full GC 时的程序状态）如下（由于会频繁执行 minor GC 且效果不大，故略之）：

```
0.092: [Full GC 4630K->3458K(5644K), 0.0126684 secs]
0.110: [Full GC 5802K->5021K(6924K), 0.0093096 secs]
```

```
0.126: [Full GC 8537K->7561K(9528K), 0.0098269 secs]
0.147: [Full GC 12835K->10686K(14020K), 0.0158579 secs]
0.184: [Full GC 18500K->17328K(20004K), 0.0110777 secs]
0.227: [Full GC 29050K->27683K(31320K), 0.0148773 secs]
0.300: [Full GC 46634K->46634K(50052K), 0.0085240 secs]
0.358: [Full GC 64024K->60502K(65088K), 0.0515105 secs]
0.412: [Full GC 64411K->62456K(65088K), 0.0094682 secs]
0.423: [Full GC 64802K->63628K(65088K), 0.0102764 secs]
0.434: [Full GC 64802K->64214K(65088K), 0.0090615 secs]
0.443: [Full GC 64800K->64602K(65088K), 0.0491839 secs]
0.493: [Full GC 64797K->64602K(65088K), 0.0084064 secs]
0.502: [Full GC 64797K->64797K(65088K), 0.0082052 secs]
0.510: [Full GC 64797K->64797K(65088K), 0.0078465 secs]
```

以上执行 Full GC 的轨迹显示程序所占用的内存不断扩大，直到溢出。虽然 Full GC 不停地工作，但是每次所释放的内存微乎其微，最后两次执行 Full GC 没有释放任何内存。

使用第 10 行代码替代第 9 行代码并运行，程序顺利退出且没有出现 Out of Memory 错误。跟踪系统 GC 情况如下（由于会频繁执行 minor GC 且效果不大，故略之）：

```
0.091: [Full GC 4241K->530K(5252K), 0.0110140 secs]
0.113: [Full GC 4243K->532K(5252K), 0.0080301 secs]
0.132: [Full GC 4245K->534K(5252K), 0.0080876 secs]
0.151: [Full GC 4247K->340K(5252K), 0.0085497 secs]
0.170: [Full GC 4248K->537K(5252K), 0.0094811 secs]
0.193: [Full GC 4251K->540K(5252K), 0.0083455 secs]
0.212: [Full GC 4253K->542K(5252K), 0.0082592 secs]
0.230: [Full GC 4255K->347K(5252K), 0.0090316 secs]
0.251: [Full GC 4257K->546K(5252K), 0.0080918 secs]
0.270: [Full GC 4259K->548K(5252K), 0.0082075 secs]
0.290: [Full GC 4261K->550K(5252K), 0.0084567 secs]
0.309: [Full GC 4263K->355K(5252K), 0.0088137 secs]
0.329: [Full GC 4266K->555K(5252K), 0.0082695 secs]
0.349: [Full GC 4268K->556K(5252K), 0.0081449 secs]
0.367: [Full GC 4269K->558K(5252K), 0.0084583 secs]
0.386: [Full GC 4271K->362K(5252K), 0.0084044 secs]
0.406: [Full GC 4271K->560K(5252K), 0.0082022 secs]
0.425: [Full GC 4273K->561K(5252K), 0.0083505 secs]
0.445: [Full GC 4278K->567K(5252K), 0.0082692 secs]
0.463: [Full GC 4280K->371K(5252K), 0.0088550 secs]
0.483: [Full GC 4279K->568K(5252K), 0.0081097 secs]
0.502: [Full GC 4281K->569K(5252K), 0.0082080 secs]
0.521: [Full GC 4282K->571K(5252K), 0.0080714 secs]
0.539: [Full GC 4089K->377K(5056K), 0.0082108 secs]
0.557: [Full GC 4090K->574K(5056K), 0.0085408 secs]
0.575: [Full GC 4092K->576K(5056K), 0.0083189 secs]
0.594: [Full GC 4094K->578K(5056K), 0.0082849 secs]
```

由执行 Full GC 的轨迹可以看到，每次执行 Full GC 的效果显著，总能将系统的内存消耗量释放到初始状态，可见系统没有出现内存溢出。

上例中，ImprovedHugeStr 能够很好地工作的关键，是因为它使用没有内存泄漏的 String 构造函数重新生成了 String 对象，使得由 substring()方法返回的存在内存泄漏问题的 String 对象失去了所有的强引用，从而被垃圾回收器识别为垃圾对象进行回收，保证了系统内存的稳定。

substring()方法之所以引起了内存泄漏，是因为调用了 String(int offset, int count, char value[])构造函数，此构造函数采用了用空间换时间的策略。但它是一个包内私有的构造函数，也就是说应用程序无法使用它。因此在实际使用时，不用担心它所带来的麻烦。但是，我们依然需要关注 java.lang 包内的对象对它的调用是否会引起内存泄漏。

图 3.3 罗列了所有使用该构造函数的方法，它们都有可能和 substring()方法一样造成潜在的内存泄漏。有兴趣的读者可以自行分析。

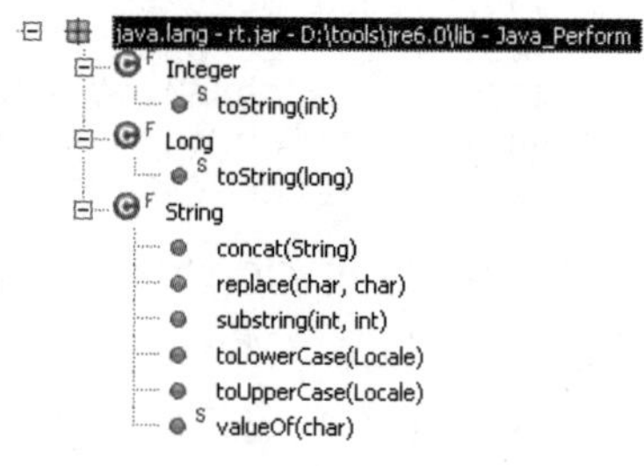

图 3.3　引用 String 包内构造函数的方法

读者需要知道的是，这个问题只存在于 Java 6 及之前的版本中，在之后的 Java 版本中由于 String 的实现有了变化，因此不再存在内存泄漏的问题。以下就是 Java 7 中 String 的一个构造函数的实现：

```
01  public String(char value[], int offset, int count) {
02      if (offset < 0) {
03          throw new StringIndexOutOfBoundsException(offset);
04      }
05      if (count < 0) {
06          throw new StringIndexOutOfBoundsException(count);
07      }
08      // Note: offset or count might be near -1>>>1.
09      if (offset > value.length - count) {
10          throw new StringIndexOutOfBoundsException(offset + count);
11      }
12      this.value = Arrays.copyOfRange(value, offset, offset+count);
13  }
```

可以看到，同样是使用 char 数组、offset 和 count 构造字符串，在新版本的实现中，char 数组 value 不再被复用，而是根据需要将所需部分复制一份（代码中 12 行处），从而避免内存泄漏。

3.1.3　字符串分割和查找

字符串分割和查找也是字符串处理中最常用的方法之一。字符串分割是指将一个原始字符串，根据某个分割符切割成一组小字符串。String 对象的 split()方法便实现了这个功能。

```
public String[] split(String regex)
```

以上代码是 split()方法的原型，它提供了非常强大的字符串分割功能。传入参数可以是一个正则表达式，从而进行复杂逻辑的字符串分割。

例如字符串“a;b,c:d”，分别使用了分号、逗号、冒号分隔各个字符，如果需要将这些分隔符去掉，而只保留字母内容，则只需要使用以下正则表达式即可。

```
"a;b,c:d".split("[;|,|:]");
```

以上代码便将原始字符串分割成 a、b、c、d 四个子串。

由于 split()函数支持正则表达式，因此功能十分强大且灵活，恰当地使用，可以起到事半功倍的效果。但是，就简单的字符串分割功能而言，它的性能表现却不尽人意。

1. 最原始的字符串分割

使用以下代码生成一个 String 对象，并存放在 orgStr 变量中。请读者留意 orgStr 对象，在本节的后续篇幅中，都会使用到这个变量。

```
String orgStr=null;
StringBuffer sb=new StringBuffer();
for(int i=0;i<1000;i++){
    sb.append(i);
    sb.append(";");
}
orgStr=sb.toString();
```

使用 split()方法根据“;”对字符串进行分割，代码如下：

```
for(int i=0;i<10000;i++){
    orgStr.split(";");
}
```

以上代码对原始字符串做了 10 000 次分割，在笔者的计算机上显示，运行时间花费了 3703 ms。是否有更快的方法完成类似的简单字符串分割呢？来看一下 StringTokenizer 类。

注意：String.split()方法使用简单，功能强大，但是在性能敏感的系统中频繁使用这个方法是不可取的。

2. 使用效率更高的StringTokenizer类分割字符串

StringTokenizer 类是 JDK 中提供的专门用来处理字符串分割子串的工具类。它的典型构造函数如下：

```
public StringTokenizer(String str, String delim)
```

其中，str 参数是要分割处理的字符串，delim 参数是分割符号。当一个 StringTokenizer 对象生成后，通过它的 nextToken()方法便可以得到下一个分割的字符串；通过 hasMoreTokens()方法可以知道是否有更多的子字符串需要处理。下面使用 StringTokenizer 完成上例中 split()方法的功能——将 orgStr 根据“;”分割，并循环 10 000 次。

```
StringTokenizer st = new StringTokenizer(orgStr,";");
for(int i=0;i<10000;i++){
    while (st.hasMoreTokens()) {
      st.nextToken();
    }
    st = new StringTokenizer(orgStr,";");
}
```

同样在笔者的计算机上，以上代码的执行时间为 2704ms。即使在这段代码中 StringTokenizer 对象被不断创建并销毁，但其效率仍然明显高于 split()方法。

3．更优化的字符串分割方式

字符串分割是否还有继续优化的余地呢？当然，方法还是有，那就是自己动手完成字符串分割的算法。为了完成这个算法，我们需要使用 String 类的两个方法——indexOf()和 substring()。在前文中已经提到，substring()采用了用时间换取空间的策略，因此执行速度相对会很快，只要处理好内存溢出问题，便可大胆使用。

indexOf()是一个执行速度非常快的方法，其原型如下：

```
public int indexOf(int ch)
```

indexOf()方法返回指定字符在 String 对象中的位置。

下面的代码完全自定义字符串分割算法，并同样对 orgStr 对象进行处理，方法同样执行 10 000 次。

```
String tmp=orgStr;
for(int i=0;i<10000;i++){
while(true){
    String splitStr=null;
        int j=tmp.indexOf(';');                    //找分隔符的位置
        if(j<0)break;                              //没有分隔符存在
        splitStr=tmp.substring(0,j);               //找到分隔符，截取子字符串
        tmp=tmp.substring(j+1);                    //剩下需要处理的字符串
}
tmp=orgStr;
}
```

在笔者的计算机上，以上使用 indexOf()和 substring()的算法仅仅花费了 671ms 便执行完成，其性能远远超过 split()和 StringTokenizer。由这个例子可以说明，indexOf()和 substring()方法的执行速度非常快，很适合作为高频函数使用。

4．3种分割方法的对比与选择

图 3.4 直观地反映了 3 种方法的效率。split()方法功能强大，但是效率最差；StringTokenizer 性能优于 split()方法，因此在能够使用 StringTokenizer 的模块中，就没有必要使用 split()；而完全由自己实现的分割算法性能最好，但相对来说，代码的可读性和系统的可维护性最差，只有当系统性能问题成为主要矛盾时，才推荐使用该方法。在实际的软件开发过程中，开发人员需要在系统的各个方面进行权衡，采用最合适的方法处理问题。

5．高效率的charAt()方法

在上例中提到，indexOf()方法具有很高的效率，适合高频率的调用。和 indexOf()方法相反，String 对象还提供了一个 charAt()方法，其原型如下：

```
public char charAt(int index)
```

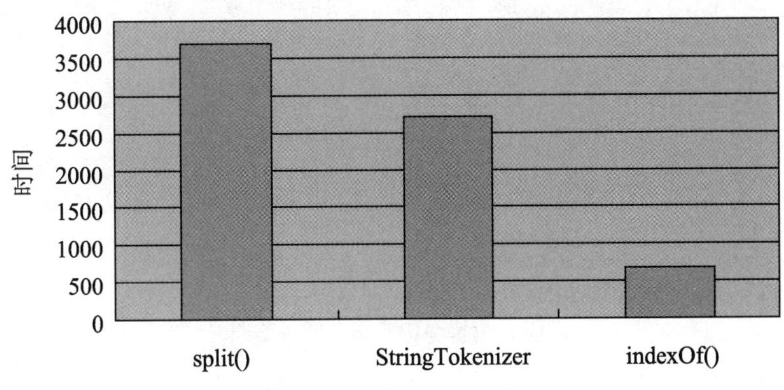

图 3.4　字符串分割性能比较

charAt()方法返回给定字符串的第 index 个字符。它的功能和 indexOf()正好相反，但是它的效率却和 indexOf()一样高。

在软件开发过程中经常会遇到这样的问题：判断一个字符串的开始和结束子串是否等于某个子串。例如，判断字符串 str 是否以 Java 开头，通常的做法是可以使用 String 类的 startWith()方法，其原型如下：

```
public boolean startsWith(String prefix)
```

其“孪生方法”判断字符串是否以某个子串结尾：

```
public boolean endsWith(String suffix)
```

但即便是这样的 Java 内置函数，其效率也远远低于 charAt()方法。读者应该还记得前文中的 orgStr 字符串吧！下面以 orgStr 为例，说明 charAt()方法的性能。

下面判断字符串 orgStr 是否以“abc”开始和结束。首先单纯使用 charAt()方法实现：

```
int len=orgStr.length();
if(orgStr.charAt(0)=='a'
        &&orgStr.charAt(1)=='b'
        &&orgStr.charAt(2)=='c');
if(orgStr.charAt(len-1)=='a'
        &&orgStr.charAt(len-2)=='b'
        &&orgStr.charAt(len-3)=='c');
```

其次使用 startsWtih()和 endsWith()方法实现：

```
orgStr.startsWith("abc");
orgStr.endsWith("abc");
```

两段代码分别执行 100 万次后，在笔者的计算机上，第一段代码耗时约 15ms，第二段代码耗时约 32ms，如图 3.5 所示。因此，在性能敏感的系统中，使用 charAt()方法是一个不错的选择。

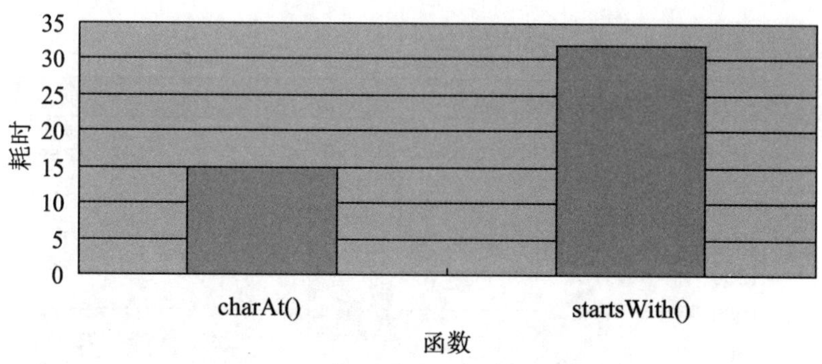

图 3.5　charAt()方法性能示意图

3.1.4　StringBuffer 和 StringBuilder

由于 String 对象是不可变对象，因此在需要对字符串进行修改时（如字符串连接、替换），String 对象总是会生成新的对象，所以其性能相对较差。为此，JDK 专门提供了用于创建和修改字符串的工具，这就是 StringBuffer 和 StringBuilder 类。

1. String常量的累加操作

在软件开发过程中，运行时字符串生成也是非常常见的应用。通常，在程序开发时并不能预知字符串的实际取值，因此就需要在程序运行过程中通过拼接的方式动态生成字符串。

在前文提到，String 对象具有不变性，因此，一旦生成 String 对象实例，它就不可能再被改变。因此以下代码会生成几个 String 对象：

```
String result = "String"+ "and"+ "String"+"append";
```

首先，由 String 和 and 两个字符串生成 Stringand 对象，然后依次生成 StringandString 和 StringandStringappend 对象。从理论上来说，这段代码的效率并不高。

为了能高效地动态生成和构建字符串对象，就需要使用 StringBuffer 和 StringBuilder 类。

使用 StringBuilder 类实现上例中的功能，代码如下：

```
StringBuilder result = new StringBuilder();
result.append("String");
result.append("and");
result.append("String");
result.append("append");
```

上面的代码只生成了一个实例 result，并通过 StringBuilder 类的 append()方法向其中追加字符串，其效率应该远远高于前者。

为验证上述结论，我们通过实验对比以上代码的执行速度。将两段代码分别做 5 万次循环，发现前者耗时 0ms，后者耗时 15ms。

实验结果却与预期相反。难道在 Java 中生成 String 对象是如此“廉价”的操作吗？带着这个疑问，借助反编译工具，对第一段代码进行反编译，看看执行时 Java 虚拟机究竟做了些什么。反编译的结果如下：

```
String s = "StringandStringappend";
```

从以上结果可以看到，对于常量字符串的累加，Java 在编译时就做了充分的优化。对于这些在编译时便能确定取值的字符串操作，在编译时就进行了计算，因此在运行时这段代码并没有如想象中那样生成大量的 String 实例，而使用 StringBuffer 的代码反编译后的结果和源代码完全一致。可见，在运行时 StringBuffer 对象和 append()方法都被如实调用，所以第一段代码的效率才会如此之高。

注意：对于静态字符串的连接操作，Java 在编译时会进行彻底的优化，将多个连接操作的字符串在编译时合成一个单独的长字符串。

2. String变量的累加操作

如果在编译时无法确定字符串的取值，那么对这些变量字符串的累加，Java 又会做什么处理呢？考察以下代码：

```
String str1="String";
String str2="and";
String str3="String";
String str4="append";
String result = str1+ str2+ str3+str4;
```

现在将每个字符串都定义到变量中，然后进行累加，这样编译器便无法在运行时确定 result 变量的取值。同样，将这段代码运行 5 万次，平均耗时 16ms。这个性能与 StringBuilder 的性能几乎一样。通过反编译这段代码，得到以下结果：

```
String str1 = "String";
String str2 = "and";
String str3 = "String";
String str4 = "append";
String s =
 (new StringBuilder(String.valueOf(str1))).append(str2).append(str3).
append(str4).toString();
```

可以看到，对于变量字符串的累加，Java 也做了相应的优化操作，使用了 StringBuilder 对象来实现字符串的累加。所以，这段代码的性能和直接使用 StringBuilder 类的性能几乎一样。

注意：Java 在编译时，会对字符串处理进行一定的优化。因此，一些看起来很慢的代码，可能实际上并不会太慢。

3．构建超大的String对象

由以上两节内容可知，在代码实现中直接对 String 对象做的累加操作会在编译时被优化，因此其性能比理论值好很多。但是，笔者仍然建议在代码实现中显式地使用 StringBuilder 或者 StringBuffer 对象来提升程序的性能，而不是依靠编译器对程序进行优化。

下面来看一个长字符串连接的例子。

代码段 A：

```
for(int i=0;i<10000;i++){
    str=str+i;
}
```

代码段 B：

```
for(int i=0;i<10000;i++){
    result=result.concat(String.valueOf(i));
}
```

代码段 C：

```
StringBuilder sb=new StringBuilder();
for(int i=0;i<10000;i++){
    sb.append(i);
}
```

以上 3 个代码段 A、B、C 都进行了长字符串的连接操作。其中，代码段 A 使用字符串的加法，如前文所述，此操作将会被优化为 StringBuilder 的等价实现；代码段 B 使用了 String 的 concat()方法进行字符串的连接；代码段 C 直接使用了 StringBuilder 类。同时，所有的代码段都被设定为 1 万次循环。在同等条件下，代码段 A 耗时 1062ms，代码段 B 耗时 360ms，代码段 C 耗时 0ms。这说明直接使用 StringBuilder 的实现方式执行时间不到 1ms，和代码段 A 相比，速度快了 1000 倍。

这里自然就产生了一个疑问，既然代码段 A 也是使用 StringBuilder 实现，为何性能会如此不尽人意呢？通过反编译代码段 A，得到以下结果：

```
for(int i = 0; i < CIRCLE; i++)
    str = (new StringBuilder(String.valueOf(str))).append(i).toString();
```

以上反编译代码显示，虽然 String 的加法运行被编译成 StringBuilder 的实现，但在这种情况下，编译器并没有做出足够“聪明”的判断，每次循环都生成了新的 StringBuilder 实例，从而大大降低了系统的性能。这和代码段 C 始终只维护一个 StringBuilder 实例相比，自然相形见绌了。

这个例子表明：String 的加法操作虽然会被优化，但编译器显然不够“聪明”，因此对于 String 操作，类似于“+”和“+=”的运算符应该尽量少用；其次，String 的 concat()方法的效率远远高于“+”和“+=”运算符，但是又远远低于 StringBuilder 类。

4．StringBuilder和StringBuffer的选择

StringBuilder 和 StringBuffer 是一对“孪生兄弟”，虽然在前文中几乎所有的实验都

使用了 StringBuilder，但如果读者自己尝试使用 StringBuffer 替代，也会得到类似的结果。它们的类层次如图 3.6 所示。

它们都实现了 AbstractStringBuilder 抽象类，拥有几乎相同的对外接口。两者的最大不同在于，StringBuffer 几乎对所有的方法都做了同步，而 StringBuilder 并没有做任何同步。

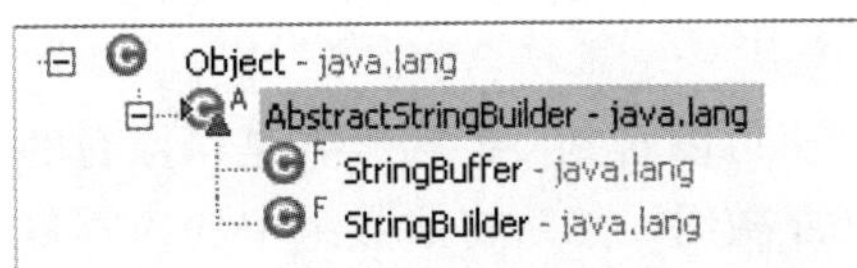

图 3.6　StringBuilder 和 StringBuffer 的关系

由于方法同步需要消耗一定的系统资源，因此 StringBuilder 的效率也高于 StringBuffer。但是在多线程系统中，StringBuilder 无法保证线程的安全，不能使用。

StringBuffer 和 StringBuilder 的性能对比参见以下代码，其中加粗的部分只取一行运行。分别对两者进行追加操作循环 50 万次，结果是 StringBuffer 耗时 172ms，StringBuilder 相对耗时 125ms。可见，非同步的 StringBuilder 拥有更高的效率。

```
StringBuffer sb=new StringBuffer();          //加粗的两行代码只取其中一行运行
StringBuilder sb=new StringBuilder();
for(int i=0;i<500000;i++){
    sb.append(i);
}
```

注意： *在无须考虑线程安全的情况下可以使用性能相对较好的 StringBuilder，但若系统有线程安全要求，则只能选择 StringBuffer。*

5. 容量参数

无论是 StringBuilder 还是 StringBuffer，在初始化时都可以设置一个容量参数，对应的构造函数如下：

```
public StringBuilder(int capacity)
public StringBuffer(int capacity)
```

在不指定容量参数时，默认是 16 个字节，capacity 参数指定 StringBuilder 和 StringBuffer 的初始大小。

下面的代码实现字符串的追加操作。

```
AbstractStringBuilder(int capacity) {
    value = new char[capacity];
}
```

在追加字符串时，如果需要容量超过实际的 char 数组长度，则需要进行扩容。扩容函数在 AbstractStringBuilder 中的定义如下：

```
void expandCapacity(int minimumCapacity) {
int newCapacity = (value.length + 1) * 2;            //容量翻倍
    if (newCapacity < 0) {
        newCapacity = Integer.MAX_VALUE;
    } else if (minimumCapacity > newCapacity) {
```

```
        newCapacity = minimumCapacity;
    }
        value = Arrays.copyOf(value, newCapacity);      //数组复制
    }
```

可以看到，扩容策略是将原有的容量大小翻倍，以新的容量申请内存空间，建立新的 char 数组，然后将原数组中的内容复制到新的数组中。因此，对于大对象的扩容会涉及大量的内存复制操作。如果能够预先评估 StringBuilder 的大小，则能够有效地减少这些操作，从而提高系统的性能。

```
StringBuffer sb=new StringBuffer(5888890); //加粗的两行代码只取其中一行运行
StringBuilder sb=new StringBuilder(5888890);
for(int i=0;i<500000;i++){
    sb.append(i);
}
```

以上代码和 3.1.4 小节中的“4. StringBuilder 和 StringBuffer 的选择”中的代码类似，但是增加了有效的容量参数，以避免频繁地内存复制。测试后显示，StringBuffer 相对耗时 78ms，StringBuilder 相对耗时 46ms，均远远小于没有指定容量参数时的 172ms 和 125ms。

3.1.5 CompactStrings 优化字符串存储

在 Java 中，字符串是使用 UTF-16 存储的，这也意味着每一个字符都需要两个字节存储。如果系统中的大部分字符串都是 ASCII 码字符，那么使用两个字节显然就有些浪费空间。于是，在 JDK 9 中就引入了对字符串的压缩优化，即-XX:+CompactStrings。这个优化默认是打开的。也就是说，系统默认会使用压缩字符，以尽量节省空间。如果我们能预知系统将会分配并使用大量非 ASCII 码字符，则可以使用-XX:-CompactStrings 关闭这个优化（对于非 ASCII 码字符来说，如果总是需要 2 个字节，那么这个优化就没有意义了）。

下面的代码展示了这个优化的效果。

```
public class StringCompact {
    static List<String> strings = new ArrayList<>();
    public static void main(String[] args) {
        int i = 0;
        for(;;i++) {
            strings.add(UUID.randomUUID().toString());
            if(i%10000==0) {
                System.out.println(i);
            }
        }
    }
}
```

上述代码生成了大量的随机字符串，并且将当前的数量打印出来。由于程序并没有释放这些字符串，因此必然会因为 OOM 而结束。不过在程序退出前会打印数据，使我们可以预估生成的随机字符串的数量。

笔者使用 JDK 10 测试上述代码，首先关闭 CompactStrings，采用如下虚拟机参数：

```
-Xmx64m -XX:-CompactStrings
```

最终结果显示，数字停留在 540 000，也就是说大约产生了 540 000 多个字符串。

接着使用如下参数再次进行测试：

```
-Xmx64m -XX:+CompactStrings
```

最终结果停留在 760 000。

很明显，打开 CompactStrings 优化后，系统的内存使用率有了较大的提升。

3.2　核心数据结构

为方便开发人员进行程序开发，JDK 提供了一组主要的数据结构，如 List、Map 和 Set 等常用结构。这些结构都继承自 java.util.Collection 接口，并位于 java.util 包内。本节主要讨论这些数据结构的使用方法和优化技巧。

3.2.1　List 接口

List 是重要的数据结构之一。在本节中主要探讨最为常见也是最重要的 3 种 List 实现，即 ArrayList、Vector 和 LinkedList，其类族如图 3.7 所示。

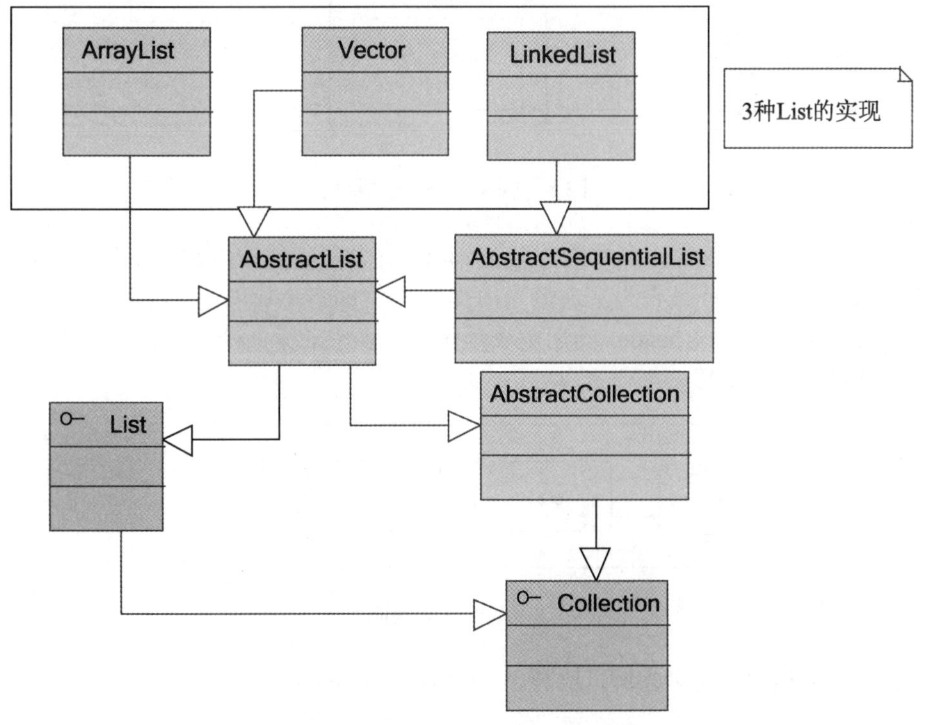

图 3.7　JDK 中的 List 类族

可以看到，3 种 List 均来自 AbstractList 的实现，而 AbstractList 直接实现了 List 接口，并扩展自 AbstractCollection。

在这 3 种不同的实现方式中，ArrayList 和 Vector 使用了数组。可以认为 ArrayList 或者 Vector 封装了对内部数组的操作，例如向数组中添加、删除、插入新的元素或者数组的扩展和重定义。对 ArrayList 或者 Vector 的操作，等价于对内部对象数据的操作。

注意：ArrayList 和 Vector 几乎使用了相同的算法，它们的唯一区别可以认为是对多线程的支持。ArrayList 没有对任何一个方法做线程同步，因此不是线程安全的；Vector 中的绝大部分方法都做了线程同步，是一种线程安全的实现方式。虽然 ArrayList 和 Vector 的性能特性相差无几，从理论上说，没有实现线程同步的 ArrayList 要稍好于 Vector，但实际表现并不是非常明显。在本节的后续讲解中，均以 ArrayList 为例。

LinkedList 使用了循环双向链表数据结构。与基于数组的 List 相比，这是两种截然不同的实现技术，这也决定了它们将适用于完全不同的工作场景。

LinkedList 链表由一系列表项连接而成。一个表项包含 3 部分，即元素内容、前驱表项和后驱表项，如图 3.8 所示。

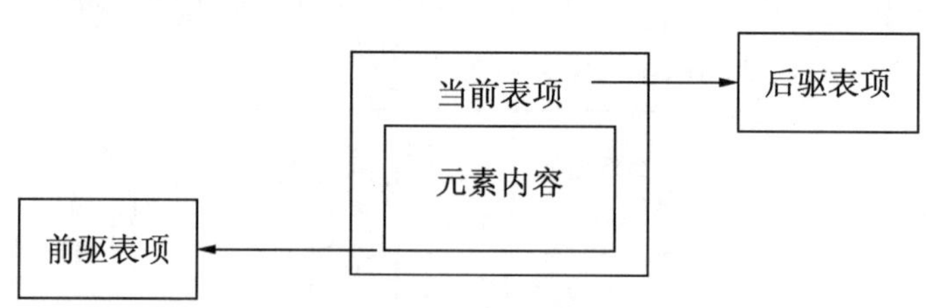

图 3.8　LinkedList 表项结构

图 3.9 展示了一个包含 3 个元素的 LinkedList 各个表项间的连接关系。在 JDK 的实现方式中，无论 LinkedList 是否为空，链表内都有一个 header 表项，它既表示链表的开始，也表示链表的结尾。表项 header 的后驱表项便是链表中的第一个元素，表项 header 的前驱表项便是链表中的最后一个元素。

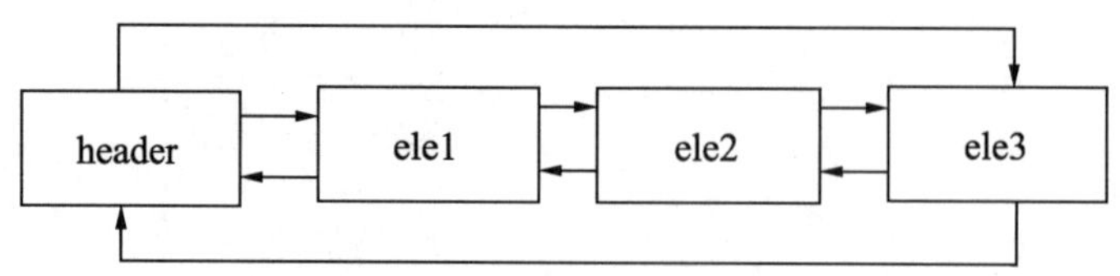

图 3.9　LinkedList 表项间的关系

下面以增加和删除元素为例，比较 ArrayList 和 LinkedList 的不同之处。

1. 增加元素到列表尾端

在 ArrayList 中增加元素到列表尾端的代码如下：

```
public boolean add(E e) {
    ensureCapacity(size + 1);                  //确保内部数组有足够的空间
    elementData[size++] = e;                   //将元素加入数组的末尾，完成添加
    return true;
}
```

ArrayList 中 add()方法的性能取决于 ensureCapacity()方法。ensureCapacity()方法的实现代码如下：

```
public void ensureCapacity(int minCapacity) {
modCount++;
int oldCapacity = elementData.length;
if (minCapacity > oldCapacity) {                    //如果数组容量不够，进行扩容
   Object oldData[] = elementData;
   int newCapacity = (oldCapacity * 3)/2 + 1; //扩容到原始容量的 1.5 倍
   if (newCapacity < minCapacity)              //如果新容量小于最小需要的容
                                               //量，则使用最小需要的容量大小
    newCapacity = minCapacity;
                                               //进行扩容的数组复制
   elementData = Arrays.copyOf(elementData, newCapacity);
}
}
```

可以看到，只要 ArrayList 的当前容量足够大，add()操作的效率就非常高。

只有当 ArrayList 对容量的需求超过当前数组的大小时，才需要进行扩容。扩容过程中会进行大量的数组复制操作，而数组复制时，最终将会调用 System.arraycopy()方法，因此 add()操作的效率还是相当高的。

在 LinkedList 中将任意元素增加到队列尾端，会 add()操作实现如下：

```
public boolean add(E e) {
addBefore(e, header);                          //将元素增加到 header 的前面
   return true;
}
```

由图 3.9 可知，header 元素的前驱正是链表中最后一个元素，因此将元素增加到 header 之前，就相当于在链表的最后插入该元素。其中，addBefore()方法的实现代码如下：

```
private Entry<E> addBefore(E e, Entry<E> entry) {
    Entry<E> newEntry = new Entry<E>(e, entry, entry.previous);
    newEntry.previous.next = newEntry;
    newEntry.next.previous = newEntry;
    size++;
    modCount++;
    return newEntry;
   }
```

可见，LinkedList 由于使用了链表的结构，因此不需要维护容量的大小。从这一点上说，它比 ArrayList 有一定的性能优势。然而每次的元素增加都需要新建一个 Entry 对象并

进行更多的赋值操作，在频繁的系统调用中，对性能会产生一定的影响。

分别使用 ArrayList 和 LinkedList 运行以下代码（-Xmx512M -Xms512M）：

```
Object obj=new Object();
for(int i=0;i<500000;i++){                    //循环 50 万次
    list.add(obj);
}
```

使用-Xmx512M -Xms512M 的目的是屏蔽 GC 对程序执行速度测量的干扰。在笔者的计算机上，ArrayList 相对耗时 16ms，而 LinkedList 相对耗时 31ms。可见，不间断地生成新的对象还是占用了一定的系统资源。而因为数组的连续性，因此总是在尾端增加元素，只有在空间不足时才产生数组扩容和数组复制，所以绝大部分的追加操作效率非常高。

注意： 若不使用-Xmx512M -Xms512M 参数，而使用 JVM 的默认堆大小，ArrayList 和 LinkedList 在本次测试中的性能差异会更大（分别相对耗时 78ms 和 266ms）。可见，使用 LinkedList 对堆内存和 GC 的要求更高。

2. 增加元素到列表的任意位置

List 接口除了提供增加元素到 List 的尾端之外，还提供了在任意位置插入元素的方法，其实现方式如下：

```
void add(int index, E element);
```

由于实现上的不同，ArrayList 和 LinkedList 在这个方法上存在一定的性能差异。由于 ArrayList 是基于数组实现的，而数组是一个连续的内存空间，如果在数组的任意位置插入元素，必然导致在该位置后的所有元素都需要重新排列，因此其效率相对会比较低。

是在 ArrayList 中的实现代码如下：

```
public void add(int index, E element) {
if (index > size || index < 0)
    throw new IndexOutOfBoundsException(
     "Index: "+index+", Size: "+size);
ensureCapacity(size+1);
System.arraycopy(elementData, index, elementData, index + 1,
         size - index);
elementData[index] = element;
size++;
}
```

可以看到，每次插入操作都会进行一次数组复制，而这个操作在增加元素到 List 尾端的时候是不存在的。大量的数组重组操作会导致系统性能低下，并且插入的元素在 List 中的位置越靠前，数组重组的开销也越大，因此，尽可能地将元素插入到 List 的尾端附近，有助于提高该方法的性能。

而 LinkedList 此时就显示出了优势，其实现代码如下：

```
    public void add(int index, E element) {
        addBefore(element, (index==size ? header : entry(index)));
    }
```

可见，对于 LinkedList 来说，在 List 尾端插入数据与在任意位置插入数据是一样的，并不会因为插入的位置靠前而导致插入方法性能降低。下面在极端情况下对这个方法进行测试，每次都将元素插入到 List 的最前端，具体实现代码如下：

```
Object obj=new Object();
for(int i=0;i<50000;i++){                    //循环 5 万次
    list.add(0, obj);
}
```

使用 ArrayList 和 LinkedList 分别运行以上代码，ArrayList 相对耗时 1547ms，而 LinkedList 相对耗时 0ms。可见两者在性能上有着本质的差异。

注意：在系统应用中，List 对象如果需要经常在任意位置插入元素，则可以考虑使用 LinkedList 替代 ArrayList。

3．删除任意位置的元素

对于元素的删除，List 接口提供了在任意位置删除元素的方法：

```
public E remove(int index)
```

对于 ArrayList 来说，remove()方法和 add()方法是类似的，在任意位置移除元素后都要进行数组的重组。ArrayList 的实现代码如下：

```
public E remove(int index) {
RangeCheck(index);
modCount++;
E oldValue = (E) elementData[index];
int numMoved = size - index - 1;
if (numMoved > 0)                            //将删除位置后面的元素往前移动一位
    System.arraycopy(elementData, index+1, elementData, index,
            numMoved);
elementData[--size] = null;                  //最后一个位置设置为 null
return oldValue;                             //返回删除的元素
}
```

可以看到，每一次在 ArrayList 的有效元素删除操作后，都要进行数组的重组，并且删除的元素位置越靠前，数组重组时的开销也越大。

```
public E remove(int index) {
    return remove(entry(index));
}
private Entry<E> entry(int index) {
    if (index < 0 || index >= size)
        throw new IndexOutOfBoundsException("Index: "+index+
                                            ", Size: "+size);
    Entry<E> e = header;
    if (index < (size >> 1)) {               //要删除的元素位于前半段
```

```
        for (int i = 0; i <= index; i++)
            e = e.next;
    } else {                                    //要删除的元素位于后半段
        for (int i = size; i > index; i--)
            e = e.previous;
    }
    return e;
}
```

在 LinkedList 的实现方式中，首先通过循环找到要删除的元素。如果要删除的元素位置处于 List 的前半段，则从前往后找；若其位置处于后半段，则从后往前找。因此要删除元素中较为靠前或者靠后的元素都是非常高效的，但要移除 List 中间的元素却几乎要遍历完半个 List，这在 List 拥有大量元素的情况下效率会很低。

下面查看具体的测试数据，所有的操作均在一个拥有 10 万个元素的 List 上进行。分别对 ArrayList 和 LinkedList 从 List 的头部、中间和尾部删除其元素，直到 List 为空。

从 List 头部删除元素的代码如下：

```
while(list.size()>0){
    list.remove(0);
}
```

从 List 的中间删除元素的代码如下：

```
while(list.size()>0){
    list.remove(list.size()>>1);
}
```

从 List 的尾部删除元素的代码如下：

```
while(list.size()>0){
    list.remove(list.size()-1);
}
```

在笔者的计算上，其相对耗时如表 3.1 所示。可以看到，对于 ArrayList，从尾部删除元素时效率很高，符合上文的分析，从头部删除元素时相当费时，而 LinkedList 从头、尾删除元素时效率相差无几级，但是从 List 中间删除元素时性能非常糟糕。

表 3.1　ArrayList和LinkedList删除操作测试

删除位置 / List类型	头　部	中　间	尾　部
ArrayList	6203	3125	16
LinkedList	15	8781	16

4. 容量参数

容量参数是 ArrayList 和 Vector 等基于数组的 List 的特有性能参数，它表示初始化的数组大小。由上文的分析可知，当 ArrayList 所存储的元素数量超过其当前数组的大小时，便会进行扩容。数组的扩容会导致整个数组进行一次内存复制，因此合理的数组大小有助于减少数组扩容的次数，从而提高系统性能。

默认情况下，ArrayList 数组的初始大小为 10，每次扩容将新的数组大小设置为原大小的 1.5 倍。代码如下：

```
public ArrayList() {
    this(10);                                          //默认容量为 10
}
public ArrayList(int initialCapacity) {                //指定容量
    super();
    if (initialCapacity < 0)
         throw new IllegalArgumentException("Illegal Capacity: "+
                                         initialCapacity);
    this.elementData = new Object[initialCapacity];
}
```

ArrayList 提供了一个可以指定初始数组大小的构造函数，其实现代码如下：

```
public ArrayList(int initialCapacity)
```

现以构造一个拥有 100 万元素的 List 为例，当使用默认初始大小时，其消耗的相对时间为 125ms 左右，当直接指定其数组大小为 100 万时，构造相同的 ArrayList 仅相对耗时 16ms。

若指定 JVM 参数-Xmx512M -Xms512M，再进行相同的测试，则使用默认初始大小时相对耗时为 47ms；当指定 ArrayList 初始容量为 100 万时，相对耗时为 16ms。可见，即使通过提升堆内存大小，减少使用初始容量大小时的 GC 执行次数，ArrayList 扩容时的数组复制依然占用了较多的 CPU 时间。

因此，在能有效地评估 ArrayList 数组大小初始值的情况下，指定容量大小对其性能有较大的提升。

5．遍历列表

遍历列表操作也是常用的列表操作之一。在 JDK 1.5 之后，至少有 3 种常用的列表遍历方式：ForEach 操作、迭代器和 for 循环。以下代码实现了这 3 种方式。

```
String tmp;
long start = System.currentTimeMillis();
for (String s : list) {                                //ForEach 操作
    tmp = s;
}
System.out.println("foreach spend:"
        + (System.currentTimeMillis() - start));

start = System.currentTimeMillis();
for (Iterator<String> it = list.iterator(); it.hasNext();) {   //迭代器
    tmp = it.next();
}
System.out.println("Iterator spend;"
        + (System.currentTimeMillis() - start));
```

```
start = System.currentTimeMillis();
int size = list.size();
for (int i = 0; i < size; i++) {                    //for 循环，使用随机访问
    tmp = list.get(i);
}
System.out.println("for spend;" + (System.currentTimeMillis() - start));
```

笔者构造了一个拥有 100 万条数据的 ArrayList 和等价的 LinkedList，并使用以上代码进行测试，测试的相对耗时如表 3.2 所示。

表 3.2　List遍历操作测试结果

List类型	ForEach操作	迭　代　器	for循环
ArrayList	63ms	47ms	31ms
LinkedList	63ms	47ms	∞

可以看到，最简便的 ForEach 循环并没有很好的性能表现，综合性能不如普通的迭代器，而使用 for 循环通过随机访问遍历列表时，ArrayList 的表现很好，但是 LinkedList 的表现却无法让人接受，笔者甚至没有办法等待程序运行结束。这是因为对 LinkedList 进行随机访问时，总会进行一次列表的遍历操作。读者可以参考 3.2.5 小节“RandomAccess 接口”获取更多信息。

笔者使用反编译工具查看本例的测试类，发现 ForEach 循环被解析成如下代码：

```
for(Iterator iterator = list.iterator(); iterator.hasNext();)
{
    String s = (String)iterator.next();
    String s1 = s;                          //多余的赋值
}
```

而迭代器遍历则被解析为如下代码：

```
String s2;
for(Iterator it = list.iterator(); it.hasNext();)
    s2 = (String)it.next();
```

从反编译代码中不难看出，编译器将 ForEach 循环体作为迭代器处理，二者是完全等价的。而且在 ForEach 循环的迭代操作中，又存在一步多余的赋值操作，从而导致 ForEach 循环的性能比直接使用迭代器略差一些。

注意：对于 ArrayList 这些基于数组的实现来说，随机访问的速度是很快的。在遍历这些 List 对象时，可以优先考虑随机访问。但对于 LinkedList 等基于链表的实现，随机访问性能是非常差的，应避免使用。

3.2.2　Map 接口

Map 是非常常用的一种数据结构。在 Java 中，提供了成熟的 Map 实现，最常用的如图 3.10 所示。

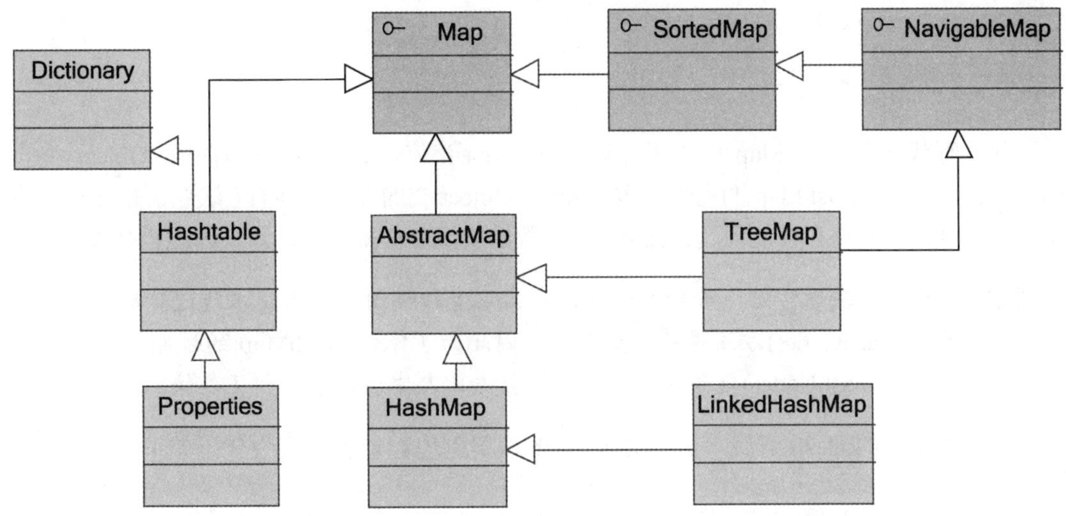

图 3.10 JDK 中的 Map 类族

围绕着Map接口，最主要的实现类有Hashtable、HashMap、LinkedHashMap和TreeMap。在 Hashtable 的子类中，还有 Properties 类的实现。

这里首先值得关注的是 HashMap 和 Hashtable 两套不同的实现方式。两者都实现了 Map 接口，从表面上看它们并没有多少差别，但其内部实现方式上却有着诸多细微的差异。

首先，Hashtable 的大部分方法做了同步，而 HashMap 则没有，因此 HashMap 不是线程安全的；其次，Hashtable 不允许 key 或者 value 使用 null 值，而 HashMap 可以；最后，在内部算法上，它们对 key 的 Hash 算法和 Hash 值到内存索引的映射算法不同。

尽管有着诸多不同，但是这两套实现方式的性能相差无几。在对 Hashtable、HashMap 和同步的 HashMap（使用 Collections.synchronizedMap()方法产生）做 10 万次 get 操作时，其相对耗时分别为 422ms、406ms 和 407ms，可以认为三者并无明显差异。

由于 HashMap 使用的广泛性，下面以 HashMap 为例阐述它的实现原理。

1. HashMap的实现原理

简单地说，HashMap 就是将 key 做 Hash 算法，然后将 Hash 值映射到内存地址上，直接取得 key 所对应的数据。在 HashMap 中，底层数据结构使用的是数组，所谓的内存地址即数组的下标索引。HashMap 的高性能需要保证以下几点：

- Hash 算法必须是高效的；
- Hash 值到内存地址（数组索引）的算法是快速的；
- 根据内存地址（数组索引）可以直接取得对应的值。

首先来看第一点：Hash 算法的高效性。在 HashMap 中，Hash 算法有关的代码如下：

```
int hash = hash(key.hashCode());
public native int hashCode();
```

```
3 static int hash(int h) {
4       h ^= (h >>> 20) ^ (h >>> 12);
5       return h ^ (h >>> 7) ^ (h >>> 4);
6 }
```

第一行代码是 HashMap 中用于计算 key 的 hash 值，它前后分别调用了 Object 类的 hashCode()方法和 HashMap 的内部函数 hash()。Object 类的 hashCode()方法默认是 native 的实现，可以认为不存在性能问题；而 hash()函数的实现全部基于位运算，因此也是高效的。

注意： native 方法通常比一般的方法快，因为它直接调用操作系统本地链接库的 API。由于 hashCode()方法是可以重载的，因此为了保证 HashMap 的性能，需要确保相关的 hashCode()是高效的。而位运算也比算术运算和逻辑运算快。

当取得 key 的 Hash 值后，需要通过 Hash 值得到内存地址，实现代码如下：

```
int i = indexFor(hash, table.length);
static int indexFor(int h, int length) {
    return h & (length-1);
}
```

indexFor()函数通过将 Hash 值和数组长度按位取与直接得到数组索引。

最后由 indexFor()函数返回的数组索引直接通过数组下标便可取得对应的值。数组的直接访问是相当高效的，因此可以认为 HashMap 是高性能的。

2. Hash冲突

虽然上节阐述了在理想情况下 HashMap 的高效性，但我们依然不得不在实际使用中考虑 HashMap 的一些特殊情况，这些情况有可能给 HashMap 带来一定的性能问题。其中，最值得关注的便是 Hash 冲突。如图 3.11 所示，需要存放到 HashMap 中的两个元素 1 和 2，通过 Hash 计算后，发现对应于内存中的同一个地址。此时，HashMap 又会如何处理，以保证数据可以完整存放并正常工作呢？

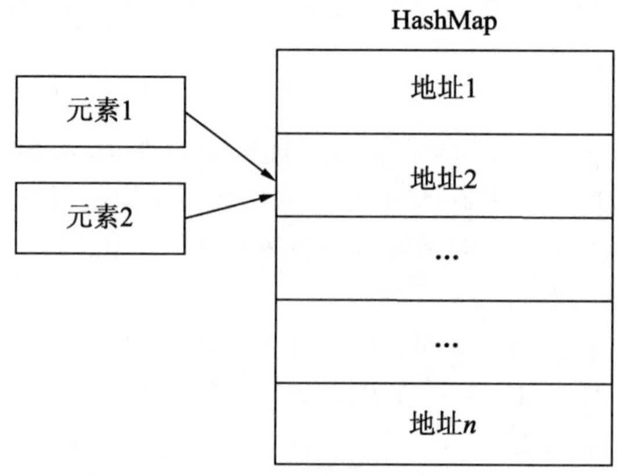

图 3.11 Hash 冲突示意图

要处理好这个问题，需要进一步深入 HashMap。虽然 HashMap 的底层实现使用的是数组，但是数组内的元素并不是简单的值，而是一个 Entry 类的对象。因此，对 HashMap 结构的贴切描述如图 3.12 所示。

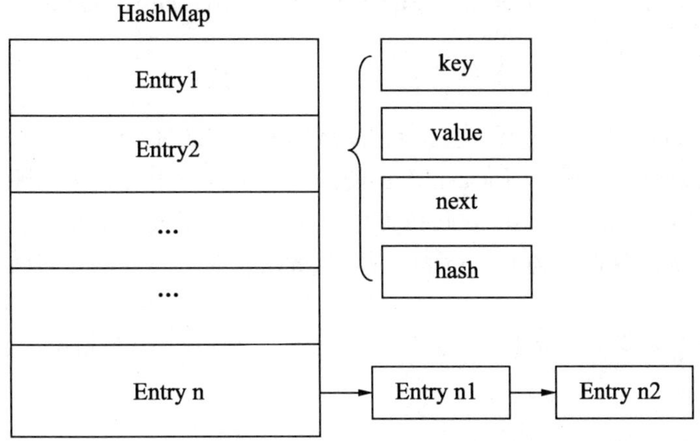

图 3.12　HashMap 表项结构

可以看到，HashMap 的内部维护着一个 Entry 数组，每一个 Entry 表项包括 key、value、next 和 hash 几项。这里需要特别注意其中的 next 部分，它指向了另外一个 Entry。进一步阅读 HashMap 的 put()方法源码可以看到，当 put()操作有冲突时，新的 Entry 依然会被安放在对应的索引下标中，以并替换原有的值。同时，为了保证旧值不丢失，会将新的 Entry 的 next 指向旧值，这便实现了在一个数组索引空间内存放多个值项的目的。因此，HashMap 实际上是一个链表的数组，如图 3.12 所示。以下为 put()方法的源代码：

```
public V put(K key, V value) {
    if (key == null)
        return putForNullKey(value);
    int hash = hash(key.hashCode());
    int i = indexFor(hash, table.length);
    for (Entry<K,V> e = table[i]; e != null; e = e.next) {
        Object k;
        //如果当前的 key 已经存在于 HashMap 中
        if (e.hash == hash && ((k = e.key) == key || key.equals(k))) {
            V oldValue = e.value;                //取得旧值
            e.value = value;
            e.recordAccess(this);
            return oldValue;                     //返回旧值
        }
    }

    modCount++;
    addEntry(hash, key, value, i);               //添加当前的表项到 i 位置
    return null;
}
```

addEntry()方法的实现代码如下：

```
void addEntry(int hash, K key, V value, int bucketIndex) {
    Entry<K,V> e = table[bucketIndex];
    //将新增元素放到 i 位置，并让它的 next 指向旧的元素
    table[bucketIndex] = new Entry<K,V>(hash, key, value, e);
    if (size++ >= threshold)
        resize(2 * table.length);
}
```

基于 HashMap 的这种实现机制，只要 hashCode()和 hash()方法实现得足够好，能够尽可能地减少冲突的产生，那么对 HashMap 的操作几乎等价于对数组的随机访问操作，具有很好的性能。但是，如果 hashCode()或者 hash()方法实现较差，在大量冲突产生的情况下，HashMap 事实上就退化为几个链表，对 HashMap 的操作等价于遍历链表，此时性能很差。

考虑一个在极端情况下的例子。假设类 BadHash 有一个很糟糕的 hashCode()实现，代码如下：

```
public class BadHash{
    double d;
    public BadHash(double d){
        this.d=d;
    }
    @Override
    public int hashCode(){
        return 1;                          //一个糟糕的 hashCode()实现
    }
}
```

类 GoodHash 拥有默认的 hashCode()方法，代码如下：

```
public class GoodHash{
    double d;
    public GoodHash(double d){
        this.d=d;
    }
}
```

分别使用 BadHash 类和 GoodHash 类作为 HashMap 的 key，产生 1 万个对象并将其存入 HashMap 中，执行 get()方法 1 万次。结果 BadHash 类相对耗时为 1297ms，而 GoodHash 类耗时仅为 15ms，这正是随机数据访问和链表遍历的性能差距。

3. 容量参数

除 hashCode()的实现外，影响 HashMap 性能的还有它的容量参数。与 ArrayList 和 Vector 一样，这种基于数组的结构，不可避免地需要在数组空间不足时进行扩展。而数组的重组相对而言较为耗时，因此对其做一定了解有助于优化 HashMap 的性能。

HashMap 提供了两个可以指定初始化大小的构造函数，代码如下：

```
public HashMap(int initialCapacity)
public HashMap(int initialCapacity, float loadFactor)
```

其中，initialCapacity 指定 HashMap 的初始容量，loadFactor 指定其负载因子。初始容量即数组的大小，HashMap 会使用大于等于 initialCapacity 并且是 2 的指数次幂的最小的整数作为内置数组的大小。负载因子又叫作填充比，它是介于 0 和 1 之间的浮点数，它决定了 HashMap 在扩容之前，其内部数组的填充度。默认情况下，HashMap 初始大小为 16，负载因子为 0.75。

负载因子代表的含义如下：

负载因子=元素个数/内部数组总大小

在实际使用中，负载因子也可以设置为大于 1 的数，但如果这样做，HashMap 必然将产生大量冲突，因为这无疑是在尝试往只有 10 个口袋的包里放 15 件物品，必然有几个口袋要放多个物件。因此，通常不会这么使用。

在 HashMap 内部，还维护了一个 threshold 变量，它始终被定义为当前数组总容量和负载因子的乘积，该乘积表示 HashMap 的阈值。当 HashMap 的实际容量超过阈值时，HashMap 便会进行扩容。因此，HashMap 的实际填充率不会超过负载因子。

HashMap 再扩容的代码如下：

```
void resize(int newCapacity) {
    Entry[] oldTable = table;
    int oldCapacity = oldTable.length;
    if (oldCapacity == MAXIMUM_CAPACITY) {
        threhold = Integer.MAX_VALUE;
        return;
    }
    //建立新的数组
    Entry[] newTable = new Entry[newCapacity];
    //将原有数据转到新的数组中
    transfer(newTable);
    table = newTable;
    //重新设置阈值，为新的容量和负载因子的乘积
    threshold = (int)(newCapacity * loadFactor);
}
```

其中，数组迁移逻辑主要在 transfer()函数中实现，该函数的实现代码和注释如下：

```
void transfer(Entry[] newTable) {
    Entry[] src = table;
    int newCapacity = newTable.length;
    //遍历源数组内的所有表项
    for (int j = 0; j < src.length; j++) {
        Entry<K,V> e = src[j];
        //当该表项索引有值存在时，则进行迁移
        if (e != null) {
            src[j] = null;
            do {
                //进行数组迁移，该索引值下有冲突的记录
                Entry<K,V> next = e.next;
```

```
                    //计算该表项在新数组内的索引，并放置到新的数组中
                    //建立新的链表关系
                    int i = indexFor(e.hash, newCapacity);
                    e.next = newTable[i];
                    newTable[i] = e;
                    e = next;
                } while (e != null);
            }
        }
    }
```

很明显，HashMap 的扩容操作会遍历整个 HashMap，因此应该尽量避免该操作发生。设置合理的初始大小和负载因子，可以有效减少 HashMap 扩容的次数。下面以一个实例说明容量参数和负载因子对 HashMap 性能的影响。

对 HashMap 做 10 万次 put()操作，测试代码如下：

```
for(int i=0;i<100000;i++){
    String key=Double.toString(Math.random());
    map.put(key, key);
}
```

对不同的初始容量和负载因子进行测试，结果如表 3.3 所示（单位：ms）。

表 3.3　不同负载因子和容量的HashMap测试结果

负载因子＼容量	16	200 000
0.1	562	547
0.75	563	500
1	500	532

测试函数使用了 String 类作为 key。作为系统对象，它的 hashcode()方法是非常有效的。在这个前提下，当负载因子使用默认的 0.75 直接分配较大的初始空间，可以减少扩容的次数，因此，其性能明显优于较小的内存分配。更进一步查看以上几种情况执行后 HashMap 中表项数组的大小，如表 3.4 所示。

表 3.4　表项数组的大小

负载因子＼容量	16	200 000
0.1	1 048 576	1 048 576
0.75	262 144	262 144
1	131 072	262 144

这里要特别注意，表 3.4 中的数组大小不是 HashMap 的大小，而是 HashMap 表项数组的大小。在本例中，HashMap 的有效元素个数始终是 10 万。由表 3.4 不难看出，当指定初始化大小为 16、负载因子为 1 时，所使用的内存空间最小，只占到负载因子为 0.75 时的一

半。维护一个较小的数组显然可以节省不少的系统资源，因此在本例的 put()操作中，它的性能也不错。但是，在实际使用中必须注意，一个较大的负载因子意味着使用较少的内存空间，而空间越小，越可能引起 Hash 冲突，因此更加需要一个可靠的 hashCode()方法。

注意：HashMap 的性能在一定程度上取决于 hashCode()的实现。一个好的 hashCode()算法，可以尽可能减少冲突，从而提高 HashMap 的访问速度。

4. LinkedHashMap——有序的HashMap

总体上说，HashMap 的性能表现非常不错，因此得到了广泛的使用。但是 HashMap 的一大功能缺点是它的无序性，即在遍历 HashMap 时，其输出是无序的。如果希望元素保持输入时的顺序，则需要使用 LinkedHashMap 替代。

LinkedHashMap 继承自 HashMap，因此它具备 HashMap 的优良特性——高性能。在 HashMap 的基础上，LinkedHashMap 又在内部增加了一个链表，用于存放元素的顺序。因此，LinkedHashMap 可以简单地理解为一个维护了元素次序表的 HashMap。

LinkedHashMap 可以提供两种类型的顺序，一种是元素插入时的顺序，另一种是最近访问的顺序。可以通过以下构造函数指定排序行为：

```
public LinkedHashMap(int initialCapacity,float loadFactor,boolean accessOrder)
```

其中；当 accessOrder 为 true 时，按照元素最后的访问时间排序；当 accessOrder 为 false 时，按照插入顺序排序。默认为 false。

在内部实现中，LinkedHashMap 通过继承 HashMap.Entry 类，实现了 LinkedHashMap. Entry，为 HashMap.Entry 增加了 before 和 after 属性，用于记录某一表项的前驱和后继，并构成循环链表。因此，一个 LinkedHashMap 的 Entry 结构如图 3.13 所示。

如图 3.13 所示，在这种结构中，除了 HashMap 固有的所有功能特性外，每个 Entry 2 表项的 after 指向其后继元素 Entry n，而 Entry n 表项的 before 指向其前驱元素 Entry 2，从而构成一个循环链表。

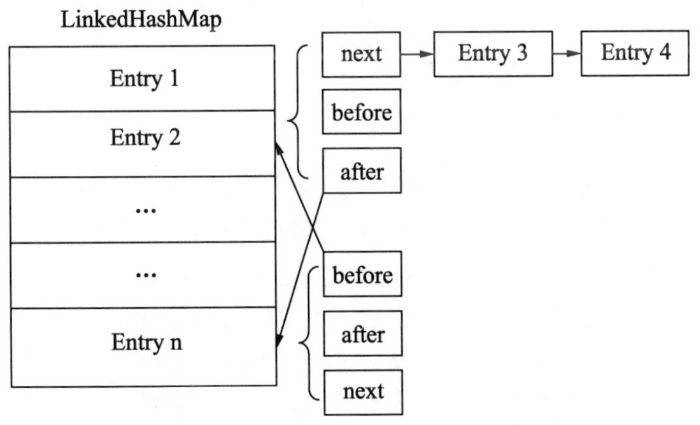

图 3.13　LinkedHashMap 的表项结构图

以下代码展示了 LinkedHashMap 的有序性：

```
map.put("1", "aa");
map.put("2", "bb");
map.put("3", "cc");
map.put("4", "dd");
map.get("3");                            //读取下一个元素
for (Iterator iterator = map.keySet().iterator(); iterator.hasNext();) {
    String name = (String) iterator.next();
     System.out.println(name+"->"+map.get(name));
}
```

当代码中的 map 变量使用 LinkedHashMap 实例运行时（按照输入顺序排序），其输出结果如下：

```
1->aa
2->bb
3->cc
4->dd
```

当代码中的 map 变量使用 HashMap 时，其输出结果如下：

```
3->cc
2->bb
1->aa
4->dd
```

可以看到，LinkedHashMap 在迭代过程中很好地保持了元素输入时的顺序。值得一提的是，LinkedHashMap 还可以根据元素最后的访问时间进行排序，即每当使用 get()方法访问某个元素时，该元素便被移动到链表的尾端。

依然使用以上测试代码，并将 map 设置为按照访问时间排序，代码如下：

```
map=new LinkedHashMap<String, String>(16,0.75f,true);
```

运行程序，结果出人意料，LinkedHashMap 非但没有排序，程序反而抛出了异常并终止运行。异常如下：

```
java.util.ConcurrentModificationException
at java.util.LinkedHashMap$LinkedHashIterator.nextEntry(Unknown Source)
at java.util.LinkedHashMap$KeyIterator.next(Unknown Source)
at javatuning.ch3.map.TestLinkedHashMap.testOutputMap(TestLinkedHashMap.
java:20)
at javatuning.ch3.map.TestLinkedHashMap.testLinkedHashMap(TestLinked
HashMap.java:28)
```

ConcurrentModificationException 异常一般会在集合迭代过程中被修改时抛出。不仅仅是 LinkedHashMap，所有的集合都不允许在迭代器模式中修改集合的结构。一般认为，put()方法和 remove()方法会修改集合的结构，因此不能在迭代器中使用。但是这段代码中并没有出现类似修改集合结构的代码，为何也会发生这样的问题呢？

问题就出在 get()方法上。虽然一般认为 get()方法是只读的，但是当前的 LinkedHashMap 却工作在按照元素访问顺序排序的模式中，get()方法会修改 LinkedHashMap 中的链表结构，以便将最近访问的元素放置到链表的末尾，因此这个操作便引发了这个错误。所以，当 LinkedHashMap 工作在这种模式时，不能在迭代器中使用 get()操作。

注意：不要在迭代器模式中修改被迭代的集合。如果这么做，就会抛出 ConcurrentModificationException 异常。这个特性适用于所有的集合类，包括 HashMap、Vector 和 ArrayList 等。

5．TreeMap——另一种Map的实现

HashMap 通过 Hash 算法可以最快速地进行 put()和 get()操作。TreeMap 则提供了一种完全不同的 Map 实现。从功能上讲，TreeMap 有着比 HashMap 更为强大的功能，它实现了 SortedMap 接口，这意味着它可以对元素进行排序，然而 TreeMap 的性能却略微低于 HashMap。在笔者的测试中，一个拥有 10 万个元素的 TreeMap 比相同大小的 HashMap 性能低了约 25%。

虽然 TreeMap 的性能有所不足，但是如果在开发中需要对元素进行排序，而使用 HashMap 无法实现这种功能，此时 TreeMap 将成为不二的选择。对 TreeMap 的迭代输出将会以元素顺序进行。除此之外，TreeMap 提供的其他有关排序的接口如下：

```
SortedMap<K,V> subMap(K fromKey, K toKey);
SortedMap<K,V> headMap(K toKey);
SortedMap<K,V> tailMap(K fromKey);
K firstKey();
K lastKey();
```

注意：TreeMap 的排序方式和 LinkedHashMap 是不同的。LinkedHashMap 是基于元素进入集合的顺序或者被访问的先后顺序排序，而 TreeMap 则是基于元素的固有顺序（由 Comparator 或者 Comparable 确定）排序。

与 LinkedHashMap 不同，LinkedHashMap 是根据元素增加或者访问的先后顺序进行排序的，而 TreeMap 则根据元素的 key 进行排序。为了确定 key 的排序算法，可以使用下面两种方式指定。

（1）在 TreeMap 的构造函数中注入一个 Comparator，具体实现代码如下：

```
public TreeMap(Comparator<? super K> comparator)
```

（2）使用一个实现了 Comparable 接口的 key。

对于 TreeMap 而言，排序是一个必须要进行的过程，因此要正常使用 TreeMap，一定要通过其中的一种方式将排序规则传递给 TreeMap。如果既不指定 Comparator，又不去实现 Comparable 接口，那么在进行 put()操作时，就会抛出 java.lang.ClassCastException 异常。

TreeMap 的内部实现是基于红黑树的。红黑树是一种平衡查找树，它的统计性能要优于平衡二叉树。它具有良好的最坏情况运行时间，可以在 $O(\log n)$时间内做查找、插入和删除操作，其中，n 表示树中元素的数目。红黑树的算法有些复杂，在本书中不进行详细介绍，有兴趣的读者可以参考相关文献。

下面以一个实例展示 TreeMap 对排序的支持。假设现在需要对学生的成绩进行统计，并以学生的成绩排序，然后通过成绩的范围筛选出符合条件的学生，并查看这些学生的详细信息。这样的功能仅使用 HashMap 来实现是相当费力的，排序算法也需要在应用程序中自行实现，其效率也取决于程序员对算法的理解，所以较难得到保证。而使用 TreeMap 则可以高效且方便地实现以上功能。

首先构建学生的基本信息类，记录学生的姓名和成绩，具体代码如下：

```
public static class Student implements Comparable<Student>{
    public Student(String name,int s){
        this.name=name;
        this.score=s;
    }
    String name;
    int score;
    //这是必须要实现的，告诉 TreeMap 如何进行排序
    @Override
    public int compareTo(Student o) {
        if(o.score<this.score)
            return 1;
        else if(o.score>this.score)
            return -1;
        return 0;
    }
    @Override
    public String toString(){
        StringBuffer sb=new StringBuffer();
        sb.append("name:");
        sb.append(name);
        sb.append("  ");
        sb.append("score:");
        sb.append(score);
        return sb.toString();
    }
}
```

然后构建学生的详细信息类，可以包括学生的性别、年龄和籍贯等信息（在本例中从略），具体代码如下：

```
public static class StudentDetailInfo{
        Student s;
        public StudentDetailInfo(Student s){
            //建立相关学生的详细信息，这里从略
            this.s=s;
        }
        @Override
        public String toString(){
            return s.name+"'s detail infomation";
        }
    }
```

最后通过 TreeMap，按照学生的成绩进行筛选，具体代码如下：

```
//建立学生的基本信息
map=new TreeMap();
Student s1=new Student("Billy",70);
Student s2=new Student("David",85);
Student s3=new Student("Kite",92);
Student s4=new Student("Cissy",68);
map.put(s1, new StudentDetailInfo(s1));
map.put(s3, new StudentDetailInfo(s3));
map.put(s2, new StudentDetailInfo(s2));
map.put(s4, new StudentDetailInfo(s4));

//筛选出成绩介于 Cissy 和 David 之间的所有学生
Map map1=((TreeMap)map).subMap(s4, s2);
 for (Iterator iterator = map1.keySet().iterator(); iterator.hasNext();)
{
    Student key = (Student) iterator.next();
    System.out.println(key+"->"+map1.get(key));
 }
 System.out.println("subMap end");

//筛选出成绩低于 Billy 的学生
map1=((TreeMap)map).headMap(s1);
 for (Iterator iterator = map1.keySet().iterator(); iterator.hasNext();)
{
    Student key = (Student) iterator.next();
    System.out.println(key+"->"+map1.get(key));
 }
 System.out.println("headMap end");

 //筛选出成绩大于等于 Billy 的学生
map1=((TreeMap)map).tailMap(s1);
 for (Iterator iterator = map1.keySet().iterator(); iterator.hasNext();)
{
    Student key = (Student) iterator.next();
    System.out.println(key+"->"+map1.get(key));
 }
 System.out.println("tailMap end");
```

该程序的输出结果如下：

```
name:Cissy  score:68->Cissy's detail infomation
name:Billy  score:70->Billy's detail infomation
subMap end
name:Cissy  score:68->Cissy's detail infomation
headMap end
name:Billy  score:70->Billy's detail infomation
name:David  score:85->David's detail infomation
name:Kite  score:92->Kite's detail infomation
tailMap end
```

可以看到，TreeMap 提供了简明的接口对有序的 key 集合进行筛选，其结果集也是一个有序的 Map；同时，TreeMap 在最坏的情况下也可以在 $O(\log n)$时间内做查找、插入和删除操作。因此，对于一个实现了排序功能的 Map 而言，TreeMap 是相当高效的。

注意：如果确实需要将排序功能加入 HashMap，强烈建议使用 TreeMap，而不是在应用程序中实现排序。TreeMap 的性能是相当不错的，而自行实现的排序算法，既增加了开发成本，又可能成为一个性能瓶颈。

3.2.3 Set 接口

Set 接口并没有在 Collection 接口之上增加额外的操作，Set 集合中的元素是不能重复的。JDK 中有关 Set 的类族如图 3.14 所示。

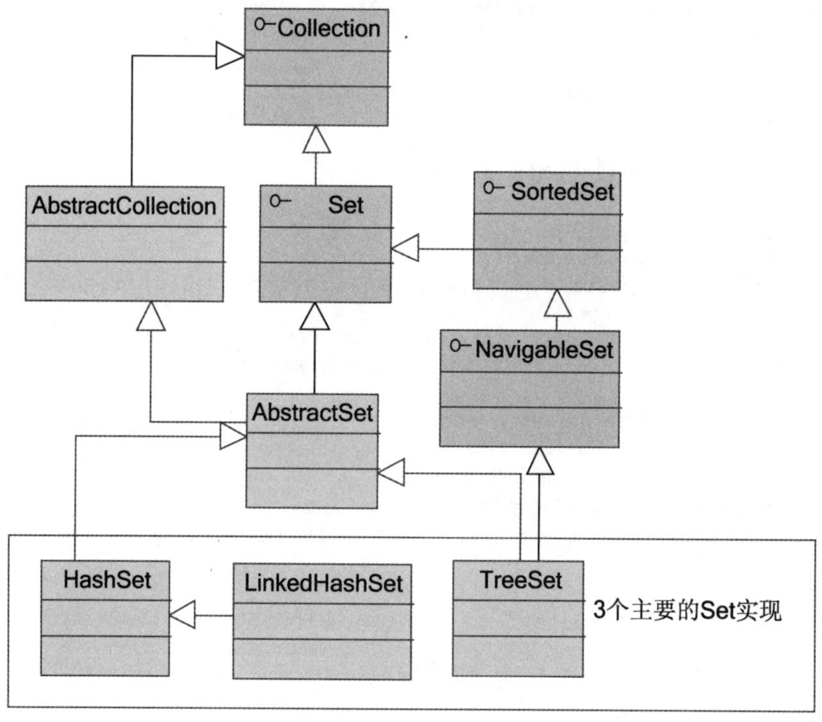

图 3.14　JDK 中的 Set 类族

其中，最为重要的是 HashSet、LinkedHashSet 和 TreeSet 的实现。如果想深入了解这些类是如何实现 Set 接口的，必须先回顾 3.2.2 节中有关 Map 接口的详细介绍，因为所有这些 Set 的实现，都只是对应的 Map 的一种封装而已。HashSet 是对 HashMap 的封装，因此有关 HashSet 的一切性能特性和实现细节与 HashMap 完全相同。以此类推，LinkedHashSet 对应 LinkedHashMap，TreeSet 对应 TreeMap。

以 HashSet 为例，其内部维护一个 HashMap 对象，并将所有有关 Set 的实现都委托 HashMap 对象完成。代码如下：

```
public boolean add(E e) {
    return map.put(e, PRESENT)==null;
}
```

表 3.5 总结了这 3 种 Set 的特点。

表 3.5　Set及其特性

Set类型	对应Map	特　　点
HashSet	HashMap	基于Hash的快速元素插入，元素间无顺序
LinkedHashSet	LinkedHashMap	基于Hash的快速元素插入，同时维护着元素插入集合时的先后顺序。遍历集合时，总是按照先进先出的顺序排序
TreeSet	TreeMap	基于红黑树的实现，有着高效的基于元素key的排序算法

下面这段测试代码有助于读者更好地了解这 3 个 Set。

```
set.add(100);
set.add(10);
set.add(4);
set.add(33);
set.add(9);
for (Iterator iterator = set.iterator(); iterator.hasNext();) {
    Integer key = (Integer) iterator.next();
    System.out.println(key);
}
```

分别使用 HashSet、LinkedHashSet 和 TreeSet 测试以上代码，输出结果如表 3.6 所示。

表 3.6　各种Set的测试输出结果

HashSet输出	LinkedHashMap输出	TreeSet输出
100	100	4
33	10	9
4	4	10
9	33	33
10	9	100

很明显，HashSet 的输出结果毫无规律可言，LinkedHashMap 的输出顺序和输入顺序完全一致，而 TreeSet 的输出顺序则是将所有输入从小到大排序。

3.2.4　优化集合访问代码

本节主要介绍一些可以提升集合访问速度的技巧。读者可以在软件开发过程中注意本节所提到的一些问题，以提高程序的执行效率。

1. 分离循环中被重复调用的代码

假设有一个集合，其中存放以下 String 对象：

"north65"、"west20"、"east30"、"south40"、"west33"、"south20"、"north10"、"east9"

现在需要统计其中出现 north、west 和 south 的次数总和。实现代码如下：

```
int count = 0;
for(int i = 0; i < collection.size(); i++) // collection= new Vector(); 下同
{
  if(    ( ((String) collection.get(i)).indexOf("north") != -1 )
      || ( ((String) collection.get(i)).indexOf("west") != -1 )
      || ( ((String) collection.get(i)).indexOf("south") != -1 ) )
    count++;
}
```

很明显，加粗部分的代码在循环的每一次迭代中都会被调用，并且每次总是返回相同的数值。分离所有类似的代码对提升循环性能有积极的意义。因此，提取这些不必要的函数调用，将其进行如下改造：

```
int count = 0;
int colsize= collection.size();              //提取相同的操作
for(int i = 0; i < colsize; i++)
{
  if(    ( ((String) collection.get(i)).indexOf("north") != -1 )
      || ( ((String) collection.get(i)).indexOf("west") != -1 )
      || ( ((String) collection.get(i)).indexOf("south") != -1 ) )
    count++;
}
```

经过以上修改，size()方法将只被调用一次，而不是每次循环都会执行。循环体中所有类似的方法都应该这样处理，而且元素的数量越多，这样的处理就越有意义。

2. 省略相同的操作

依然以上节代码为例，除了提取每次迭代的相同代码外，在同一次迭代中，访问相同元素的代码也可以被提取。具体代码如下：

```
int count = 0;
String s=null;
int colsize= collection.size();
for(int i = 0; i < colsize; i++)
{                                            //每次访问相同的元素，在此提取
  if(    ( (s = (String) collection.get(i)).indexOf("north") != -1 )
      || (s.indexOf("west") != -1 )
      || (s.indexOf("south") != -1 ))
    count++;
}
```

虽然每次循环调用 get()方法的返回值都不同，但是在同一次循环内，它的多次调用是完全相同的，因此可以提取这些操作。

这里通过使用 System.nanoTime()统计以上 3 段代码的执行时间（单位为 ns），在笔者的计算机上相对耗时分别为 46 654 ns、13 968 ns 和 11 454 ns。可见，这种处理方式是有意义的。

3. 减少方法调用

方法调用是要消耗系统堆栈的。虽然面向对象的设计模式和模块化的软件设计方法鼓励程序员使用若干个小方法替代一个大方法，但这都是以牺牲部分性能为代价的。可喜的是，现代编程语言都在这方面做了足够的优化，来支持大量的方法嵌套调用。

笔者绝对不是鼓励读者抛弃代码的可读性和系统的可维护性，而一味地追求系统性能到极致，这里只是在不影响系统结构的前提下，指出一些值得注意的地方。例如，如果程序需要，很可能在应用程序中继承 JDK 中的 Collection 实例，并对其进行扩展。如果真有这种情况发生，应该尽可能避免调用原生的接口，而转为直接访问对象的属性。假设上节中的代码是 Vector 子类的部分代码，那么应该改写成如下形式：

```
int count = 0;
String s=null;
int colsize= this.elementCount;                          //代替 size()方法
for(int i = 0; i < colsize; i++)
{
  //代替 get()方法
  if(    ( (s = (String) elementData[i]).indexOf("north") != -1 )
       || (s.indexOf("west") != -1 )
       || (s.indexOf("south") != -1 ))
    count++;
}
```

加粗的代码为原本的 size()和 get()操作，被替代成直接访问原始变量。千万不要小看这样的改动，就这段代码而言，在笔者的计算机上，使用方法访问相对耗时为 29 613ns，而使用直接变量访问仅耗时为 17 600ns。

注意： 如果可以，尽量直接访问内部元素，而不要调用对应的接口。因为函数调用是需要消耗系统资源的，而直接访问元素会更高效。

3.2.5 RandomAccess 接口

RandomAccess 是一个标志接口，本身并没有提供任何方法，任何实现 Random- Access 接口的对象都可以认为是支持快速随机访问的对象。此接口的主要用途是标识那些可支持快速随机访问的 List 实现。

在 JDK 的中，任何一个基于数组的 List 都实现了 RandomAccess 接口，而链表则都没有实现 RandomAccess 接口。这很好理解，因为只有数组能够进行快速的随机访问，而对链表的随机访问需要进行链表的遍历。因此，使用 RandomAccess 接口的好处是，可以在应用程序中知道正在处理的 List 对象是否可以进行快速随机访问，从而针对不同的 List 进行不同的操作，以提高程序的性能。例如以下代码：

```
Object o;

if (list instanceof RandomAccess)
{
    for (int i=0, n=list.size(); i < n; i++)
    {
        o = list.get(i);                    //模拟处理元素对象
    }
    }
    else
    {
        Iterator itr = list.iterator();
        for (int i=0, n=list.size(); i < n; i++)
    {
        o = itr.next();                     //模拟处理元素对象
    }
}
```

以上代码试图对 List 对象进行遍历。首先判断是否是 RandomAccess 类型的 List，如果是，则进行随机访问；如果不是，则使用迭代器进行访问。对于实现了 RandomAccess 接口的 List 而言，当元素的数量较多时，通过直接的随机访问比通过迭代的方式可以提升大约 10%的性能。实现 RandomAccess 接口典型的 List 有 ArrayList 和 Vector，没有实现 RandomAccess 接口的 List 则以 LinkedList 为代表。

之所以要做这样的区分，是因为对没有实现 RandomAccess 的 List 而言，其随机访问性能是完全不能让人接受的。试看以下测试代码：

```
int s=list.size();
for(int k=0;k<100;k++){
    for(int i=0;i<s;i++)
        list.get(i);
}
```

以上代码对 List 中的每一个元素都进行一次随机访问。其中，该 List 对象的初始化数据如下：

```
for(int i=0;i<10000;i++)
    list.add(i);
```

使用 ArrayList 完成这 100 个随机访问，在笔者的计算机上的相对耗时为 32ms，而使用 LinkedList，相对耗时为 16 140ms。可见，就随机访问元素而言，两者相差了几个数量级。可以更进一步地深入 LinkedList 的 get()方法实现，代码如下：

```
Entry<E> e = header;
 if (index < (size >> 1)) {     //如果要访问的元素在队列的前半段，从前往后遍历
```

```
        for (int i = 0; i <= index; i++)
            e = e.next;
    } else {                        //如果要访问的元素在队列的后半段，从后往前遍历
        for (int i = size; i > index; i--)
            e = e.previous;
    }
    return e;
```

可以看到，在对 LinkedList 进行随机访问时，总是要进行一次遍历查找，虽然通过双向循环链表的特性将平均查找次数减半，但是其遍历过程依然消耗了大量的 CPU 时间。而 ArrayList 的 get()方法则可以简单地用一条语句描述如下：

```
return (E) elementData[index]; //直接的数组随机访问
```

这就是两者的 get()操作性能有差异的原因。

注意：通过 RandomAccess 可以知道 List 是否支持快速随机访问。同时需要记住，如果应用程序需要通过索引下标对 List 做随机访问，尽量不要使用 LinkedList，而使用 ArrayList 和 Vector，都是不错的选择。

3.3　使用 NIO 提升性能

在软件系统中，由于 I/O 的速度比内存速度慢，因此 I/O 读写在很多场合都会成为系统性能的瓶颈。提升 I/O 速度，对提升系统的整体性能有着很大的好处。

在 Java 的标准 I/O 中，提供了基于流的 I/O 实现，即 InputStream 和 OutputStream。这种基于流的实现以字节为单位处理数据，并且非常容易建立各种过滤器。

NIO 是 New I/O 的简称，与旧式的基于流的 I/O 方法相对，从名字来看，它表示一套新的 Java I/O 标准。它是在 Java 1.4 中被纳入 JDK 中的，并具有以下特性：

- 为所有的原始类型提供（Buffer）缓存支持。
- 使用 Java.nio.charset.Charset 作为字符集编解码解决方案。
- 增加通道（Channel）对象，作为新的原始 I/O 抽象。
- 支持锁和内存映射文件的文件访问接口。
- 提供了基于 Selector 的异步网络 I/O。

与流式的 I/O 不同，NIO 是基于块（Block）的，它以块为基本单位处理数据。在 NIO 中，最为重要的两个组件是缓冲（Buffer）和通道（Channel）。缓冲是一个连续的内存块，是 NIO 读写数据的中转地。通道表示缓冲数据的源头或者目的地，它用于向缓冲读取或者写入数据，是访问缓冲的接口。图 3.15 展示了通道和缓冲的关系。

本节将主要介绍如何通过 NIO 中的 Buffer 和 Channel 来提升系统性能。

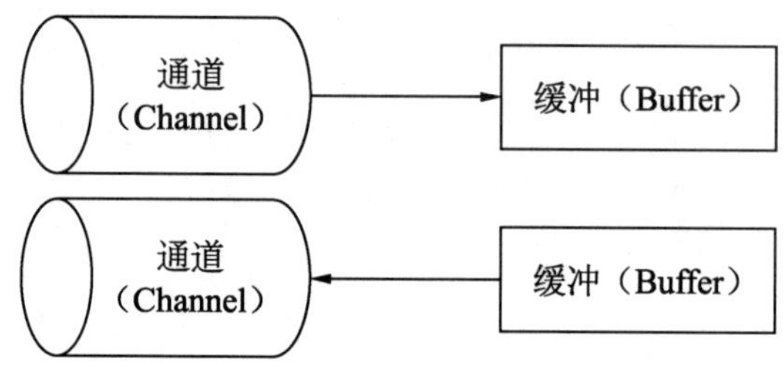

图 3.15　NIO 中的 Buffer 与 Channel

3.3.1　NIO 中的 Buffer 类族和 Channel

在 NIO 中，Buffer 是一个抽象类。JDK 为每一种 Java 原生类型都创建了一个 Buffer，如图 3.16 所示。

除了 ByteBuffer 外，其他每一种 Buffer 都具有完全一样的操作，唯一的区别在于它们所对应的数据类型。因为 ByteBuffer 多用于绝大多数标准 I/O 操作的接口，因此它有些特殊的方法。

图 3.16　与原生类型对应的 Buffer

在 NIO 中，和 Buffer 配合使用的还有 Channel。Channel 是一个双向通道，既可读，也可写，有点类似于 Stream，但 Stream 是单向的。应用程序中不能直接对 Channel 进行读写操作，而必须通过 Buffer 来进行。例如，在读一个 Channel 的时候，需要先将数据读入到相对应的 Buffer 中，然后再在 Buffer 中进行读取。

下面是一个简单的读文件示例。在读取文件时，首先将文件打开并取得文件的 Channel，代码如下：

```
FileInputStream fin = new FileInputStream(new File("d:\\temp_buffer.tmp"));
FileChannel fc=fin.getChannel();
```

要从文件 Channel 中读取数据，必须使用 Buffer，代码如下：

```
ByteBuffer byteBuffer=ByteBuffer.allocate(1024);
fc.read(byteBuffer);
```

此时，文件内容已经存在于 byteBuffer 中，因此可以关闭通道，并准备读取 byteBuffer，代码如下：

```
fc.close();
byteBuffer.flip();
```

之后，就可以从 byteBuffer 中取得文件内容。

下面是一个使用 NIO 进行文件复制的例子，展示了通过 NIO 进行文件读取和写入的操作。代码如下：

```
public static void nioCopyFile(String resource, String destination)
        throws IOException {
```

```
    FileInputStream fis = new FileInputStream(resource);
    FileOutputStream fos = new FileOutputStream(destination);
    FileChannel readChannel = fis.getChannel();             //读文件通道
    FileChannel writeChannel = fos.getChannel();            //写文件通道
    ByteBuffer buffer = ByteBuffer.allocate(1024);          //读入数据缓存
    while (true) {
        buffer.clear();
        int len = readChannel.read(buffer);                 //读入数据
        if (len == -1) {
            break;                                          //读取完毕
        }
        buffer.flip();
        writeChannel.write(buffer);                         //写入文件
    }
    readChannel.close();
    writeChannel.close();
}
```

3.3.2　Buffer 的基本原理

Buffer 中有 3 个重要的参数——位置（position）、容量（capacity）和上限（limit），其含义如表 3.7 所示。

表 3.7　Buffer的参数含义

参　数	写 模 式	读 模 式
位置（position）	当前缓冲区的位置，将从position的下一个位置写数据	当前缓冲区读取的位置，将从此位置后读取数据
容量（capacity）	缓冲区的总容量上限	缓冲区的总容量上限
上限（limit）	缓冲区的实际上限，它总是小于等于容量。通常情况下，和容量相等	代表可读取的总容量，和上次写入的数据量相等

为了更好地理解 Buffer 的工作模式，可以阅读以下实例。

```
ByteBuffer b=ByteBuffer.allocate(15);              //15 个字节大小的缓冲区
System.out.println("limit="+b.limit()+" capacity="+b.capacity()+" position=
"+b.position());
for(int i=0;i<10;i++){                             //存入 10 个字节数据
    b.put((byte)i);
}
System.out.println("limit="+b.limit()+" capacity="+b.capacity()+" position=
"+b.position());
b.flip();                                          //重置 position
System.out.println("limit="+b.limit()+" capacity="+b.capacity()+" position=
"+b.position());
for(int i=0;i<5;i++){
```

```
        System.out.print(b.get());
    }
    System.out.println();
    System.out.println("limit="+b.limit()+" capacity="+b.capacity()+" position=
"+b.position());
    b.flip();
    System.out.println("limit="+b.limit()+" capacity="+b.capacity()+" position=
"+b.position());
```

在以上代码中，首先分配了一个 15 个字节大小的缓冲。初始阶段如图 3.17 所示，显示 postion 在 0，capacity 为 15，limit 为 15。注意，这里索引为 15 的位置实际上是不存在的。

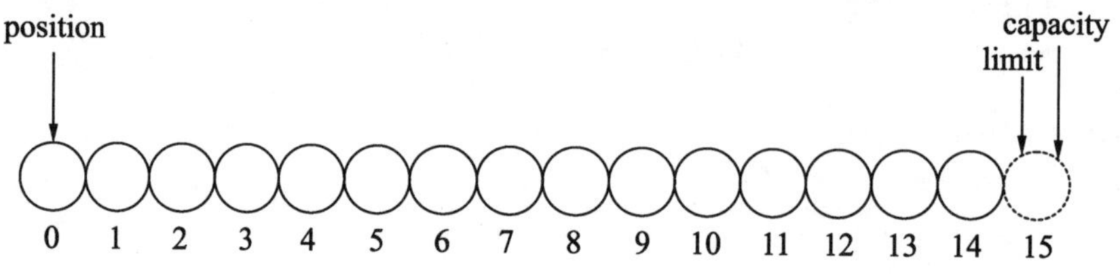

图 3.17 Buffer 工作原理示意 1

接着，Buffer 中被放入 10 个 byte，因此，当前 position 的位置会向前移动，因为 position 的位置始终指向下一个要输入的位置，所以 position 变为 10，而 limit 和 capacity 不变，如图 3.18 所示。

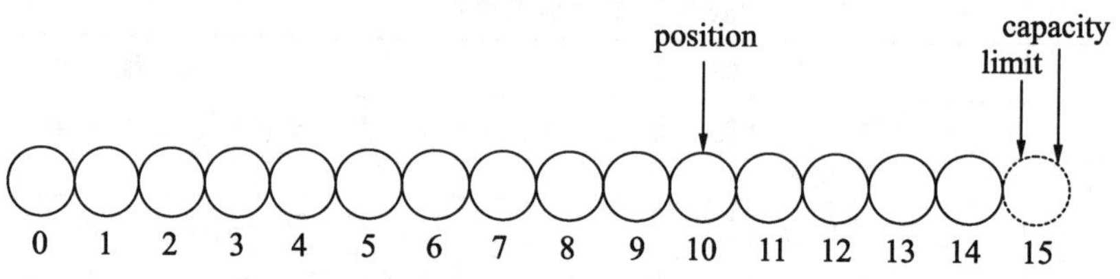

图 3.18 Buffer 工作原理示意 2

接着执行 flip()操作，该操作会重置 position，通常将 Buffer 从写模式转换为读模式时需要执行此方法。flip()操作不仅重置了当前的 position 为 0，还将 limit 设置到当前 position 的位置。这样做的目的是，防止在读模式中读到应用程序根本没有进行操作的区域。此时，这个 Buffer 如图 3.19 所示。

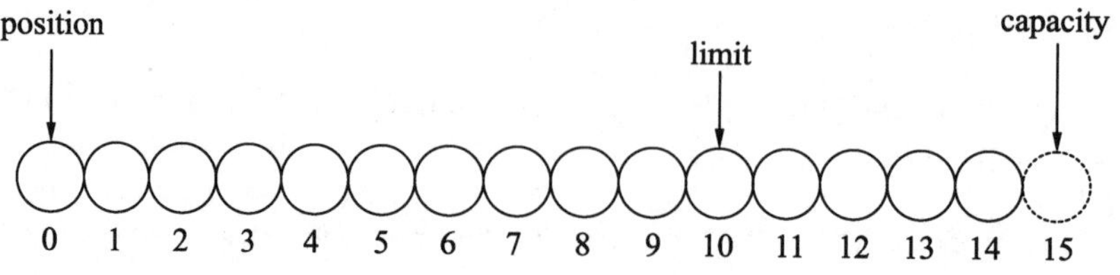

图 3.19 Buffer 工作原理示意 3

接着执行 5 次读操作。和写操作一样，读操作也会将 position 设置到当前位置，如图 3.20 所示。

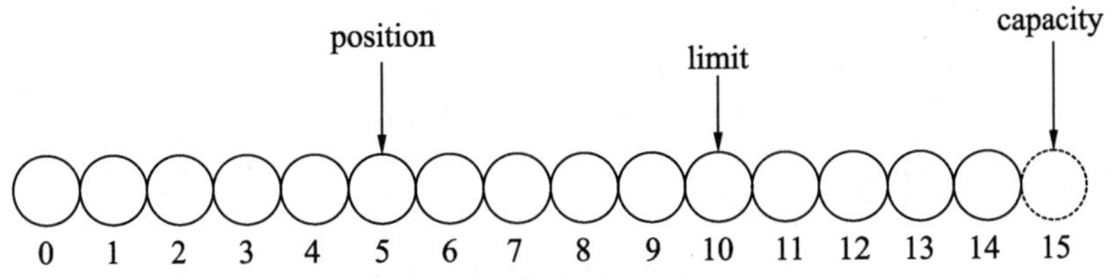

图 3.20　Buffer 工作原理示意 4

最后，再调用一次 flip()，将 position 归零，同时将 limit 设置到 position 的位置，如图 3.21 所示。

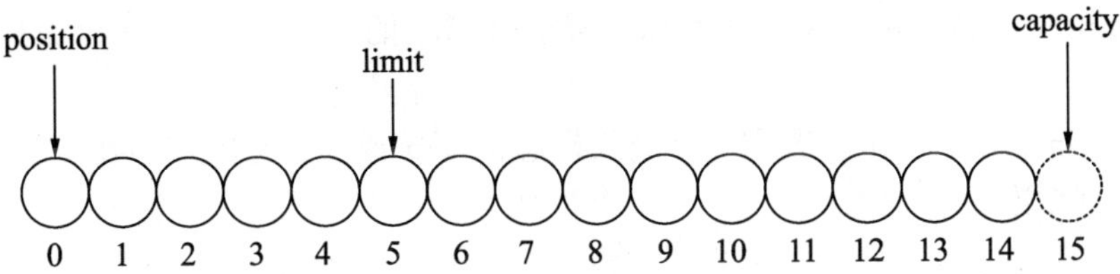

图 3.21　Buffer 工作原理示意 5

运行程序，输出结果如下：

```
limit=15 capacity=15 position=0
limit=15 capacity=15 position=10
limit=10 capacity=15 position=0
01234
limit=10 capacity=15 position=5
limit=5 capacity=15 position=0
```

注意： 缓冲区中的 position、limit 和 capacity，其含义非常重要。只有熟悉这些属性，开发人员才能正确地使用 Buffer。

3.3.3　Buffer 的相关操作

Buffer 是 NIO 最为核心的对象。本节将主要介绍有关 Buffer 的一系列操作和使用方法。

1. Buffer的创建

Buffer 的创建可以通过两种方式，即使用静态方法 allocate()从堆中分配缓冲区，或者从一个既有数组中创建缓冲区，具体如下：

```
//从堆中分配
ByteBuffer buffer = ByteBuffer.allocate(1024);

//从既有数组中创建
byte array[] = new byte[1024];
ByteBuffer buffer = ByteBuffer.wrap(array);
```

2. 重置和清空缓冲区

Buffer 还提供了一些用于重置和清空 Buffer 状态的函数，具体如下：

```
public final Buffer rewind()
public final Buffer clear()
public final Buffer flip()
```

以上 3 个函数有着类似的功能，它们都将重置 Buffer 对象。这里所谓的重置，只是指重置了 Buffer 的各项标志位，并不真正清空 Buffer 的内容。这 3 个函数的功能也有所不同。

函数 rewind()将 position 置零，并清除标志位（mark）。它的作用在于为读取 Buffer 中的有效数据做准备。

```
out.write(buf);              // 从 Buffer 中读取数据并写入 Channel
buf.rewind();                // 回滚 Buffer
buf.get(array);              // 将 Buffer 的有效数据复制到数组中
```

函数 clear()也将 position 置零，同时将 limit 设置为 capacity 的大小，并清除标志位 mark。由于清空了 limit，因此便无法得知 Buffer 内的哪些数据是真实有效的。这个方法用于为重新写入 Buffer 做准备。

```
buf.clear();                 // 为读入数据到 Buffer 做准备
in.read(buf);                // 从通道读入数据
```

函数 flip()先将 limit 设置到 position 所在的位置，然后将 position 置零，并清除标志位 mark，它通常在读写转换时使用。

```
buf.put(magic);              // 将 magic 数组写入 Buffer
in.read(buf);                // 从通道读入给定信息，存放到 Buffer 中
buf.flip();                  // 将 Buffer 从写状态转为读状态
out.write(buf);              // 将 magic 和 in 通道中读入的信息写到通道 out 中
```

表 3.8 总结了这 3 个重置函数的区别和作用。

表 3.8　Buffer重置函数的作用

	rewind()	clear()	flip()
position	置零	置零	置零
mark	清空	清空	清空
limit	未改动	设置为capacity	设置为position
作用	为读取Buffer中的有效数据做准备	为重新写入Buffer做准备	在读写转换时调用

3．读/写缓冲区

对 Buffer 进行读写操作是 Buffer 最为重要的操作。以 ByteBuffer 为例，JDK 提供了以下常用的读写操作：

```
public byte get()
public ByteBuffer get(byte[] dst)
public byte get(int index)
public ByteBuffer put(byte b)
public ByteBuffer put(int index, byte b)
public final ByteBuffer put(byte[] src)
```

事实上，对缓冲区的读写方法还有很多，这里限于篇幅只给出了最有代表性的几个。

- get()方法：返回当前 position 上的数据，并将 position 位置向后移一位。
- get(byte[] dst)方法：读取当前 Buffer 的数据到 dst 中，并恰当地移动 position 位置。
- get(int index)方法：读取给定 index（索引）上的数据，不改变 position 的位置。
- put(byte b)方法：在当前位置写入给定的数据，将 position 位置向后移一位。
- put(int index, byte b)：将数据 b 写入当前 Buffer 的 index 位置。
- put(byte[] src)：将给定的数据写入当前 Buffer 中。

4．标志缓冲区

标志（mark）缓冲区是一个在数据处理时很有用的功能。它就像书签一样，在数据处理的过程中可以随时记录当前位置，然后在任意时刻回到这个位置，从而加快或简化数据处理流程。Buffer 相关的函数如下：

```
public final Buffer mark()
public final Buffer reset()
```

mark()函数用于记录当前位置，reset()函数用于恢复到 mark 所在的位置。下面这段代码很好地演示了 mark()和 reset()的用法。

```
ByteBuffer b=ByteBuffer.allocate(15);
for(int i=0;i<10;i++){
    b.put((byte)i);
}
b.flip();                                    //准备读
for(int i=0;i<b.limit();i++){
    System.out.print(b.get());
    if(i==4){
        b.mark();                            //在第 4 个位置做 mark
        System.out.print("(mark at "+i+")");
    }
}
b.reset();                                   //回到 mark 的位置，并处理后续数据
System.out.println("\nreset to mark");
while(b.hasRemaining())                      //后续所有数据都将被处理
    System.out.print(b.get());
System.out.println();
```

这段代码的输出结果如下：

```
01234(mark at 4)56789
reset to mark
56789
```

5. 复制缓冲区

复制缓冲区是指以原缓冲区为基础，生成一个完全一样的新缓冲区。方法如下：

```
public ByteBuffer duplicate()
```

这个函数对处理复杂的 Buffer 数据很有好处，因为新生成的缓冲区和原缓冲区共享相同的内存数据，并且对任意一方的数据改动都是相互可见的，但两者又独立维护了各自的 position、limit 和 mark，这就大大增加了程序的灵活性，为多方同时处理数据提供了可能。例如以下代码：

```
ByteBuffer b=ByteBuffer.allocate(15);               //分配 15 个字节的缓冲区
for(int i=0;i<10;i++){
    b.put((byte)i);                                 //填充数据
}
ByteBuffer c=b.duplicate();                         //复制当前缓冲区
System.out.println("After b.duplicate()");
System.out.println(b);
System.out.println(c);
c.flip();                                           //重置缓冲区 c
System.out.println("After c.flip()");
System.out.println(b);
System.out.println(c);
c.put((byte)(100));                                 //向缓冲区 c 中存入数据
System.out.println("After c.put((byte)(100))");
System.out.println("b.get(0)="+b.get(0));
System.out.println("c.get(0)="+c.get(0));
```

以上代码的输出如下：

```
After b.duplicate()
java.nio.HeapByteBuffer[pos=10 lim=15 cap=15]
java.nio.HeapByteBuffer[pos=10 lim=15 cap=15]
After c.flip()
java.nio.HeapByteBuffer[pos=10 lim=15 cap=15]
java.nio.HeapByteBuffer[pos=0 lim=10 cap=15]
After c.put((byte)(100))
b.get(0)=100
c.get(0)=100
```

首先，使用 duplicate()方法产生了两个完全一样的 Buffer。在对 Buffer c 进行 flip()操作后可以发现，原 Buffer 和副本维护了各自不同的 position 和 limit。在对副本 c 进行 put()操作后，原 Buffer 相同位置的数据也同样发生了变化。

6. 缓冲区分片

缓冲区分片使用 slice()方法实现，它在现有的缓冲区中创建新的子缓冲区，子缓冲区和父缓冲区共享数据。这个方法有助于将系统模块化。当需要处理 Buffer 的一个片段时，可以使用 slice()方法取得一个子缓冲区，然后就像处理普通的缓冲区一样处理这个片段，而无须考虑缓冲区的边界问题。

注意： 缓冲区分片可以将一个大缓冲区进行分割处理，得到的子缓冲区都具有完整的缓冲区模型结构。因此，这个操作有利于系统的模块化。

以下代码从一个缓冲区中取位置 2～6 的数据，生成一个子缓冲区。

```
ByteBuffer b=ByteBuffer.allocate(15);                //分配 15 个字节的空间
for(int i=0;i<10;i++){
    b.put((byte)i);                                  //填充数据
}
b.position(2);
b.limit(6);
ByteBuffer subBuffer=b.slice();                      //生成子缓冲区
```

以上代码分出的子缓冲区如图 3.22 所示，它和父缓冲区共享方框内的数据。

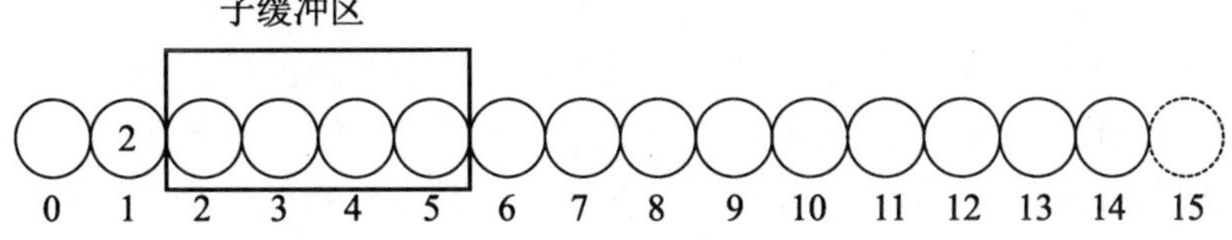

图 3.22　子缓冲区示意图

如果在子缓存区中进行数据处理，那么读取父缓冲区时，将会看到这些改动，例如以下代码：

```
for (int i = 0; i < subBuffer.capacity(); i++) {
    byte bb = subBuffer.get(i);
    bb*= 10;                              //在子缓冲区中，将每一个元素都乘以 10
    subBuffer.put(i, bb);
}
b.position( 0 );
b.limit(b.capacity());                    //重置父缓冲区，并查看父缓冲区的数据
while(b.hasRemaining()){
    System.out.print(b.get()+" ");
}
```

在上面的代码中，子缓冲区进行了数据处理，在遍历父缓冲区时便可以察觉到这些改动。上面的程序输出结果如下，可以看到分片部分（子缓冲区）已经做了处理。

```
0 1 20 30 40 50 6 7 8 9 0 0 0 0 0 0
```

7. 只读缓冲区

可以使用缓冲区对象的 asReadOnlyBuffer()方法得到一个与当前缓冲区一致的并且共享内存数据的只读缓冲区。只读缓冲区对于数据安全非常有用。当缓冲区作为参数传递给

对象的某个方法时，由于无法确认该方法是否会破坏缓冲区中的数据，此时，使用只读缓冲区可以保证数据不被修改。同时，因为只读缓冲区和原始缓冲区是共享内存块的，因此对原始缓冲区的修改，只读缓冲区也是可见的。例如以下代码：

```
ByteBuffer b=ByteBuffer.allocate(15);
for(int i=0;i<10;i++){
    b.put((byte)i);
}
ByteBuffer readOnly=b.asReadOnlyBuffer();        //创建只读缓冲区
readOnly.flip();
while(readOnly.hasRemaining()){
    System.out.print(readOnly.get()+" ");
}
System.out.println();
b.put(2, (byte)20);                              //修改原始缓冲区中的数据
//readOnly.put(2, (byte)20);        //这句话会抛出 ReadOnlyBufferException
readOnly.flip();
while(readOnly.hasRemaining()){
    System.out.print(readOnly.get()+" ");        //新的改动，在只读缓冲区中可见
}
```

在上面的代码中，首先创建了一个只读缓冲区，然后修改原始缓冲区，当在遍历只读缓冲区时，发现只读缓冲区中的数据也被修改了。可见，只读缓冲区并不是原始缓冲区在某一时刻的快照，而是和原始缓冲区共享内存数据的且不可写的缓冲区。试图对只读缓冲区对象进行修改时，会抛出 java.nio.ReadOnlyBufferException 异常。

以上代码的输出结果如下：

```
0 1 2 3 4 5 6 7 8 9
0 1 20 3 4 5 6 7 8 9
```

注意： 只读缓冲区可以保证核心数据的安全。如果不希望数据被随意篡改，返回一个只读缓冲区是很有帮助的。

8. 文件映射到内存

NIO 提供了一种将文件映射到内存然后进行 I/O 操作的方法，它可以比常规的基于流的 I/O 快很多。这个操作主要由 FileChannel.map()方法实现。例如：

```
MappedByteBuffer mbb = fc.map(FileChannel.MapMode.READ_WRITE, 0, 1024 );
```

以上代码将文件的前 1024 个字节映射到内存中。map()方法返回一个 MappedByteBuffer，它是 ByteBuffer 的子类。因此，可以像使用 ByteBuffer 那样使用它。

```
RandomAccessFile raf = new RandomAccessFile("C:\\mapfile.txt", "rw");
FileChannel fc = raf.getChannel();
//将文件映射到内存中
MappedByteBuffer mbb = fc.map(FileChannel.MapMode.READ_WRITE, 0, raf.length());
while(mbb.hasRemaining()){
    System.out.print((char)mbb.get());
}
```

```
mbb.put(0,(byte)98);                                //修改文件
raf.close();
```

在上面的代码中，使用文件内存映射的方式将文本文件映射通过 FileChannel 映射到内存中，然后从内存中读取文件的内容。在程序的最后，通过修改 Buffer 将实际数据写到对应的磁盘文件中。

9．处理结构化数据

NIO 还提供了处理结构化数据的方法，称为散射（Scattering）和聚集（Gathering）。散射是指将数据读入一组（多个）Buffer 中；聚集与之相反，是指将数据写入一组 Buffer 中。散射和聚集的基本使用方法和对单个 Buffer 操作时的使用方法相当类似。在 JDK 中，通过 ScatteringByteChannel 和 GatheringByteChannel 接口提供相关操作。

ScatteringByteChannel 接口的主要方法如下：

```
public long read(ByteBuffer[] dsts) throws IOException;
public long read(ByteBuffer[] dsts, int offset, int length)throws IOException;
```

GatheringByteChannel 接口的主要方法如下：

```
public long write(ByteBuffer[] srcs) throws IOException;
public long write(ByteBuffer[] srcs, int offset, int length)throws IOException;
```

在散射的读取中，通道依次填充每个缓冲区。填满一个缓冲区后，它就开始填充下一个。在某种意义上，缓冲区数组就像一个大缓冲区。

散射和聚集 I/O 对于处理结构化数据非常有用。例如，对于一个有固定格式的文件读写，在已知文件具体结构的情况下可以构造若干个符合文件结构的 Buffer，使得各个 Buffer 的大小恰好符合文件各段结构的大小。此时，通过散射读的方式可以一次就将内容装配到对应的各个 Buffer 中，从而简化操作。

如果需要创建指定格式的文件，就要先构造好大小合适的 Buffer 对象，使用聚集写的方式，便可以很快地创建出文件。在 JDK 提供的各种通道中，DatagramChannel、FileChannel 和 SocketChannel 都实现了 ScatteringByteChannel 和 GatheringByteChannel 这两个接口。下面以 FileChannel 为例，展示如何使用散射和聚集读写结构化文件。

假设有文本文件，格式为“书名作者”，现通过聚集写操作创建该文件。具体代码如下：

```
ByteBuffer bookBuf =ByteBuffer.wrap("java 性能优化技巧".getBytes("utf-8"));
ByteBuffer autBuf =ByteBuffer.wrap("葛一鸣".getBytes("utf-8"));
booklen=bookBuf.limit();                            //记录书名长度
authlen=autBuf.limit();                             //记录作者长度
ByteBuffer[] bufs=new ByteBuffer[]{bookBuf,autBuf};
File file =new File(TPATH);
if(!file.exists())                                  //文件不存在，则创建文件
    file.createNewFile();
```

```
FileOutputStream fos =new FileOutputStream(file);
FileChannel fc =fos.getChannel();
fc.write(bufs);                                     //聚集写文件
fos.close();
```

上述代码中，首先建立了两个 ByteBuffer，分别存放书名和作者信息，然后构造 ByteBuffer 数组，使用文件通道的聚集写将该数组写入文件。程序运行结束后，便会在指定位置生成新的文件，其内容如下：

```
Java 性能优化技巧葛一鸣
```

下面使用散射读操作，将该文件解析成书名和作者两个字符串。具体代码如下：

```
ByteBuffer b1=ByteBuffer.allocate(booklen);     //根据实际信息构造 Buffer
ByteBuffer b2=ByteBuffer.allocate(authlen);     //存放书名和作者的 Buffer
ByteBuffer[] bufs =new ByteBuffer[]{b1,b2};     //Buffer 数组
File file =new File(TPATH);
FileInputStream fis =new FileInputStream(file);
FileChannel fc =fis.getChannel();
fc.read(bufs);                                          //读入数据
String bookname=new String(bufs[0].array(),"utf-8");    //直接取得数据
String authname=new String(bufs[1].array(),"utf-8");
System.out.println(bookname+authname);
```

以上代码首先根据书名和作者信息的长度精确地构造 Buffer，通过文件通道的散射读将文件信息装载到对应的 Buffer 中，之后直接从 Buffer 中读取信息即可。

由上面的代码可以看到，通过和通道的配合使用，可以简化 Buffer 对结构化数据处理的难度。在实际的软件开发过程中，这种方式可以借鉴。

注意：通过 ScatteringByteChannel 和 GatheringByteChannel，可以简化 Buffer 对结构化数据的处理，同时有利于实现程序的模块化。

3.3.4 MappedByteBuffer 性能评估

在本节中，将使用 Buffer 进行一次文件读写测试，来验证使用传统的基于流（Stream）的 I/O 操作和基于 Buffer 的 I/O 操作在性能上的差异。

在本次实验中，将 400 万个整型数字写入一个文件中，并将它们全部读取出来。首先使用传统的基于流的方式进行写数据，具体代码如下：

```
DataOutputStream dos = new DataOutputStream(new BufferedOutputStream(new
FileOutputStream(new File("d:\\temp_stream.tmp"))));
for(int i = 0; i < numOfInts; i++){           //numOfInts=400 万
    dos.writeInt(i);                          //这里向文件中写入 400 万个整数
}
if(dos != null){
    dos.close();
}
```

写入数据后，同样使用流的方式读取文件，具体代码如下：

```
DataInputStream dis = new DataInputStream(new BufferedInputStream(new
FileInputStream(new File("d:\\temp_stream.tmp"))));
for(int i = 0; i < numOfInts; i++){
    dis.readInt();
}
if(dis != null){
    dis.close();
}
```

然后使用基于 ByteBuffer 的方式实现完全相同的功能，其写数据部分的代码如下：

```
FileOutputStream fout = new FileOutputStream(new File("d:\\temp_buffer.tmp"));
FileChannel fc=fout.getChannel();                         //得到通道
ByteBuffer byteBuffer=ByteBuffer.allocate(numOfInts*4);   //分配 Buffer
for(int i = 0; i < numOfInts; i++){
    byteBuffer.put(int2byte(i));                          //将整数转换为数组
}
byteBuffer.flip();                                        //准备写
fc.write(byteBuffer);
```

读取数据部分的代码如下：

```
FileInputStream fin = new FileInputStream(new File("d:\\temp_buffer.tmp"));
FileChannel fc=fin.getChannel();                          //取得文件通道
ByteBuffer byteBuffer=ByteBuffer.allocate(numOfInts*4);
fc.read(byteBuffer);                                      //读取文件数据
fc.close();
byteBuffer.flip();                                        //准备读取数据
while(byteBuffer.hasRemaining()){                         //将 byte 转换为整数
    byte2int(byteBuffer.get(),
byteBuffer.get(),byteBuffer.get(),byteBuffer.get());
}
```

以上是使用 ByteBuffer 实现的代码段。为了保持功能上的一致性，使用位操作将每 4 个 byte 转换为 int 值，具体代码如下：

```
public static byte[] int2byte(int res) {
    byte[] targets = new byte[4];
    targets[3] = (byte) (res & 0xff);                     //最低位
    targets[2] = (byte) ((res >> 8) & 0xff);              //次低位
    targets[1] = (byte) ((res >> 16) & 0xff);             //次高位
    targets[0] = (byte) (res >>> 24);                     //最高位，无符号右移
    return targets;
}
public static int byte2int(byte b1,byte b2,byte b3,byte b4) {
    return ((b1& 0xff)<<24)|((b2& 0xff)<<16)|((b3& 0xff)<<8)|(b4& 0xff);
}
```

即便在基于 Buffer 的实现方式中，额外又增加了这些数据转换开销，其性能也好于基于流的实现方式。结果表明，以上基于 Buffer 的实现方式，写数据的相对耗时为 954ms，读数据的相对耗时为 296ms。而使用流的实现方式，写数据的相对耗时为 1641ms，读数

据的相对耗时为 1297ms。可见，两者在性能上的差距是非常明显的。

对于文件读写，在 NIO 中还提供了一种将文件直接映射到内存（MappedByteBuffer）的方法，这在前文中已有较为详细的描述。下面将使用文件映射的方式实现以上功能。对于写文件，其实现代码如下：

```
FileChannel fc = new RandomAccessFile("d:\\temp_mapped.tmp", "rw")
        .getChannel();
IntBuffer ib = fc.map(FileChannel.MapMode.READ_WRITE, 0, numOfInts*4)
        .asIntBuffer();                              //将文件映射到内存
for (int i = 0; i < numOfInts; i++) {
    ib.put(i);                                       //写入文件
}
if (fc != null) {
    fc.close();
}
```

相对应的，读取文件的代码如下：

```
FileChannel fc = new FileInputStream("d:\\temp_mapped.tmp").getChannel();
IntBuffer ib = fc.map(FileChannel.MapMode.READ_ONLY, 0, fc.size()).
asIntBuffer();
                                                     //将文件映射到内存
while(ib.hasRemaining()){
   ib.get();                                         //读取所有数据
}
if(fc != null){
   fc.close();
}
```

这两段代码产生并读取和之前完全一致的文件。运行结果表明，写操作的相对耗时仅为 109ms，读操作的相对耗时为 79ms。与之前的情况相比，又提升了一个数量级。表 3.9 展示了三者之间的相对耗时比较。

注意：使用 MappedByteBuffer 可以大大提高读取和写入文件的速度。在实际开发中，可以适当使用这种方式。

表 3.9　使用各种I/O方式的速度比较

I/O	Stream	ByteBuffer	MappedByteBuffer
写耗时	1641	954	109
读耗时	1297	296	79

读者需要注意，虽然使用 ByteBuffer 读文件比 Stream 方式快很多，但这不足以表明 Stream 方式与 ByteBuffer 方式有如此之大的差距。这是由于 ByteBuffer 是将文件一次性读入内存再做后续处理，而 Stream 方式则是边读文件边处理数据（虽然也使用了缓冲组件 BufferedInputStream），这也是导致两者性能差异的原因之一。但即便如此，仍不能掩盖

使用 NIO 方法的优势。鉴于 I/O 在很多场合都极有可能成为系统性能的瓶颈，因此使用 NIO 替代传统 I/O 操作，对系统整体性能的优化应该会有立竿见影的效果。

3.3.5　直接访问内存

NIO 的 Buffer 还提供了一个可以直接访问系统物理内存的类——DirectBuffer。DirectBuffer 继承自 ByteBuffer，但和普通的 ByteBuffer 不同。普通的 ByteBuffer 仍然在 JVM 堆上分配空间，其最大内存受到最大堆的限制，而 DirectBuffer 直接分配在物理内存中，并不占用堆空间。

在对普通的 ByteBuffer 访问时，系统总是会使用一个“内核缓冲区”进行间接操作，而 DirectBuffer 所处的位置就相当于这个“内核缓冲区”。因此，使用 DirectBuffer 是一种更加接近系统底层的方法，所以它的速度比普通的 ByteBuffer 更快。

申请 DirectBuffer 的方法如下：

```
ByteBuffer.allocateDirect()
```

下面对 DirectBuffer 和普通的 ByteBuffer 进行性能测试。使用 DirectBuffer 的测试代码如下：

```
ByteBuffer b=ByteBuffer.allocateDirect(500);    //分配 DirectBuffer
for(int i=0;i<100000;i++){
    for(int j=0;j<99;j++)
        b.putInt(j);                            //向 DirectBuffer 中写入数据
    b.flip();
    for(int j=0;j<99;j++)
        b.getInt();
    b.clear();
}
```

使用 ByteBuffer 的测试代码如下：

```
ByteBuffer b=ByteBuffer.allocate(500);          //分配 heap Buffer
for(int i=0;i<100000;i++){
    for(int j=0;j<99;j++)
        b.putInt(j);                            //向 heap Buffer 中写入数据
    b.flip();
    for(int j=0;j<99;j++)
        b.getInt();
    b.clear();
}
```

上面两段功能完全相同的代码分别使用了 DirectBuffer 和堆上的 ByteBuffer，并进行了大量的读写访问。测试的结果是，DirectBuffer 相对耗时为 1172ms，而普通的 ByteBuffer 相对耗时为 2079ms。可见，仅对于内存访问速度而言，DirectBuffer 比普通的 ByteBuffer 快了一倍。

虽然有访问速度上的优势，但是创建和销毁 DirectBuffer 耗费的时间却远比 ByteBuffer

多。例如以下代码：

```
//直接在内存中分配 Buffer
for(int i=0;i<20000;i++){
    ByteBuffer b=ByteBuffer.allocateDirect(1000);  //创建 DirectBuffer
}

//在堆上分配 Buffer
for(int i=0;i<20000;i++){
    ByteBuffer b=ByteBuffer.allocate(1000);        //创建 heap Buffer
}
```

使用参数-XX:MaxDirectMemorySize=10M -Xmx10M 运行上面的两段程序。参数 MaxDirectMemorySize 指定 DirectBuffer 的大小最多是 10MB，-Xmx 指定最大堆的空间为 10MB。

在代码中，分别请求每种类型的 Buffer 20MB。因此，以上代码涉及内存空间的分配和销毁两个方面。在给定参数的运行下，使用 DirectBuffer 的代码段相对耗时为 297ms，而在堆上分配和销毁 Buffer 时仅耗时 15ms。由此可知，频繁创建和销毁 DirectBuffer 的代价远远大于在堆上分配内存空间。

进一步观察两者的 GC 执行情况，DirectBuffer 的 GC 信息如下：

```
0.320: [GC 2752K->428K(9920K), 0.0041656 secs]
0.415: [Full GC 1759K->1657K(9920K), 0.0279728 secs]
```

可以看到，DirectBuffer 的 GC 信息非常简单，这是因为 GC 只记录了堆空间的内存回收，由于 DirectBuffer 占用的内存空间并不在堆中，因此对堆空间的操作就相对较少（注意，DirectBuffer 对象本身还是在堆上分配的）。

对应的 ByteBuffer 的 GC 执行情况如下：

```
0.483: [GC 2752K->429K(9920K), 0.0047629 secs]
0.503: [GC 3181K->430K(9920K), 0.0017769 secs]
0.506: [GC 3182K->430K(9920K), 0.0004833 secs]
0.507: [GC 3182K->430K(9920K), 0.0001579 secs]
0.508: [GC 3182K->430K(9920K), 0.0002393 secs]
0.510: [GC 3182K->430K(9920K), 0.0001437 secs]
0.511: [GC 3182K->430K(9920K), 0.0001361 secs]
0.512: [GC 3182K->430K(9920K), 0.0001459 secs]
```

可以看到，由于 ByteBuffer 在堆上分配空间，因此其 GC 操作相对非常频繁。由此可以得出结论：在需要频繁创建 Buffer 的场合，由于创建和销毁 DirectBuffer 的代价比较高昂，是不宜使用 DirectBuffer 的；如果能将 DirectBuffer 进行复用，那么在读写频繁的情况下，DirectBuffer 完全可以大幅改善系统性能。

如果将 DirectBuffer 应用于真实系统中，不可避免地还需要对 DirectBuffer 进行监控。下面提供一段可用于 DirectBuffer 监控的代码，用来增强 DirectBuffer 的可用性。

```
//这段代码用于监控 DirectBuffer 的使用情况
private void monDirectBuffer() throws ClassNotFoundException, Exception,
NoSuchFieldException
```

```
{
    Class c = Class.forName("java.nio.Bits");       //通过反射取得私有数据
    Field maxMemory = c.getDeclaredField("maxMemory");
    maxMemory.setAccessible(true);
    Field reservedMemory = c.getDeclaredField("reservedMemory");
    reservedMemory.setAccessible(true);
    synchronized (c) {
        Long maxMemoryValue = (Long)maxMemory.get(null);    //总大小
                                                            //剩余大小
        Long reservedMemoryValue = (Long)reservedMemory.get(null);
        System.out.println("maxMemoryValue:"+maxMemoryValue);
        System.out.println("reservedMemoryValue:"+reservedMemoryValue);
    }
}
```

注意：使用 MaxDirectMemorySize 可以指定 DirectBuffer 的最大可用空间，DirectBuffer 的缓存空间不在堆上分配，因此可以使应用程序突破最大堆的内存限制。对 DirectBuffer 的读写操作比普通 Buffer 快，但是对它的创建和销毁却比普通 Buffer 慢。

3.4 引用类型

在 Java 中提供了 4 个级别的引用：强引用、软引用、弱引用和虚引用。在这 4 个引用级别中，只有强引用 FinalReference 类是包内可见，其他 3 种引用类型均为 public，可以在应用程序中直接使用。引用类型的类图结构如图 3.23 所示。

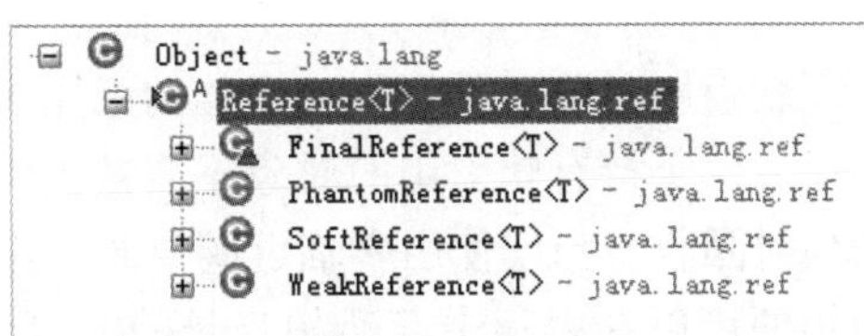

图 3.23　引用类型的类图结构

3.4.1 强引用

Java 中的引用有点像 C++的指针。通过引用，可以对堆中的对象进行操作。在某函数中，当创建了一个对象后，该对象被分配在堆中，通过这个对象的引用才能对这个对象进行操作。例如：

```
StringBuffer str = new StringBuffer ("Hello world") ;
```

假设以上代码是在函数体内运行的，那么局部变量 str 将被分配在栈上，而 StringBuffer 实例被分配在堆上。局部变量 str 指向 StringBuffer 实例所在的堆空间，通过 str 可以操作该实例，那么 str 就是 StringBuffer 的引用，如图 3.24 所示。

此时，如果运行一个赋值语句：

```
StringBuffer str1=str;
```

那么，str 所指向的对象也将被 str1 所指向，同时在局部栈空间上会分配空间存放 str1 变量，如图 3.25 所示。此时，该 StringBuffer 实例就有两个引用。对引用的"=="操作用于表示两个操作数所指向的堆空间地址是否相同，而不表示两个操作数所指向的对象是否相等。

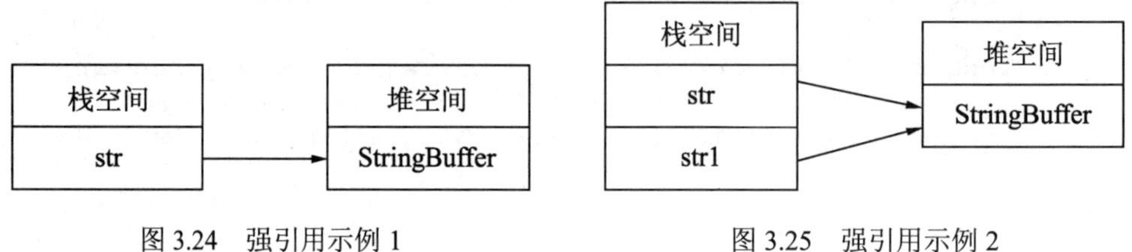

图 3.24　强引用示例 1　　图 3.25　强引用示例 2

上面代码中的两个引用都是强引用。强引用具备以下特点：

- 可以直接访问目标对象。
- 所指向的对象在任何时候都不会被系统回收。JVM 宁愿抛出 OOM 异常，也不回收强引用所指向的对象。
- 可能导致内存泄漏。

3.4.2　软引用

软引用是除了强引用外最强的引用类型。可以通过 java.lang.ref.SoftReference 使用软引用。一个持有软引用的对象不会被 JVM 很快回收，JVM 会根据当前堆的使用情况来判断何时回收。当堆使用率临近阈值时，才会去回收软引用的对象。只要有足够的内存，软引用便可以在内存中存活相当长的一段时间。因此，软引用可以用于实现对内存敏感的 Cache。

下面以一个例子说明软引用的使用方法。

首先定义一个 MyObject 对象作为实验对象，代码如下：

```
public class MyObject {
    @Override
    protected void finalize() throws Throwable {
        super.finalize();
        System.out.println("MyObject's finalize called");  //被回收时输出
    }
    @Override
    public String toString(){
        return "I am MyObject";
    }
}
```

然后构造对这个对象的软引用，代码如下：

```
MyObject obj=new MyObject();                                    //强引用
```

```
softQueue = new ReferenceQueue<MyObject>();                 //创建引用队列
                                                            //创建软引用
SoftReference<MyObject> softRef=new SoftReference<MyObject>(obj,softQueue);
new CheckRefQueue().start();                     //检查引用队列，监控对象回收情况
obj=null;                                                   //删除强引用
System.gc();
System.out.println("After GC:Soft Get= " + softRef.get());
System.out.println("分配大块内存");
byte[] b=new byte[4*1024*925];                   //分配一块较大的内存区，强制执行 GC
System.out.println("After new byte[]:Soft Get= " + softRef.get());
```

上面的代码中，CheckRefQueue 对象的核心代码如下：

```
Reference<MyObject> obj=null;
try {
    //如果对象被回收，则进入引用队列
    obj = (Reference<MyObject>) softQueue.remove();
} catch (InterruptedException e) {
    e.printStackTrace();
}
if(obj!=null)
System.out.println("Object for SoftReference is "+obj.get());
```

注意：软引用可以使用一个引用队列，当对象被回收时，就会被加入这个队列中。

在这个实例中，首先构造 MyObject 对象，并将其赋值给 obj 变量构成强引用。然后使用 SoftReference 构造这个 MyObject 对象的软引用 softRef，并注册到 softQueue 引用队列。当 softRef 被回收时，会被加入 softQueue 队列。设置 obj=null，删除这个强引用，因此系统内对 MyObject 对象的引用只剩下软引用。此时，显式调用 GC，通过软引用的 get() 方法取得对 MyObject 对象实例的强引用，发现对象并未被回收。这说明 GC 在内存充足的情况下不会回收软引用对象。

接着，请求一块大的堆空间 new byte[4*1024*925]，这个操作会使系统堆内存使用紧张，从而产生新一轮的 GC。在这次执行 GC 操作后，softRef.get()不再返回 MyObject 对象，而是返回 null，这说明在系统内存紧张的情况下，软引用被回收。软引用被回收时，会被加入注册的引用队列。因此，此例的输出结果如下（JVM 参数：-Xmx5M）：

```
After GC:Soft Get= I am MyObject
//分配大块内存
MyObject's finalize called
Object for SoftReference is null
After new byte[]:Soft Get= null
```

3.4.3　弱引用

弱引用是一种比软引用较弱的引用类型。在系统调用 GC 时，只要发现弱引用，不管系统堆空间是否足够，都会将对象进行回收。但是，由于垃圾回收器的线程通常优先级很

低，因此并不一定能很快地发现持有弱引用的对象。在这种情况下，弱引用对象可以存在较长的时间。一旦一个弱引用对象被垃圾回收器回收，便会加入一个注册引用队列中。

```
MyObject obj=new MyObject();
weakQueue = new ReferenceQueue<MyObject>();      //引用队列
WeakReference<MyObject> weakRef=new WeakReference<MyObject>(obj,weakQueue);
new CheckRefQueue().start();                     //监控对象是否被回收
obj=null;                                        //删除强引用
System.out.println("Before GC:Weak Get= " + weakRef.get());
System.gc();
System.out.println("After GC:Weak Get= " + weakRef.get());
```

在上面的代码中，有关 MyObject 和 CheckRefQueue 类可以参考 3.4.2 小节中给出的代码段。以上代码的输出结果如下：

```
Before GC:Weak Get= I am MyObject
After GC:Weak Get= null
MyObject's finalize called
Object for WeakReference is null
```

可以看到，在调用 GC 之前，弱引用对象并未被垃圾回收器发现，因此通过 weakRef.get()方法可以取得对应的强引用。但是只要进行垃圾回收，弱引用对象一旦被发现，便会被立即回收，并加入注册引用队列中。此时，再试图通过 weakRef.get()方法取得强引用就会失败。

注意：软引用和弱引用都非常适合用来保存那些可有可无的缓存数据。如果这么做，当系统内存不足时，这些缓存数据会被回收，而会导致内存溢出。但是当内存资源充足时，这些缓存数据又可以存在相当长的时间，从而起到加速系统运行的作用。

3.4.4 虚引用

虚引用是所有引用类型中最弱的一个。一个持有虚引用的对象和没有引用几乎是一样的，它随时都可能被垃圾回收器回收。当试图通过虚引用的 get()方法取得强引用时，总是会失败，并且虚引用必须和引用队列一起使用，其作用在于跟踪垃圾回收过程。

当垃圾回收器准备回收一个对象时，如果发现它还有虚引用，就会在垃圾回收后销毁这个对象时将这个虚引用加入引用队列。

```
MyObject obj=new MyObject();
phantomQueue = new ReferenceQueue<MyObject>();
PhantomReference<MyObject> phantomRef=                  //创建虚引用
    new PhantomReference<MyObject>(obj,phantomQueue);
System.out.println("Phantom Get: " + phantomRef.get());
new CheckRefQueue().start();
obj=null;                                               //去除强引用
Thread.sleep(1000);
int i=1;
while(true){
```

```
        System.out.println("第"+i+++"次 gc");
        System.gc();
        Thread.sleep(1000);
    }
```

以上代码为 MyObject 实例建立了一个虚引用。当 JVM 实际回收这个对象时，将其放入虚引用队列中。在虚引用队列中，一旦取得这个虚引用对象，则表示该对象正式被回收，此时退出程序。

```
Reference<MyObject> obj;
try {
    //等待，直到取得虚引用对象
    obj = (Reference<MyObject>) phantomQueue.remove();
    System.out.println("Object for PhantomReference is "+obj.get());
    System.exit(0);
} catch (InterruptedException e) {
    e.printStackTrace();
}
```

运行以上代码，输出结果如下：

```
Phantom Get: null
第 1 次执行 gc
MyObject's finalize called
第 2 次执行 gc
Object for PhantomReference is null
```

从输出结果中可以看到，对虚引用的 get()操作总是返回 null，即便强引用还存在时也不例外。这是因为虚引用的 get()实现代码如下：

```
public T get() {
    return null;                              //无论何时何地，总是返回 null
}
```

在第一次执行 GC 时，系统找到了垃圾对象并调用其 finalize()方法回收内存，但没有立即加入回收队列。在第二次执行 GC 时，该对象真正被 GC 清除，此时加入虚引用队列。

虚引用最大的作用在于跟踪对象回收，清理被销毁对象的相关资源。通常，当对象不再被使用时，重载该类的 finalize()方法可以回收对象的资源。但是，如果 finalize()方法使用不慎，可能会导致该对象复活。下面来看一个错误的 finalize()实现方式，这个实现方式可能会导致内存溢出，或者对象永远无法被回收。

```
public class CanReliveObj {
    public static CanReliveObj obj;
    @Override
    protected void finalize() throws Throwable {
        super.finalize();
        System.out.println("CanReliveObj finalize called");
        obj=this;                     //在 finalize()中拯救了将要被回收的对象
    }
    @Override
    public String toString(){
        return "I am CanReliveObj";
    }
```

```
    public static void main(String[] args) throws InterruptedException{
        obj=new CanReliveObj();
        obj=null;                           //删除对象
        System.gc();                        //第一次执行 GC 操作
        Thread.sleep(1000);
        if(obj==null){
            System.out.println("obj 是 null");
        }else{
            System.out.println("obj 可用");
        }
        System.out.println("第二次 GC");
        System.gc();                        //第二次执行 GC 操作
        Thread.sleep(1000);
        if(obj==null){
            System.out.println("obj 是 null");
        }else{
            System.out.println("obj 可用");
        }
    }
}
```

在以上代码中，先将对象 obj 设置为 null，告知 GC 这是一个需要被清理的对象。然后进行一次显式的 GC 操作，GC 操作过后发现，虽然该对象的 finalize()方法被调用，但是对象依然存在。随后进行第二次 GC 操作，由于在 GC 操作之前没有清除对象的强引用，故 obj 依然没有被回收。以上代码的输出结果如下：

```
CanReliveObj finalize called
obj 可用
第二次执行 GC 操作
obj 可用
```

可见，虽然 obj 的 finalize()被调用，但是 obj 始终都没有被回收。如果要强制回收 obj，需要在第二次执行 GC 操作前使用 obj=null 去除该对象的强引用。由于 finalize()只会被调用一次，因此在第二次被回收时，对象就没有机会再度复活了。

由于在 finalize()中存在让回收对象复活的可能性，因此在一个复杂的应用系统中，一旦 finalize()方法有问题，就很容易造成内存泄漏。而使用虚引用来清理相关资源则不会有类似的问题，因为在虚引用队列中的对象，事实上已经完成了对象的回收工作，因此不可能再度复活该对象。

注意：使用虚引用来清理对象所占用的资源，是对 finalize()函数的一种可行的替代方法。

当使用虚引用来清理对象所占用的资源时，可以使用引用队列加以辅助。具体代码如下：

```
MyObject obj=new MyObject();
phantomQueue = new ReferenceQueue<MyObject>();
PhantomReference<MyObject> phantomRef       //创建虚引用
    =new PhantomReference<MyObject>(obj,phantomQueue);
```

```
map.put(phantomRef, "db resource");           //模拟 MyObject 对象占用的资源
new CheckRefQueue().start();                  //监控对象的回收情况
obj=null;                                     //删除强引用
Thread.sleep(1000);                           //以下代码为了回收 obj 对象
int i=1;
while(true){
    System.out.println("第"+i+++"次 gc");
    System.gc();
    Thread.sleep(1000);
}
```

CheckRefQueue 类用于监控虚引用队列，一旦有对象被回收，便立即释放它占用的资源。其核心代码如下：

```
Reference<MyObject> obj;
try {                                                   //等待，直到对象被回收
    obj = (Reference<MyObject>) phantomQueue.remove();
    Object value=map.get(obj);                          //取得对象所占用的资源
    System.out.println("clean resouce:"+value);//模拟清理对象占用的资源
    map.remove(obj);                                    //最后完全释放这个引用
} catch (InterruptedException e) {
    e.printStackTrace();
}
```

3.4.5　WeakHashMap 类及其实现

WeakHashMap 类在 java.util 包中，它实现了 Map 接口，是 HashMap 的一种实现方式，它使用弱引用作为内部数据的存储方案。WeakHashMap 是弱引用的一种典型应用，它可以作为简单的缓存表解决方案。

如果在系统中需要一张很大的 Map 表，则 Map 中的表项作为缓存使用，这也意味着即使没能从该 Map 中取得相应的数据，系统也可以通过候选方案获取这些数据。虽然这样会消耗更多的时间，但是不影响系统的正常运行。

在这种场景下，使用 WeakHashMap 是最为适合的。因为 WeakHashMap 会在系统内存范围内保存所有表项，而一旦内存不够，在进行 GC 操作时，没有被引用的表项又会很快被清除掉，从而避免系统内存溢出。

以下代码分别使用 WeakHashMap 和 HashMap 保存大量的数据。

```
map=new WeakHashMap();                    //使用 WeakHashMap
List l=new ArrayList();
for(int i=0;i<10000;i++){
    Integer ii=new Integer(i);
    map.put(ii,new byte[i]);
}

map=new HashMap();                        //使用 HashMap
for(int i=0;i<10000;i++){
    Integer ii=new Integer(i);
```

```
        map.put(ii,new byte[i]);
    }
```

使用-Xmx5M 限定代码的最大可用堆，执行后，使用 WeakHashMap 的代码段正常运行结束，而使用 HashMap 的代码段抛出异常 java.lang.OutOfMemoryError: Java heap space。

由此可见，WeakHashMap 会在系统内存紧张时，自动释放掉持有弱引用的内存数据。那 WeakHashMap 是如何工作的呢？为解答这个问题，首先需要深入了解一下 WeakHashMap 的表项。

在 JDK 的源码中，WeakHashMap 对其 Entry 的定义片段如下：

```
private static class Entry<K,V> extends WeakReference<K> implements
Map.Entry<K,V> {
        private V value;
        private final int hash;
        private Entry<K,V> next;

        Entry(K key, V value,
          ReferenceQueue<K> queue,
            int hash, Entry<K,V> next) {
          super(key, queue);                        //构造了 key 的弱引用
          this.value = value;
          this.hash  = hash;
          this.next  = next;
        }
    //这里省略了其他部分代码
}
```

在这段代码中，Entry 继承扩展了 WeakReference，并在其构造函数中构造了 key 的弱引用。

此外，在 WeakHashMap 的各项操作中，如 get()和 put()函数，直接或间接调用 expungeStaleEntries()函数，以清理持有弱引用的 key 的表项。expungeStaleEntries()函数的定义如下：

```
private void expungeStaleEntries() {
    Entry<K,V> e;
    //如果存在 key 是弱引用并已经被回收
    while ( (e = (Entry<K,V>) queue.poll()) != null) {
        int h = e.hash;                          //那么就清除这个 key 的表项
        int i = indexFor(h, table.length);       //找到这个表项的位置
        Entry<K,V> prev = table[i];
        Entry<K,V> p = prev;
        while (p != null) {                      //这里移除已经被回收的表项
            Entry<K,V> next = p.next;
            if (p == e) {
                if (prev == e)
                    table[i] = next;
                else
                    prev.next = next;
                e.next = null;
                e.value = null;
                size--;
                break;
            }
            prev = p;
```

```
                p = next;
            }
        }
    }
```

在了解了 WeakHashMap 的工作原理后，可以知道，如果存放在 WeakHashMap 中的 key 都存在强引用，那么 WeakHashMap 的功能就会退化为 HashMap。考察以下代码段：

```
map=new WeakHashMap();                          //使用 WeakHashMap
List l=new ArrayList();
for(int i=0;i<10000;i++){
    Integer ii=new Integer(i);
    l.add(ii);                                  //强引用 key
    map.put(ii,new byte[i]);
}
```

在上面的这段代码中，对 key 进行了强引用。同样，使用-Xmx5M 运行这段代码，最终会抛出 java.lang.OutOfMemoryError: Java heap space 异常。因此，如果希望在系统中通过 WeakHashMap 自动清理数据，就尽量不要在系统的其他地方强引用 WeakHashMap 的 key，否则这些 key 就不会被回收，WeakHashMap 也就无法正常释放它们所占用的表项。

注意： WeakHashMap 使用弱引用，可以自动释放已经被回收的 key 所在的表项。但如果 WeakHashMap 的 key 都在系统内持有强引用，那么 WeakHashMap 就退化为普通的 HashMap，因为所有的表项都无法被自动清理。

3.5　性能测试工具 JMH

JMH 是一个 Java 基准测试工具，用于测试一段程序的性能。由于 Java 虚拟机的特性，例如 JIT 存在，导致一段代码的执行性能受到诸多不确定因素的影响。为了更精准地测量一段代码的性能，我们需要将被测代码先进行预热，然后再获得其性能指标。在测量时，也要通过多次执行取平均值的方式来确定程序的性能，这样才可以尽可能地避免或减少误差。而这一切，都可以通过 JMH 来帮助我们实现。

我们可以使用 Maven 来构造一个 JMH 的工程。构造的方法如下：

```
mvn archetype:generate \
        -DinteractiveMode=false \
        -DarchetypeGroupId=org.openjdk.jmh \
        -DarchetypeArtifactId=jmh-java-benchmark-archetype \
        -DgroupId=javatuning.ch3 \
        -DartifactId=jmhdemo \
        -Dversion=1.0
```

上述命令将会构造一个 JMH 的示例工程，通过下面的命令可以编译并执行这个工程：

```
cd jmhdemo
mvn clean install
java -jar target/benchmarks.jar
```

3.5.1 JMH 之 Hello World

在 JMH 中，任何被测函数都需要使用@Benchmark 来标注。JMH 框架会调用被@Benchmark 标注的函数，并自动统计它们的性能指标。

下面是一段简单的 JMH 程序，被测代码为 wellHelloThere()函数（带有@Benchmark 注解）：

```
public class JMHSample_01_HelloWorld {
    @Benchmark
    public void wellHelloThere() {
        // 这是一个简单的例子
    }
    public static void main(String[] args) throws RunnerException {
        Options opt = new OptionsBuilder()
                .include(JMHSample_01_HelloWorld.class.getSimpleName())
                .forks(1)
                .build();
        new Runner(opt).run();
    }
}
```

使用以下命令执行上述代码（笔者使用 JDK 8 进行测试）：

```
mvn clean install
java -jar target/benchmarks.jar JMHSample_01
```

可以得到以下输出结果（限于篇幅，将原始输出进行裁剪，只保留核心部分）。需要注意的是，虽然在代码的 main()函数中指定了只进行一轮测试（forks=1），但是通过 benchmarks.jar 执行测试程序时，并不会执行该 main()函数，因此该设置是无效的。只有通过直接执行此 main()函数，才能使该配置生效。直接执行此 main()函数的方法可以参考 3.5.2 节“JMH 之指定测量模式”。

```
java -jar target/benchmarks.jar JMHSample_01
# JMH version: 1.22
# VM version: JDK 1.8.0_71, Java HotSpot(TM) 64-Bit Server VM, 25.71-b15
# VM invoker: F:\tools\jdk8u71\jre\bin\java.exe
# VM options: <none>
# Warmup: 5 iterations, 10 s each
# Measurement: 5 iterations, 10 s each
# Timeout: 10 min per iteration
# Threads: 1 thread, will synchronize iterations
# Benchmark mode: Throughput, ops/time
# Benchmark: javatuning.ch3.demo.JMHSample_01_HelloWorld.wellHelloThere
...

# Run progress: 80.00% complete, ETA 00:01:40
# Fork: 5 of 5
```

```
16 # Warmup Iteration   1: 3521868904.373 ops/s
17 ...
18 # Warmup Iteration   5: 3510892229.610 ops/s
19 Iteration   1: 3535967172.468 ops/s
20 ...
21 Iteration   5: 3527804255.340 ops/s
22
23
24 Result "javatuning.ch3.demo.JMHSample_01_HelloWorld.wellHelloThere":
25   3526436360.208 ±(99.9%) 11450266.693 ops/s [Average]
26   (min, avg, max) = (3497182217.095, 3526436360.208, 3552459945.855),
     stdev = 15285778.440
27   CI (99.9%): [3514986093.514, 3537886626.901] (assumes normal distribution)
28
29 Benchmark  Mode  Cnt  Score  Error  Units
30 JMHSample_01_HelloWorld.wellHelloThere  thrpt   25  3526436360.208 ±
   11450266.693  ops/s
```

上述第 2 行和第 3 行代码表示执行这个测试所用的虚拟机；第 6 行代码表示预热使用 5 个迭代，每个迭代执行 10s；第 7 行代码表示真正用于性能测量统计的为 5 个迭代，每个迭代执行 10s；第 8 行代码表示超时时间为每个迭代 10ms；第 10 行代码表示此次测量的单位为吞吐量，也就是测量结果为每秒可以执行多少次操作；第 11 行代码表示被测的函数。

第 15 行代码表示测量一共会进行 5 轮，当前为最后一轮，每一轮测量都包含 5 次预热迭代和 5 次测量迭代；第 21 行代码表示当前第 5 次测量迭代中测量结果为 3 527 804 255 次操作/秒，也就是说在一秒内，该被测函数执行了 3 527 804 255 次。

第 24 行代码表示最终该函数的测量结果；第 25 行代码为测试结果和误差；第 26 行代码表示最大、平均和最小的测量值，以及它们的标准差；第 27 行代码表示假设测量数据满足正态分布，那么它的 99%置信区间为[3514986093.514, 3537886626.901]。

可以看到，JMH 给出了一段程序的执行性能结果，并且使用统计学的方法，通过多次测量将其误差、置信区间一一给出，可以让我们更加精确和专业地比较、判断不同代码的性能差异。

3.5.2　JMH 之指定测量模式

JMH 允许我们指定测量的模式。当前支持的测量模式有以下几种：

- Throughput：吞吐量，表示每秒或每分可以执行多少次操作。
- AverageTime：平均时间，表示执行一次操作平均需要多久。
- SampleTime：对被测函数进行采样，统计其单次执行时间。
- SingleShotTime：单次执行时间。在该模式下，只对方法进行一次调用，而不对方法进行预热。在需要对方法冷启动性能进行测试时，可以采用该模式。

下面的代码展示了这几种测量模式的使用。

```
1    @Benchmark
2    @BenchmarkMode(Mode.Throughput)
3    @OutputTimeUnit(TimeUnit.SECONDS)
4    public void measureThroughput() throws InterruptedException {
5       TimeUnit.MILLISECONDS.sleep(100);
6    }
7
8    @Benchmark
9    @BenchmarkMode(Mode.AverageTime)
10    @OutputTimeUnit(TimeUnit.SECONDS)
11    public void measureAvgTime() throws InterruptedException {
12       TimeUnit.MILLISECONDS.sleep(100);
13    }
14
15    @Benchmark
16    @BenchmarkMode(Mode.SampleTime)
17    @OutputTimeUnit(TimeUnit.SECONDS)
18    public void measureSamples() throws InterruptedException {
19       TimeUnit.MILLISECONDS.sleep(100);
20    }
21
22    @Benchmark
23    @BenchmarkMode(Mode.SingleShotTime)
24    @OutputTimeUnit(TimeUnit.SECONDS)
25    public void measureSingleShot() throws InterruptedException {
26       TimeUnit.MILLISECONDS.sleep(100);
27    }
28
29    @Benchmark
30  @BenchmarkMode({Mode.Throughput, Mode.AverageTime, Mode.SampleTime,
Mode.SingleShotTime})
31    @OutputTimeUnit(TimeUnit.SECONDS)
32    public void measureMultiple() throws InterruptedException {
33       TimeUnit.MILLISECONDS.sleep(100);
34    }
```

代码第 2、9、16、23 和 30 行，使用@BenchmarkMode 注解指定了期望的测量模式，同时也使用@OutputTimeUnit 注解给定了期望的输出单位。

在本例中，使用 Eclipse 直接执行这段代码（代码中省略了 main()函数，但它是存在的）。为了能在 Eclipse 中直接执行 JMH 程序，需要安装 m2e-apt 插件，并配置注解的处理模式，如图 3.26 和图 3.27 所示。

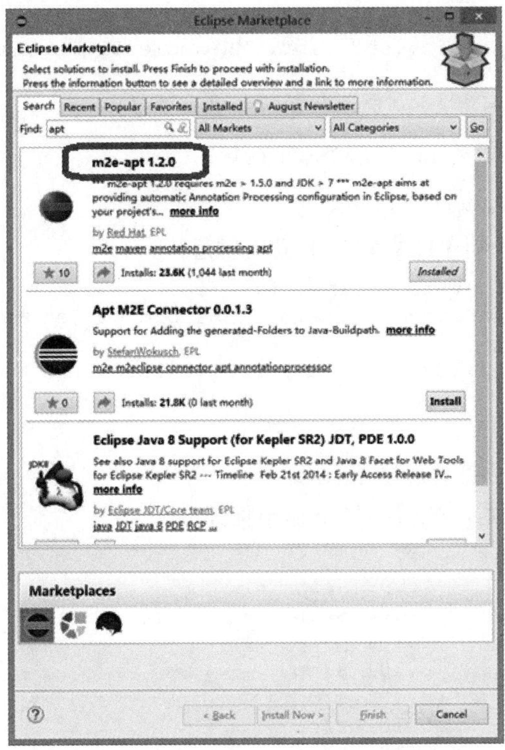

图 3.26　安装 m2e-apt 插件

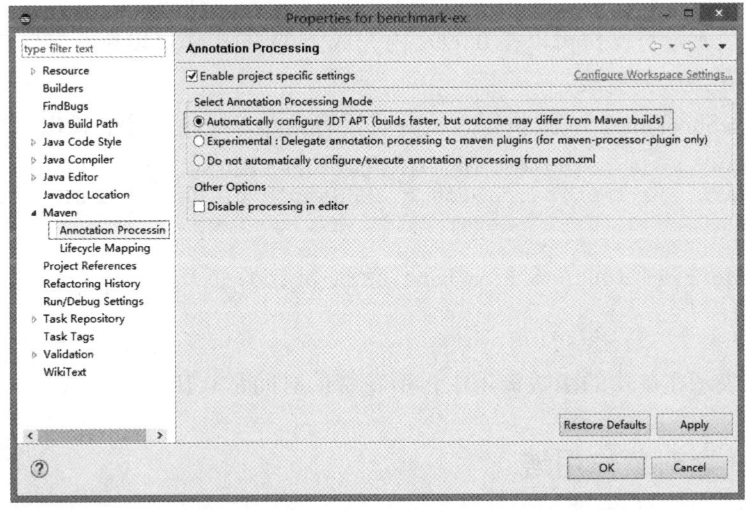

图 3.27　配置 Maven 工程的注解处理模式

完成上述配置后，就可以在 Eclipse 中直接执行这段程序了。

对于 Throughput，可能得到如下输出信息：

```
# Benchmark mode: Throughput, ops/time
# Benchmark: javatuning.ch3.demo.JMHSample_02_BenchmarkModes.measureAll

# Run progress: 0.00% complete, ETA 00:15:00
# Fork: 1 of 1
# Warmup Iteration   1: 9.947 ops/s
```

表示该操作每秒可以执行 9.947 次。

对于 AverageTime，则可能得到如下输出信息：

```
# Benchmark mode: Average time, time/op
# Benchmark: javatuning.ch3.demo.JMHSample_02_BenchmarkModes.measureAll

# Run progress: 33.33% complete, ETA 00:10:04
# Fork: 1 of 1
# Warmup Iteration   1: 0.100 s/op
```

表示每个操作平均需要 0.1s 才能完成。

对于 SampleTime，则可能得到如下输出信息：

```
Percentiles, s/op:
     p(0.0000) =      0.099 s/op
    p(50.0000) =      0.100 s/op
    p(90.0000) =      0.101 s/op
    p(95.0000) =      0.101 s/op
    p(99.0000) =      0.101 s/op
    p(99.9000) =      0.101 s/op
    p(99.9900) =      0.101 s/op
    p(99.9990) =      0.101 s/op
    p(99.9999) =      0.101 s/op
   p(100.0000) =      0.101 s/op
```

输出信息表示没有操作可以在 0.099s 内完成，50%的操作可以在 0.100s 内完成，100%的操作可以在 0.101s 内完成。

对于 SingleShotTime，它只执行一次并且没有预热，一种可能的输出信息如下：

```
# Benchmark mode: Single shot invocation time
# Benchmark: javatuning.ch3.demo.JMHSample_02_BenchmarkModes.measure
Multiple

# Run progress: 100.00% complete, ETA 00:00:00
# Fork: 1 of 1
Iteration   1: 0.100 s/op
```

输出信息表示在单次的函数调用中，所花费的时间是 0.100s。

3.5.3 JMH 之对象作用域

在有些测试场景下需要保存测试代码的状态，也就是说需要在不同的调用之间共享一些数据。JMH 提供的@State 注解可以帮助我们实现相关功能。

下面的代码展示了@State 的使用方法。

```
1    @State(Scope.Benchmark)
2    public static class BenchmarkState {
3       volatile double x = Math.PI;
4    }
5
6    @State(Scope.Thread)
7    public static class ThreadState {
8       volatile double x = Math.PI;
9    }
10
11   @Benchmark
12    public void measureUnshared(ThreadState state) {
13       state.x++;
14    }
15
16    @Benchmark
17    public void measureShared(BenchmarkState state) {
18       state.x++;
19    }
20
21    public static void main(String[] args) throws RunnerException {
22       Options opt = new OptionsBuilder()
23             .include(JMHSample_03_States.class.getSimpleName())
24             .threads(4)
25             .forks(1)
26             .build();
27
28       new Runner(opt).run();
29    }
```

上述代码中，第 1～4 行声明作用于整个测试周期的共享变量 BenchmarkState；第 6～9 行声明仅在线程内共享的变量 ThreadState。两者的区别是，BenchmarkState 对象实例在整个测试中对所有线程均共享，而 ThreadState 在整个测试中仅在同一线程内共享，不同线程之间有独立的数据拷贝。代码的第 24 行指定本次测试使用 4 个线程。测试结果如下：

```
Benchmark            Mode   Cnt  Score            Error         Units
JMHSample_03_States. thrpt  5    48909166.615 ±   1650393.570   ops/s
measureShared
JMHSample_03_States. thrpt  5    597391450.885 ±  26967082.688  ops/s
measureUnshared
```

可以看到，在多线程下，线程独立的拷贝拥有更高的访问效率。

3.5.4　JMH 之代码消除

对于基准测试而言，一种致命的问题是代码优化，编译器很可能会将一些它认为没有意义的代码直接删除。对于一段正常运行的代码来说，如果一段代码的调用是没有意义的，那么直接删除它有助于提升程序的性能。但是这种情况发生在基准测试中就不好。因为如果编译器将我们的被测代码视为无效代码而优化掉，将会导致测试结果显示异常，从而使我们误以为被测代码的性能很好，而真实情况却是代码根本没有被真正执行。

下面这段代码演示了这种情况。

```
 @State(Scope.Thread)
 @BenchmarkMode(Mode.AverageTime)
@OutputTimeUnit(TimeUnit.NANOSECONDS)
public class JMHSample_08_DeadCode {
    private double x = Math.PI;

    @Benchmark
    public void baseline() {
       //以这个空方法为参考基准
    }

    @Benchmark
    public void measureWrong() {
       Math.log(x);
    }

    @Benchmark
    public double measureRight() {
       return Math.log(x);
    }

    public static void main(String[] args) throws RunnerException {
       Options opt = new OptionsBuilder()
              .include(JMHSample_08_DeadCode.class.getSimpleName())
              .forks(1)
              .build();
       new Runner(opt).run();
    }
 }
```

上述代码的执行结果如下：

Benchmark	Mode	Cnt	Score	Error	Units
JMHSample_08_DeadCode.baseline	avgt	5	0.454 ± 0.013		ns/op
JMHSample_08_DeadCode.measureRight	avgt	5	21.889 ± 0.514		ns/op
JMHSample_08_DeadCode.measureWrong	avgt	5	0.448 ± 0.008		ns/op

可以看到，measureWrong()函数和 baseline()函数的性能是一样的。这是否意味着measureWrong()函数中的 Math.log(x)性能极好，以至于几乎不需要执行时间呢？答案是否定的。产生这种现象的原因是 measureWrong()中的 Math.log(x)被编译系统优化，以至于根本没有被执行，因此和什么都不做的 baseline()函数的执行速度一样。而 measureRight()函数因为将 Math.log(x)返回了，所以 JMH 就确保这段代码被真正执行而免于被优化，因此 measureRight()的性能指标才是准确的。

注意：一定要避免被测代码被编译器优化，从而导致测试结果发生偏差。

3.6　有助于改善性能的技巧

程序的性能受到代码质量的直接影响。本节将主要介绍一些代码编写的小技巧和惯例，这些技巧有助于在代码级别上提升系统性能。有些看起来微不足道的编程技巧，却可能为系统性能带来成倍的提升，因此这些编程技巧是值得读者了解和关注的。

3.6.1　使用局部变量

在调用方法时，访问局部变量的速度要远远快于类的实例变量和静态变量的访问速度。因此，如果有可能，应该尽量使用局部变量而不是直接使用类的成员变量。

下面的例子测试程序访问局部变量、类实例变量和静态变量的速度。

```
@Warmup(iterations = 5,time = 5, timeUnit = TimeUnit.SECONDS)
@Measurement(iterations = 5,time = 5, timeUnit = TimeUnit.SECONDS)
@State(Scope.Benchmark)
public class LocalvarBench {
    public static int ta=0;
    public  int instanceA=0;

    @Benchmark
    @BenchmarkMode(Mode.Throughput)
    @Warmup(iterations = 2)
    @Measurement(iterations = 2)
    public int localVar() throws IOException {
        int a=0;                                    //在函数体内定义局部变量
        for(int i=0;i<10000;i++){
            a++;
        }
        return a;
    }

    @Benchmark
    @BenchmarkMode(Mode.Throughput)
    @Warmup(iterations = 2)
    @Measurement(iterations = 2)
    public int staticVar() throws IOException {
        for(int i=0;i<10000;i++){
            ta++;
        }
        return ta;
    }

    @Benchmark
    @BenchmarkMode(Mode.Throughput)
    @Warmup(iterations = 2)
    @Measurement(iterations = 2)
    public int instanceVar() throws IOException {
```

```
        for(int i=0;i<10000;i++){
            instanceA++;
        }
        return instanceA;
    }

    @Benchmark
    @BenchmarkMode(Mode.Throughput)
    @Warmup(iterations = 2)
    @Measurement(iterations = 2)
    public int baseline() {
        return 0;
    }

    public static void main(String[] args) throws Exception {
        Options opt = new OptionsBuilder()
                .include(LocalvarBench.class.getSimpleName())
                .forks(1)
                .build();
        new Runner(opt).run();
    }
}
```

上述代码中：localVar()函数测试访问局部变量的速度；staticVar()函数测试访问静态变量 ta 的性能；instanceVar()函数测试访问实例变量 instanceA 的速度；baseline()函数则帮助我们更好地识别那些可能被优化掉而不会被真正执行的代码。

在使用 JDK 7 测试时，得到以下结果（虚拟机以 server 模式运行）：

```
Benchmark                  Mode   Cnt   Score          Error   Units
LocalvarBench.baseline     thrpt  2     349230069.982          ops/s
LocalvarBench.instanceVar  thrpt  2     58773.159              ops/s
LocalvarBench.localVar     thrpt  2     347926.669             ops/s
LocalvarBench.staticVar    thrpt  2     58805.105              ops/s
```

使用 JDK 8 测试时，则得到以下结果：

```
Benchmark                  Mode   Cnt   Score          Error   Units
LocalvarBench.baseline     thrpt  2     457013188.886          ops/s
LocalvarBench.instanceVar  thrpt  2     3054407.166            ops/s
LocalvarBench.localVar     thrpt  2     459938136.835          ops/s
LocalvarBench.staticVar    thrpt  2     2633390.472            ops/s
```

可以看到，对于每一个函数，JDK 8 的性能均高于 JDK 7，这说明 JDK 8 在代码优化上比 JDK 7 有了较大的进步。

再看 JDK 7 的结果。很明显，局部变量的访问速度远远大于类的实例变量的访问速度，而静态变量和实例变量的访问速度几乎一样。而在 JDK 8 中，局部变量的访问会被完全优化掉（因此这个测试结果没有参考意义），而实例变量的访问速度略高于静态变量。

3.6.2 位运算代替乘除法

在所有的运算中，位运算是最为高效的。因此，可以尝试使用位运算代替部分算术运算来提高系统的运行速度。最典型的就是对于整数的乘除运算进行优化，代码如下：

```
@Warmup(iterations = 5,time = 5, timeUnit = TimeUnit.SECONDS)
@Measurement(iterations = 5,time = 5, timeUnit = TimeUnit.SECONDS)
@State(Scope.Benchmark)
public class BitMathBench {
    @Param({"2035"})
    private int param;

    @Benchmark
    @BenchmarkMode(Mode.Throughput)
    @Warmup(iterations = 2)
    @Measurement(iterations = 2)
    public int mathOp() throws IOException {
        param=param*2;
        param=param/2;
        return param;
    }

    @Benchmark
    @BenchmarkMode(Mode.Throughput)
    @Warmup(iterations = 2)
    @Measurement(iterations = 2)
    public int bitOp() throws IOException {
        param=param<<1;
        param=param>>1;
        return param;
    }
}
```

上述代码中，mathOp()和 bitOp()做了相同的操作。笔者使用 JDK 7 对上述代码性能进行测试，结果如下：

```
Benchmark              (param)  Mode   Cnt  Score           Error  Units
BitMathBench.bitOp     2035     thrpt  2    318572580.506          ops/s
BitMathBench.mathOp    2035     thrpt  2    113927434.596          ops/s
```

不难看出，位运算的性能远远高于算术运算。

3.6.3　替换 switch

switch 语句用于多条件判断，其功能类似于 if-else 语句，两者的性能也差不多。因此，不能说 switch 语句会降低系统的性能，但是在绝大多数情况下，switch 语句还是有性能提升空间的。尤其在 JDK 7 及之前的版本中，使用一些特殊的算法可以替代 switch 操作。来看下面的例子：

```
@Warmup(iterations = 5,time = 5, timeUnit = TimeUnit.SECONDS)
@Measurement(iterations = 5,time = 5, timeUnit = TimeUnit.SECONDS)
@State(Scope.Benchmark)
public class SwitchBench {
    @Param({"0","2","7","11"})
    private int param;
```

```
07
08      int re=0;
09      int[] sw=new int[]{0,3,6,7,8,10,16,18,44}; //替代 switch 的逻辑
10
11
12      protected int switchInt(int z){     //根据操作数的不同，返回不同的值
13          switch(z){
14              case 1:return 3;
15              case 2:return 6;
16              case 3:return 7;
17              case 4:return 8;
18              case 5:return 10;
19              case 6:return 16;
20              case 7:return 18;
21              case 8:return 44;
22              default:return -1;
23          }
24      }
25
26      protected int arrayInt(int[] sw,int z){
27          if(z>7 || z<1)                              //模拟 switch 的 default
28              return -1;
29          else
30              return sw[z];
31      }
32
33      @Benchmark
34      @BenchmarkMode(Mode.Throughput)
35      @Warmup(iterations = 2)
36      @Measurement(iterations = 2)
37      public void switchTest() throws IOException {
38          re=switchInt(param);
39
40      }
41
42      @Benchmark
43      @BenchmarkMode(Mode.Throughput)
44      @Warmup(iterations = 2)
45      @Measurement(iterations = 2)
46      public void arrayTest() throws IOException {
47          re=arrayInt(sw,param);
48      }
49
50      public static void main(String[] args) throws Exception {
51          Options opt = new OptionsBuilder()
52                  .include(SwitchBench.class.getSimpleName())
53                  .forks(1)
54                  .build();
55          new Runner(opt).run();
56      }
57
58  }
```

上述代码中，第 12 行的 switchInt()和第 26 行的 arrayInt()实现了相同的功能。在使用

JDK 7 进行测试时，arrayInt()较为明显地优于 switchInt()。而在使用 JDK 8 进行测试时，两者差距缩小，性能几乎相同。可见，在 JDK 8 中对 switch 又进行了性能优化。而在 JDK 7 及之前的版本中，如果能用数组替代 switch，那么在一定程度上还是能够提升性能的。

3.6.4 一维数组代替二维数组

由于数组的随机访问性能非常好，许多 JDK 类库，如 ArrayList、Vector 等都使用了数组作为其底层实现。但是，作为软件开发人员必须知道，一维数组和二维数组的访问速度是不一样的，一维数组的访问速度要优于二维数组。因此，在性能敏感的系统中要使用二维数组时，可以尝试通过可靠的算法，将二维数组转换为一维数组后再进行处理，以提高系统的响应速度。

下面的代码测试一维数组和二维数组的访问速度。

```
@Warmup(iterations = 5, time = 5, timeUnit = TimeUnit.SECONDS)
@Measurement(iterations = 5, time = 5, timeUnit = TimeUnit.SECONDS)
@State(Scope.Benchmark)
public class ArrayBench {
    int[] array = new int[1000000];
    int[][] array2 =  new int[1000][1000];

    @Benchmark
    @BenchmarkMode(Mode.Throughput)
    @Warmup(iterations = 2)
    @Measurement(iterations = 2)
    public void oneDimensionalArrayWrite() throws IOException {
        for (int i = 0; i < array.length; i++)      // 一维数组赋值
            array[i] = i;
    }

    @Benchmark
    @BenchmarkMode(Mode.Throughput)
    @Warmup(iterations = 2)
    @Measurement(iterations = 2)
    public void oneDimensionalArrayWriteWithSize() throws IOException {
        int size = array.length;
        for (int i = 0; i < size; i++)              // 一维数组赋值
            array[i] = i;
    }

    @Benchmark
    @BenchmarkMode(Mode.Throughput)
    @Warmup(iterations = 2)
    @Measurement(iterations = 2)
    public void oneDimensionalArrayRead() throws IOException {
        int re = 0;
        for (int i = 0; i < array.length; i++)      // 一维数组取值
            re = array[i];
    }

```

```
    @Benchmark
    @BenchmarkMode(Mode.Throughput)
    @Warmup(iterations = 2)
    @Measurement(iterations = 2)
    public void twoDimensionalArrayWrite() throws IOException {
        for(int i=0;i<array2.length;i++)                //二维数组赋值
            for(int j=0;j<array2[0].length;j++)
                array2[i][j]=i;
    }

    @Benchmark
    @BenchmarkMode(Mode.Throughput)
    @Warmup(iterations = 2)
    @Measurement(iterations = 2)
    public void twoDimensionalArrayRead() throws IOException {
        int re = 0;
        for(int i=0;i<array2.length;i++)                //二维数组取值
            for(int j=0;j<array2[0].length;j++)
                re = array2[i][j];
    }
}
```

由于 JDK 8 对上述代码中的局部变量进行了优化，导致测试结果失真，下面只给出了 JDK 7 的测试结果。

Benchmark	Mode	Cnt	Score	Error	Units
ArrayBench.baseline	thrpt	2	1844871050.663		ops/s
ArrayBench.oneDimensionalArrayRead	thrpt	2	1230.251		ops/s
ArrayBench.oneDimensionalArrayWrite	thrpt	2	1303.996		ops/s
ArrayBench.oneDimensionalArrayWriteWithSize	thrpt	2	2077.945		ops/s
ArrayBench.twoDimensionalArrayRead	thrpt	2	820.245		ops/s
ArrayBench.twoDimensionalArrayWrite	thrpt	2	830.549		ops/s

从结果中可以看到，一维数组的读取速度明显快于二维数组，同时在一维数组的循环体中，将访问数组长度的代码抽取后（参考 oneDimensionalArrayWriteWithSize()函数），速度又有了近乎一倍的提升，已经远远高于二维数组的操作。

3.6.5 提取表达式

在软件开发过程中，程序员很容易有意无意地让代码做一些“重复劳动”。在大部分情况下，由于计算机的高速运行，这些“重复劳动”并不会对性能构成太大的威胁。但若希望将系统性能发挥到极致，提取这些“重复劳动”则相当有意义。例如以下代码进行了两次算术计算：

```
double d=Math.random();
double a=Math.random();
```

```
double b=Math.random();
double e=Math.random();
double x,y;
for(int i=0;i<10000000;i++){          //使用循环作为检测程序耗时的放大工具
    x=d*a*b/3*4*a;
    y=e*a*b/3*4*a;
}
```

细心的读者一定能发现，两个计算表达式的后半部分完全相同，这也意味着在每次循环中，相同部分的表达式被重复计算了。一种可能的改进如下：

```
double d=Math.random();
double a=Math.random();
double b=Math.random();
double e=Math.random();
double t,x,y;
for(int i=0;i<10000000;i++){          //使用循环作为检测程序耗时的放大工具
     t=a*b/3*4*a;
     x=d*t;
     y=e*t;
}
```

在以上代码中，提取了原表达式中的公共部分，使得每次循环计算只执行一次。这种处理的效果如何呢？在笔者的计算机上，前者的相对耗时为 156ms，而后者仅花费了 78ms 左右。可见，提取复杂的重复操作是相当有意义的。

同理，如果在某循环中需要执行一个耗时操作，而在循环体内，其执行结果总是唯一的，也应该将其提取到循环体外。例如：

```
for(int i=0;i<N;i++)                  //该循环属于本例的业务逻辑
    x[i] = Math.PI*Math.sin(k)*i;
```

应该被改写成：

```
double d = Math.PI*Math.sin(k);       //提取复杂、固定结果的业务逻辑处理到循环体外
for(int i=0;i<N;i++)                  //该循环属于本例的业务逻辑
    x[i] = d*i;
```

注意：尽可能让程序少做重复的计算，尤其要关注在循环体内的代码，从循环体内提取重复的代码可以有效地提升系统性能。

3.6.6　展开循环

与前面所介绍的优化技巧略有不同，笔者认为展开循环是一种在极端情况下使用的优化手段，因为展开循环很可能会影响代码的可读性和可维护性，而这两者对软件系统来说也是极为重要的。但是，当性能问题成为系统的主要矛盾时，展开循环绝对是一种值得尝试的技术。仔细观察如下代码：

```
public class ExtractLoop {
    int[] array=new int[9999999];

```

```
    @Benchmark
    @BenchmarkMode(Mode.Throughput)
    @Warmup(iterations = 2)
    @Measurement(iterations = 2)
    public int[] loop() throws IOException {
        for(int i=0;i<9999999;i++){
            array[i]=i;                    //赋值操作
        }
        return array;
    }

    @Benchmark
    @BenchmarkMode(Mode.Throughput)
    @Warmup(iterations = 2)
    @Measurement(iterations = 2)
    public int[] extractLoop() throws IOException {
        //展开循环，一个循环体完成原来 3 个循环的工作
        for(int i=0;i<9999999;i+=9){
            array[i]=i;
            int j=i+1;
            array[j]=j;
            j++;
            array[j]=j;
            j++;
            array[j]=j;
            j++;
            array[j]=j;
            j++;
            array[j]=j;
            j++;
            array[j]=j;
            j++;
            array[j]=j;
            j++;
            array[j]=j;
        }
        return array;
    }
}
```

函数 extractLoop()和 loop()实现了相同的功能，但是在 extractLoop()中的一个循环相当于 loop()中的 9 个循环。使用 JDK 7 执行这段测试代码，结果如下：

```
Benchmark                    Mode    Cnt   Score     Error    Units
ExtractLoop.extractLoop      thrpt   2     231.718            ops/s
ExtractLoop.loop             thrpt   2     169.546            ops/s
```

可以看到，展开循环后，性能有了极大的提升。但需要注意的是，在 JDK 8 中，虚拟机进一步优化了循环的效率，因此两者的性能差距不大。

3.6.7 布尔运算代替位运算

虽然位运算的速度远远高于算术运算，但是在条件判断时，使用位运算替代布尔运算

却是非常错误的选择。

在条件判断时，Java 会对布尔运算做相当充分的优化。假设有表达式 a、b、c 进行布尔运算“a&&b&&c”，根据逻辑与的特点，只要 a、b、c 三个表达式中有一项返回 false，则整体表达式就返回 false。因此，当表达式 a 为 false 时，该表达式将立即返回 false，而不会再去计算表达 b 和 c。若此时，表达式 b、c 需要消耗大量的系统资源，这种处理方式可以节省这些计算资源。

同理，当计算表达式“a||b||c”时，只要 a、b 或 c 三个表达式中的任意一个计算结果为 true 时，整体表达式立即返回 true，而不去计算剩余的表达式。

简单地说，在布尔表达式的计算中，只要表达式的值可以确定，就会立即返回，而跳过剩余子表达式的计算。若使用位运算（按位与、按位或）代替逻辑与和逻辑或，虽然位运算本身没有性能问题，但是位运算总是要将所有的子表达式全部计算完成后，再给出最终结果。因此，从这个角度来说，使用位运算替代布尔运算会使系统进行很多无效计算。

以下代码演示了一段位运算的实现：

```
boolean a=false;
boolean b=true;
int d=0;
for(int i=0;i<10000000;i++)
    if(a&b&"Java_Perform".contains("Java"))      //位运算，此表达式会被全部计算
        d=0;
```

使用逻辑与的改进如下：

```
boolean a=false;                                  //使用布尔运算可以直接返回 false
boolean b=true;
int d=0;
for(int i=0;i<10000000;i++)
    if(a&&b&&"Java_Perform".contains("Java"))    //布尔运算，只计算表达式 a
        d=0;
```

上述使用位运算的代码作为操作数的每一段函数都被执行，而使用逻辑运算的代码中，只有表达式 a 被执行。因此，在这个场景中，使用逻辑运算可以使程序做“更少”的事情。

3.6.8　使用 arrayCopy()

数组复制是一项使用频率很高的操作，JDK 中提供了一个高效的 API 来实现它。代码如下：

```
public static native void arraycopy(Object src,  int  srcPos,
                                    Object dest, int destPos,
                                    int length);
```

那么这个函数的性能如何呢？下面让我们用一段程序来一窥究竟吧！

```
public class ArrayCopy {
    int size = 100000;
```

```
    int[] array = new int[size];
    int[] arraydst = new int[size];

    int smallSize = 2;
    int[] smallArray = new int[smallSize];
    int[] smallArrayDst = new int[smallSize];

    @Benchmark
    @BenchmarkMode(Mode.Throughput)
    @Warmup(iterations = 2)
    @Measurement(iterations = 2)
    public void systemArrayCopy() throws IOException {
        System.arraycopy(array, 0, arraydst, 0, size);
    }

    @Benchmark
    @BenchmarkMode(Mode.Throughput)
    @Warmup(iterations = 2)
    @Measurement(iterations = 2)
    public void userArrayCopy() throws IOException {
        int lSize = size;
        for (int i = 0; i < lSize; i++)     // 使用for循环完成数组的复制
            arraydst[i] = array[i];
    }

    @Benchmark
    @BenchmarkMode(Mode.Throughput)
    @Warmup(iterations = 2)
    @Measurement(iterations = 2)
    public void smallSystemArrayCopy() throws IOException {
        System.arraycopy(smallArray, 0, smallArrayDst, 0, smallSize);
    }

    @Benchmark
    @BenchmarkMode(Mode.Throughput)
    @Warmup(iterations = 2)
    @Measurement(iterations = 2)
    public void smallUserArrayCopy() throws IOException {
        int lSize = smallSize;
        for (int i = 0; i < lSize; i++)     // 使用for循环完成数组的复制
            smallArrayDst[i] = smallArray[i];
    }
}
```

在上述代码中，使用了两个数组，一个数组比较大，另外一个则比较小，对这两个数组分别使用系统的 arrayCopy()和循环复制进行复制操作。使用 JDK 7 执行操作，结果如下：

```
Benchmark                           Mode   Cnt  Score           Error  Units
ArrayCopy.smallSystemArrayCopy      thrpt  2    192412269.584          ops/s
ArrayCopy.smallUserArrayCopy        thrpt  2    320141123.965          ops/s
ArrayCopy.systemArrayCopy           thrpt  2    42430.216              ops/s
ArrayCopy.userArrayCopy             thrpt  2    9815.268               ops/s
```

可以看到，对于较小数组的复制，自定义的方法远远快于 arrayCopy()，这是因为 native 方法的调用成本要高于 Java 的普通函数。而对于较大数组的复制则完全相反，System.array-

Copy()的性能要优于 Java 的普通函数，这是因为 native 函数的执行速度更快。因此，在一次 native 函数调用中执行尽可能多的任务有利于提升性能。反之，频繁地进行 native 函数调用，而且每次调用执行的任务很短小，则不利于提升程序性能。

3.6.9　使用 Buffer 进行 I/O 操作

除了 NIO 外，使用 Java 进行 I/O 操作还有以下两种基本方式：

- 使用基于 InputStream 和 OutputStream 的方式。
- 使用 Writer 和 Reader。

无论使用哪种方式进行文件 I/O 操作，如果能合理地使用缓冲，就能有效地提高 I/O 的性能。图 3.28 显示了可以与 InputStream、OutputStream、Writer 和 Reader 配套使用的缓冲组件。

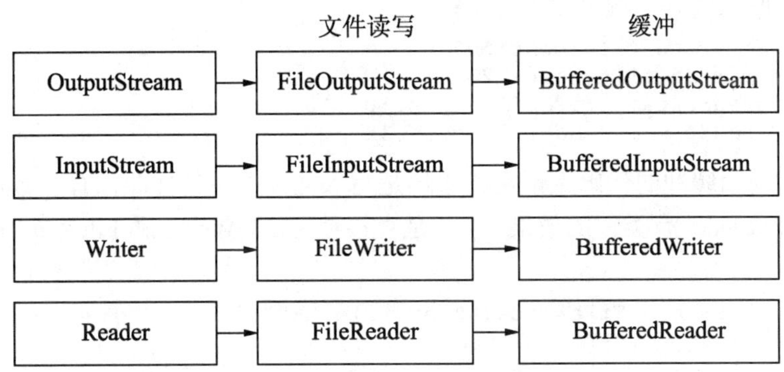

图 3.28　使用 Java 操作 I/O 的基本方法

使用缓冲组件对文件 I/O 进行包装，可以有效提升文件 I/O 的性能。下面是一段直接使用 InputStream 和 OutputStream 进行文件读写的样例。

```
DataOutputStream dos=new DataOutputStream(new FileOutputStream("testfile.txt"));
long start=System.currentTimeMillis();
for(int i=0;i<count;i++)                              //count=10000
    dos.writeBytes(String.valueOf(i)+"\r\n");         //写入数据
dos.close();
System.out.println("testStream write file cost:"+(System.currentTime
Millis()-start));
start=System.currentTimeMillis();
DataInputStream dis=new DataInputStream(new FileInputStream("testfile.txt"));
while(dis.readLine() != null);                        //读取数据
dis.close();
System.out.println("testStream read file cost:"+(System.currentTime
Millis()-start));
```

与之对应的使用缓冲的实现代码如下：

```
DataOutputStream dos=
new DataOutputStream(new BufferedOutputStream(new FileOutputStream
("testfile.txt")));
long start=System.currentTimeMillis();
for(int i=0;i<count;i++)                          //count=10000
    dos.writeBytes(String.valueOf(i)+"\r\n");     //写入数据
dos.close();
System.out.println("testBufferedStream write file cost:"+(System.current
TimeMillis()-start));
start=System.currentTimeMillis();
DataInputStream dis=
new DataInputStream(new BufferedInputStream( new FileInputStream
("testfile.txt")));
while(dis.readLine() != null);                    //读取数据
dis.close();
System.out.println("testBufferedStream read file cost:"+(System.current
TimeMillis()-start));
```

运行以上两段代码，输出结果如下：

```
testStream write file cost:657
testStream read file cost:125
testBufferedStream write file cost:0
testBufferedStream read file cost:15
```

很明显，使用缓冲的代码无论在读取还是写入文件上，其性能都有了数量级的提升。使用 Writer 和 Reader 有类似的效果。下面是直接使用 FileWriter 和 FileReader 进行文件读写操作的例子。

```
FileWriter fw=new FileWriter("testfile.txt");
long start=System.currentTimeMillis();
for(int i=0;i<count*10;i++)                       //count=10000，注意循环次数
    fw.write(String.valueOf(i)+"\r\n");           //写入数据
fw.close();
System.out.println("testReaderWriter write file cost:"+(System.current
TimeMillis()-start));
start=System.currentTimeMillis();
FileReader fr=new FileReader("testfile.txt");
while(fr.read() != -1);                           //读取数据
fr.close();
System.out.println("testReaderWriter read file cost:"+(System.current
TimeMillis()-start));
```

与之相对应的使用缓冲的实现代码如下：

```
BufferedWriter fw=new BufferedWriter(new FileWriter("testfile.txt"));
long start=System.currentTimeMillis();
for(int i=0;i<count*10;i++)                       //count=10000，注意循环次数
    fw.write(String.valueOf(i)+"\r\n");           //写入数据
fw.close();
System.out.println("testBufferedReaderWriter write file cost:"+(System.
currentTimeMillis()-start));
start=System.currentTimeMillis();
BufferedReader fr=new BufferedReader(new FileReader("testfile.txt"));
```

```
while(fr.read() != -1);                                  //读取数据
fr.close();
System.out.println("testBufferedReaderWriter read file cost:"+(System.
currentTimeMillis()-start));
```

运行以上两段代码，输出结果如下：

```
testReaderWriter write file cost:94
testReaderWriter read file cost:125
testBufferedReaderWriter write file cost:63
testBufferedReaderWriter read file cost:62
```

由测试结果可知，使用缓冲后，无论是 FileReader 还是 FileWriter，它们的性能都有了较为明显的提升。

注意： 由于 FileReader 和 FileWriter 的性能要优于直接使用 FileInputStream 和 FileOutputStream，故在本节的测试中，FileReader 和 FileWriter 测试的循环次数要多于 FileInputStream 和 FileOutputStream。

通过本节的演示可知，无论是对于读取文件，还是写入文件，适当地使用缓冲，可以提升系统的文件读写性能。

3.6.10　使用 clone()代替 new

在 Java 中新建对象实例最常用的方法是使用 new 关键字。JDK 对 new 关键字的支持非常好，使用 new 关键字创建轻量级对象时速度非常快。但是对于重量级对象，由于对象在构造函数中可能会进行一些复杂且耗时的操作，因此构造函数的执行时间可能会比较长。这就导致创建对象的耗时很长，同时也使得系统无法在短期内获得大量的实例。为了解决这个问题，可以使用 Object.clone()方法。

Object.clone()方法可以绕过对象构造函数，快速复制一个对象实例。由于不需要调用对象构造函数，因此 clone()方法不会受到构造函数性能的影响，能够快速生成一个实例。但是在默认情况下，clone()方法生成的实例只是原对象的浅拷贝。如果需要深拷贝，则需要重新实现 clone()方法。

以下代码是一个实现 Cloneable 接口的 JavaBean，它拥有一个通过 clone()方法生成新实例的 newInstance()函数。此外，它的构造函数性能很差，通过构造函数生成对象的效率很低。

```
public class Student implements Cloneable{
        private int id;
        private String name;
        private Vector courses;
        public Student(){                                //一个很慢的构造函数
            try {
                Thread.sleep(1000);
                System.out.println("Student Construnctor called");
            } catch (InterruptedException e) {
```

```
                e.printStackTrace();
            }
        }
        public int getId() {
            return id;
        }
        public void setId(int id) {
            this.id = id;
        }
        public String getName() {
            return name;
        }
        public void setName(String name) {
            this.name = name;
        }

        public Vector getCourses() {
            return courses;
        }
        public void setCourses(Vector courses) {
            this.courses = courses;
        }
        public Student newInstance(){                //使用 clone()方法创建对象
            try {
                return (Student) this.clone();
            } catch (CloneNotSupportedException e) {
                e.printStackTrace();
            }
            return null;
        }
    }
```

使用以下代码，对上面的 Student 对象进行测试。

```
Student stu1=new Student();
Vector cs=new Vector();
cs.add("Java");
stu1.setId(1);
stu1.setName("XiaoMing");
stu1.setCourses(cs);

Student stu2=stu1.newInstance();                     //使用 clone()方法生成对象
stu2.setId(2);
stu2.setName("XiaoDong");
stu2.getCourses().add("C#");                         //修改 Vector 的数据

System.out.println("stu1'name:"+stu1.getName());
System.out.println("stu2'name:"+stu2.getName());
//两个 Student 使用同一个 Vector
System.out.println(stu1.getCourses()==stu2.getCourses());
```

程序输出结果如下：

```
Student Construnctor called
stu1'name:XiaoMing
stu2'name:XiaoDong
true
```

程序输出结果表明：第一，通过 clone()方法生成 stu2 时，没有调用构造函数；第二，对于 Vector 等普通对象，克隆对象和原始对象都指向同一元素的引用，也就是浅拷贝。

如果需要实现深拷贝，则需要重载 Object 对象的 clone()方法。重载代码如下：

```
@Override
protected Object clone()throws CloneNotSupportedException{
    Student stu=(Student)super.clone();
    Vector v=stu.getCourses();
    Vector v1=new Vector();                       //创建新的 Vector
    for(Object o:v){                              //复制原来的 Vector
        v1.add(o);
    }
    stu.setCourses(v1);                           //使用新的 Vector
    return stu;
}
```

在新的 clone()方法中，首先使用 super.clone()方法生成一份浅拷贝对象，然后生成一个新的 Vector 实例，将原实例内容复制到新的实例中，使复制后的对象与原对象持有不同的引用，实现了简单的深拷贝。

3.6.11　慎用 Java 函数式编程

在 Java 8 中支持一种非常重要的编程范式——函数式编程。函数式编程可以让之前冗长的 Java 代码得到极大的精简，并且让代码看起来更“时髦”。但是，函数式编程真的完美吗？让我们来看下面这段代码。

```
@Benchmark
@BenchmarkMode(Mode.Throughput)
@Warmup(iterations = 2)
@Measurement(iterations = 2)
public int[] stream() throws IOException {
    int[] data = {1,2,3,4,5,6,7,8,9,10};
    return Arrays.stream(data).map(d->d/2).toArray();
}

@Benchmark
@BenchmarkMode(Mode.Throughput)
@Warmup(iterations = 2)
@Measurement(iterations = 2)
public int[] loop() {
    int[] data = {1,2,3,4,5,6,7,8,9,10};
    int size=data.length;
    for(int i=0;i<size;i++){
        data[i]/=2;
    }
    return data;
}
```

上述代码中，stream()和 loop()两个函数分别使用函数式编程和传统的循环方法对一个数组中的每一个元素进行相同的操作（这里都是除以 2）。其测试结果如下：

```
Benchmark                    Mode    Cnt    Score            Error    Units
FunctionProgram.loop         thrpt   2      165999607.085             ops/s
FunctionProgram.stream       thrpt   2      16219159.146              ops/s
```

可以看到，两者的吞吐量整整差了 10 倍，因此看起来时髦的方法未必是高效的。这也告诫我们，不加思索地引入新技术，可能是非常危险的。

造成这种现象的原因很简单，当使用流式编程时，系统需要构造 Stream 对象，并为流中的每个对象都辅助生成一些管理对象，大量的对象构造导致了非必要的性能损耗。而这一切在一个传统的 for 循环中是完全不存在的。因此，如果你的函数对性能极其敏感，那么还是使用传统的编程方法更为可靠。

注意：函数式编程的执行性能往往远远不如传统代码，因此需要避免在性能敏感的场合使用它。尤其是需要被频繁调用的函数，应该避免使用函数式编程以提高性能。

3.7 小　　结

本章着重介绍了 Java 应用程序的代码优化方法，包括 String 对象的优化、核心数据结构的优化（如 List、Map 和 Set）、NIO 的使用与传统的 I/O 性能对比、垃圾回收相关的引用类型及其使用，以及一些有助于改善性能的代码技巧。

第 4 章　并行程序开发及优化

本章主要介绍基于 Java 的并行程序开发及优化方法。对于多核 CPU，传统的串行程序已经无法很好地发挥 CPU 的性能，此时就需要通过使用多线程并行的方式挖掘 CPU 的潜能。本章涉及的主要知识点有：

- 常用的多线程设计模式，如 Future 模式、Master-Worker 模式、Guarded Suspension 模式、不变模式和生产者-消费者模式；
- JDK 内置的多线程框架和各种线程池；
- JDK 内置的并发数据结构；
- Java 的并发控制方式，如内部锁、重入锁、读写锁、ThreadLocal 变量、信号量等；
- 有关“锁”的一些优化方法；
- 使用无锁的方式提高并发程序的性能；
- 使用轻量级的协程获得更高的并行度。

4.1　并行程序设计模式

并行程序设计模式属于设计优化的一部分，它是对一些常用的多线程结构的总结和抽象。与串行程序相比，并行程序的结构通常更为复杂。因此，合理地使用并行模式在多线程开发中具有积极的意义。本节主要介绍 Future 模式、Master-Worker 模式、Guarded Suspension 模式、不变模式和生产者-消费者模式。

4.1.1　Future 模式

Future 模式有点类似于商品订单。例如，进行网上购物，当看中某一件商品时就可以提交订单，当订单处理完毕后，便可在家里等待商品送货上门。卖家根据订单从仓库里取货，并配送到客户手上。大部分情况下，商家对订单的处理并不那么快，有时甚至需要几天时间。而在这段时间内，客户完全不必傻傻地在家里等候，而可以出门处理其他事。

将此例类推到程序设计中，某一段程序提交了一个请求，期望得到一个答复，但非常不幸的是，服务程序对这个请求的处理可能很慢，例如，这个请求可能是通过互联网、HTTP

或者 Web Service 等不太高效的方式调用的。在传统的单线程环境下，调用函数是同步的，也就是说它必须等到服务程序返回结果后，才能进行其他处理。而在 Future 模式下，调用方式则改为异步，原先等待返回的时间段可用于在主调函数中处理其他事务。图 4.1 显示了一段传统程序调用的流程。

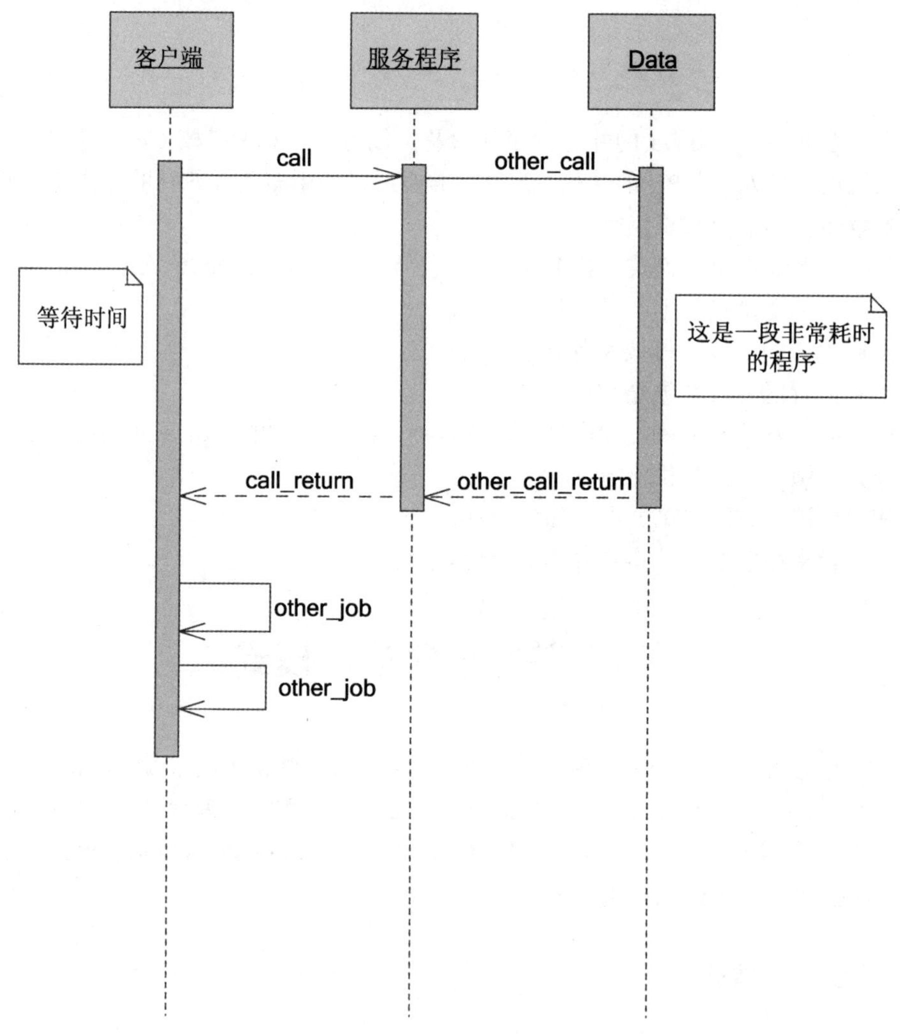

图 4.1 传统串行程序调用流程

图 4.1 中，客户端发出 call 请求，这个请求需要相当长的一段时间才能返回。而客户端则一直等待，直到数据返回才进行其他任务的处理。而使用 Future 模式替换原来的实现方式，可以改进其调用过程，如图 4.2 所示。

图 4.2 显示了一个广义 Future 模式的实现，从 Data_Future 对象可以看到，虽然 call 本身仍然需要很长一段时间处理程序，但是服务程序不等数据处理完成便立即返回给客户

端一个伪造的数据（相当于商品的订单，而不是商品本身），实现了 Future 模式的客户端在拿到这个返回结果后，并不急于对其进行处理，而去调用其他业务逻辑，充分利用了等待时间，这就是 Future 模式的核心所在。在完成了其他业务逻辑的处理后，再使用返回比较慢的 Future 数据。这样，在整个调用过程中，就不存在无谓的等待，充分利用了所有的时间片段，从而提高系统的响应速度。

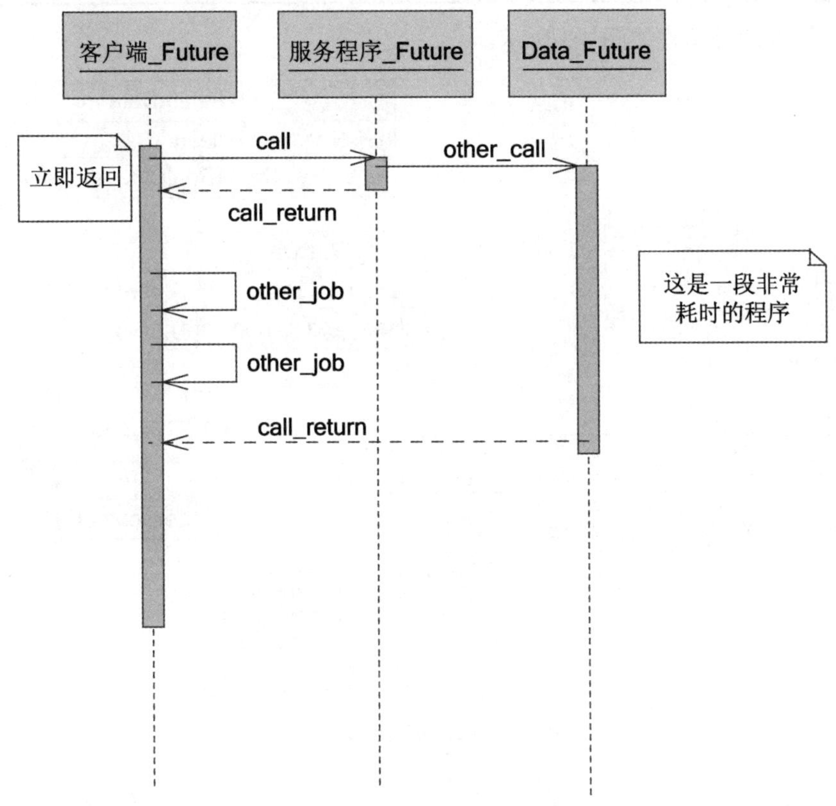

图 4.2　Future 模式流程图

1. Future模式的核心结构

为了帮助读者更好地理解 Future 模式，在本小节中将阐述一个最简单的 Future 模式的实现，该实现尽可能以简洁的方式体现 Future 模式的精髓。

Future 模式的主要角色如表 4.1 所示。

表 4.1　Future模式的主要角色

角　色	作　用
Main	系统启动，调用Client发出请求
Client	返回Data对象，立即返回FutureData，并开启ClientThread线程装配RealData

（续）

角　　色	作　　用
Data	返回数据的接口
FutureData	Future数据，构造很快，但是是一个虚拟的数据，需要装配RealData
RealData	真实数据，其构造是比较慢的

Future 模式的类结构如图 4.3 所示。

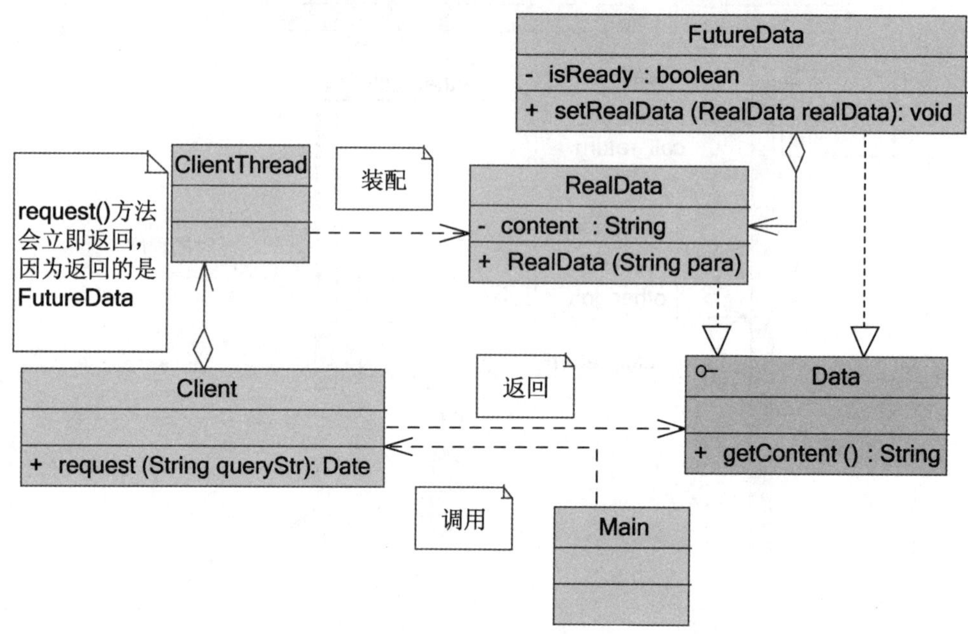

图 4.3　Future 模式结构图

2. Future模式的代码实现

(1) 主函数的实现

主函数主要负责调用 Client 发起请求，并使用返回的数据。

```
public static void main(String[] args) {
    Client client = new Client();
    //这里会立即返回，因为得到的是 FutureData 而不是 RealData
    Data data = client.request("name");
    System.out.println("请求完毕");
    try {
     //这里使用一个 sleep()代替对其他业务逻辑的处理
     //在处理这些业务逻辑的过程中，RealData 被创建，从而充分利用了等待时间
        Thread.sleep(2000);
    } catch (InterruptedException e) {
    }
```

```
        //使用真实的数据
        System.out.println("数据 = " + data.getResult());
    }
```

（2）Client 的实现

Client 主要实现了获取 FutureData，并开启构造 RealData 的线程。其在接受请求后，很快地返回 FutureData。

```
public class Client {
    public Data request(final String queryStr) {
        final FutureData future = new FutureData();
        new Thread() {
            public void run() {                   // RealData 的构建很慢
                                                  //所以在单独的线程中进行
                RealData realdata = new RealData(queryStr);
                future.setRealData(realdata);
            }
        }.start();
        return future;                            // FutureData 会被立即返回
    }
}
```

（3）Data 的实现

Data 是一个接口，提供了 getResult()方法。无论是 FutureData 还是 RealData，都实现了这个接口。

```
public interface Data {
    public String getResult ();
}
```

（4）FutureData 的实现

FutureData 实现了一个快速返回的 RealData 包装。它只是一个包装，或者说是一个 RealData 的虚拟实现，因此它可以很快被构造并返回。当使用 FutureData 的 getResult()方法时，程序会阻塞，等待 RealData 被注入到程序中，才使用 RealData 的 getResult()方法返回。

注意： FutureData 是 Future 模式的关键，它实际上是真实数据 RealData 的代理，封装了获取 RealData 的等待过程。

```
public class FutureData implements Data {
    protected RealData realdata = null;      //FutureData 是 RealData 的包装
    protected boolean isReady = false;
    public synchronized void setRealData(RealData realdata) {
        if (isReady) {
            return;
        }
        this.realdata = realdata;
        isReady = true;
        notifyAll();                     //RealData 已经被注入，通知 getResult()
    }
```

```
        public synchronized String getResult() { //会等待 RealData 构造完成
            while (!isReady) {
                try {
                    wait();                       //一直等待，直到 RealData 被注入
                } catch (InterruptedException e) {
                }
            }
            return realdata.result;               //由 RealData 实现
        }
    }
```

（5）RealData 的实现

RealData 是最终要使用的数据模型，它的构造很慢。这里使用 sleep()函数模拟这个过程。

```
    public class RealData implements Data {
        protected final String result;
        public RealData(String para) {
         //RealData 的构造可能很慢，需要用户等待很久，这里使用 sleep()函数模拟
         StringBuffer sb=new StringBuffer();
            for (int i = 0; i < 10; i++) {
             sb.append(para);
                try {
         //这里使用 sleep()函数代替一个很慢的操作过程
                    Thread.sleep(100);
                } catch (InterruptedException e) {
                }
            }
            result =sb.toString();
        }
        public String getResult() {
            return result;
        }
    }
```

3. JDK的内置实现

Future 模式是如此常用，以至于在 JDK 的并发包中就已经内置了一种 Future 模式的实现。与本节中给出的实现方式相比，JDK 中的实现方式是相当复杂的，该方式提供了更为丰富的多线程控制功能，其中的基本用意和核心概念是完全一致的。

在 JDK 自带的实现方式中，有关实现 Future 模式的核心结构如图 4.4 所示。

其中，最为重要的模块是 FutureTask 类，它实现了 Runnable 接口，作为单独的线程运行。在其 run()方法中，通过 Sync 内部类调用 Callable 接口，并维护 Callable 接口的返回对象。当使用 FutureTask.get()方法时，将返回 Callable 接口的返回对象。除此以外，通过 Future 接口提供的一系列方法，FutureTask 还可以对任务本身进行其他控制操作。

注意：JDK 内置的 Future 模式功能强大，除了基本的功能外，它还可以取消 Future 任务，或者设定 Future 任务的超时时间。

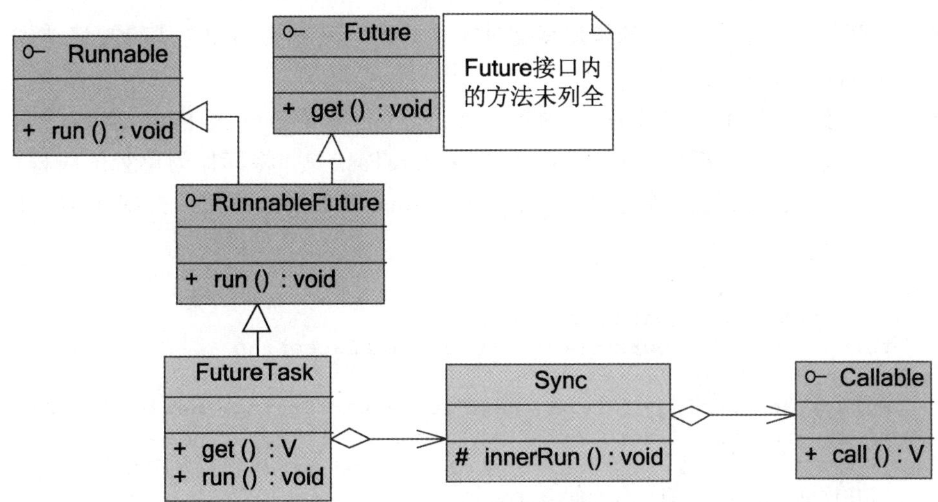

图 4.4　JDK 内置的 Future 模式

Callable 接口是一个用户自定义的实现。在应用程序中，通过实现 Callable 接口的 call() 方法，指定 FutureTask 的实际工作内容和返回对象。

Future 接口提供的线程控制功能如下：

```
boolean cancel(boolean mayInterruptIfRunning);              //取消任务
boolean isCancelled();                                       //是否已经取消
boolean isDone();                                            //是否已完成
V get() throws InterruptedException, ExecutionException;     //取得返回对象
V get(long timeout, TimeUnit unit)           //取得返回对象，可以设置超时时间
```

可以使用 JDK 内置的 Future 模式实现本节中的程序功能。首先，需要实现 Callable 接口的具体业务逻辑。在本例中，依然使用 RealData 来实现这个接口。

```
public class RealData implements Callable<String> {
    private String para;
    public RealData(String para){
        this.para=para;
    }
    @Override
    public String call() throws Exception {
    //这里是真实的业务逻辑，其执行速度可能很慢
    StringBuffer sb=new StringBuffer();
        for (int i = 0; i < 10; i++) {
         sb.append(para);
            try {
                Thread.sleep(100);
            } catch (InterruptedException e) {
            }
        }
        return sb.toString();
    }
}
```

在这个改进中，RealData 的构造变得非常快，因为其主要的业务逻辑被移动到 call()方法中，并通过 call()方法返回。

修改主函数：由于使用了 JDK 的内置框架，就不再需要 Data 和 FutureData 等对象了。在主函数的实现中，直接通过 RealData 构造 FutureTask，并将其作为单独的线程运行。在提交请求后，执行其他业务逻辑，最后通过 FutureTask.get()方法，得到 RealData 的执行结果。

```
public class Main {
public static void main(String[] args)
    throws InterruptedException, ExecutionException {
        //构造 FutureTask
    FutureTask<String> future = new FutureTask<String>(new RealData("a"));
    ExecutorService executor = Executors.newFixedThreadPool(1);
    //执行 FutureTask，相当于上例中的 client.request("a") 发送请求
    //在这里开启线程执行 RealData 的 call()
    executor.submit(future);
    System.out.println("请求完毕");
    try {
    //这里依然可以做额外的数据操作，使用 sleep()函数代替其他业务逻辑的处理
    Thread.sleep(2000);
    } catch (InterruptedException e) {
    }
    //相当于上例中的 data.getResult()，取得 call()方法的返回值
    //如果此时 call()方法没有执行完成，则依然会等待
    System.out.println("数据 = " + future.get());
    }
}
```

注意：笔者认为，Future 模式的核心在于去除了主函数中的等待时间，并使得原本需要等待的时间段可以用于处理其他的业务逻辑，从而充分利用计算资源。

在 JDK 8 中，Future 的功能又得到了很大的增强。如上文所说，当一个 Future 异步执行完成后，程序还是需要取得 Future 的执行结果并进一步处理。如果每一次都使用 get()等待结果，那么这和同步的方法就没有什么不同了。但如果不进行等待，程序又如何知道 Future 已经执行结束而可以进行后续处理了呢？这时，就需要使用 CompletableFuture。

CompletableFuture 是一个接口，它提供了一些回调 API，这些回调 API 会在 Future 完成时被调用，这样程序就知道何时才需要进行下一步操作了。下面的代码演示了这种场景。

```
public class CompletableFutureMain {
  public static void main(String[] args) throws InterruptedException,
  ExecutionException {
      CompletableFuture.supplyAsync(()->{
          try {
              return new RealData("a").call();
          } catch (Exception e) {
              return "";
```

```
8             }
9         }).whenComplete((r,e)->{
10            System.out.println("simulate insert to db:" + r);
11         }).get();
12     }
13 }
```

上述代码中，第 9 行使用了 CompletableFuture.whenComplete()方法，该方法会在上一个 Future 完成后被调用，这里使用第 10 行代码模拟向数据库中插入上一个 Future 的计算结果。第 11 行虽然也调用了 get()进行等待，但这已经不是为了继续处理 Future 的返回结果而做的等待，实际上 Future 的返回结果在第 10 行已经处理完成了。这里进行等待仅仅是为了阻止主函数退出而导致整个虚拟机在 Future 处理完成前就停止运行。因此，在生产环境中，大可不必做这样的等待。

4.1.2　Master-Worker 模式

Master-Worker 模式是常用的并行模式之一。它的核心思想是系统由 Master 和 Worker 两类进程协同工作。Master 进程负责接收和分配任务，Worker 进程负责处理子任务。当各个 Worker 进程将子任务处理完成后，将结果返回给 Master 进程，由 Master 进程归纳和汇总，从而得到系统的最终结果。其处理过程如图 4.5 所示。

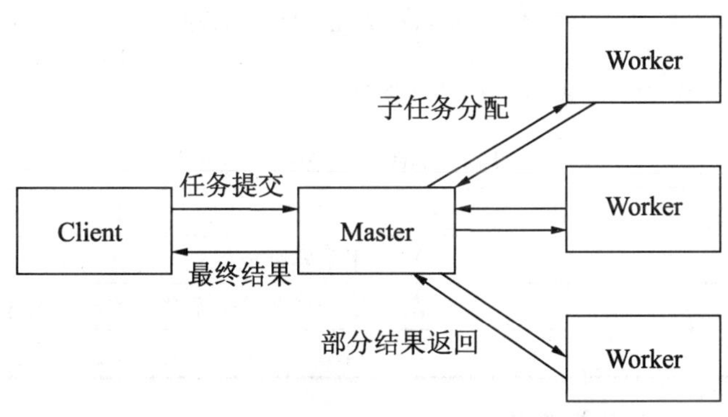

图 4.5　Master-Worker 模式工作示意图

Master-Worker 模式的好处是它能够将一个大任务分解成若干个小任务并行执行，从而提高系统的吞吐量。而对于系统请求者 Client 来说，任务一旦提交，Master 进程就会分配任务并立即返回，不会等待系统全部处理完成后再返回，其处理过程是异步的，因此 Client 不会出现等待现象。

1．Master-Worker模式的结构

Master-Worker 模式的结构相对比较简单，本书中将给出一个简明的实现方式。如图 4.6 所示，Master 进程为主进程，它维护了一个 Worker 进程队列、子任务队列和子结

果集；Worker 进程队列中的 Worker 进程，不停地从任务队列中提取要处理的子任务，并将子任务的处理结果写入结果集。

注意：Master-Worker 模式是一种使用多线程进行数据处理的结构，多个 Worker 进程协作处理用户请求，Master 进程负责维护 Worker 进程，并整合最终处理结果。

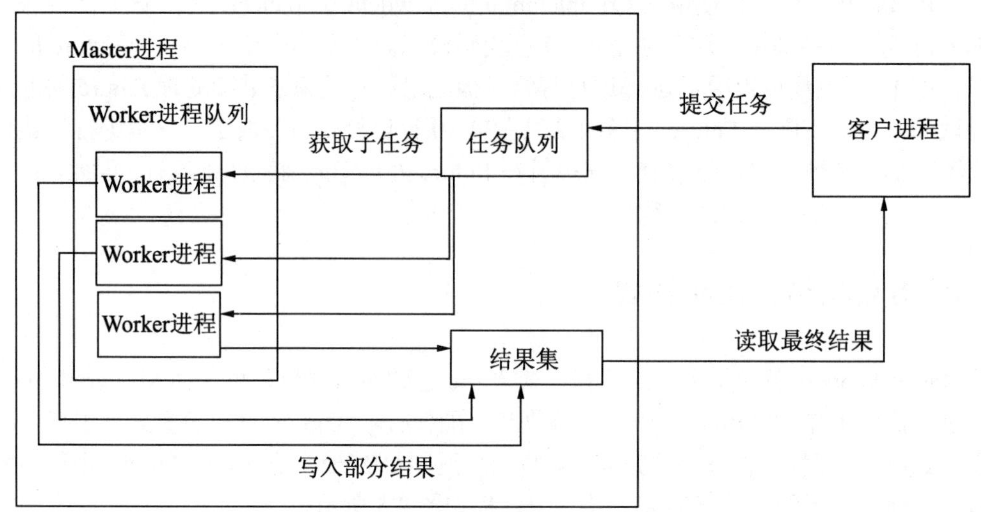

图 4.6　Master-Worker 模式结构图

Master-Worker 模式的主要角色如表 4.2 所示。

表 4.2　Master-Worker模式的主要角色

角　　色	作　　用
Worker	用于实际处理一个任务
Master	用于任务的分配和最终结果的合成
Main	启动系统，调度开启Master

2. Master-Worker的代码实现

基于以上所述的设计思路，这里给出一个简易的 Master-Worker 框架。其中，Master 部分的实现代码如下：

```
public class Master {
    //任务队列
    protected Queue<Object> workQueue = new ConcurrentLinkedQueue<Object>();
    //Worker 线程队列
    protected Map<String,Thread> threadMap=new HashMap<String,Thread>();
    //子任务处理结果集
    protected Map<String,Object> resultMap = new ConcurrentHashMap<String,
Object>();
```

```
    //是否所有的子任务都结束了
    public boolean isComplete(){
        for(Map.Entry<String,Thread> entry:threadMap.entrySet()){
            if(entry.getValue().getState()!=Thread.State.TERMINATED){
                return false;
            }
        }
        return true;
    }

    //Master 的构造需要一个 Worker 进程逻辑和进程数量
    public Master(Worker worker,int countWorker){
        worker.setWorkQueue(workQueue);
        worker.setResultMap(resultMap);
        for(int i=0;i<countWorker ;i++)
            threadMap.put(Integer.toString(i), new Thread(worker,Integer.
toString(i)));
    }

    //提交一个任务
    public void submit(Object job){
        workQueue.add(job);
    }

    //返回子任务结果集
    public Map<String,Object>  getResultMap(){
        return resultMap;
    }

    //开始运行所有的 Worker 进程进行处理
    public void execute(){
        for(Map.Entry<String, Thread> entry:threadMap.entrySet()){
            entry.getValue().start();
        }
    }
}
```

对应的 Worker 进程实现代码如下：

```
public class Worker implements Runnable{
    //任务队列，用于取得子任务
    protected Queue<Object> workQueue;
    //子任务处理结果集
    protected Map<String,Object> resultMap;
    public void setWorkQueue(Queue<Object> workQueue) {
        this.workQueue = workQueue;
    }

    public void setResultMap(Map<String, Object> resultMap) {
        this.resultMap = resultMap;
    }

    //子任务处理逻辑，在子类中实现具体逻辑
    public Object handle(Object input){
        return input;
```

```
    }

    @Override
    public void run() {
        while (true) {
            //获取子任务
            Object input = workQueue.poll();
            if (input == null) break;
            //处理子任务
            Object re=handle(input);
            //将处理结果写入结果集
            resultMap.put(Integer.toString(input.hashCode()), re);
        }
    }
}
```

以上两段代码展示了Master-Worker框架的全貌。应用程序中通过重载Worker.handle()方法实现应用层逻辑。

注意：Master-Worker 模式是一种将串行任务并行化的方法，被分解的子任务在系统中可以被并行处理。同时，如果需要，Master 进程不需要等待所有子任务都完成计算，就可以根据已有的部分结果集计算最终结果。

下面使用 Master-Worker 框架实现一个计算 1 到 100 的立方和即 $1^3+2^3+\cdots+100^3$ 的应用。任务分解如图 4.7 所示。

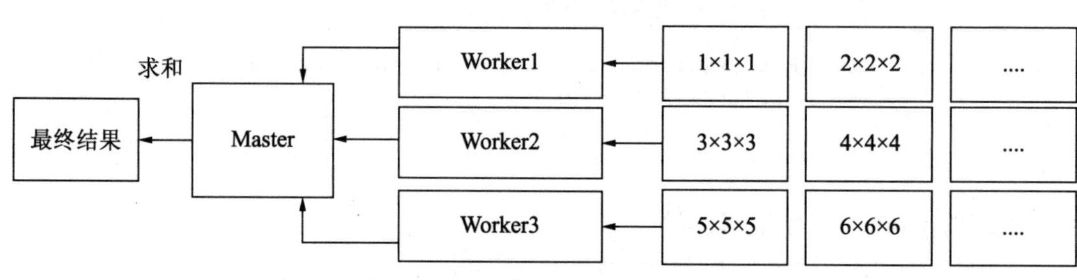

图 4.7　Master-Worker 模式示例工作流程

计算任务被分解为 100 个子任务，每个子任务仅用于计算单独的立方和。Master 产生固定个数的 Worker 来处理所有这些子任务。Worker 不断地从任务集合中取得计算立方和的子任务，并将计算结果返回给 Master。Master 负责将所有 Worker 的任务结果进行累加，从而产生最终的立方和。在整个计算过程中，Master 与 Worker 的运行是完全异步的，Master 不必等到所有的 Worker 都执行完成后就可以进行求和操作，即 Master 在获得部分子任务结果集时就已经可以开始对最终结果进行计算，从而提高系统的并行度和吞吐量。

Worker 对象在应用层的实现代码如下：

```
public class PlusWorker extends Worker{
```

```
    public Object handle(Object input){          //Worker，求立方和
        Integer i=(Integer)input;
        return i*i*i;
    }
}
```

使用 Master-Worker 框架进行计算的主函数如下：

```
Master m=new Master(new PlusWorker(),5);      //固定使用5个Worker，并指定Worker
for(int i=0;i<100;i++)
    m.submit(i);                              //提交 100 个子任务
m.execute();                                  //开始计算
int re=0;                                     //最终计算结果保存在此
Map<String,Object> resultMap=m.getResultMap();
//不需要等待所有的 Worker 都执行完即可进行求和操作
while(resultMap.size()>0 || !m.isComplete()){
    Set<String> keys=resultMap.keySet();      //开始计算最终结果
    String key=null;
    for(String k:keys){
        key=k;
        break;
    }
    Integer i=null;
    if(key!=null)
        i=(Integer)resultMap.get(key);
    if(i!=null)
        re+=i;                                //最终结果
    if(key!=null)
        resultMap.remove(key);                //移除已经被计算过的项
}
```

在主函数中，首先通过 Master 类创建 5 个 Worker 工作进程和 Worker 工作实例 PlusWorker。在提交了 100 个子任务后，便开始子任务的计算，这些子任务由生成的 5 个 Worker 进程共同完成。Master 并不等待所有的 Worker 执行完毕就开始访问子结果集进行最终结果的计算，直到子结果集中所有的数据都被处理，并且 5 个活跃的 Worker 进程全部被终止，才给出最终计算结果。

4.1.3　Guarded Suspension 模式

Guarded Suspension 意为保护暂停，其核心思想是仅当服务进程准备好时才提供服务。设想一种场景：服务器可能会在很短的时间内承受大量的客户端请求，客户端请求的数量可能超过服务器本身的即时处理能力，而服务端程序又不能丢弃任何一个客户请求。此时，最佳的处理方案莫过于让客户端请求进行排队，由服务端程序一个接一个地处理。这样，既保证了所有的客户端请求均不丢失，又避免了服务器由于同时处理太多的请求而崩溃。

1．Guarded Suspension模式的结构

Guarded Suspension 模式的主要角色如表 4.3 所示。其中，Request 对象封装了客户端的请求；RequestQueue 表示客户端请求队列，由 ClientThread 和 ServerThread 共同维护；ClientThread 负责不断地发起请求，并将请求对象放入请求队列；ServerThread 则根据自身的状态，在有能力处理请求时从 RequestQueue 中提取请求对象并加以处理。该模式的工作流程如图 4.8 所示。

表 4.3　Guarded Suspension模式的主要角色

角　　色	作　　用
Request	客户端请求
RequestQueue	用于保存客户端请求队列
ClientThread	客户端进程
ServerThread	服务器进程

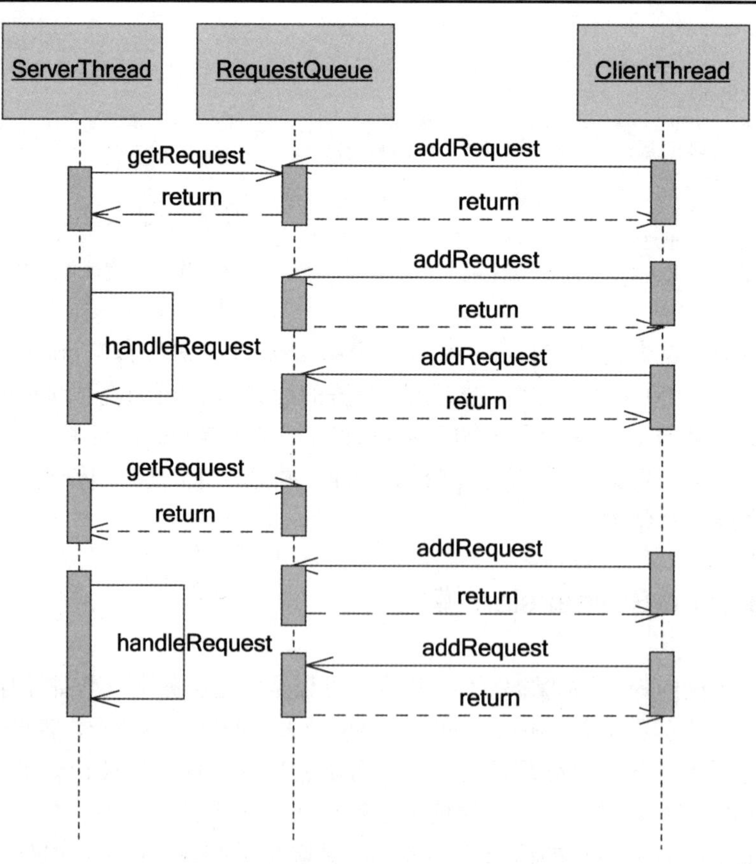

图 4.8　Guarded Suspension 模式工作流程图

从流程图中可以看到，客户端的请求数量超过了服务线程的处理能力。在频繁的客户端请求中，RequestQueue 充当了中间缓存，存放未处理的请求，保证了客户请求不丢失，同时也保护了服务线程不会收到大量的并发请求而导致计算资源不足。

注意：Guarded Suspension 模式可以确保系统仅在有能力处理某个任务时才处理该任务。当系统没有能力处理任务时，它将暂存任务信息，等待系统空闲时处理。

2. Guarded Suspension模式的简单实现

在本书中给出一个 Guarded Suspension 模式的简单实现方式。该实现方式仅用于展示 Guarded Suspension 模式的核心结构。

首先，看一下最为简单的 Request 类，它是一个 POJO 对象，封装了请求的内容，代码如下：

```
public class Request {
    private String name;
    public Request(String name) {              //模拟请求内容
        this.name = name;
    }
    public String getName() {
        return name;
    }
    public String toString() {
        return "[ Request " + name + " ]";
    }
}
```

RequestQueue 对象作为 Request 的集合维护系统的 Request 请求列表，代码如下：

```
public class RequestQueue {
    private LinkedList queue = new LinkedList();
    public synchronized Request getRequest() {
        while (queue.size() == 0) {
            try {
                wait();                        //等待直到有新的 Request 加入
            } catch (InterruptedException e) {
            }
        }
        return (Request)queue. remove ();      //返回 Request 队列中的第一个请求
    }
    public synchronized void addRequest(Request request) {
        queue.add(request);                    //加入新的 Request 请求
        notifyAll();                           //通知 getRequest()方法
    }
}
```

服务端进程用于处理用户的请求操作，代码如下：

```
public class ServerThread extends Thread {
    private RequestQueue requestQueue;                       //请求队列
    public ServerThread(RequestQueue requestQueue, String name) {
```

```
        super(name);
        this.requestQueue = requestQueue;
    }
    public void run() {
        while (true) {
            final Request request = requestQueue.getRequest();  //得到请求
            try {
                Thread.sleep(100);                  //模拟请求处理耗时
              } catch (InterruptedException e) {
                e.printStackTrace();
              }
            System.out.println(Thread.currentThread().getName() + " handles
 " + request);
        }
    }
}
```

客户端的请求发起进程代 如下：

```
public class ClientThread extends Thread {
    private RequestQueue requestQueue;                  //请求队列
    public ClientThread(RequestQueue requestQueue, String name) {
        super(name);
        this.requestQueue = requestQueue;
    }
    public void run() {
        for (int i = 0; i < 10; i++) {
            Request request =                           //构造请求
        new Request("RequestID:" + i+" Thread_Name:"+Thread.currentThread().
getName());
            System.out.println(Thread.currentThread().getName() + " requests "
 + request);
            requestQueue.addRequest(request);           //提交请求
            try {
                Thread.sleep(10);                       //客户端请求的速度
                                                        //快于服务端处理的速度
            } catch (InterruptedException e) {
            }
            System.out.println("ClientThread Name is:"+Thread.current
Thread().getName());
        }
System.out.println(Thread.currentThread().getName()+" request end");
    }
}
```

主函数如下：

```
public static void main(String[] args) {
    RequestQueue requestQueue = new RequestQueue();//请求队列
    for(int i=0;i<10;i++)
     //服务器进程开启
     new ServerThread(requestQueue, "ServerThread"+i).start();
    for(int i=0;i<10;i++)
     //请求进程开启
```

```
        new ClientThread(requestQueue, "ClientThread"+i).start();
    }
```

在主函数中，开启了 10 个 Client 进程和 10 个 Server 处理进程。由于 Client 进程的请求速度高于 Server 的处理速度，因此 RequestQueue 发挥了中间缓存的作用。从程序的运行结果看，当所有的 ClientThread 全部运行结束后，Server 进程并没有停止工作，而是继续处理 RequestQueue 中的请求。部分运行结果如下：

```
……
ClientThread1 request end
ClientThread Name is:ClientThread0
ClientThread0 request end
ClientThread Name is:ClientThread6
ClientThread6 request end
ClientThread3 request end
ClientThread Name is:ClientThread8
ClientThread8 request end
ClientThread4 request end
ClientThread Name is:ClientThread7
ClientThread7 request end
ClientThread2 request end
ClientThread Name is:ClientThread9
ClientThread Name is:ClientThread5
ClientThread5 request end
ClientThread9 request end
ServerThread9 handles  [ Request RequestID:1 Thread_Name:ClientThread1 ]
ServerThread0 handles  [ Request RequestID:1 Thread_Name:ClientThread0 ]
ServerThread2 handles  [ Request RequestID:1 Thread_Name:ClientThread2 ]
ServerThread1 handles  [ Request RequestID:1 Thread_Name:ClientThread4 ]
ServerThread7 handles  [ Request RequestID:1 Thread_Name:ClientThread3 ]
……
```

这个结果片段显示，所有的 ClientThread 陆续运行结束，但 RequestQueue 中仍然有大量的请求没有运行，于是 ServerThread 便继续工作，直到所有的 Request 请求均得到处理。可以看出，客户端的请求并没有丢失。

3．携带返回结果的Guarded Suspension

前面提到的 Guarded Suspension 模式虽然使用了用户请求列表，有序地对客户进程申请的请求进行处理，但是客户进程的 Request 不能获得服务进程的返回结果。当客户进程必须使用服务进程的返回值时，这个结构就无法胜任了，因为客户端进程不知道服务进程何时可以处理这个请求，也不知道需要处理多久。此时就需要对 Guarded Suspension 模式进行加强。结合前文中提到的 Future 模式，很容易对 Guarded Suspension 模式进行扩展，构造一个可以携带返回值的 Guarded Suspension。

注意：在实际的软件开发过程中，往往需要多种模式、多种结构相结合，以达到软件功能和性能的预期要求。

将原模式中的 Request 类进行扩展，如图 4.9 所示。

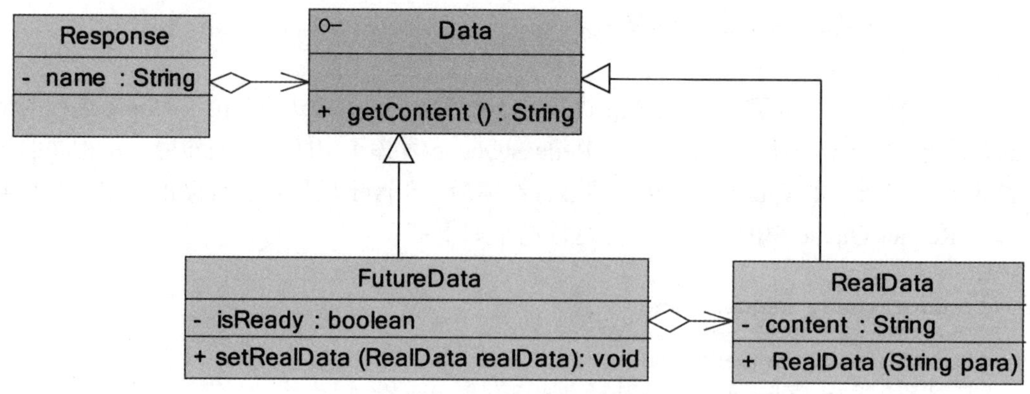

图 4.9 Guarded Suspension 模式结合 Future 模式结构

可以看到，在原 Response 结构中嵌入了 Future 模式中的 Data 接口，该接口用于传递服务端返回的数据。整个系统的工作流程如图 4.10 所示。

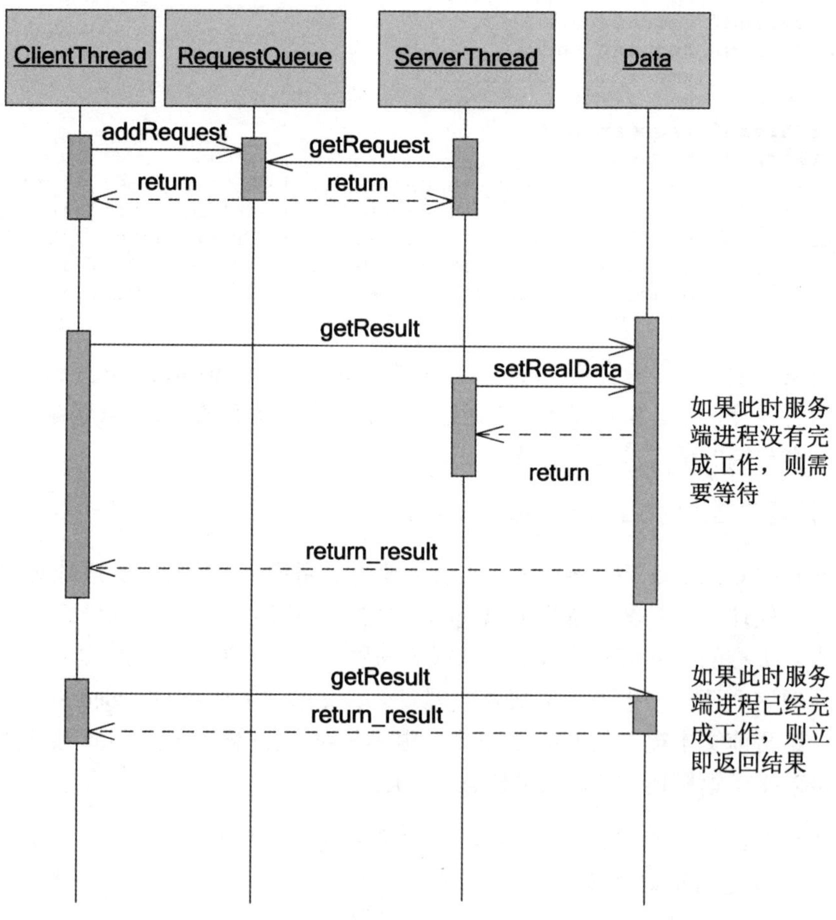

图 4.10 结合 Future 模式的工作流程

首先，客户端进程和服务端进程对于请求队列的处理与改进之前保持一致，只是在服务端进程处理数据时，增加了对 Request 中 Response 的数据处理，服务端进程会在其工作过程中将返回数据设置到 Request 的 Response 中。若客户端进程尝试获取返回数据时服务端进程尚未完成此操作，则客户端进程需要等待；如果此时服务端进程已经完成处理，则立即返回结果。其操作模式与 Future 模式保持一致。

修改后的 Request 对象如下：

```
public class Request {
    private String name;
    private Data response;                          //参考 Future 模式中的实现
                                                    //请求的返回值
    public synchronized Data getResponse() {
        return response;
    }
    public synchronized void setResponse(Data response) {
        this.response = response;
    }

    public Request(String name) {
        this.name = name;
    }
    public String getName() {
        return name;
    }
    public String toString() {
        return "[ Request " + name + " ]";
    }
}
```

以上代码中，Data 类的实现与 4.1.1 节中的“Future 模式”代码一样，这里从略。在服务端进程中加入对返回值的处理，代码如下：

```
public class ServerThread extends Thread {
    private RequestQueue requestQueue;
    public ServerThread(RequestQueue requestQueue, String name) {
        super(name);
        this.requestQueue = requestQueue;
    }
    public void run() {
        while (true) {
            final Request request = requestQueue.getRequest();
            final FutureData future =  (FutureData)request.getResponse();
            //RealData 的创建比较耗时
            RealData realdata = new RealData(request.getName());
            //处理完成后，通知客户端进程
            future.setRealData(realdata);
            System.out.println(Thread.currentThread().getName() + " handles
" + request);
        }
    }
}
```

客户端进程也增加对返回值的处理，代码如下：

```
public class ClientThread extends Thread {
    private RequestQueue requestQueue;
    private List<Request> myRequest=new ArrayList<Request>();
    public ClientThread(RequestQueue requestQueue, String name) {
        super(name);
        this.requestQueue = requestQueue;
    }
    public void run() {
        //先提出请求
        for (int i = 0; i < 10; i++) {
            Request request =
 new Request("RequestID:" + i+" Thread_Name:"+Thread.currentThread().
getName());
            System.out.println(Thread.currentThread().getName() + " requests "
 + request);
            //设置一个 FutureData 的返回值
            request.setResponse(new FutureData());
            requestQueue.addRequest(request);
            //发送请求
            myRequest.add(request);
            //这里可以做一些额外的业务处理，等待服务端装配数据
            try {
                Thread.sleep(1000);
            } catch (InterruptedException e) {
            }
        }

        //取得服务端的返回值
        for(Request r:myRequest){
            System.out.println("ClientThread Name is:"+
                    Thread.currentThread().getName()+
                    " Response is:"+
                    //如果服务端还没有处理完，这里会等待
                    r.getResponse().getResult());
        }
    }
}
```

注意：Guarded Suspension 模式可以在一定程度上缓解系统的压力，它可以将系统的负载在时间轴上均匀地分配。使用该模式后，可以有效降低系统的瞬时负载，对提高系统的抗压性和稳定性有一定的帮助。

4.1.4 不变模式

在并行软件开发过程中，同步操作似乎是必不可少的。当多线程对同一个对象进行读写操作时，为了保证对象数据的一致性和正确性，有必要对对象进行同步。而同步操作对系统性能有相当大的损耗。为了尽可能地去除这些同步操作，提高并行程序性能，可以使用一种不可改变的对象，依靠对象的不变性，确保其在没有同步操作的多线程环境中始终保持内部状态的一致性和正确性，这就是不变模式。

不变模式天生就是对多线程友好的。它的核心思想是：一个对象一旦被创建，它的内部状态就永远不会发生改变。所以，没有一个线程可以修改其内部状态和数据，同时其内部状态也绝不会自行发生改变。基于这些特性，对不变对象的多线程操作不需要进行同步控制。

同时还需要注意，不变模式和只读属性是有一定区别的，不变模式比只读属性具有更强的一致性和不变性。对于只读属性的对象而言，对象本身不能被其他线程修改，但是对象的自身状态却可能自行修改。

例如，一个对象的存活时间（对象创建时间和当前时间的时间差）是只读的，因为任何一个第三方线程都不能修改这个属性。但这是一个可变属性，因为随着时间的推移，存活时间时刻都在发生变化。而不变模式则要求，无论出于什么原因，对象自创建后，其内部状态和数据要保持绝对稳定。

综上所述，不变模式的主要使用场景需要满足以下两个条件：

- 当对象创建后，其内部状态和数据不再发生任何变化。
- 对象需要共享，被多线程频繁访问。

在 Java 语言中，不变模式的实现很简单。为确保对象创建后不发生任何改变，并保证不变模式正常工作，只需要注意以下 4 点：

- 去除 setter 方法以及所有修改自身属性的方法。
- 将所有属性设置为私有，并用 final 标记，确保其不可修改。
- 确保没有子类可以重载修改它的行为。
- 有一个可以创建完整对象的构造函数。

以下代码实现了一个不变的产品对象，它拥有序列号、名称和价格 3 个属性。

```
public final class Product {                        //确保无子类
    private final String no;                        //私有属性，不会被其他对象获取
    private final String name;                      //final 保证属性不会被二次赋值
    private final double price;

    //在创建对象时，必须指定数据
    public Product(String no, String name, double price) {
        super();                                    //创建之后无法进行修改
        this.no = no;
        this.name = name;
        this.price = price;
    }

    public String getNo() {
        return no;
    }
    public String getName() {
        return name;
    }
    public double getPrice() {
        return price;
    }
}
```

在不变模式的实现中，final 关键字起到了重要的作用。对 class 的 final 定义保证了不变类没有子类，确保其所有的 getter 行为不会被修改。对属性的 final 定义确保所有数据只能在对象被构造时赋值 1 次，之后就永远不再发生改变。

在 JDK 中，不变模式的应用非常广泛，其中最为典型的就是 java.lang.String 类。此外，所有基本数据类型的包装类都是使用不变模式实现的。主要的不变模式类型如下：

- java.lang.String
- java.lang.Boolean
- java.lang.Byte
- java.lang.Character
- java.lang.Double
- java.lang.Float
- java.lang.Integer
- java.lang.Long
- java.lang.Short

由于基本数据类型和 String 类型在实际的软件开发中应用极其广泛，因此使用不变模式后，所有实例的方法均不需要进行同步操作，从而保证它们在多线程环境下的性能。

注意：不变模式通过回避问题而不是解决问题的态度来处理多线程并发访问控制，因为不变对象是不需要进行同步操作的。由于并发同步会对性能产生不良的影响，因此在需求允许的情况下，不变模式可以提高系统的并发性能和并发量。

4.1.5 生产者-消费者模式

生产者-消费者模式是一个经典的多线程设计模式，它为多线程间的协作提供了良好的解决方案。在生产者-消费者模式中通常有两类线程，即若干个生产者线程和若干个消费者线程。生产者线程负责提交用户请求，消费者线程则负责具体处理生产者提交的任务。生产者和消费者之间通过共享内存缓冲区进行通信。

如图 4.11 所示为生产者-消费者模式的基本结构。3 个生产者线程将任务提交到共享内存缓冲区，消费者线程并不直接与生产者线程通信，而是在共享内存缓冲区中获取任务，并进行处理。

注意：在生产者-消费者模式中，内存缓冲区的主要功能是使数据在多线程间共享。此外，通过该缓冲区，可以缓解生产者和消费者之间的性能差。

生产者-消费者模式的核心组件是共享内存缓冲区，它作为生产者和消费者之间的通信桥梁，避免了生产者和消费者的直接通信，从而将生产者和消费者进行解耦。生产者不需要知道消费者的存在，消费者也不需要知道生产者的存在。

同时，由于内存缓冲区的存在，允许生产者和消费者在执行速度上存在时间差，无论是生产者在某一局部时间内速度高于消费者，还是消费者在局部时间内高于生产者，都可以通过共享内存缓冲区得到缓解，从而确保系统正常运行。

图 4.11　生产者-消费者模式架构图

生产者-消费者模式的主要角色如表 4.4 所示。

表 4.4　生产者-消费者模式的主要角色

角　　色	作　　用
生产者	提交用户请求，提取用户任务，并将其装入内存缓冲区
消费者	在内存缓冲区中提取并处理任务
内存缓冲区	缓存生产者提交的任务或数据，供消费者使用
任务	生产者向内存缓冲区提交的数据
Main	使用生产者和消费者的客户端

图 4.12 显示了生产者-消费者模式的一种实现结构。

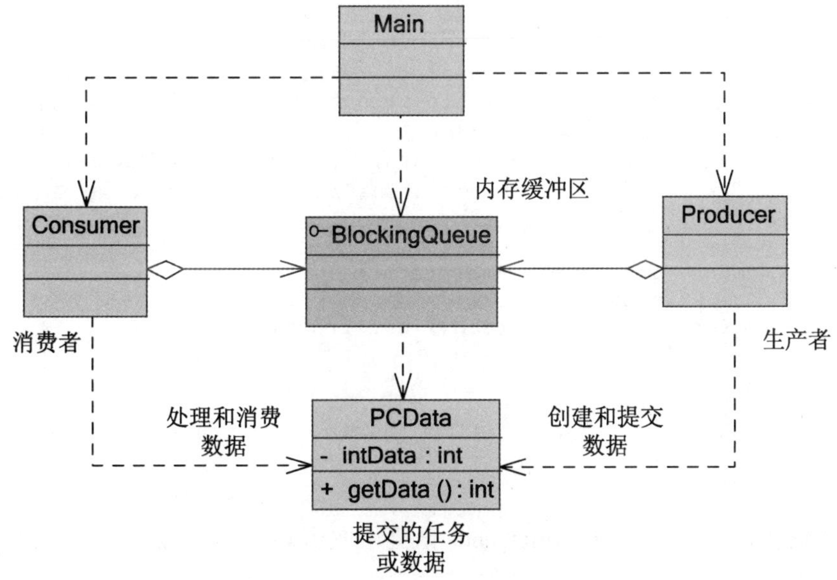

图 4.12　生产者-消费者实现类图

其中，BlockingQueue 充当了共享内存缓冲区，用于维护任务或数据队列（PCData 对象）。PCData 对象表示一个生产任务或相关任务的数据。生产者对象和消费者对象均引用同一个 BlockingQueue 实例。生产者负责创建 PCData 对象，并将它加入 BlockingQueue 中，消费者则从 BlockingQueue 队列中获取 PCData。

下面基于图 4.12 所示的结构实现一个基于生产者-消费者模式的求整数平方的并行程序。

首先，生产者线程负责构建 PCData 对象，并将其放入 BlockingQueue 队列中，实现代码如下：

```
public class Producer implements Runnable {
    private volatile boolean isRunning = true;
    private BlockingQueue<PCData> queue;                    //内存缓冲区
    //总数，原子操作
    private static AtomicInteger count = new AtomicInteger();
    private static final int SLEEPTIME = 1000;

    public Producer(BlockingQueue<PCData> queue) {
        this.queue = queue;
    }

    public void run() {
        PCData data = null;
        Random r = new Random();

        System.out.println("start producer id="+Thread.currentThread().
getId());
        try {
            while (isRunning) {
                Thread.sleep(r.nextInt(SLEEPTIME));
                data = new PCData(count.incrementAndGet());//构造任务数据
                System.out.println(data+" is put into queue");
                //提交数据到缓冲区中
                if (!queue.offer(data, 2, TimeUnit.SECONDS)) {
                    System.err.println("failed to put data: " + data);
                }
            }
        } catch (InterruptedException e) {
            e.printStackTrace();
            Thread.currentThread().interrupt();
        }
    }
    public void stop() {
        isRunning = false;
    }
}
```

对应的消费者线程则从 BlockingQueue 队列中取出 PCData 对象，并进行相应的计算，实现代码如下：

```
public class Consumer implements Runnable {
    private BlockingQueue<PCData> queue;                    //缓冲区
```

```
    private static final int SLEEPTIME = 1000;

    public Consumer(BlockingQueue<PCData> queue) {
        this.queue = queue;
    }

    public void run() {
        System.out.println("start Consumer id="
                + Thread.currentThread().getId());
        Random r = new Random();                           //随机等待时间

        try {
            while(true){
                PCData data = queue.take();                //提取任务
                if (null != data) {
                    int re = data.getData() * data.getData();  //计算平方

    System.out.println(MessageFormat.format("{0}*{1}={2}",
                            data.getData(), data.getData(), re));
                    Thread.sleep(r.nextInt(SLEEPTIME));
                }
            }
        } catch (InterruptedException e) {
            e.printStackTrace();
            Thread.currentThread().interrupt();
        }
    }
}
```

PCData 作为生产者和消费者之间的共享数据模型，定义如下：

```
public final class PCData {                                //与任务相关的数据
    private  final int intData;                            //数据
    public PCData(int d){
        intData=d;
    }
    public PCData(String d){
        intData=Integer.valueOf(d);
    }
    public int getData(){
        return intData;
    }
    @Override
    public String toString(){
        return "data:"+intData;
    }
}
```

在主函数中创建 3 个生产者和 3 个消费者，并让它们协作运行，实现代码如下：

```
public class Main {
    public static void main(String[] args) throws InterruptedException {
       //建立缓冲区
       BlockingQueue<PCData> queue = new LinkedBlockingQueue<PCData>(10);
       Producer producer1 = new Producer(queue);           //建立生产者
```

```
        Producer producer2 = new Producer(queue);
        Producer producer3 = new Producer(queue);
        Consumer consumer1 = new Consumer(queue);        //建立消费者
        Consumer consumer2 = new Consumer(queue);
        Consumer consumer3 = new Consumer(queue);
        //建立线程池
        ExecutorService service = Executors.newCachedThreadPool();
        service.execute(producer1);                       //运行生产者
        service.execute(producer2);
        service.execute(producer3);
        service.execute(consumer1);                       //运行消费者
        service.execute(consumer2);
        service.execute(consumer3);
        Thread.sleep(10 * 1000);
        producer1.stop();                                 //停止生产者
        producer2.stop();
        producer3.stop();
        Thread.sleep(3000);
        service.shutdown();
    }
}
```

在主函数的实现过程中定义了 LinkedBlockingQueue，以作为 BlockingQueue 的实现类。有关 BlockingQueue 和 LinkedBlockingQueue 的使用方法和特点，读者可以参考 4.3.4 节的“并发 Queue”内容。

注意： 生产者-消费者模式很好地对生产者线程和消费者线程进行了解耦，优化了系统的整体结构。同时，由于缓冲区的作用，允许生产者线程和消费者线程存在执行上的性能差异，这在一定程度上缓解了性能瓶颈对系统性能的影响。

4.2 JDK 多任务执行框架

为了给并行程序开发提供更好的支持，Java 不仅提供了 Thread 类和 Runnable 接口等简单的多线程支持工具，而且为了改善并发程序性能，在 JDK 中还提供了用于多线程管理的线程池。本节将主要讨论线程池及其在 Java 中的实现方法与使用。

4.2.1 无限制线程的缺陷

多线程的软件设计方法确实可以最大限度地发挥现代多核处理器的计算能力，提高生产系统的吞吐量和性能。但是，若不加控制和管理而随意使用线程，对系统的性能反而会产生不良的影响。

一种最为简单的线程创建和回收的方法如下：

```
new Thread(new Runnable(){
    @Override
```

```
        public void run() {
            //do sth.
        }
    }).start();
```

以上代码创建了一个线程，并在 run()方法结束后自动回收该线程。在简单的应用系统中，这段代码并没有太大问题。但是在真实的生产环境中，系统由于真实环境的需要，可能会开启很多线程来支撑其应用，而当线程数量过大时，反而会耗尽 CPU 和内存的资源。

首先，与进程相比，线程虽然是一种轻量级的工具，但是其创建和关闭依然需要花费时间，如果为每一个小的任务都创建一个线程，很有可能出现创建和销毁线程所占用的时间大于该线程真实工作所消耗的时间的情况，反而会得不偿失。

其次，线程本身也是要占用内存空间的，大量的线程会抢占宝贵的内存资源，如果处理不当，可能会导致 Out of Memory 异常。即便没有导致异常，大量的线程回收也会给 GC 操作带来很大的压力，延长 GC 执行的停顿时间。

因此，对线程的使用必须掌握一个度，在有限的范围内增加线程的数量可以明显提高系统的吞吐量，但一旦超出了这个范围，大量的线程只会拖垮应用系统。因此，在生产环境中使用线程，必须对其加以控制和管理。

注意：在实际生产环境中，线程的数量必须得到控制。盲目地大量创建线程对系统性能是不利的。

4.2.2　简单的线程池实现

为了能节省系统在多线程并发时不断创建和销毁线程所带来的额外开销，需要引入线程池。线程池的基本功能就是进行线程的复用。当系统接受一个提交的任务而需要一个线程时，并不急着立即去创建线程，而是先去线程池查找是否有空余的线程。若有，则直接使用线程池中的线程工作；若没有，则再去创建新的线程。待任务完成后，也不是简单地销毁线程，而是将线程放入线程池的空闲队列等待下次使用。

这样，在线程频繁调度的场合，可以节约不少系统开销（指创建和销毁线程的开销）。

下面给出一个最为简单的线程池实现，这里实现的不是一个完善的线程池，但已经使用最简单的代码实现了一个基本线程池的核心功能，有助于读者快速理解线程池的实现，并创建自己的线程池。

首先是线程池的实现：

```
public class ThreadPool
{
    private static ThreadPool instance = null;

    //空闲的线程队列
    private List<PThread> idleThreads;
    //已有的线程总数
    private int threadCounter;
```

```
    private boolean isShutDown = false;

    private ThreadPool()
    {
        this.idleThreads = new Vector(5);
        threadCounter = 0;
    }

    public int getCreatedThreadsCount() {
        return threadCounter;
    }

    //取得线程池的实例
    public synchronized static ThreadPool getInstance() {
        if (instance == null)
            instance = new ThreadPool();
        return instance;
    }

    //将线程放入池中
    protected synchronized void repool(PThread repoolingThread)
    {
        if (!isShutDown)
        {
            idleThreads.add(repoolingThread);
        }
        else
        {
            repoolingThread.shutDown();
        }
    }

    //停止池中的所有线程
    public synchronized void shutdown()
    {
       isShutDown = true;
       for  (int  threadIndex  =  0;  threadIndex  <  idleThreads.size();
threadIndex++)
       {
             PThread idleThread = (PThread) idleThreads.get(threadIndex);
             idleThread.shutDown();
       }
    }

    //执行任务
    public synchronized void start(Runnable target)
    {
        PThread thread = null;
        //如果有空闲线程，则直接使用
        if (idleThreads.size() > 0)
        {
            int lastIndex = idleThreads.size() - 1;
            thread = (PThread) idleThreads.get(lastIndex);
            idleThreads.remove(lastIndex);
```

```
                //立即执行这个任务
                thread.setTarget(target);
            }
            //没有空闲线程，则创建新线程
            else
            {
                threadCounter++;
                // 创建新线程
                thread = new PThread(target, "PThread #" + threadCounter, this);
                //启动这个线程
                thread.start();
            }
        }
    }
```

要使用上述线程池，需要一个永不退出的线程与之配合。PThread 就是这样一个线程，它的线程主体部分是一个无限循环，该线程在手动关闭前永不结束，并一直等待新的任务到来。

```
public class PThread extends Thread
{
    //线程池
    private ThreadPool pool;
    //任务
    private Runnable target;
    private boolean isShutDown = false;
    private boolean isIdle = false;
    //构造函数
    public PThread(Runnable target, String name, ThreadPool pool)
    {
        super(name);
        this.pool = pool;
        this.target = target;
    }

    public Runnable getTarget()
    {
        return target;
    }

    public boolean isIdle()
    {
        return isIdle;
    }
    public void run()
    {
        //只要没有关闭，就一直不结束该线程
        while (!isShutDown)
        {
            isIdle = false;
            if (target != null)
            {
                //运行任务
```

```
                target.run();
            }
            //任务结束，将线程设置为闲置状态
            isIdle = true;
            try
            {
                //该任务结束后不关闭线程，而是将其放入线程池的空闲队列
                pool.repool(this);
                synchronized (this)
                {
                    //线程空闲，等待新的任务到来
                    wait();
                }
            }
            catch (InterruptedException ie)
            {
            }
            isIdle = false;
        }
    }


    public synchronized void setTarget(java.lang.Runnable newTarget)
    {
        target = newTarget;
        //设置了任务之后，通知 run()方法执行这个任务
        notifyAll();
    }
    //关闭线程
    public synchronized void shutDown()
    {
        isShutDown = true;
        notifyAll();
    }
}
```

代码中的注释部分已经十分详细，故不再重复。使用这个简易的线程池究竟对改善代码性能有无帮助呢？下面通过简单的测试代码来验证一下。

注意： 使用线程池后，线程的创建和关闭通常由线程池维护。线程通常不会因为执行完一次任务而被关闭，线程池中的线程会被多个任务重复使用。

首先定义一个线程类作为任务对象，代码如下：

```
public class MyThread implements Runnable{
    protected String name;
    public MyThread(){
    }
    public MyThread(String name){
        this.name=name;
    }
    @Override
```

```
        public void run() {
            try {
                Thread.sleep(100);      //使用 sleep()方法代替一个具体功能的执行
            } catch (InterruptedException e) {
                e.printStackTrace();
            }
        }
    }
```

当不使用线程池调度任务时开启 1000 个以上的线程工作，代码如下：

```
for(int i=0;i<1000;i++){
    new Thread(new MyThread("testNoThreadPool"+Integer.toString(i))).
start();
}
```

使用这个简单的 ThreadPool 线程池进行同样数量的任务调度，代码如下：

```
for(int i=0;i<1000;i++){
    ThreadPool.getInstance().start(new
MyThread("testThreadPool"+Integer.toString(i)));
}
```

结果表明，未实现线程池的调度共计花费 453ms，使用线程池的调度仅花费 281ms。需要注意的是，这里花费的时间并不是指所有任务执行完成的时间，仅包括完成 1000 次任务调度的总耗时。在未使用线程池的实现中，实际产生的线程数量达 1000 个，但在使用线程池的实现中，由于任务一边被调度一边被执行，在整个任务调度过程中，有部分线程因为执行完毕而被重新返回线程池内，故这些线程被复用，实际产生的线程数量小于 1000。在笔者的测试中，使用这个简易的线程池实际产生的线程数量为 500～600 个。由此可见，在线程被频繁调度时，复用线程对提高系统性能是非常有帮助的。

注意： 线程池可以减少线程被频繁调度的开销，即便是本节中给出的这个简易线程池，对改善系统性能也有明显的效果。

4.2.3　Executor 框架

为了能够更好地控制多线程，JDK 提供了一套 Executor 框架，帮助开发人员有效地进行线程控制，其核心成员如图 4.13 所示。

以上成员均在 java.util.concurrent 包中，是 JDK 并发包的核心类。其中 ThreadPool-Executor 表示一个线程池，当然它的实现比上文中的 ThreadPool 要复杂许多。Executors 类则扮演线程池工厂的角色，通过 Executors 可以取得一个特定功能的线程池。由图 4.13 可知，ThreadPoolExecutor 类实现了 Executor 接口，因此通过这个接口，任何 Runnable 的对象都可以被 ThreadPoolExecutor 调度。

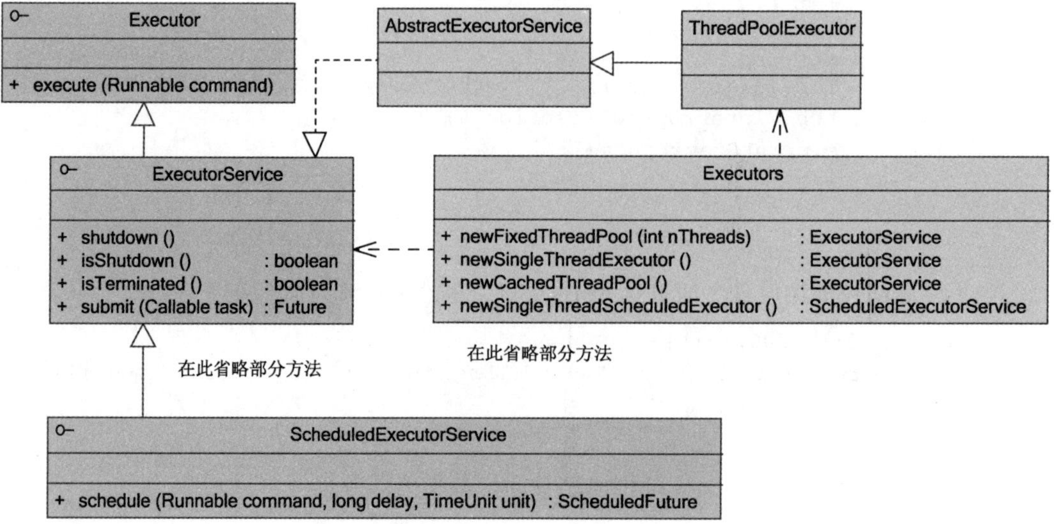

图 4.13 Executor 框架结构图

使用 Executor 框架调度上节中的 MyThread，代码如下：

```
//得到一个可复用线程的线程池
ExecutorService exe=Executors.newCachedThreadPool();
for(int i=0;i<1000;i++){
    //在线程池中执行一个任务
    exe.execute(new MyThread("testJDKThreadPool"+Integer.toString(i)));
}
```

这段代码完成 1000 次调度耗时约 265ms，与前文中的简单线程池差不多。

与简单线程池相比，Executor 框架提供了更多有用的功能。下面是 Executors 工厂类的主要方法：

```
public static ExecutorService newFixedThreadPool(int nThreads)
public static ExecutorService newSingleThreadExecutor()
public static ExecutorService newCachedThreadPool()
public static ScheduledExecutorService newSingleThreadScheduledExecutor()
public static ScheduledExecutorService newScheduledThreadPool(int core
PoolSize)
```

以上工厂方法分别返回具有不同工作特性的线程池，具体说明如下：

- newFixedThreadPool()方法：返回一个固定线程数量的线程池，该线程池中的线程数量始终不变。当有一个新的任务提交时，线程池中若有空闲线程，则立即执行；若没有，则新的任务会被暂存在一个任务队列中，待有线程空闲时，再处理任务队列中的任务。
- newSingleThreadExecutor()方法：返回一个只有一个线程的线程池。若多个任务被提交到该线程池，则任务会被保存在一个任务队列中，待线程空闲时按先入先出的顺序执行队列中的任务。

- newCachedThreadPool()方法：返回一个可根据实际情况调整线程数量的线程池。线程池的线程数量不确定，但若有空闲线程可以复用，则会优先使用可复用的线程；若所有线程均在工作，又有新的任务提交，则会创建新的线程处理任务。所有线程在当前任务执行完毕后，将返回线程池进行复用。
- newSingleThreadScheduledExecutor()方法：返回一个 ScheduledExecutorService 对象，线程池大小为 1。ScheduledExecutorService 接口在 ExecutorService 接口之上扩展了在给定时间执行某任务的功能，如在某个固定的延时之后执行，或者周期性地执行某个任务。
- newScheduledThreadPool()方法：返回一个 ScheduledExecutorService 对象，但该线程池可以指定线程数量。

注意：如果没有特殊要求，可以直接使用 JDK 中的内置线程池来改善系统的性能。

4.2.4　自定义线程池

由于 ScheduledExecutorService 接口与本书的核心内容没有太大关联，故不做太多深入讨论，仅对其他几个线程池进行说明。无论是 newFixedThreadPool()方法、newSingleThreadExecutor()方法，还是 newCachedThreadPool()方法，其内部均使用了 ThreadPoolExecutor 的实现，具体代码如下：

```
public static ExecutorService newFixedThreadPool(intnThreads) {
    return new ThreadPoolExecutor(nThreads, nThreads,
                                  0L, TimeUnit.MILLISECONDS,
                                  new LinkedBlockingQueue<Runnable>());
}

public static ExecutorService newSingleThreadExecutor() {
    return new FinalizableDelegatedExecutorService
        (new ThreadPoolExecutor(1, 1,
                                0L, TimeUnit.MILLISECONDS,
                                new LinkedBlockingQueue<Runnable>()));
}

public static ExecutorService newCachedThreadPool() {
    return new ThreadPoolExecutor(0, Integer.MAX_VALUE,
                                  60L, TimeUnit.SECONDS,
                                  new SynchronousQueue<Runnable>());
}
```

由以上线程池的实现代码可以看到，它们都只是 ThreadPoolExecutor 类的封装。为何 ThreadPoolExecutor 有如此强大的功能呢？下面来看一下 ThreadPoolExecutor 最重要的构造函数。

```
public ThreadPoolExecutor(int corePoolSize,
                          int maximumPoolSize,
                          long keepAliveTime,
```

```
                                  TimeUnit unit,
                                  BlockingQueue<Runnable> workQueue,
                                  ThreadFactory threadFactory,
                                  RejectedExecutionHandler handler)
```

该函数的参数含义如下：

- corePoolSize：指定线程池中的线程数量。
- maximumPoolSize：指定线程池中的最大线程数量。
- keepAliveTime：当线程池中的线程数量超过 corePoolSize 时，用来设置多余的空闲线程的存活时间。
- unit：keepAliveTime 的单位。
- workQueue：任务队列，即被提交但尚未被执行的任务。
- threadFactory：线程工厂，用于创建线程，一般用默认的即可。
- handler：拒绝策略，即当任务太多来不及处理时如何拒绝任务。

以上参数大部分都很简单，只有 workQueue 和 handler 需要进行详细说明。

参数 workQueue 指被提交但未执行的任务队列，它是一个 BlockingQueue 接口的对象，仅用于存放 Runnable 对象。根据队列功能分类，在 ThreadPoolExecutor 的构造函数中可使用以下几种 BlockingQueue。

- 直接提交的队列：该功能由 SynchronousQueue 对象提供。SynchronousQueue 是一个特殊的 BlockingQueue，其没有容量，每一个插入操作都要等待一个相应的删除操作，反之，每一个删除操作都要等待对应的插入操作。SynchronousQueue 不保存任务，它总是将任务提交给线程执行，如果没有空闲的进程，则尝试创建新的进程，如果进程数量已经达到最大值，则执行拒绝策略。因此，使用 SynchronousQueue 队列时通常要设置很大的 maximumPoolSize 值，否则很容易执行异常策略。
- 有界的任务队列：该队列可以使用 ArrayBlockingQueue 实现，ArrayBlockingQueue 的构造函数必须带一个容量参数，表示该队列的最大容量：

```
public ArrayBlockingQueue(int capacity)
```

当使用有界的任务队列时，若有新的任务需要执行，如果线程池的实际线程数小于 corePoolSize，则会优先创建新的线程；若大于 corePoolSize，则会将新任务加入等待队列。若等待队列已满，无法加入，则在总线程数不大于 maximumPoolSize 的前提下创建新的进程执行任务；若大于 maximumPoolSize，则执行拒绝策略。可见，有界队列仅当在任务队列装满时，才可能将线程数提升到 corePoolSize 以上。换言之，除非系统非常繁忙，否则确保核心线程数维持在 corePoolSize。

- 无界的任务队列：该队列可以通过 LinkedBlockingQueue 类实现。与有界队列相比，除非系统资源耗尽，否则无界的任务队列不存在任务入队失败的情况。当有新的任务到来，系统的线程数小于 corePoolSize 时，线程池会生成新的线程执行任务，但当系统的线程数达到 corePoolSize 后，就不会继续增加。若后续仍有新的任务加入，而又没有空闲的线程资源，则任务直接进入队列进行等待。若任务创建和处理的速度差异很大，无界队列会保持快速增长，直到耗尽系统内存。

- 优先任务队列：该队列是带有执行优先级的队列，它通过 PriorityBlockingQueue 实现，可以控制任务的执行顺序，是一个特殊的无界队列。无论是有界队列 ArrayBlockingQueue，还是未指定大小的无界队列 LinkedBlockingQueue，都是按照先进先出的算法处理任务的，而 PriorityBlockingQueue 则可以根据任务自身的优先级顺序先后执行，在确保系统性能的同时，也能有很好的质量保证（总是确保高优先级的任务先执行）。

回顾 newFixedThreadPool()方法的实现过程，返回了一个 corePoolSize 和 maximumPoolSize 大小一样并且使用了 LinkedBlockingQueue 任务队列的线程池。因为对于固定大小的线程池而言，不存在线程数量的动态变化，因此 corePoolSize 和 maximumPoolSize 可以相等。同时，它使用无界队列存放无法立即执行的任务，当任务提交非常频繁的时候，该队列可能迅速膨胀，从而耗尽系统资源。

newSingleThreadExecutor()返回的单线程线程池是 newFixedThreadPool()方法的一种退化，只是简单地将线程池的线程数量设置为 1。

newCachedThreadPool()方法返回的是 corePoolSize 为 0、maximumPoolSize 为无穷大的线程池。这意味着在没有任务时，该线程池内无线程，而当任务被提交时，该线程池会使用空闲的线程执行任务。若无空闲线程，则将任务加入 SynchronousQueue 队列。而 SynchronousQueue 队列是一种直接提交的队列，它总会迫使线程池增加新的线程执行任务。当任务执行完毕后，由于 corePoolSize 为 0，因此空闲线程又会在指定的时间内（60s）被回收。对于 newCachedThreadPool()，如果同时有大量任务被提交，而任务的执行又不那么快时，系统便会开启等量的线程处理，这样的做法可能会很快耗尽系统的资源。

注意： 使用自定义线程池时，要根据应用的具体情况，选择合适的并发队列作为任务的缓冲。当线程资源紧张时，不同的并发队列对系统行为和性能的影响均不同。

ThreadPoolExecutor 的最后一个参数指定了拒绝策略，即当任务数量超过系统的实际承载能力时该如何处理。JDK 内置了 4 种拒绝策略，如图 4.14 所示。

```
RejectedExecutionHandler - java.util.concurrent
  AbortPolicy - java.util.concurrent.ThreadPoolE
  CallerRunsPolicy - java.util.concurrent.Thread
  DiscardOldestPolicy - java.util.concurrent.Thr
  DiscardPolicy - java.util.concurrent.ThreadPoo
```

图 4.14　JDK 内置的拒绝策略

JDK 内置的拒绝策略如下。

- AbortPolicy 策略：该策略会直接抛出异常，阻止系统正常工作。
- CallerRunsPolicy 策略：只要线程池未关闭，该策略直接在调用者线程中运行当前被丢弃的任务。
- DiscardOledestPolicy 策略：该策略将丢弃最老的一个请求，也就是即将被执行的一个任务，并尝试再次提交当前任务。
- DiscardPolicy 策略：该策略默默地丢弃无法处理的任务，而不予进行任何处理。

以上内置策略均实现了 RejectedExecutionHandler 接口。若以上策略仍无法满足实际应用的需要，则完全可以自己扩展 RejectedExecutionHandler 接口。RejectedExecutionHandler 的定义如下：

```
public interface RejectedExecutionHandler {
   void rejectedExecution(Runnable r, ThreadPoolExecutor executor);
}
```

其中 r 为请求执行的任务，executor 为当前的线程池。

下面以一个使用优先队列的自定义线程池为例，展示 ThreadPoolExecutor 的使用。使用优先队列的好处是，在系统繁忙时可以忽略任务的提交先后次序，总是让优先级高的任务先执行。使用优先队列时，任务线程必须实现 Comparable 接口，优先队列则会根据该接口对任务进行排序。具体实现代码如下：

```
public class MyThread implements Runnable , Comparable<MyThread>{
    protected String name;
    public MyThread(){
    }
    public MyThread(String name){
        this.name=name;
    }
    @Override
    public void run() {
        try {
            Thread.sleep(100);                          //模拟工作任务
            System.out.println(name+" ");
        } catch (InterruptedException e) {
            e.printStackTrace();
        }
    }
    @Override
    public int compareTo(MyThread o) {                  //比较任务的优先级
        //在线程名称中标注任务优先级
        int me=Integer.parseInt(this.name.split("_")[1]);
        int other=Integer.parseInt(o.name.split("_")[1]);
        if(me>other)return 1;
        else if(me<other)return -1;
        else
        return 0;
    }
}
```

任务调度的代码如下：

```
ExecutorService exe=new
ThreadPoolExecutor(100,200,0L,TimeUnit.SECONDS,new
PriorityBlockingQueue<Runnable>());
for(int i=0;i<1000;i++){
    exe.execute(new
MyThread("testThreadPoolExecutor3_"+Integer.toString(999-i)));
}
```

在调度程序中，线程名称以 999、998 到 0 的顺序依次先后加入优先队列，而在优先队列中，以 0、1、2 到 999 的顺序对任务进行排序。上面的程序的一个输出片段如下：

```
testThreadPoolExecutor3_999
……
testThreadPoolExecutor3_907
testThreadPoolExecutor3_904
testThreadPoolExecutor3_903
testThreadPoolExecutor3_902
testThreadPoolExecutor3_901
testThreadPoolExecutor3_900
testThreadPoolExecutor3_0
testThreadPoolExecutor3_1
testThreadPoolExecutor3_4
testThreadPoolExecutor3_5
testThreadPoolExecutor3_3
testThreadPoolExecutor3_2
……
```

在这个输出片段中，以加粗部分为分界线，之前的是任务提交时未经过优先队列而直接被执行的任务（程序刚开始运行时，系统有大量的空闲线程，无须使用等待队列），之后的是经过优先队列中转后被执行的任务。可以看到，当系统资源紧张时（线程池中线程数量不足），程序总是根据任务优先级处理优先级高的任务。

注意：使用自定义线程池可以提供更为灵活的任务处理和调度方式。如果内置的线程池无法满足应用需求，则可以考虑使用自定义线程池。

4.2.5　优化线程池大小

线程池的大小对系统的性能有一定的影响，过大或者过小的线程数量都无法发挥最优的系统性能。但是线程池大小的确定也不需要做得非常精确，因为只要避免极大和极小两种情况，线程池的大小对系统性能的影响就不会太大。一般来说，确定线程池的大小需要考虑 CPU 的数量、内存大小和 JDBC 连接等因素。在《JAVA 并发编程实践》（作者：戈茨；译者：韩锴、方妙；出版社：电子工业出版社）一书中给出了一个估算线程池大小的经验公式：

Ncpu = CPU 的数量

Ucpu =目标 CPU 的使用率，$0 \leqslant Ucpu \leqslant 1$

W/C =等待时间与计算时间的比率

为保持处理器达到期望的使用率，最优的池的大小公式为：

$$Nthreads = Ncpu \times Ucpu \times (1 + W/C)$$

在 Java 中，可以通过以下方法取得可用的 CPU 数量：

```
Runtime.getRuntime().availableProcessors()
```

4.2.6　扩展 ThreadPoolExecutor

ThreadPoolExecutor 也是一个可以扩展的线程池，它提供了 beforeExecute()、afterExecute()

和 terminated()三个接口对线程池进行控制。

以 beforeExecute()和 afterExecute()为例，在 ThreadPoolExecutor.Worker. runTask()方法内部提供了以下实现方式：

```
boolean ran = false;
beforeExecute(thread, task);                                    //运行前
try {
    task.run();                                                 //运行任务
    ran = true;
    afterExecute(task, null);                                   //运行结束后
    ++completedTasks;
} catch (RuntimeException ex) {
    if (!ran)
        afterExecute(task, ex);                                 //运行结束
    throw ex;
}
```

ThreadPoolExecutor.Worker 是 ThreadPoolExecutor 的内部类，它是一个实现了 Runnable 接口的类。ThreadPoolExecutor 线程池中的工作线程也正是 Worker 实例。Worker. runTask()方法会被线程池以多线程模式异步调用，即 Worker. runTask()会同时被多个线程访问。因此其 beforeExecute()和 afterExecute()接口也将同时被多线程访问。

在默认的 ThreadPoolExecutor 实现方式中，提供了空的 beforeExecute()和 afterExecute()实现方式。在实际应用中可以对其进行扩展，实现对线程池运行状态的跟踪，输出一些有用的调试信息，以帮助系统进行故障诊断，这对于多线程程序的错误排查是很有用的。例如以下代码：

```
public class MyThreadPoolExecutor extends ThreadPoolExecutor{
    public MyThreadPoolExecutor(int corePoolSize, int maximumPoolSize,
            long keepAliveTime, TimeUnit unit,
            BlockingQueue<Runnable> workQueue) {
        super(corePoolSize, maximumPoolSize, keepAliveTime, unit, workQueue);
    }
    protected void beforeExecute(Thread t, Runnable r) {
        System.out.println("beforeExecute MyThread Name:"+((MyThread)r).
getName()+" TID:"+t.getId());
    }

    protected void afterExecute(Runnable r, Throwable t) {
        System.out.println("afterExecute
TID:"+Thread.currentThread().getId());
        System.out.println("afterExecute
PoolSize:"+this.getPoolSize());
    }
}
```

以上代码显示了一个带有日志输出功能的线程池，该线程池会在任务执行前输出即将要执行的任务名称和线程 ID，同时会在任务完成后输出线程的 ID 和当前线程池的线程数量。

注意：通过扩展线程池，开发者可以获取线程池调度的内部细节，这对并行程序的故障排查有很大帮助。

4.3 JDK 并发数据结构

由于并行程序与串行程序的不同特点，适用于串行程序的一些数据结构可能无法直接在并发环境下正常工作，这是因为这些数据结构不是线程安全的。本节将着重介绍一些可以用于多线程环境的数据结构，如并发 List、并发 Set 和并发 Map 等。

4.3.1 并发 List

Vector 和 CopyOnWriteArrayList 是两个线程安全的 List 实现方式，而 ArrayList 则不是线程安全的。因此，应该尽量避免在多线程环境中使用 ArrayList，如果因为某些原因必须使用，则需要进行包装。方法如下：

```
Collections.synchronizedList(List list)
```

CopyOnWriteArrayList 的内部实现方式与 Vector 又有所不同。望文生义，Copy-On-Write 就是 CopyOnWriteArrayList 的实现机制，即当对象进行写操作时，复制该对象，若进行的是读操作，则直接返回结果，操作过程中不进行同步。

CopyOnWriteArrayList 很好地利用了对象的不变性，在没有对对象进行写操作前，由于对象未发生改变，因此不需要加锁。而在试图改变对象时，总是先获取对象的一个副本，然后对副本进行修改，最后将副本写回。

这种实现方式的核心思想是减少锁竞争，从而提高在高并发时的读取性能，但是它却在一定程度上牺牲了写的性能。

进一步深入 CopyOnWriteArrayList 的源码，其 get()方法实现代码如下：

```
public E get(int index) {
   return (E)(getArray()[index]);
}
final Object[] getArray() {
   return array;
}
```

可以看到，作为一个线程安全的实现方式，CopyOnWriteArrayList 的 get()方法并没有任何锁操作。下面对比 Vector 的 get()方法，其实现代码如下：

```
public synchronized E get(int index) {
    if (index >= elementCount)
    throw new ArrayIndexOutOfBoundsException(index);
    return (E)elementData[index];
}
```

Vector 使用了同步关键字，所有的 get()操作都必须先取得对象锁才能进行。在高并发的情况下，大量的锁竞争会拖累系统性能。

下面以一个多线程对 List 的只读访问为例，比较两者的 get()方法的性能差异。访问线程实现对 List 的访问，其定义如下：

```
public class AccessListThread implements Runnable{
    protected String name;
    java.util.Random rand=new java.util.Random();
    public AccessListThread(){
    }
    public AccessListThread(String name){
        this.name=name;
    }
    @Override
    public void run() {
        try {
            for(int i=0;i<500;i++) //每个线程进行 500 次 get()，以保证高并发
                getList(rand.nextInt(1000));
            Thread.sleep(rand.nextInt(100));
        } catch (InterruptedException e) {
            e.printStackTrace();
        }
    }
}

public Object getList(int index){
    return list.get(index);
}
```

主函数的主体部分如下：

```
CounterPoolExecutor exe=new CounterPoolExecutor(MAX_THREADS, MAX_THREADS,
    0L, TimeUnit.MILLISECONDS,
    new LinkedBlockingQueue<Runnable>());    //一个线程池，用于实现性能数据统计
                                             // MAX_THREADS 的测试数据为 2000
long starttime=System.currentTimeMillis();
exe.startTime=starttime;
exe.funcname="testGetCopyOnWriteList";
for(int i=0;i<TASK_COUNT;i++)                //TASK_COUNT 的测试数据为 4000
    exe.submit(new AccessListThread());      //访问 List
```

其中，CounterPoolExecutor 扩展了 ThreadPoolExecutor，用于实现性能数据的统计。在本书的不少性能测试代码中，都使用了类似的实现方式。MAX_THREADS 为线程数，测试数据为 2000；TASK_COUNT 为任务总数，测试数据为 4000。当使用 Vector 时，这段测试代码相对耗时约 1532ms，而使用 CopyOnWriteArrayList 的实现相对耗时仅 843ms。这就是去除锁后得到的性能提升。

CounterPoolExecutor 的实现代码如下：

```
public class CounterPoolExecutor extends ThreadPoolExecutor{
    private AtomicInteger count =new AtomicInteger(0); //统计执行次数
    public long startTime=0;
```

```
    public String funcname="";
    public CounterPoolExecutor(int corePoolSize,         //统计任务完成的次数
                               int maximumPoolSize,
            long keepAliveTime, TimeUnit unit,
            BlockingQueue<Runnable> workQueue) {
        super(corePoolSize, maximumPoolSize, keepAliveTime, unit, workQueue);
    }

    protected void afterExecute(Runnable r, Throwable t) {
        int l=count.addAndGet(1);                   //每次执行完一个任务就加 1
        if(l==TASK_COUNT){                          //如果完成的任务数量达到预期值
            System.out.println(funcname+
                        " spend time:"+(System.currentTimeMillis()-
startTime));
        }
    }
}
```

虽然 CopyOnWriteArrayList 的读操作性能优越，但是基于 CopyOnWriteArrayList 的写操作性能却不尽人意。以下是 CopyOnWriteArrayList 的 add()方法实现代码：

```
public boolean add(E e) {
    final ReentrantLock lock = this.lock;                //用了锁
    lock.lock();
    try {
        Object[] elements = getArray();
        int len = elements.length;
    //做了一次数组复制
        Object[] newElements = Arrays.copyOf(elements, len + 1);
        newElements[len] = e;                            //修改副本
        setArray(newElements);                           //写回副本
        return true;
    } finally {
        lock.unlock();
    }
}
```

每一次调用 add()方法，CopyOnWriteArrayList 都进行一次自我复制，同时 add()操作也申请了锁，并不像 get()方法那样没有锁操作。而且，Vector 的 add()方法要快捷得多，因此在高并发且以读为主的应用场景中，CopyOnWriteArrayList 要优于 Vector，但是当写操作也很频繁时，CopyOnWriteArrayList 的效率并不高，所以应该优先使用 Vector。

注意： 在读多写少的高并发环境中，使用 CopyOnWriteArrayList 可以提高系统的性能。但是在写多读少的场合，CopyOnWriteArrayList 的性能可能不如 Vector。

4.3.2　并发 Set

和 List 相似，并发 Set 也有一个 CopyOnWriteArraySet，它实现了 Set 接口，并且是线程安全的。它的内部实现方式完全依赖于 CopyOnWriteArrayList，因此它的特性和 CopyOn-

WriteArrayList 完全一致，适用于读多写少的高并发场合。在需要并发写的场合，可以使用 Collections 的方法得到一个线程安全的 Set，具体如下：

```
public static <T> Set<T> synchronizedSet(Set<T> s)
```

4.3.3 并发 Map

在多线程环境中使用 Map，一般也可以使用 Collections 的 synchronizedMap()方法得到一个线程安全的 Map。但是在高并发的情况下，这个 Map 的性能表现不是最优的。由于 Map 是使用相当频繁的一个数据结构，因此 JDK 中便提供了一个专门用于高并发的 Map 实现 ConcurrentHashMap。

构造测试用的 Map 访问线程，代码如下：

```
public class AccessMapThread implements Runnable{
    protected String name;

    public AccessMapThread(){
    }
    public AccessMapThread(String name){
        this.name=name;
    }
    @Override
    public void run() {
        try {
            for(int i=0;i<500;i++)                   //这个循环保证了高并发
                handleMap(rand.nextInt(1000));
            Thread.sleep(rand.nextInt(100));
        } catch (InterruptedException e) {
            e.printStackTrace();
        }
    }
}
public Object handleMap(int index){
    map.put(rand.nextInt(2000), DUMMY);              //测试 put()
    return map.get(index);                           //测试 get()
}
```

主函数的主要部分如下：

```
CounterPoolExecutor exe=new CounterPoolExecutor(MAX_THREADS, MAX_THREADS,
0L, TimeUnit.MILLISECONDS,                           //测试时MAX_THREADS 为2000
new LinkedBlockingQueue<Runnable>());
long starttime=System.currentTimeMillis();
exe.startTime=starttime;
exe.funcname="testConcurrentHashMap";
for(int i=0;i<TASK_COUNT;i++)                        //测试时 TASK_COUNT 为 4000
    exe.submit(new AccessMapThread());
```

分别使用 ConcurrentHashMap 和同步的 HashMap 进行测试，前者完成所有的任务相对耗时 2046ms，而同步的 HashMap 却相对耗时 3937ms。可见，就 Map 的高并发读写而言，ConcurrentHashMap 比 HashMap 快 1 倍。ConcurrentHashMap 之所以有如此高的吞吐量，得益于其内部实现方式进行了锁分离，同时 ConcurrentHashMap 的 get()操作也是无锁的。这些都为 ConcurrentHashMap 在多线程并发下的高性能提供了保证。

注意： ConcurrentHashMap 是专门为线程并发而设计的 HashMap。它的 get()操作是无锁的，它的 put()操作的锁粒度又小于同步的 HashMap，因此它的整体性能优于同步的 HashMap。

4.3.4　并发 Queue

在并发队列上，JDK 提供了两套实现方式。一个是以 ConcurrentLinkedQueue 为代表的高性能队列，另一个是以 BlockingQueue 接口为代表的阻塞队列。不论哪种实现方式，都继承自 Queue 接口。

ConcurrentLinkedQueue 是一个适用于高并发场景下的队列，它通过无锁的方式实现了高并发状态下的高性能。通常，ConcurrentLinkedQueue 的性能要好于 BlockingQueue。

下面使用代码测试 ConcurrentLinkedQueue 及 LinkedBlockingQueue 的性能。

```
public class HandleQueueThread implements Runnable{
    protected String name;
    java.util.Random rand=new java.util.Random();
    public HandleQueueThread(){
    }
    public HandleQueueThread(String name){
        this.name=name;
    }
    @Override
    public void run() {
        try {
            for(int i=0;i<500;i++)           //高并发
                handleQueue(rand.nextInt(1000));
            Thread.sleep(rand.nextInt(100));
        } catch (InterruptedException e) {
            e.printStackTrace();
        }
    }
}
public Object handleQueue(int index){
    q.add(index);                           //测试 add()
    q.poll();                               //测试 poll()
    return null;
}
```

队列 q 的定义分别如下：

```
public void initConcurrentLinkedQueue(){    //初始化 ConcurrentLinkedQueue
     q=new ConcurrentLinkedQueue();
```

```
        for(int i=0;i<300;i++)
            q.add(i);
    }

    public void initLinkedBlockingQueue(){       //初始化 LinkedBlockingQueue
        q=new LinkedBlockingQueue();
        for(int i=0;i<300;i++)
            q.add(i);
    }
```

测试结果表明，ConcurrentLinkedQueue 相对耗时 2100ms，而 LinkedBlockingQueue 相对耗时约 3000ms。

注意： 如果需要一个能够在高并发时仍然保持良好性能的队列，可以使用 ConcurrentLinkedQueue 对象。

读者在前文中已经初步接触了以 LinkedBlockingQueue 为代表的 BlockingQueue。与 ConcurrentLinkedQueue 的使用场景不同，BlockingQueue 的主要功能并不在于提升高并发时的队列性能，而在于简化多线程间的数据共享。BlockingQueue 接口的主要实现方式如图 4.15 所示。

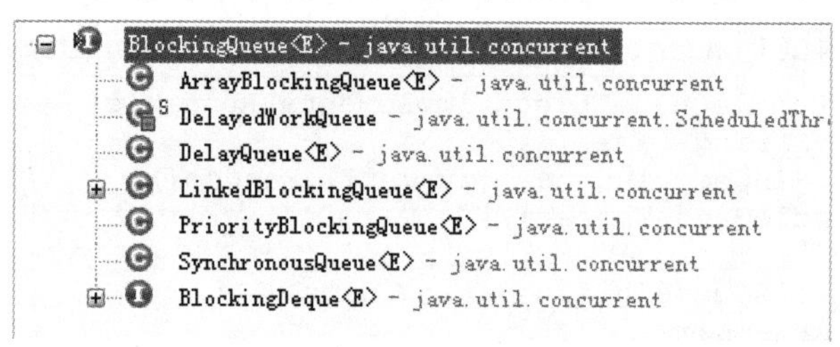

图 4.15　BlockingQueue 接口的主要实现方式

BlockingQueue 的典型使用场景是在生产者-消费者模式中，生产者总是将产品放入 BlockingQueue 队列，而消费者从队列中取出产品进行消费，从而实现数据共享。

BlockingQueue 提供一种读写阻塞等待的机制，即如果消费者线程速度较快，BlockingQueue 可能被清空，此时消费者线程再试图从 BlockingQueue 中取数据时就会被阻塞；反之，如果生产者线程较快，则 BlockingQueue 可能会被装满，此时生产者线程再试图向 BlockingQueue 队列中装入数据时便会被阻塞。其工作模式如图 4.16 所示。

BlockingQueue 的核心方法如下：

- offer(object)：将 object 加入 BlockingQueue 中，如果 BlockingQueue 有足够大的空间，则返回 true，否则返回 false（该方法不阻塞当前执行方法的线程）。
- offer(E o, long timeout, TimeUnit unit)：设定等待的时间，如果在指定的时间内还不能往队列中加入指定元素 o，则返回失败。
- put(object)：把 object 加入 BlockingQueue 中，如果 BlockQueue 没有足够大的空间，则调用此方法的线程被阻断，直到 BlockingQueue 中有空闲的空间时再继续。

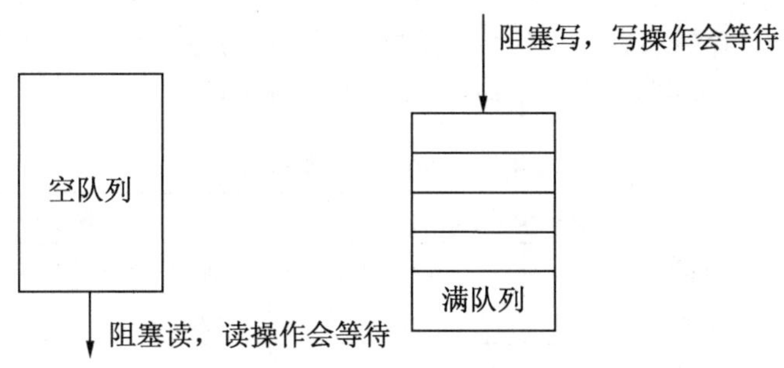

图 4.16　BlockingQueue 的工作模式

- poll(time)：取走 BlockingQueue 里排在首位的对象。若不能立即取出，则可以等待 time 参数规定的时间；如果超时后还取不到数据，则返回 null。
- poll(long timeout, TimeUnit unit)：从 BlockingQueue 中取出一个队首的对象。如果在指定时间内，队列一旦有数据可取，则立即返回队列中的数据；如果超时后依然没有取得数据，则返回失败。
- take()：取走 BlockingQueue 中排在首位的对象。若 BlockingQueue 为空，阻断进入等待状态，直到 BlockingQueue 有新的数据被加入。
- drainTo()：一次性从 BlockingQueue 中获取所有可用的数据对象（还可以指定获取数据的个数）。通过该方法，可以提升获取数据的效率，因为不需要多次分批加锁或释放锁。

BlockingQueue 接口主要提供了以下两种实现方式：

- ArrayBlockingQueue：这是一种基于数组的阻塞队列。在 ArrayBlockingQueue 内部，维护了一个定长数组，用于缓存队列中的数据对象。此外，ArrayBlockingQueue 内部还保存着两个整形变量，分别标识队列的头部和尾部在数组中的位置。在创建 ArrayBlockingQueue 时，还可以控制对象的内部锁是否采用公平锁，默认采用非公平锁。
- LinkedBlockingQueue：这是一个基于链表的阻塞队列。与 ArrayListBlockingQueue 类似，其内部也维持着一个数据缓冲队列（该队列由一个链表构成），当生产者往队列中放入一个数据时，队列会从生产者手中获取数据，并缓存到队列内部，而生产者立即返回。只有当队列缓冲区达到最大缓存容量时（LinkedBlockingQueue 可以通过构造函数指定该值，默认不限制大小），才会阻塞生产者队列，直到消费者从队列中消费掉一个数据，生产者线程才会被唤醒。

注意：BlockingQueue 类族最常用的应用场景是多线程间的数据共享。如果需要高性能的队列，可以使用 ConcurrentLinkedQueue。

4.3.5　并发 Deque

在 JDK 1.6 中还提供了一种双端队列（Double-Ended Queue），简称 Deque。Deque

允许在队列的头部或者尾部进行出队和入队操作。与 Queue 相比，它们具有更加复杂的功能。表 4.5 显示了双端队列在队列的基础上新增的部分操作。

表 4.5　Deque新增的操作

操　　作	第一个元素		最后一个元素	
插入	addFirst(e)	offerFirst(e)	addList(e)	offerLast(e)
	push(e)		add(e)	offer(e)
删除	removeFirst()	pollFist()	removeLast()	pollLast()
	pop()	poll()		
只读取不删除	getFirst()	peekFirst()	getLast()	peekLast()
	element()	peek()		

在 JDK 中以 Deque 接口为参照点，可以引出如图 4.17 所示的类结构。

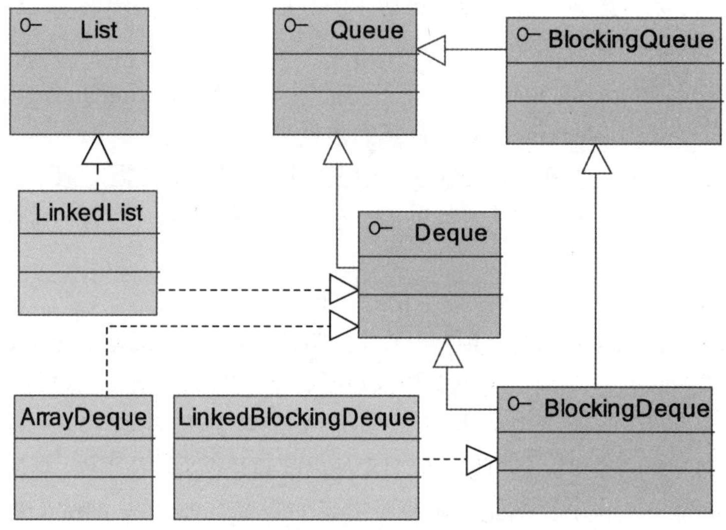

图 4.17　Deque 的类族

图 4.17 中有 3 个实现类，即 LinkedList、ArrayDeque 和 LinkedBlockingDeque，它们都实现了双端队列 Deque 接口。其中，LinkedList 使用链表实现双端队列，ArrayDeque 使用数组实现双端队列。通常情况下，由于 ArrayDeque 基于数组实现，拥有高效的随机访问性能，因此具有更好的遍历性能。但是当队列的大小变化较明显时，ArrayDeque 需要重新分配内存，并进行数组复制。在这种环境下，基于链表的 LinkedList 没有内存调整和数组复制的负担，性能表现会较好。但无论是 LinkedList，还是 ArrayDeque，它们都不是线程安全的。

LinkedBlockingDeque 是一个线程安全的双端队列实现方式。可以说，它已经是最为复杂的一个队列实现方式。在内部实现过程中，LinkedBlockingDeque 使用链表结构，每一个队列节点都维护一个前驱节点和一个后驱节点。LinkedBlockingDeque 没有进行读写锁的分离，因此同一时间只能有一个线程对其进行操作。这使得，在高并发应用中，它的性能表现要远远低于 LinkedBlockingQueue，更要低于 CocurrentLinkedQueue。

4.4　并发控制方法

并行程序开发将不可避免地要涉及多线程、多任务间的协作和数据共享等问题。在 JDK 中，提供了多种途径实现多线程间的并发控制，常用的方法有内部锁、重入锁、读写锁、信号量等。本节将着重介绍这类技术。

4.4.1　Java 内存模型与 volatile

在 Java 中，每一个线程都有一块工作内存区，存放着被所有线程共享的主内存中的变量值的拷贝。当线程被执行时，它在自己的工作内存中操作这些变量。为了存取一个共享的变量，一个线程通常先获取锁定并且清除它的工作内存区，这可以保证该共享变量从所有线程的共享内存区正确地装入线程的工作内存区，当线程解锁时保证该工作内存区中变量的值写回到共享内存中。

一个线程可以执行的操作有使用（use）、赋值（assign）、装载（load）、存储（store）、锁定（lock）及解锁（unlock）。而主内存可以执行的操作有读（read）、写（write）、锁定（lock）及解锁（unlock），每一个操作都是原子操作，如图 4.18 所示。

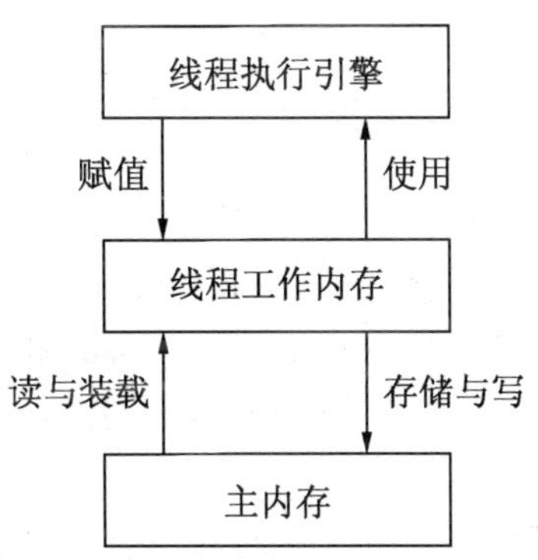

图 4.18　线程工作内存与主内存交互

当一个线程使用某一个变量时，不论程序是否正确地使用线程同步操作，它获取的值一定是由它本身或者其他线程存储到变量中的值。例如，如果两个线程把不同的值或对象引用存储到同一个共享变量中，那么该变量的值要么是这个线程的，要么是另一个线程的，共享变量的值不会由两个线程的引用值组合而成（除 long 和 double 外）。

一个变量是 Java 程序可以存取的一个地址，它不仅包括基本类型变量、引用类型变量，而且还包括数组类型变量。保存在主内存区的变量可以被所有线程共享，但一个线程存取另一个线程的参数或局部变量是不可能的，所以开发人员不必担心局部变量的线程安全问题。

使用（use）、赋值（assign）、锁定（lock）和解锁（unlock）操作都是线程的执行引擎和线程的工作内存的原子操作。但主内存和线程的工作内存间的数据传送并不满足原子性，即当数据从主内存复制到工作内存时，必须出现两个动作，一个是由主内存执行的读（read）操作，另一个是由工作内存执行的装载（load）操作。当数据从工作内存复制到主内存时，也出现两个操作，一个是由工作内存执行的存储（store）操作，另一个是由主内存执行的写（write）操作。由于主内存和工作内存间传送数据需要一定的时间，而且每次所消耗的时间可能是不同的，因此从另一个线程的角度看，一个线程对变量的操作顺序可能是不同的。例如，某一线程内的代码是先给变量 a 赋值，再给变量 b 赋值，而在另一个线程中，可能先在主内存中看见变量 b 的更新，再看见变量 a 的更新。当然，在一个线程中对同一个变量的操作次序一定和该线程中的实际次序相吻合。

各个操作的含义如下：

- 线程的 use 操作把一个变量在线程工作内存中的拷贝传送给线程执行引擎。
- 线程的 assign 操作把一个值从线程执行引擎传送到变量的线程工作内存中。
- 主内存的 read 操作把一个变量的主内存拷贝传送到线程的工作内存，以便 load 操作使用。
- 线程的 load 操作把 read 操作从主内存中得到的值放入变量的线程工作内存中。
- 线程的 store 操作把一个变量的线程工作内存拷贝传送到主内存中，以便 write 操作使用。
- 主内存的 write 操作把 store 操作从线程工作内存中得到的值放入主内存中的变量拷贝中。
- 主内存的 lock 操作使线程获得一个独占锁。
- 主内存的 unlock 操作使线程释放一个独占锁。

这样，线程和变量的相互作用由 use、assign、load 和 store 操作的序列组成。主内存为每个 load 操作执行 read 操作，为每个 store 操作执行 write 操作。线程锁定和解锁由 lock 或 unlock 操作完成。

线程的每个 load 操作有唯一一个主内存的 read 操作和它相匹配，这个 load 操作跟在 read 操作的后面；线程的每个 store 操作有唯一一个主内存的 write 操作和它相匹配，这个 write 操作跟在 store 操作的后面。

如果一个 double 或 long 变量没有声明为 volatile，则变量在进行 read 或 write 操作时，主内存把它当作两个 32 位的 read 或 write 操作进行处理，这两个操作在时间上是分开的，可能会有其他操作介于它们之间。如果这种情况发生，则两个并发的线程对共享的非 volatile 类型的 double 或 long 变量赋不同的值，那么随后对该变量的使用而获取的值可能不等于任何一个线程所赋的值，而可能是依赖于具体应用的两个线程所赋值的混合。因此，在 32 位的系统中，必须对 double 或者 long 进行同步。

由于每个线程都有自己的工作内存区，因此当一个线程改变自己工作内存中的数据时，对其他线程来说可能是不可见的。为此，可以使用 volatile 关键字迫使所有线程均读写主内存中的对应变量，从而使得 volatile 变量在多线程间可见。

声明为 volatile 的变量可以做以下保证：

（1）其他线程对变量的修改可以即时反应在当前线程中。

（2）确保当前线程对 volatile 变量的修改能即时写回共享主内存中，并被其他线程所见。

（3）使用 volatile 声明的变量，编译器会保证其有序性。

注意： 使用 volatile 标识变量，将迫使所有线程均读写主内存中的对应变量，从而使得 volatile 变量在多线程间可见。

关键字 volatile 的使用方法如下：

```
public class MyThread extends Thread{
    private volatile boolean stop = false; //确保 stop 变量在多线程中可见
        public void stopMe(){                //在其他线程中调用，停止本线程
        stop=true;
    }

    public void run() {
        int i = 0;
        while (!stop) {                      //在其他线程中改变 stop 的值
            i++;
        }
        System.out.println("Stop Thread");
    }
}
```

使用以下代码控制 MyThread 线程：

```
MyThread t = new MyThread();
t.start();
Thread.sleep(1000);
t.stopMe();
Thread.sleep(1000);
```

如果线程因为 stop 变量改变而退出，则会打印“Stop Thread”字样。volatile 的意义在于如果在主线程中停止了 MyThread 线程，则 MyThread 会立即发现 stop 状态被改变，从而停止；如果不使用 volatile，则 MyThread 可能不会立即发现这个改变。测试本段代码时使用-server 参数运行 JVM 虚拟机。结果表明，若不使用 volatile 关键字，则 MyThread 永远不会退出，只有在使用 volatile 关键字的情况下，MyThread 才会发现 stop 的状态被其他线程更改。

🔔注意：如果使用-client 模式运行这段代码，无论是否使用 volatile，其运行效果都是一样的，MyThread 总是会发现 stop 状态的修改（会发现修改，但不是即时的）。使用-server 模式有这样明显的区别，是因为在该模式下 JVM 会对代码做一些优化，使得优化后的代码不再去读取未曾发生改变且未标记为 volatile 的 stop 变量，这也就使得在-server 模式下，该变量的修改在线程间不可见。

为了能更好地理解 volatile 变量，可以再参考以下示例：

```
public class VolatileTest {
    volatile boolean isExit;
    public void tryExit() {
        if (isExit == !isExit)                              //成立，则退出
            System.exit(0);
    }
    public void swapValue() {
        isExit = !isExit;
    }
    @Test
    public void test() throws InterruptedException {
        final VolatileTest volObj = new VolatileTest();
        Thread mainThread = new Thread() {
            public void run() {
                System.out.println("mainThread start");
                while(true) {
                    volObj.tryExit();                       //不停尝试是否可以退出
                }
            }
        };
        mainThread.start();
        Thread swapThread = new Thread() {
            public void run() {
                System.out.println("swapThread start");
                while(true) {
                    volObj.swapValue();                     //不停修改 isExit 的值
                }
            }
        };
        swapThread.start();
        Thread.sleep(10000);
    }
}
```

该例中，tryExit()方法始终尝试在满足条件的时刻退出程序，swapValue()方法不停地尝试切换 isExit 变量的取值。若 isExit 变量未声明为 volatile，则“isExit == !isExit”很难成立，因为等式左边的取值和右边的取值都首先尝试从线程工作内存中获得，虽然 swap 线程总是在不停地切换这个数值，但对 tryExit 线程并不是立即可见。因此两次取值几乎每次都相等，故程序通常可以运行很长时间。

如果把 isExit 声明为 volatile 类型，情况就不一样了，swap 线程对 isExit 的修改可以很快地被 tryExit()函数发现，也就是说“isExit == !isExit”很有可能成立。因为此时 tryExit()

总是设法去主内存区获取数据，当它获取等式左边的数据后且获取等式右边的数据前，swap 线程极有可能已经修改了 isExit 的值，故该表达式很有可能成立，则程序退出。

4.4.2　同步关键字 synchronized

同步关键字 synchronized 是 Java 语言中最为常用的同步方法之一。在 JDK 的早期版本中，synchronized 的性能并不算太好，只适合锁竞争不是很激烈的场合。但随着 JVM 虚拟机不停地改进并优化 synchronized，在 JDK 6 中，synchronized 和非公平锁的差距已经缩小，并且从长远看，synchronized 的性能还将会做进一步的优化。更重要的是，与其他的同步方式相比，synchronized 更为简洁明了，代码的可读性和可维护性较好。

注意：同步关键字 synchronized 使用简洁，代码可维护性好。在 JDK 6 中，性能也比早期的 JDK 有很大的改进。如果可以满足程序要求，应该首先考虑这种同步方式。

关键字 synchronized 的一个最为常见的用法是锁定一个对象的方法，如下：

```
public synchronized void method(){}
```

此时，当 method()方法被调用时，调用线程首先必须获得当前对象的锁，若当前对象的锁被其他线程持有，则调用线程会等待，方法结束后，对象的锁会被释放。以上方法等价于：

```
public void method()
{
synchronized (this)
{}
}
```

另外，使用 synchronized 还可以构造同步块。与同步方法相比，同步块可以更为精确地控制同步代码的范围，从而缩小同步块。一个小的同步代码非常有利于锁的快进快出，从而使系统拥有更高的吞吐量。

```
public void method(SomeObject so) {
    some code here;
    synchronized(so)
    {}
    other code here;
}
```

例如以上代码，假设在同步块前后的代码段较为耗时，而它们又无须进行同步操作，将这些代码纳入整个同步代码块就会增加锁的等待时间，而将不需要同步的代码块有效地剥离，仅同步必要的代码，有利于减小锁的竞争。

此外，synchronized 方法还可用于 static 函数：

```
public synchronized static void method1() {}
```

当 synchronized 用于 static 函数时，相当于将锁加到当前的 Class 对象上，因此所有对该方法的调用都必须获得 Class 对象的锁。

虽然 synchronized 可以保证对象或代码段的线程安全，但是仅使用 synchronized 还不足以控制拥有复杂逻辑的线程交互。为了实现多线程间的交互，还需要使用 Object 对象的 wait()方法和 notify()方法。

wait()方法可以让线程等待当前对象上的通知（notify()被调用），在 wait()过程中，线程会释放对象锁。它的典型用法如下：

```
synchronized (obj) {
    while (<等待条件>)
        obj.wait();
    ... //收到通知后继续执行
}
```

首先，在使用 wait()方法前需要获得对象锁，以上代码片段就事先获得了 obj 的独占锁。其次，wait()方法需要在一个循环中使用，指明跳出循环的条件。在 wait()方法被执行时，当前线程会释放 obj 的独占锁，供其他线程使用。

当等待在 obj 上的线程收到一个 obj.notify()时，它就能重新获得 obj 的独占锁，并继续运行。notify()方法将唤醒一个等待在当前对象上的线程。如果当前有多个线程等待，那么 notify()方法将随机选择其中一个。

下面的代码实现了一个阻塞队列。该队列有两个方法，分别是 pop()和 put()。pop()方法从队列中获取第一个数据并返回，如果队列为空，则等待一个有效的对象；put()方法将一个对象保存到队列中，并通知一个在等待中的 pop()方法。

```
public class BlockQueue {
    private List list = new ArrayList();

    public synchronized Object pop() throws InterruptedException {
        while (list.size() == 0)            //如果队列为空，则等待
            this.wait();
        if (list.size() > 0) {
            return list.remove(0);          //如果队列不为空，则返回第一个对象
        } else
            return null;
    }

    public synchronized void put(Object o) {
        list.add(o);                        //增加对象到队列中
        this.notify();                      //通知一个 pop()方法可以取得数据
    }
}
```

与 wait()方法类似，Object 对象还提供了以下操作：

- void wait(long timeout)：在当前对象上等待，最大等待时间不超过 timeout 毫秒。
- void wait(long timeout, int nanos)：在当前对象上等待，最大等待时间不超过 timeout 毫秒加上 nanos 纳秒。

与 notify()方法类似，Object 对象还提供了 notifyAll()方法。与 notify()方法不同，notifyAll()将会唤醒所有等待在当前对象上的线程。

注意：为了有效地控制线程间的协作，需要配合使用 synchronized 以及 notify()和 wait()等方法。

4.4.3 重入锁

重入锁（ReentrantLock）比内部锁 synchronized 拥有更强大的功能，可中断，可定时。JDK 5 中，在高并发的情况下，它比 synchronized 有明显的性能优势，在 JDK 6 中，由于 JVM 的优化，两者差别不是很大。

ReentrantLock 提供了公平和非公平两种锁。公平锁可以保证在锁的等待队列中的各个线程是公平的，因此不会存在插队情况，对锁的获取总是先进先出；而非公平锁不做这个保证，申请锁的线程可能插队，即后申请锁的线程有可能先拿到锁。公平锁的实现代价比非公平锁大，因此从性能上分析，非公平锁的性能要好得多，因此，若无特殊的需要，应该优先选择非公平锁，而 synchronized 提供的锁也不是绝对公平的。通过以下构造函数可以指定锁是否公平。

```
public ReentrantLock(boolean fair)
```

使用 ReentrantLock 时要时刻牢记，一定要在程序的最后释放锁。一般释放锁的代码要写在 finally 里，否则如果程序出现异常，ReentrantLock 就永远无法释放了。而对于 synchronized 而言，JVM 虚拟机总是会在最后自动释放它。

注意：在 ReentrantLock 使用完毕后，务必释放它。

ReentrantLock 提供了以下重要的方法。

- lock()：获得锁，如果锁已经被占用，则等待。
- lockInterruptibly()：获得锁，但优先响应中断。
- tryLock()：尝试获得锁，如果成功，返回 true，否则返回 false。该方法不等待，立即返回。
- tryLock(long time, TimeUnit unit)：在给定时间内尝试获得锁。
- unlock()：释放锁。

下面以一个简单的示例展示 ReentrantLock 的使用。

```
private Runnable createTask() {
    return new Runnable() {
        @Override
        public void run() {
            while(true) {
                try {
                    if (lock.tryLock(500, TimeUnit.MILLISECONDS))
                    //if (lock.tryLock())
                    //lock.lock();
                    //lock.lockInterruptibly();
                    {
```

```
                        try {
            System.out.println("locked
"+Thread.currentThread().getName());
                            Thread.sleep(1000);
                        } finally {
                            lock.unlock();
            System.out.println("unlocked "+ Thread.currentThread().getName());
                        }
                        break;
                    }
                    else {
            System.out.println("unable to lock "+ Thread.currentThread().
getName());
                    }        //这段代码在 lock()和 lockInterruptibly()时删除
                } catch (InterruptedException e) {
            System.out.println(Thread.currentThread().getName()+"     is
Interrupted" );
                }
            }
        }
    };
}
```

主函数如下：

```
Thread first=new Thread(createTask(), "FirstThread");
Thread second= new Thread(createTask(), "SecondThread");
first.start();
second.start();
Thread.sleep(600);
second.interrupt();         //中断
```

注意第一段代码中的加粗部分，分别展示了使用 lock()、tryLock()和 lockInterruptibly()的情况。主函数不变，在主函数的最后试图中断第二个线程。

在使用 lock.tryLock(500, TimeUnit.MILLISECONDS)时，程序输出结果如下：

```
locked FirstThread
SecondThread is Interrupted         //第二个线程在等待时被中断
unable to lock SecondThread         //中断处理完成后，继续尝试获得锁
unlocked  FirstThread               //线程 1 释放锁
locked SecondThread                 //线程 2 获得锁
unlocked  SecondThread
```

由这段输出结果可以看到，线程 2 在使用 tryLock(time,timeunit)等待锁时，会在指定时间内等待锁，同时在等待时间内可以进行中断。

当使用 lock.tryLock()时，程序输出结果如下：

```
locked FirstThread
unable to lock SecondThread         //这里是一大堆获取锁的输出结果
........................
unable to lock SecondThread
unlocked  FirstThread
locked SecondThread                 //得到锁
unlocked  SecondThread
```

```
SecondThread is Interrupted          //在释放锁后被中断
locked SecondThread                  //由于被中断，跳过了 break，继续请求锁
unlocked  SecondThread
```

在线程 1 获得锁后，线程 2 不断地尝试获得锁，但是都失败了。tryLock()会立即返回，而不会进行等待。

当使用 lock.lock()时，程序输出结果如下：

```
locked FirstThread
unlocked  FirstThread
locked SecondThread
unlocked  SecondThread               //释放锁后，准备 break
SecondThread is Interrupted          //但是响应了中断
locked SecondThread
unlocked  SecondThread
```

由以上输出结果可以看到，lock()方法会一直等待，直到获得锁，同时在等待锁的过程中，线程不会响应中断。

使用 lock.lockInterruptibly()时，程序的输出结果如下：

```
locked FirstThread
SecondThread is Interrupted          //等待过程中响应中断
unlocked  FirstThread
locked SecondThread
unlocked  SecondThread
```

可以看到，lockInterruptibly()与 lock()的不同之处在于，lockInterruptibly()在锁等待的过程中可以响应中断事件。

综上所述，ReentrantLock 提供了非常丰富的锁控制功能，如无等待的 tryLock()和可以响应中断的 lockInterruptibly()。在锁竞争激烈的情况下，这些灵活的控制功能有助于应用程序在应用层根据合理的任务分配来避免锁竞争，以提高应用程序的性能。

4.4.4　读写锁

JDK 5 中提供了读写锁（ReadWriteLock）。读写锁可以有效地减少锁竞争，以提升系统性能。用锁分离的机制来提升性能非常容易理解，例如线程 A1、A2、A3 进行写操作，线程 B1、B2、B3 进行读操作，如果使用重入锁或者内部锁，则理论上所有的读之间、读写之间、写和写之间都是串行操作。当 A1 进行读取时，A2、A3 则需要等待锁。由于读操作并不对数据的完整性造成破坏，这种等待显然不合理。此时，读写锁就有了发挥功能的余地。

在这种情况下，读写锁允许多个线程同时读，使得 B1、B2、B3 之间真正并行。但是，考虑到数据的完整性，写写操作和读写操作间依然是需要相互等待和持有锁的。如果在系统中，读操作的次数远远大于写操作，则读写锁就可以发挥最大的功效，以提升系统的性能。下面这个示例显示了读写锁的使用，并通过测试评估读写锁对性能的改进。

首先定义重入锁和读写锁，代码如下：

```
private static Lock lock=new ReentrantLock();
private static ReentrantReadWriteLock readWriteLock=new ReentrantRead
WriteLock();
private static Lock readLock = readWriteLock.readLock();
private static Lock writeLock = readWriteLock.writeLock();
```

使用重入锁同步读写操作，代码如下：

```
public Object handleRead() throws InterruptedException{
    try{
        lock.lock();            //模拟读操作
        Thread.sleep(1);        //读操作的耗时越多，读写锁的优势就越明显
        return value;           //因为重入锁总是要排队等待锁，而读锁可以绝对并行
    }finally{
    lock.unlock();
    }
}

public void handleWrite(int index) throws InterruptedException{
    try{
        lock.lock();            //模拟写操作
        Thread.sleep(1);
        value=index;
    }finally{
    lock.unlock();
    }
}
```

使用读写锁同步读写操作，代码如下：

```
public Object handleRead2() throws InterruptedException{
    try{
        readLock.lock();        //读锁
        Thread.sleep(1);
        return value;
    }finally{
        readLock.unlock();
    }
}
public void handleWrite2(int index) throws InterruptedException{
    try{
        writeLock.lock();       //写锁
        Thread.sleep(1);
        value=index;
    }finally{
        writeLock.unlock();
    }
}
```

在笔者的测试中，使用 2000 个线程分别对重入锁和读写锁进行测试，结果表明，读写锁在这段代码中的效率比重入锁高一个数量级左右。同时，这里要注意的是，读写锁具有高性能的原因是读的绝对并行性，如果读操作占有绝对多数，那么读操作本身消耗的时

间越多，读写锁与重入锁的性能差距也就越大。

注意：在读多写少的场合，使用读写锁可以分离读操作和写操作，使所有的读操作之间真正并行，因此能够有效提高系统的并发能力。

4.4.5　读写锁的改进：StampedLock

StampedLock 是 JDK 8 中引入的一种新的锁机制。简单地理解，可以认为它是读写锁的一个改进版本。读写锁虽然分离了读和写的功能，使得读与读之间可以完全并发，但是读和写之间依然是冲突的。读锁会完全阻塞写锁，它使用的依然是悲观的锁策略，如果有大量的读线程，它也有可能引起写线程的“饥饿”。

而 StampedLock 则提供了一种乐观的读策略。这种乐观的锁非常类似于无锁的操作，使得乐观锁完全不会阻塞写线程。

StampedLock 的使用并不困难，下面是 StampedLock 的使用示例。

```
1 public class Point {
2    private double x, y;
3    private final StampedLock sl = new StampedLock();
4
5    void move(double deltaX, double deltaY) {        // 这是一个排它锁
6       long stamp = sl.writeLock();
7       try {
8          x += deltaX;
9          y += deltaY;
10       } finally {
11          sl.unlockWrite(stamp);
12       }
13    }
14
15    double distanceFromOrigin() {                    // 只读方法
16       long stamp = sl.tryOptimisticRead();
17       double currentX = x, currentY = y;
18       if (!sl.validate(stamp)) {
19          stamp = sl.readLock();
20          try {
21             currentX = x;
22             currentY = y;
23          } finally {
24             sl.unlockRead(stamp);
25          }
26       }
27       return Math.sqrt(currentX * currentX + currentY * currentY);
28    }
29 }
```

上述代码出自 JDK 的官方文档，定义了一个 Point 类，内部有两个元素 x 和 y，表示点的坐标。第 3 行定义了 StampedLock 锁。第 15 行定义的 distanceFromOrigin()方法是一个只读方法，它只会读取 Point 的 x 和 y 坐标。在读取时，首先使用了 StampedLock.try-

OptimisticRead()方法。这个方法表示试图尝试一次乐观读，它会返回一个类似于时间戳的邮戳整数 stamp。这个 stamp 就可以作为这一次锁获取的凭证。

接着，在第 17 行读取 x 和 y 的值。当然，这时我们并不确定这个 x 和 y 是否是一致的（在读取 x 的时候，可能其他线程改写了 y 的值，使得 currentX 和 currentY 处于不一致的状态），因此我们必须在第 18 行使用 validate()方法判断这个 stamp 是否在读过程发生期间被修改过。如果 stamp 没有被修改过，则认为这次读取是有效的，因此就可以跳转到第 27 行进行数据处理。反之，如果 stamp 是不可用的，则意味着在读取的过程中可能被其他线程改写了数据，因此有可能出现脏读。如果出现这种情况，可以像处理 CAS 操作那样在一个死循环中一直使用乐观读，直到成功为止。

也可以升级锁的级别。在本例中，我们升级乐观锁的级别，将乐观锁变为悲观锁。在第 19 行中，当判断乐观读失败后，使用 readLock()获得悲观的读锁，并进一步读取数据。如果当前对象正在被修改，读锁的申请可能导致线程被挂起。

写入的情况可以参考第 5 行定义的 move()函数。使用 writeLock()函数可以申请写锁，这里的含义和读写锁是类似的。

在退出临界区时，不要忘记释放写锁（第 11 行）或者读锁（第 24 行）。

可以看到，StampedLock 通过引入乐观读来增加系统的并行度。

4.4.6 Condition 对象

线程间的协调工作光有锁是不够的。在业务层，可能会有复杂的线程间协作逻辑。Condition 对象就可以用于协调多线程间的复杂协作。

Condition 是与锁相关联的。通过 Lock 接口的 Condition newCondition()方法可以生成一个与锁绑定的 Condition 实例。Condition 对象和锁的关系，就如同 Object.wait()和 Object.notify()两个函数以及 synchronized 关键字一样，它们都可以配合使用以完成对多线程协作的控制。

Condition 接口提供的基本方法如下：

```
void await() throws InterruptedException;
void awaitUninterruptibly();
long awaitNanos(long nanosTimeout) throws InterruptedException;
boolean await(long time, TimeUnit unit) throws InterruptedException;
boolean awaitUntil(Date deadline) throws InterruptedException;
void signal();
void signalAll();
```

以上方法的含义如下：

- await()方法会使当前线程等待，同时释放当前锁，当其他线程中使用 signal()或者 signalAll()方法时，线程会重新获得锁并继续执行，或者当线程被中断时，也能跳出等待。
- awaitUninterruptibly()方法与 await()方法基本相同，但是它并不会在等待过程中响应中断。

- signal()方法用于唤醒一个在等待中的线程。signalAll()方法会唤醒所有在等待中的线程。

在 4.3 节“JDK 并发数据结构”中，较为详细地阐述了 BlockingQueue 的使用方法和使用场景。BlockingQueue 究竟是如何在队列满时让生产者线程等待，又在队列空时让消费者线程等待呢？这就和 Condition 紧密相关。这里将揭示 BlockingQueue 的一些典型实现方式。以 ArrayBlockingQueue 为例，其 put()方法的实现代码如下：

```
//在 ArrayBlockingQueue 中的一些定义
private final ReentrantLock lock;
private final Condition notEmpty;
private final Condition notFull;
lock = new ReentrantLock(fair);
notEmpty = lock.newCondition();          //生成一个与 lock 绑定的 Condition
notFull =  lock.newCondition();

//put()方法的实现
public void put(E e) throws InterruptedException {
    if (e == null) throw new NullPointerException();
    final E[] items = this.items;
    final ReentrantLock lock = this.lock;
    lock.lockInterruptibly();                     //对 put()方法做同步
    try {
        try {
            while (count == items.length)         //如果当前队列已满
                notFull.await();                  //等待队列有足够的空间
        } catch (InterruptedException ie) {
            notFull.signal();
            throw ie;
        }
        insert(e);                          //当 notFull 被通知时，说明有足够的空间
    } finally {
        lock.unlock();
    }
}
private void insert(E x) {
    items[putIndex] = x;
    putIndex = inc(putIndex);
    ++count;
    notEmpty.signal();                      //通知需要 take()的线程，队列已有数据
}
```

同理，对应的 take()方法的实现如下：

```
public E take() throws InterruptedException {
    final ReentrantLock lock = this.lock;
    lock.lockInterruptibly();               //对 take()方法做同步
    try {
        try {
            while (count == 0)              //如果队列为空
                notEmpty.await();           //消费者队列要等待一个非空的信号
```

```
            } catch (InterruptedException ie) {
                notEmpty.signal();
                throw ie;
            }
            E x = extract();
            return x;
        } finally {
            lock.unlock();
        }
    }
    private E extract() {
        final E[] items = this.items;
        E x = items[takeIndex];
        items[takeIndex] = null;
        takeIndex = inc(takeIndex);
        --count;
        notFull.signal();                        //通知 put()线程队列已有空闲空间
        return x;
    }
```

4.4.7 信号量

信号量（Semaphore）为多线程协作提供了更为强大的控制方法。广义上说，信号量是对锁的扩展。无论是内部锁 synchronized 还是 ReentrantLock，一次都只允许一个线程访问一个资源，而信号量却可以指定多个线程同时访问某一个资源。信号量主要提供以下构造函数：

```
public Semaphore(int permits)
public Semaphore(int permits, boolean fair)    //第二个参数可以指定是否公平
```

在构造信号量对象时，必须要指定信号量的准入数，即同时能申请多少个许可。当每个线程每次只申请一个许可时，这就相当于指定了同时有多少个线程可以访问某一个资源。信号量的主要逻辑方法如下：

```
public void acquire()
public void acquireUninterruptibly()
public boolean tryAcquire()
public boolean tryAcquire(long timeout, TimeUnit unit)
public void release()
```

acquire()方法尝试获得一个准入的许可，若无法获得，则线程会等待，直到有线程释放一个许可或者当前线程被中断；acquireUninterruptibly()方法和 acquire()方法类似，但是不响应中断；tryAcquire()方法尝试获得一个许可，如果成功，则返回 true，如果失败，则返回 false，它不会进行等待，而是立即返回；release()方法用于在线程访问资源结束后释放一个许可，以使其他等待许可的线程可以进行资源访问。

在 JDK 文档中提供了一个使用信号量的实例，该实例很好地解释了如何通过信号量控制资源访问。该实例简单实现了一个对象池，对象池的最大容量为 100。因此，当同时有超过 100 个对象请求时，对象池就出现了资源短缺的问题，未能获得资源的线程就需要

等待。当某个线程使用完对象后，就需要将对象返回给对象池。此时，由于可用资源增加，因此可以激活一个等待该资源的线程。

```
class Pool {
  private static final MAX_AVAILABLE = 100;
  //最大可以有 100 个许可
  private final Semaphore available = new Semaphore(MAX_AVAILABLE, true);
  //获得一个池内的对象
  public Object getItem() throws InterruptedException {
available.acquire();                               //申请一个许可
                                                   //同时只能取得 100 个线程
//可用项，超过 100 个需要等待
    return getNextAvailableItem();
  }

  public void putItem(Object x) {
if (markAsUnused(x))                               //将给定项放回池内
//标记为未被使用
      available.release();                         //新增一个可用项，释放一个许可
                                                   //请求资源的线程被激活一个
  }

  protected Object[] items = ...                   //这里存放对象池中的复用对象
  //用于标识池中的项是否正在被使用
  protected boolean[] used = new boolean[MAX_AVAILABLE];

  protected synchronized Object getNextAvailableItem() {
    for (int i = 0; i < MAX_AVAILABLE; ++i) {
      if (!used[i]) {                              //如果当前项未被使用，则获得它
         used[i] = true;                           //将当前项标记为已经使用
         return items[i];
      }
    }
    return null;
  }

  protected synchronized boolean markAsUnused(Object item) {
    for (int i = 0; i < MAX_AVAILABLE; ++i) {
      if (item == items[i]) {                      //找到给定项的索引
         if (used[i]) {
           used[i] = false;                        //将给定项标记为未被使用
           return true;
         } else
           return false;
      }
    }
    return false;
  }
}
```

注意：信号量对锁的概念进行了扩展，它可以限定对某一个具体资源的最大可访问线程数。

4.4.8 线程局部变量 ThreadLocal

ThreadLocal 是一种多线程间并发访问变量的解决方案。与 synchronized 等加锁的方式不同，ThreadLocal 完全不提供锁，而使用以空间换时间的手段，为每个线程提供变量的独立副本，以保障线程安全，因此它不是一种数据共享的解决方案。

从性能上说，笔者认为 ThreadLocal 并不具有绝对优势，在并发量不是很高时，也许加锁的性能会更好。但作为一套与锁完全无关的线程安全解决方案，在高并发量或者锁竞争激烈的场合，使用 ThreadLocal 可以在一定程度上减少锁竞争。ThreadLocal 提供的接口很简单，如下：

```
public void set(T value)     //将此线程局部变量的当前线程副本中的值设置为指定值
public T get()               //返回此线程局部变量的当前线程副本中的值
public void remove()         //移除此线程局部变量的当前线程的值
```

下面以一个简单的例子来诠释 ThreadLocal 的使用。

```
public class MyThread implements Runnable{
    public static final ThreadLocal<Date> localvar= new ThreadLocal<Date>();
    private long time;
    public MyThread(long time){
        this.time=time;
    }
    @Override
    public void run() {
        Date d=new Date(time);          //必须在每个线程中新建
        for(int i=0;i<50000;i++){
            localvar.set(d);            //设置一个线程的 local 值不会影响其他线程
            if(localvar.get().getTime()!=time)
                System.out.println("id="+time+"
localvar="+localvar.get().getTime());
        }
    }
}
```

如果使用不同的时间构造以上线程，在并发时可以保证多个线程间的 localvar 变量是独立的。虽然没有同步操作，但是多个线程间的数据不会相互影响。因此，永远不可能出现当前线程持有的时间和成员变量 time 不同的情况，故程序没有输出结果。

这里还值得注意的是，不同线程间的 Date 对象副本并不是由 ThreadLocal 创建的，而必须在线程内创建，并保证不同线程间实例均不相同。若不同线程间使用了同一个 Date 实例，即使把它放到 ThreadLocal 中保护起来，也无法保证其线程的安全性。为了理解这一点，可以进一步查看 ThreadLocal.set()方法的实现方法，代码如下：

```
public void set(T value) {
    Thread t = Thread.currentThread();
    ThreadLocalMap map = getMap(t); //这里取得线程的 threadLocals 成员变量
    if (map != null)            //threadLocals 是一个 Map，用于存放线程的本地变量
```

```
        map.set(this, value);    //将 value 设置到 Map 中，get()方法也是从这里取值
    else
        createMap(t, value);
}
```

可以看到，ThreadLocal 先取得当前线程的 ThreadLocalMap，并将值设置到 ThreadLocalMap 中（每个线程都有自己独立的 ThreadLocalMap）。在整个过程中并不生成 value 的副本，因此应该避免将同一个实例设置到不同线程的 ThreadLocal 中，否则其线程安全性无法保证。

4.5　锁的性能和优化

锁是最常用的同步方法之一。在高并发环境下，激烈的锁竞争会导致程序的性能下降。本节将主要讨论有关锁的性能优化思路和常见问题，例如避免死锁、减小锁粒度、锁分离等。

4.5.1　线程的开销

在多核时代，使用多线程可以明显地提高系统的性能。但事实上，使用多线程的方式会额外增加系统的开销。

对于单任务或者单线程的应用而言，其主要资源消耗都花在任务本身。它既不需要维护并行数据结构间的一致性状态，也不需要为线程的切换和调度花费时间；但对于多线程应用来说，系统除了处理功能需求外，还需要额外维护多线程环境的特有信息，如线程本身的元数据、线程的调度以及线程上下文的切换等。

事实上，在单核 CPU 上，采用并行算法的效率一般要低于原始的串行算法，其根本原因也在于此。因此，并行计算之所以能提高系统的性能，并不是因为它“少干活”了，而是因为并行计算可以更合理地进行任务调度。因此，合理地进行并发，才能将多核 CPU 的性能发挥到极致。

4.5.2　避免死锁

死锁问题是多线程特有的问题，可以认为它是线程间切换消耗系统性能的一种极端情况。在死锁时，线程间相互等待资源，而又不释放自身的资源，从而导致无穷无尽的等待，其结果是系统任务永远无法被执行完成。死锁是在多线程开发中应该坚决避免和杜绝的问题。

一般来说，出现死锁问题需要满足以下条件。

- 互斥条件：一个资源每次只能被一个进程使用。

- 请求与保持条件：一个进程因请求资源而阻塞时，对已获得的资源保持不放。
- 不剥夺条件：进程已获得的资源，在末使用完之前不能强行剥夺。
- 循环等待条件：若干进程之间形成一种头尾相接的循环等待资源关系。

只要破坏死锁 4 个必要条件中的任何一个，死锁问题就能得以解决。

死锁问题的经典示意如图 4.19 所示，4 辆小车分别要朝各自的方向前进，但是它们所朝的方向（线程等待的资源）都被其他车辆堵住（被其他线程占用），因此彼此间只能相互无穷等待。在此示例中，满足以下条件：

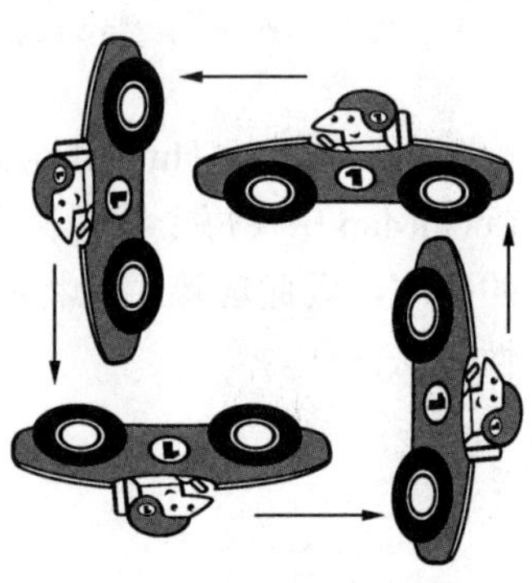

图 4.19　死锁示意图

- 互斥条件：即每一个前进位置只能由一辆汽车占用。
- 请求与保持条件：所有汽车均不释放自己的资源，即没有车辆愿意倒车让路。
- 不剥夺条件：没有一辆车或者第三者对已占用的资源进行强行释放。
- 循环等待条件：显然，4 辆小车首尾相连，形成等待环路。

注意： 只要打破死锁必要条件中的任意一个，就能够解决死锁问题。

现使用 Java 模拟上例中 4 辆小车相互等待的情况，代码如下：

```
public class DeadLockCar extends Thread{
    protected Object myDirect;
    static ReentrantLock south = new ReentrantLock(); //代表东南西北 4 个方向
    static ReentrantLock north = new ReentrantLock();
    static ReentrantLock west = new ReentrantLock();
    static ReentrantLock east = new ReentrantLock();

    public DeadLockCar(Object obj){
        this.myDirect=obj;
        if(myDirect==south){                              //设置线程名称
            this.setName("south");
        }
        if(myDirect==north){
            this.setName("north");
        }
        if(myDirect==west){
            this.setName("west");
        }
        if(myDirect==east){
            this.setName("east");
        }
    }
    @Override
    public void run() {
        if (myDirect == south) {                          //向南走的小车
            try {
```

```
            west.lockInterruptibly();           //占据了向西的路
            try {
                Thread.sleep(500);
            } catch (Exception e) {
                e.printStackTrace();
            }
            south.lockInterruptibly();          //等待向南的路
            System.out.println("car to south has passed");
        } catch (InterruptedException e1) {
            System.out.println("car to south is killed");
        }finally{
            if(west.isHeldByCurrentThread())
                west.unlock();
            if(south.isHeldByCurrentThread())
                south.unlock();
        }

    }
    if (myDirect == north) {                    //向北走的小车
        try {
            east.lockInterruptibly();           //占据了向东的路
            try {
                Thread.sleep(500);
            } catch (Exception e) {
                e.printStackTrace();
            }
            north.lockInterruptibly();          //等待向北的路
            System.out.println("car to north has passed");
        } catch (InterruptedException e1) {
            System.out.println("car to north is killed");
        }finally{
            if(north.isHeldByCurrentThread())
                north.unlock();
            if(east.isHeldByCurrentThread())
                east.unlock();
        }

    }
    if (myDirect == west) {                     //向西走的小车
        try {
            north.lockInterruptibly();          //占据了向北的路
            try {
                Thread.sleep(500);
            } catch (Exception e) {
                e.printStackTrace();
            }
            west.lockInterruptibly();           //等待向西的路
            System.out.println("car to west has passed");
        } catch (InterruptedException e1) {
            System.out.println("car to west is killed");
        }finally{
            if(north.isHeldByCurrentThread())
                north.unlock();
            if(west.isHeldByCurrentThread())
```

```
                    west.unlock();
                }

            }
            if (myDirect == east) {              //向东走的小车
                try {
                    south.lockInterruptibly(); //占据了向南的路
                    try {
                        Thread.sleep(500);
                    } catch (Exception e) {
                        e.printStackTrace();
                    }
                    east.lockInterruptibly();  //等待向东的路
                    System.out.println("car to east has passed");
                } catch (InterruptedException e1) {
                    System.out.println("car to east is killed");
                }finally{
                    if(south.isHeldByCurrentThread())
                        south.unlock();
                    if(east.isHeldByCurrentThread())
                        east.unlock();
                }

            }
        }

        public static void main(String[] args) throws InterruptedException {
            DeadLockCar car2south = new DeadLockCar(south);
            DeadLockCar car2north = new DeadLockCar(north);
            DeadLockCar car2west = new DeadLockCar(west);
            DeadLockCar car2east = new DeadLockCar(east);
            car2south.start();
            car2north.start();
            car2west.start();
            car2east.start();
            Thread.sleep(1000);                  //此时 4 车死锁
            car2north.interrupt();               //强行剥夺任意小车的资源，解除死锁
        }
    }
```

上面的代码很好地展示了 4 个线程因循环资源等待而死锁的情况。在中断线程前（强行剥夺已占用资源），任何一个线程均不能继续执行。此时，通过线程 dump 可以看到：

```
"east" prio=6 tid=0x02b12c00 nid=0xe44 waiting on condition [0x02f4f000..
0x02f4fa14]
   java.lang.Thread.State: WAITING (parking)
    at sun.misc.Unsafe.park(Native Method)
    - parking to wait for  <0x22ee22f8>
    ......                                       //省略堆栈信息
   Locked ownable synchronizers:
    - <0x22ee2580> (a java.util.concurrent.locks.ReentrantLock$NonfairSync)

"west" prio=6 tid=0x02b11800 nid=0x794 waiting on condition [0x02eff000..
0x02effb14]
```

```
    java.lang.Thread.State: WAITING (parking)
     at sun.misc.Unsafe.park(Native Method)
     - parking to wait for  <0x22ee23d0>......
    Locked ownable synchronizers:
     - <0x22ee24a8> (a java.util.concurrent.locks.ReentrantLock$NonfairSync)

"north" prio=6 tid=0x02b10400 nid=0xc1c waiting on condition [0x02eaf000..
0x02eafa94]
    java.lang.Thread.State: WAITING (parking)
     at sun.misc.Unsafe.park(Native Method)
     - parking to wait for  <0x22ee24a8>.......
    Locked ownable synchronizers:
     - <0x22ee22f8> (a java.util.concurrent.locks.ReentrantLock$NonfairSync)

"south" prio=6 tid=0x02b2f800 nid=0xec4 waiting on condition [0x02e5f000..
0x02e5fb94]
    java.lang.Thread.State: WAITING (parking)
     at sun.misc.Unsafe.park(Native Method)
     - parking to wait for  <0x22ee2580>.......
    Locked ownable synchronizers:
     - <0x22ee23d0> (a java.util.concurrent.locks.ReentrantLock$NonfairSync)
```

注意线程 dump 中的加粗部分。很明显，east 线程持有 0x22ee2580 锁，等待 0x22ee22f8 锁，而 0x22ee22f8 锁被线程 north 持有，以此类推形成环路。

在强行中断 north 线程后，程序得以继续运行直至结束，其输出结果如下：

```
car to north is killed
car to east has passed
car to south has passed
car to west has passed
```

首先，north 线程被中断后退出，它退出前释放了占有的 east 锁，使得 east 线程得以最先运行；其次，east 线程运行结束后，释放 east 锁和一直占用的 south 锁，因此 south 线程可以运行；最后，south 线程释放 south 锁和 west 锁，west 线程顺利运行，程序结束。

注意：通过本节的学习，读者应该对线程死锁的危害有所了解，并且应该知道如何通过线程 Dump 检查到死锁的存在。同时，也要了解死锁产生的必要条件以及如何打破这些条件，从而解决死锁问题。

4.5.3　减少锁持有时间

对于使用锁进行并发控制的应用程序而言，在锁竞争过程中，单个线程对锁的持有时间与系统性能有着直接的关系。如果线程持有锁的时间很长，那么锁的竞争程度也就越激烈。因此，在程序开发过程中，应该尽可能地减少对某个锁的占有时间，以减少线程间互斥的可能。以下面的代码段为例：

```
public synchronized void syncMethod(){
    othercode1();
    mutextMethod();
```

```
        othercode2();
    }
```

在syncMethod()方法中，假设只有mutextMethod()方法是有同步需求的，而othercode1()和othercode2()并不需要做同步控制。如果othercode1()和othercode2()分别是重量级的方法，则会花费较长的CPU时间。此时，如果并发量较大，使用这种对整个方法做同步的方案，会导致等待线程大量增加。因为一个线程在进入该方法时获得内部锁，只有在所有任务都执行完成后才会释放锁。

一个较为优化的解决方案是，只在必要时进行同步，这样就能明显减少线程持有锁的时间，提高系统的吞吐量。代码如下：

```
public void syncMethod2(){
    othercode1();
    synchronized(this){
        mutextMethod();
    }
    othercode2();
}
```

在改进的代码中，只针对mutextMethod()方法做了同步，锁占用的时间相对较短，因此能有更高的并行度。这种技术手段在JDK的源码包中也可以很容易地找到，例如处理正则表达式的Pattern类：

```
public Matcher matcher(CharSequence input) {
    if (!compiled) {
        synchronized(this) {
         if (!compiled)
            compile();
        }
    }
   Matcher m = new Matcher(this, input);
   return m;
}
```

matcher()方法有条件地进行锁申请——只有在表达式未编译时进行局部的加锁，这种处理方式大大提高了matcher()方法的执行效率和可靠性。

注意：减少锁的持有时间有助于降低锁冲突的可能性，进而提升系统的并发能力。

4.5.4 减小锁粒度

减小锁粒度也是一种削弱多线程锁竞争的一种有效手段，这种技术典型的使用场景就是ConcurrentHashMap类的实现。对于一个普通的集合对象的多线程同步来说，最常使用的方式就是对get()方法和add()方法进行同步。每当对集合进行add()操作或者get()操作时，总是获得集合对象的锁。因此，事实上没有两个线程可以做到真正的并行，任何线程在执行这些同步方法时总要等待前一个线程执行完毕。在高并发时，激烈的锁竞争会影响系统的吞吐量。

作为 JDK 并发包中的重要成员，ConcurrentHashMap 类很好地使用了拆分锁对象的方式提高 ConcurrentHashMap 的吞吐量。ConcurrentHashMap 将整个 HashMap 分成若干个段（Segment），每个段都是一个子 HashMap。

如果需要在 ConcurrentHashMap 中增加一个新的表项，并不是将整个 HashMap 加锁，而是首先根据 hashcode 得到该表项应该被存放到哪个段中，然后对该段加锁，并完成 put()操作。在多线程环境中，如果多个线程同时进行 put()操作，只要被加入的表项不存放在同一个段中，线程间便可以做到真正的并行。

默认情况下，ConcurrentHashMap 拥有 16 个段，因此如果够幸运的话，ConcurrentHashMap 可以同时接受 16 个线程同时插入（如果都插入不同的段中），从而大大提高其吞吐量。

但是，减少锁粒度会引入一个新的问题，即当系统需要取得全局锁时，其消耗的资源会比较多。仍然以 ConcurrentHashMap 类为例，虽然其 put()方法很好地分离了锁，但是当试图访问 ConcurrentHashMap 全局信息时，就会需要同时取得所有段的锁才能顺利实施。例如 ConcurrentHashMap 的 size()方法，它返回 ConcurrentHashMap 的有效表项的数量，即 ConcurrentHashMap 的全部有效表项之和。要获取这个信息需要取得所有子段的锁，因此，其 size()方法的部分代码如下：

```
sum = 0;
for (int i = 0; i < segments.length; ++i)          //对所有的段加锁
    segments[i].lock();
for (int i = 0; i < segments.length; ++i)          //统计总数
    sum += segments[i].count;
for (int i = 0; i < segments.length; ++i)          //释放所有的锁
    segments[i].unlock();
```

可以看到，在计算总数时，先要获得所有段的锁，然后再求和。但是，ConcurrentHashMap 的 size()方法并不总是这样执行。事实上，size()方法会先使用无锁的方式求和，如果失败才会尝试这种加锁的方法。但不管怎么说，在高并发场合，ConcurrentHashMap 的 size()方法的性能依然要差于同步的 HashMap。

因此，只有在类似于 size()获取全局信息的方法调用并不频繁时，这种减小锁粒度的方法才能真正意义上提高系统的吞吐量。

注意： 所谓减少锁粒度，就是指缩小锁定对象的范围，从而减少锁冲突的可能性，进而提高系统的并发能力。

4.5.5　读写分离锁来替换独占锁

在前文中提到，使用读写锁 ReadWriteLock 可以提高系统的性能。使用读写分离锁来替代独占锁是减小锁粒度的一种特殊情况。如果说 4.5.4 节中提到的减小锁粒度是通过分割数据结构实现的，那么读写锁则是通过对系统功能点的分割而实现的。

在读多写少的场合，读写锁对系统性能是很有好处的。因为如果系统在读写数据时均只使用独占锁，那么读操作和写操作之间、读操作和读操作之间、写操作和写操作之间，均不能做到真正的并发，并且需要相互等待。而读操作本身不会影响数据的完整性和一致性，因此从理论上讲，在大部分情况下，应该可以允许多线程同时读。读写锁正好实现了这种功能。读写锁的交互逻辑如表 4.6 所示。

表 4.6　读锁和写锁的交互逻辑

读　写　锁	读　　锁	写　　锁
读　　锁	可访问	不可访问
写　　锁	不可访问	不可访问

可以看到，使用读锁在读读操作时不需要相互等待，读锁之间是相容的，对象可以同时持有多个读锁，因此可以提升多线程读数据的性能。但是，对象对写锁的占用是独占式的，即只有在对象没有锁的情况下，才能获得对象的写锁，在写锁释放前，也无法在此对象上附加任何锁。

注意： *在读多写少的场合，使用读写锁可以有效提升系统的并发能力。*

4.5.6　锁分离

读写锁思想的延伸就是锁分离。读写锁根据读写操作功能上的不同，进行了有效的锁分离。依据应用程序的功能特点，使用类似的分离思想也可以对独占锁进行分离。一个典型的案例就是对 java.util.concurrent.LinkedBlockingQueue 的实现。

在对 LinkedBlockingQueue 的实现中，take()函数和 put()函数分别实现了从队列中取得数据和往队列中增加数据的功能。虽然两个函数都对当前队列进行了修改操作，但由于 LinkedBlockingQueue 是基于链表的，因此两个操作分别作用于队列的前端和尾端，从理论上讲，两者并不冲突。

如果使用独占锁，则要求在两个操作进行时获取当前队列的独占锁，那么 take()和 put()操作就不可能真正地并发。在运行时，它们会彼此等待对方释放锁资源。在这种情况下，锁竞争会相对比较激烈，从而影响程序在高并发时的性能。

因此，在 JDK 的实现方式中并没有采用这样的方式，取而代之的是两把不同的锁，分离了 take()和 put()操作。具体代码如下：

```
/** Lock held by take, poll, etc */
//take()函数需要持有 takeLock
private final ReentrantLock takeLock = new ReentrantLock();
/** Wait queue for waiting takes */
private final Condition notEmpty = takeLock.newCondition();
/** Lock held by put, offer, etc */
//put()函数需要持有 putLock
private final ReentrantLock putLock = new ReentrantLock();
```

```
/** Wait queue for waiting puts */
private final Condition notFull = putLock.newCondition();
```

以上代码片段定义了 takeLock 和 putLock，它们分别在 take()操作和 put()操作中使用。因此，take()函数和 put()函数彼此相互独立，它们之间不存在锁竞争关系。只需要在 take()和 take()之间、put()和 put()之间分别对 takeLock 和 putLock 进行竞争即可，从而削弱锁竞争的可能性。

函数 take()的实现代码如下（笔者在代码中给出了详细的注释，故不在正文中做进一步说明）：

```
public E take() throws InterruptedException {
    E x;
    int c = -1;
    final AtomicInteger count = this.count;
    final ReentrantLock takeLock = this.takeLock;
    takeLock.lockInterruptibly();          //不能有两个线程同时取数据
    try {
        try {
            while (count.get() == 0)       //如果当前没有可用数据，一直等待
                notEmpty.await();          //等待 put()操作的通知
        } catch (InterruptedException ie) {
            notEmpty.signal();             //通知其他未中断的线程
            throw ie;
        }

        x = extract();                     //取得第一个数据
        c = count.getAndDecrement();       //数量减 1，原子操作，因为会和 put()
                                           //函数同时访问 count。注意，变量 c 是
                                           //count 减 1 前的值
        if (c > 1)
            notEmpty.signal();             //通知其他 take()操作
    } finally {
        takeLock.unlock();                 //释放锁
    }
    if (c == capacity)
        signalNotFull();                   //通知 put()操作，已有空余空间
    return x;
}
```

函数 put()的实现代码如下：

```
public void put(E e) throws InterruptedException {
    if (e == null) throw new NullPointerException();
    int c = -1;
    final ReentrantLock putLock = this.putLock;
    final AtomicInteger count = this.count;
    putLock.lockInterruptibly();           //不能有两个线程同时进行 put()操作
    try {
        try {
            while (count.get() == capacity)     //如果队列已经满了
                notFull.await();                //等待
        } catch (InterruptedException ie) {
```

```
            notFull.signal();                 //通知未中断的线程
            throw ie;
        }
        insert(e);                            //插入数据
        c = count.getAndIncrement();          //更新总数，变量 c 是 count 加 1 前的值
        if (c + 1 < capacity)
            notFull.signal();                 //有足够的空间，通知其他线程
    } finally {
        putLock.unlock();                     //释放锁
    }
    if (c == 0)
        signalNotEmpty();                     //插入成功后，通知 take()操作取数据
}
```

通过 takeLock 和 putLock 两把锁，LinkedBlockingQueue 实现了取数据和写数据的分离，使两者在真正意义上成为可并发的操作。

4.5.7 重入锁和内部锁

内部锁和重入锁有功能上的重复，所有使用内部锁实现的功能，使用重入锁都可以实现。从使用上看，内部锁使用简单，因此得到了广泛的使用，重入锁使用略微复杂，必须在 finally 代码库中以显式的方式释放重入锁，而内部锁可以自动释放。

从性能上看，在高并发量的情况下，内部锁的性能略逊于重入锁，但是 JVM 对内部锁实现了很多优化，并且有理由相信，在将来的 JDK 版本中，内部锁的性能会越来越好。

从功能上看，重入锁有着更为强大的功能，例如提供了锁等待时间（boolean tryLock (long time, TimeUnit unit)）、支持锁中断（lockInterruptibly()）和快速锁轮询（boolean tryLock()），这些技术有助于避免死锁的产生，从而提高系统的稳定性。

同时，重入锁还提供了一套 Condition 机制。通过 Condition，重入锁可以进行复杂的线程控制，内部锁需要通过 Object 的 wait()和 notify()方法实现类似的功能。

注意：重入锁比内部锁功能更为强大，但内部锁使用简单，易于维护。在 JDK 6 中，两者性能相差不大。在可以正常实现系统功能的前提下，笔者推荐优先选择内部锁。

4.5.8 锁粗化

通常情况下，为了保证多线程间的有效并发，会要求每个线程持有锁的时间尽量短，即在使用完公共资源后，应该立即释放锁。只有这样，等待在这个锁上的其他线程才能尽早或获得资源而执行任务。但是，凡事都有一个度，如果对同一个锁不停地进行请求、同步和释放，其本身也会消耗系统宝贵的资源，反而不利于对性能的优化。

为此，虚拟机在遇到一连串连续对同一锁不断进行请求和释放的操作时，会把所有的锁操作整合成对锁的一次请求，从而减少对锁的请求同步次数。这个操作叫作锁的粗化（Lock Coarsening）。例如以下代码段：

```
public void demoMethod(){
    synchronized(lock){
        //do sth.
    }
    //做其他不需要同步的工作，但能很快执行完毕
    synchronized(lock){
        //do sth.
    }
}
```

可以通过锁粗化将以上代码段整合成如下形式：

```
public void demoMethod(){
        //整合成一次锁请求
    synchronized(lock){
        //do sth.
        //做其他不需要同步的工作，但能很快执行完毕
    }
}
```

在软件开发过程中，开发人员也应该有意识地在合理的场合进行锁的粗化，尤其当在循环内请求锁时。以下是一个循环内请求锁的例子：

```
for(int i=0;i<CIRCLE;i++){
    synchronized(lock){

    }
}
```

以上代码在每一个循环时，都对同一个对象申请锁。此时，应该将锁粗化成：

```
synchronized(lock){
for(int i=0;i<CIRCLE;i++){

    }
}
```

将锁请求放置到循环外后仅需要请求一次。当循环次数为 1000 万次时，在笔者的测试环境中，第 1 段代码相对耗时 2797ms，第 2 段代码相对耗时仅 16ms。由此可见，对锁频繁小粒度的请求，对整体性能有极坏的影响。

注意：性能优化就是根据运行时的真实情况对各个资源点进行权衡折中的过程。锁粗化的思想和减少锁持有时间是相反的，在不同的场合，它们的效果并不相同。开发人员需要根据实际情况进行权衡。

4.5.9 自旋锁

前几节主要介绍了在代码层面进行锁的优化工作。从本节开始，将介绍 JVM 虚拟机对锁的优化方法和手段。在前文中已经提到，线程的状态和上下文切换是要消耗系统资源的。在多线程并发时，频繁地挂起和恢复线程的操作会给系统带来极大的压力。特别是当访问共享资源仅需花费很小一段 CPU 时间时，锁的等待可能只需要很短的时间，这段时间可能要比将线程挂起并恢复的时间还要短，因此，为了这段时间去做重量级的线程切换是不值得的。

为此，JVM 引入了自旋锁（Spinning Lock）。自旋锁可以使线程在没有取得锁时不被挂起，而转去执行一个空循环（即所谓的自旋）。在若干个空循环后，线程如果获得了锁，就继续执行；若线程依然不能获得锁，才会被挂起。

使用自旋锁后，线程被挂起的概率相对减少，线程执行的连贯性相对加强。因此，对于那些锁竞争不是很激烈、锁占用时间很短的并发线程，自旋锁具有一定的积极意义；但对于锁竞争激烈、单线程锁占用时间长的并发程序，自旋锁在自旋等待后，往往依然无法获得对应的锁，不仅白白浪费了 CPU 时间，最终还是免不了执行被挂起的操作，反而浪费了系统资源。

JVM 虚拟机提供-XX:+UseSpinning 参数来开启自旋锁，使用-XX:PreBlockSpin 参数来设置自旋锁的等待次数。

4.5.10 锁消除

锁消除（Lock Elimination）是 JVM 在即时编译时，通过对运行上下文的扫描，去除不可能存在共享资源竞争的锁。通过锁消除，可以节省毫无意义的请求锁时间。

在 Java 软件开发过程中，开发人员必然会使用一些 JDK 的内置 API，如 StringBuffer、Vector 等，这些常用的工具类可能会被大面积使用。虽然这些工具类本身可能有对应的非同步版本，但是开发人员也很有可能在完全没有多线程竞争的场合使用它们。

在这种情况下，这些工具类内部的同步方法就是不必要的。JVM 虚拟机可以在运行时基于逃逸分析技术，捕获这些不可能存在竞争却又申请锁的代码段，并消除这些不必要的锁，从而提高系统性能。例如，下面的代码中，sb 变量的作用域仅限于方法体内部，不可能逃逸出该方法，因此它就不可能被多个线程同时访问。

```
protected String craeteStringBuffer (String a, String b){
    StringBuffer sb = new StringBuffer(); //局部变量，没有逃逸出这个方法
    sb.append(a);                         //append()中有锁的申请
    sb.append(b);                         //但是在当前环境中是没有必要申请的
    return sb.toString();
}
```

逃逸分析和锁消除分别可以使用 JVM 参数-XX:+DoEscapeAnalysis 和-XX:+Eliminate-Locks 开启（锁消除必须工作在-server 模式下）。

以下代码是使用 StringBuffer 大量构造字符串的示例。在 craeteStringBuffer()方法中，变量 sb 的 append()方法内有同步信息。但是在这段代码中，局部变量 sb 显然不会被其他线程访问，因此可以使用锁消除优化。

```
public class LockTest {
    private static final int CIRCLE = 20000000;

    public static void main(String args[]) throws InterruptedException {
        long start = System.currentTimeMillis();
        for (int i = 0; i < CIRCLE; i++) {
            craeteStringBuffer("Java", "Performance");
        }
        long bufferCost = System.currentTimeMillis() - start;
        System.out.println("craeteStringBuffer: " + bufferCost + " ms");
    }

    public static String craeteStringBuffer(String s1, String s2) {
        StringBuffer sb = new StringBuffer();  //局部变量，没有逃逸出这个方法
        sb.append(s1);                        //append()中有锁的申请
        sb.append(s2);                        //但是在当前环境中是没有必要申请的
        return sb.toString();
    }
}
```

使用参数“-server -XX:-DoEscapeAnalysis -XX:-EliminateLocks”关闭逃逸分析和锁消除，运行以上代码，相对耗时 2453ms；而使用“-server -XX:+DoEscapeAnalysis -XX:+EliminateLocks”开启锁消除后，相对耗时仅 1700ms，有较为明显的性能提升。

注意： 对锁的请求和释放是要消耗系统资源的。使用锁消除技术可以去掉那些不可能存在多线程访问的锁请求，从而提高系统性能。

4.5.11　锁偏向

锁偏向（Biased Lock）是 JDK 1.6 提出的一种锁优化方式，其核心思想是，如果程序没有竞争，则取消之前已经取得的锁的线程的同步操作。也就说，若某一锁被线程获取后，便进入偏向模式，当线程再次请求这个锁时，无须再进行相关的同步操作，从而节省了操作时间。如果在此之前有其他线程进行了锁请求，则锁退出偏向模式。在 JVM 中使用-XX:+UseBiasedLocking 可以设置启用偏向锁。

偏向锁在锁竞争激烈的场合没有优化效果，因为大量的竞争会导致持有锁的线程不停地切换，锁也很难一直保持在偏向模式。此时，使用锁偏向不仅得不到性能上的优化，反而有损系统性能。因此，在激烈竞争的场合，使用-XX:-UseBiasedLocking 参数禁用锁偏向反而能提升系统的吞吐量。

4.6 无锁的并行计算

为了确保程序和数据的线程安全，使用锁是最直观的一种方式。但是在高并发时，对锁的激烈竞争可能会成为系统的瓶颈。为此，开发人员可以使用一种称为非阻塞同步的方法。这种方法不需要使用“锁”（因此称之为无锁），但是依然能确保数据和程序在高并发环境下保持多线程间的一致性。本节主要介绍这种无锁的同步方法的实现方式及其使用方法。

4.6.1 非阻塞的同步/无锁

基于锁的同步方式也是一种阻塞的线程间的同步方式。无论是使用信号量，还是重入锁或内部锁，当受到核心资源的限制，不同线程间存在锁竞争时，总不可避免地相互等待，从而阻塞当前线程。为了避免这个问题，非阻塞同步的方式被提出，最简单的一种非阻塞同步方式是以 ThreadLocal 为代表，每个线程拥有各自独立的变量副本，因此在进行并行计算时，无须相互等待。

在本节中，将介绍一种更为重要的基于比较并交换（Compare And Swap）CAS 算法的无锁并发控制方法。

与锁的实现方式相比，无锁算法的设计和实现方式都要复杂得多，但由于其具有非阻塞性，它对死锁问题天生“免疫”，并且线程间的相互影响也远远比基于锁的方式要小。更为重要的是，使用无锁的方式完全没有锁竞争带来的系统开销，也没有线程间频繁调度带来的开销，因此它要比基于锁的方式拥有更优越的性能。

CAS 算法的定义为 CAS(V,E,N)，其中，V 表示要更新的变量，E 表示预期值，N 表示新值。仅当 V 值等于 E 值时，才会将 V 值设为 N，如果 V 值和 E 值不同，则说明已经有其他线程做了更新，则当前线程什么都不做。最后，CAS 返回当前 V 的真实值。CAS 操作是抱着乐观的态度进行的，它总是认为自己可以成功地完成操作。当多个线程同时使用 CAS 操作一个变量时，只有一个会胜出，并成功更新，其余的线程均会失败。失败的线程不会被挂起，仅是被告知失败，并且允许再次尝试，当然也允许失败的线程放弃操作。基于这样的原理，CAS 操作即使没有锁，也可以发现其他线程对当前线程的干扰，并进行恰当的处理。

在硬件层面，大部分的现代处理器都已经支持原子化的 CAS 指令。在 JDK 5 以后，JVM 便可以使用这个指令来实现并发操作和并发数据结构。

4.6.2 原子操作

在 JDK 的 java.util.concurrent.atomic 包下有一组使用无锁算法实现的原子操作类，主要有 AtomicInteger、AtomicIntegerArray、AtomicLong、AtomicLongArray 和 AtomicReference 等。它们分别封装了对整数、整数数组、长整型、长整型数组和普通对象的多线程安全操作。以 AtomicInteger 为例，它提供的核心方法如下：

```
public final int get()                                //取得当前值
public final void set(int newValue)                   //设置当前值
public final int getAndSet(int newValue)              //设置新值，并返回旧值
//如果当前值为 expect，则设置为 u
public final boolean compareAndSet(int expect, int u)
public final int getAndIncrement()                    //当前值加 1，返回旧值
public final int getAndDecrement()                    //当前值减 1，返回旧值
public final int getAndAdd(int delta)                 //当前值增加 delta，返回旧值
public final int incrementAndGet()                    //当前值加 1，返回新值
public final int decrementAndGet()                    //当前值减 1，返回新值
public final int addAndGet(int delta)                 //当前值增加 delta，返回新值
```

下面以 getAndSet()方法为例，看一下 CAS 算法是如何工作的。

```
public final int getAndSet(int newValue) {
    for (;;) {                                        //不停地尝试，直到成功
        int current = get();                          //取得当前值
        //如果当前值未受到其他线程的影响，则设为新值
        if (compareAndSet(current, newValue))
            return current;
    }
}
```

在 CAS 算法中，首先是一个无穷循环，该无穷循环用于多线程间的冲突处理，即当当前线程受其他线程影响而更新失败时，会不停地尝试，直到成功。

方法 get()用于取得当前值，并使用 compareAndSet()方法进行更新，如果未受到其他线程的影响，则预期值就等于 current。因此，可以将值更新为 newValue，更新成功则退出循环。

如果受到其他线程的影响，则在使用 compareAndSet()方法进行更新时，预期值就不等于 current，更新失败，则进行下一次循环，尝试继续更新，直到成功。

因此，在整个更新过程中，无须加锁，无须等待。从这段代码中也可以看到，无锁的操作实际上将多线程并发的冲突处理交由应用层自行解决，这不仅提升了系统性能，还增应加了系统的灵活性。但相应的算法及编码的复杂度也明显增加了。

java.util.concurrent.atomic 包中的类性能是非常优越的。下面以 AtomicInteger 为例，介绍一下普通的同步方法和它们的性能差距。

```
private static final int MAX_THREADS = 3;                  //线程数
private static final int TASK_COUNT = 3;                   //任务数
private static final int TARGET_COUNT = 1000000;           //目标总数
private AtomicInteger acount =new AtomicInteger(0);        //无锁的原子操作
private int count=0;

protected synchronized int inc(){                          //有锁的加法
```

```
        return ++count;
    }
    protected synchronized int getCount(){          //有锁的操作
        return count;
    }

    public class SyncThread implements Runnable{
        protected String name;
        protected long starttime;
        TestAtomic out;                               // TestAtomic 为当前类名
        public SyncThread(TestAtomic o,long starttime){
            out=o;
            this.starttime=starttime;
        }
        @Override
        public void run() {
            int v=out.inc();                          //有锁的加法
            while(v<TARGET_COUNT){                    //在到达目标值前，不停地循环
                v=out.inc();
            }
            long endtime=System.currentTimeMillis();
            System.out.println("SyncThread
    spend:"+(endtime-starttime)+"ms"+" v="+v);
        }
    }

    public class AtomicThread implements Runnable{
        protected String name;
        protected long starttime;
        public AtomicThread(long starttime){
            this.starttime=starttime;
        }
        @Override
        public void run() {                           //在到达目标值前，不停地循环
            int v=acount.incrementAndGet();
            while(v<TARGET_COUNT){
                v=acount.incrementAndGet();           //无锁的加法
            }
            long endtime=System.currentTimeMillis();
            System.out.println("AtomicThread
    spend:"+(endtime-starttime)+"ms"+" v="+v);
        }
    }

    @Test
    public void testAtomic() throws InterruptedException{
        ExecutorService exe=Executors.newFixedThreadPool(MAX_THREADS);
        long starttime=System.currentTimeMillis();
        AtomicThread atomic=new AtomicThread(starttime);
        for(int i=0;i<TASK_COUNT;i++){
            exe.submit(atomic);                       //提交线程，开始计算
        }
        Thread.sleep(10000);
    }
```

```
@Test
public void testSync() throws InterruptedException{
    ExecutorService exe=Executors.newFixedThreadPool(MAX_THREADS);
    long starttime=System.currentTimeMillis();
    SyncThread sync=new SyncThread(this,starttime);
    for(int i=0;i<TASK_COUNT;i++){
        exe.submit(sync);                          //提交线程，开始计算
    }
    Thread.sleep(10000);
}
```

以上代码中包含两个测试用例 testAtomic()和 testSync()，它们都试图就某一个整数进行累加操作，直到它大于等于 TARGET_COUNT 的值，每个用例均开设 3 个线程一起工作。

在 testAtomic()的用例中，采用原子操作对 AtomicInteger 进行累加，以保证线程间同步。在 testSync()中使用同步方法 inc()对 count 进行累加，且保证线程同步。测试结果表明，同样将整数从 0 增加到 TARGET_COUNT，使用原子操作相对耗时约 30ms，而使用同步方法却相对耗时 130ms。两者有着很大的性能差距。

注意： java.util.concurrent.atomic 包中的原子类是基于无锁算法实现的，它们的性能要远远优于普通的有锁操作。因此，推荐直接使用这些工具。

4.6.3 Amino 框架简介

上文中提到，使用无锁算法的主要缺点在于需要在应用层处理线程间的冲突问题，这无疑增加了应用程序的开发难度和算法的复杂度。此时，选择一些现成的无锁并行框架就成为解决这个问题的最好方法。

Amino 框架就是其中之一。它是 Apache 下的一个分支项目，提供了可用于线程安全且基于无锁算法的一些数据结构，同时还内置了一些多线程调度模式。使用 Amino 框架进行软件开发拥有以下优势：

- 对死锁问题免疫。
- 确保系统开发的整体进度。
- 降低高并发下无锁竞争带来的性能开销。
- 可以轻易地使用一些成熟的无锁结构，而无须自行研发。

4.6.4 Amino 集合

在 Amino 框架中提供了一些基础集合类，如 List 和 Set 等，这些工具都是用无锁的方式实现的，封装了复杂的无锁算法。

1. List

Amino 提供了一组 List 的实现方式，其中最为重要的两种方式是 LockFreeList 和 LockFreeVector，它们都实现了 java.util.List 接口。

LockFreeList 使用链表作为底层数据结构，实现了线程安全的无锁 List；LockFreeVector 使用连续的数据作为底层数据结构，实现了线程安全的无锁 Vector。LockFreeList 和 LockFreeVector 的关系，就如同 LinkedList 和 ArrayList 一样。

以下代码对 LockFreeList、LockFreeVector、Vector 和同步的 LinkedList 进行了在高并发环境下的性能对比。每一个测试线程 AccessListThread 对每一种 List 分别做 1000 次增加和删除操作。

```
public class TestLockFreeList {
    private static final int MAX_THREADS = 2000;              //线程数量
    private static final int TASK_COUNT = 4000;               //任务数量
    List list;

    public class AccessListThread implements Runnable{      //测试用线程
        protected String name;
        java.util.Random rand=new java.util.Random();
        public AccessListThread(){
        }
        public AccessListThread(String name){
            this.name=name;
        }
        @Override
        public void run() {
            try {
                for(int i=0;i<1000;i++)         //保证高并发，1000 次操作
                    handleList(rand.nextInt(1000));         //测试函数
                Thread.sleep(rand.nextInt(100));
            } catch (InterruptedException e) {
                e.printStackTrace();
            }
        }
    }
                                                  //扩展线程池，统计运行时间
    public class CounterPoolExecutor extends ThreadPoolExecutor{
        private AtomicInteger count =new AtomicInteger(0);
        public long startTime=0;
        public String funcname="";
        public CounterPoolExecutor(int corePoolSize, int maximumPoolSize,
                long keepAliveTime, TimeUnit unit,
                BlockingQueue<Runnable> workQueue) {
            super(corePoolSize, maximumPoolSize, keepAliveTime, unit,
workQueue);
        }

        protected void afterExecute(Runnable r, Throwable t) {
            int l=count.addAndGet(1);                         //统计执行次数
```

```
            if(l==TASK_COUNT){                                //如果完成任务
                System.out.println(funcname+
" spend time:"+(System.currentTimeMillis()-startTime));
            }
        }
    }

    public Object handleList(int index){
        list.add(index);                                      //添加元素
        list.remove(index%list.size());                       //删除元素
        return null;
    }

    public void initLinkedList(){
        List l=new ArrayList();
        for(int i=0;i<1000;i++)
            l.add(i);
        //同步的 LinkedList
        list=Collections.synchronizedList(new LinkedList(l));
    }

    public void initVector(){
        List l=new ArrayList();
        for(int i=0;i<1000;i++)
            l.add(i);
        list=new Vector(l);                          //Vector 是同步的 List
    }

    public void initFreeLockList(){
        List l=new ArrayList();
        for(int i=0;i<1000;i++)
            l.add(i);
        list=new LockFreeList(l);                    //无锁的 LockFreeList
    }

    public void initFreeLockVector(){
        list=new LockFreeVector();                   //无锁的 LockFreeVector
        for(int i=0;i<1000;i++)
            list.add(i);
    }

    @Test
    public void testFreeLockList() throws InterruptedException {
        initFreeLockList();                          //测试 FreeLockList
        CounterPoolExecutor exe=
              new CounterPoolExecutor(MAX_THREADS, MAX_THREADS,
              0L, TimeUnit.MILLISECONDS,
              new LinkedBlockingQueue<Runnable>());

        long startti me=System.currentTimeMillis();
        exe.startTime=starttime;
        exe.funcname="testFreeLockList";
        Runnable t=new AccessListThread();
        for(int i=0;i<TASK_COUNT;i++)
```

```
            exe.submit(t);                          //提交任务

        Thread.sleep(10000);
    }

    @Test
    public void testLinkedList() throws InterruptedException {
        initLinkedList();                           //测试 LinkedList
        篇幅有限省略部分代码，省略部分同 testFreeLockList()
    }

    @Test
    public void testVector() throws InterruptedException {
        initVector();                               //测试 Vector
        //因篇幅有限省略部分代码，省略部分同 testFreeLockList()
    }

    @Test
    public void testFreeLockVector() throws InterruptedException {
        initFreeLockVector();                       //测试 FreeLockVector
        //因篇幅有限，省略部分代码，省略的部分同 testFreeLockList()
    }
}
```

测试结果如图 4.20 所示。可以看到，在高并发的情况下，Amino 提供的 List 性能远远超出 JDK 内置的基于锁的 List 实现方式。

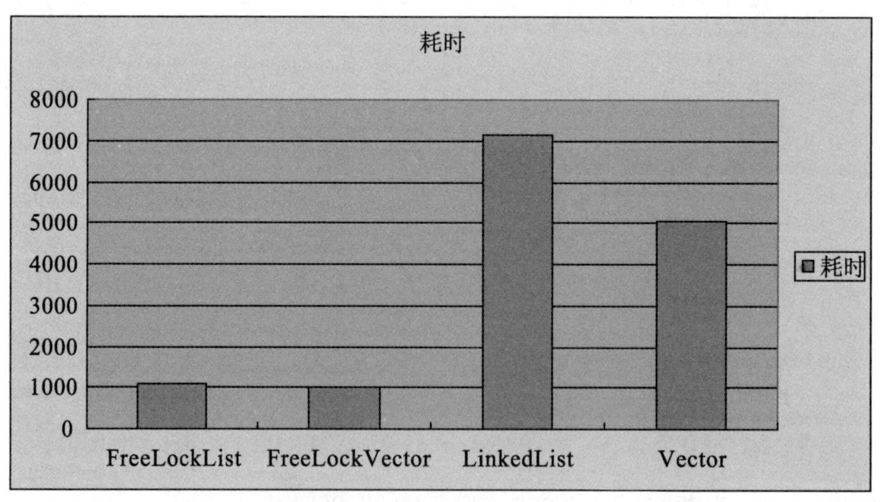

图 4.20 Amino 框架性能测试

注意： 在高并发环境下，使用无锁的集合可以有效地提升系统的吞吐量。通过 Amino 框架，可以让开发人员轻松地使用这种技术。

2. Set

Amino 框架还提供了无锁的 Set 实现方式：LockFreeSet。LockFreeSet 实现了 java.util.Set 接口，它是一个使用原子操作实现的无锁线程安全的 Set。下面对 LockFreeSet 和 JDK 的同步 Set 进行性能测试。测试代码如下：

```
public class TestLockFreeSet {
    private static final int MAX_THREADS = 2000;        //线程数量
    private static final int TASK_COUNT = 4000;         //任务数量
    java.util.Random rand=new java.util.Random();
    Set set;
    public class AccessSetThread implements Runnable{
        protected String name;
        public AccessSetThread(){
        }
        public AccessSetThread(String name){
            this.name=name;
        }
        @Override
        public void run() {
            try {
                for(int i=0;i<500;i++)
                    handleSet(rand.nextInt(1000));      //测试函数
                Thread.sleep(rand.nextInt(100));
            } catch (InterruptedException e) {
                e.printStackTrace();
            }
        }
    }

    public class CounterPoolExecutor extends ThreadPoolExecutor{
        //省略部分代码，参考本节前文中的示例代码
    }

    public Object handleSet(int index){                 //对 Set 进行访问
        set.add(rand.nextInt(2000));
        if(set.size()>10000)set.clear();                //防止溢出
        return null;
    }

    public void initSet(){
        set=Collections.synchronizedSet(new HashSet());//同步的 HashSet
    }

    public void initFreeLockSet(){
        set=new LockFreeSet();                          //无锁的 Set
```

```
    }

    @Test
    public void testSet() throws InterruptedException {
        initSet();                                          //初始化同步的 HashSet
        CounterPoolExecutor exe=
new CounterPoolExecutor(MAX_THREADS, MAX_THREADS,
              0L, TimeUnit.MILLISECONDS,
              new LinkedBlockingQueue<Runnable>());
        long starttime=System.currentTimeMillis();
        exe.startTime=starttime;
        exe.funcname="testSet";
        for(int i=0;i<TASK_COUNT;i++)
            exe.submit(new AccessSetThread());

        Thread.sleep(10000);
    }

    @Test
    public void testLockFreeSet() throws InterruptedException {
        initFreeLockSet();                                  //初始化 FreeLockSet
        省略部分实现，与 testSet 雷同
    }
}
```

测试结果表明，LockFreeSet 比同步后的 HashSet 性能略好。在笔者的 2000 个线程并发且共同执行 4000 次任务的测试代码中，同步的 HashSet 相对耗时约 1500ms，而 LockFreeSet 相对耗时仅 1200ms。

4.6.5 Amino 树

除了简单的无锁集合类，Amino 框架还提供了无锁的树结构。LockFreeBSTree 在 org.amino.mcas 包下是一棵二叉搜索树，它是无锁且线程安全的。LockFreeBSTree 提供的主要方法如下：

```
public V find(LockFreeBSTree<T, V> tree, T key)
public V update(LockFreeBSTree<T, V> tree, T key, V value)
public V remove(LockFreeBSTree<T, V> tree, T key)
```

find()方法用于在二叉搜索树中查找相应的节点；update()方法将节点加入树中，或者更新给定 key 的节点；remove()方法找到并且删除给定的节点。以下是 LockFreeBSTree 的使用示例，它构造一棵二叉搜索树。

```
for (int i = 0; i < NELEMENT; ++i) {
    bst.update(bst, String.valueOf(i), "test" + i);
    System.out.println("added " + i);
}
```

4.6.6　Amino 图

除了 LockFreeBSTree，Amino 框架还提供了一个更为复杂的数据结构——图。如图 4.21 所示为 Amino 框架内提供的与图相关的类族。

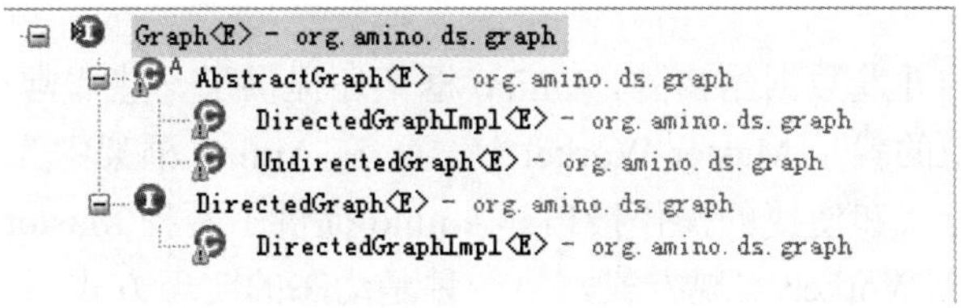

```
Graph<E> - org.amino.ds.graph
    AbstractGraph<E> - org.amino.ds.graph
        DirectedGraphImpl<E> - org.amino.ds.graph
        UndirectedGraph<E> - org.amino.ds.graph
    DirectedGraph<E> - org.amino.ds.graph
        DirectedGraphImpl<E> - org.amino.ds.graph
```

图 4.21　Amino 的图结构

可以看到，Amino 框架提供了有向图和无向图两种数据结构，它们都是线程安全并且无锁的。其中，Graph 接口的主要方法如下：

```
public Collection<Node<E>> getNodes(E e)
public Collection<Edge<E>> getEdges(E start, E end)
public Node<E> addNode(E e)
public Node<E> addNode(Node<E> node)
public boolean addAllNodes(Collection<Node<E>> nodes)
public boolean addEdge(E start, E end, double weight)
public boolean addEdge(Node<E> start, Node<E> end, double weight)
public boolean addEdge(Edge<E> edge)
public boolean removeEdge(Node<E> start, Node<E> end)
public boolean removeEdge(Edge<E> edge)
public boolean removeEdge(E start, E end)
public boolean containsEdge(E start, E end)
```

Amino 的图结构接口提供了丰富的操作，包括增加点、增加边、删除点及删除边等。使用以下代码可以构造一个随机的无向图。

```
UndirectedGraph<String> graph = new UndirectedGraph<String>();
Random rand = new Random(System.currentTimeMillis());
HashMap<Integer, String> map = new HashMap<Integer, String>(nodeNum);
//计算无向图的边数量
int numEdges = (int) (nodeNum * (nodeNum - 1) * complete) / 2;
//添加节点
for (int i = 0; i < nodeNum; i++) {
    map.put(i, String.valueOf(i));
    graph.addNode(new Node<String>(String.valueOf(i)));
}
//添加边
for (int i = 0; i < numEdges; i++) {
    int from, to;
```

```
        from = Math.abs(rand.nextInt()) % nodeNum;
        to = Math.abs(rand.nextInt()) % nodeNum;
        graph.addEdge(map.get(from).trim(), map.get(to).trim(), 0);
    }
```

4.6.7 Amino 简单调度模式

除了提供高效的并发数据结构外，Amino 框架还提供了一些非常有用的并行开发模式的实现方式，最典型的就是 Master-Worker 模式。在 Amino 框架中为 Master-Worker 提供了较为完善的实现方式和便捷的操作接口。Amino 提供了两种 Master-Worker 实现方式：一种是静态的 Master-Worker 实现方式，另一种是动态的实现方式。

静态的实现方式不允许在任务开始时添加新的子任务，而动态的 Master-Worker 允许在任务执行过程中由 Master 或者 Worker 添加新的子任务。Amino 框架中，Master-Worker 模式的核心成员如图 4.22 所示。

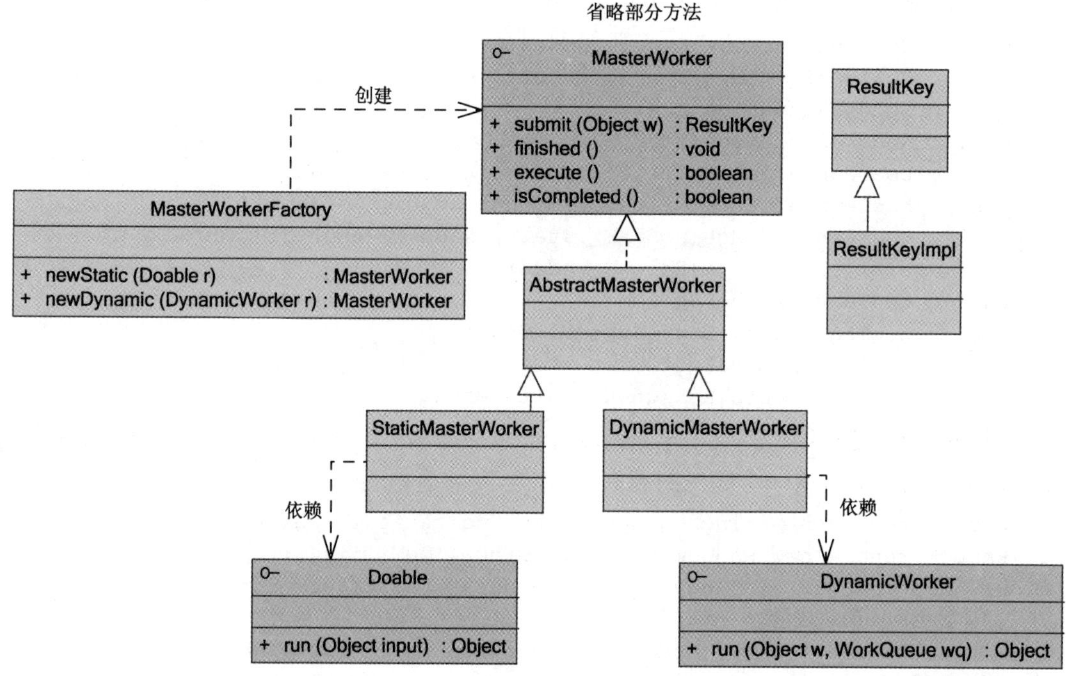

图 4.22　Amino 实现的 Master-Worker 模式

其中，StaticMasterWorker 为静态的实现方式，DynamicMasterWorker 为动态模式的实现方式。两种模式均由 MasterWorkerFactory 工厂类创建。newStatic()方法用于创建静态的 MasterWorker 模式，newDynamic()方法用于创建动态模式。Doable 接口和 DynamicWoker 接口分别为 StaticMasterWorker 和 DynamicMasterWorker 线程的工作逻辑，可在应用层加

以实现。MasterWorker 接口的 submit()方法用于提交应用层任务，execute()方法将执行所有的任务。

以 4.1.2 节“Master-Worker 模式”中提到的计算立方和的应用为例，展示 Amino 中 Master-Worker 模式的使用方法。

使用静态模式时，首先需要实现 Doable 接口，代码如下：

```
public class Pow3 implements Doable<Integer,Integer>{
    @Override
    public Integer run(Integer input) {         //业务逻辑
        return input*input*input;
    }
}
```

创建并调度静态任务，代码如下：

```
MasterWorker<Integer,Integer> mw=MasterWorkerFactory.newStatic(new Pow3());
List<MasterWorker.ResultKey> keyList=new Vector<MasterWorker.ResultKey>();
for(int i=0;i<100;i++){
    keyList.add(mw.submit(i));              //调度任务，key 用于取得任务结果
}
mw.execute();
int re=0;
while(keyList.size()>0){                    //不等待全部任务执行完成就开始求和
    MasterWorker.ResultKey k=keyList.get(0);
    Integer i=mw.result(k);                 //由 key 取得一个任务的计算结果
    if(i!=null){
        re+=i;
        keyList.remove(0);                  //累加完成后，删除已经处理的元素
    }
}
System.out.println(re);
```

使用动态任务时，需要使用 DynamicWoker 接口，代码如下：

```
public class Pow3Dyn implements DynamicWorker<Integer,Integer>{
    @Override
    public Integer run(Integer w, WorkQueue<Integer> wq) {
        return w*w*w;                       //业务逻辑
    }
}
```

构建动态任务，代码如下：

```
public void testDynamic() {
    MasterWorker<Integer,Integer> mw=MasterWorkerFactory.newDynamic(new
Pow3Dyn());
    List<MasterWorker.ResultKey> keyList=new Vector<MasterWorker.ResultKey>();
    for(int i=0;i<50;i++)
        keyList.add(mw.submit(i));
    mw.execute();                           //在已经开始执行的情况下，继续添加任务
                                            //如果是静态模式，则不能再添加
```

```
        for(int i=50;i<100;i++)
            keyList.add(mw.submit(i));
        int re=0;
        while(keyList.size()>0){              //不等待全部执行完成，就开始求和
            MasterWorker.ResultKey k=keyList.get(0);
            Integer i=mw.result(k);
            if(i!=null){
                re+=i;
                keyList.remove(0);
            }
        }
        System.out.println(re);
    }
```

注意：Amino 框架中已经内置实现了动态和静态两种 Master-Worker 模式，开发人员可以直接使用。

4.7 协　　程

与进程相比，线程是一个较为轻量级的并行程序解决方案。但是对于高并发程序而言，线程对系统资源的占用量依然不小，这也限制了系统的并发数。为了进一步提升系统的并发数量，可以对线程做进一步分割，即所谓的协程。

4.7.1 协程的概念

现代的多任务操作系统的典型特征是对进程的支持。进程是一种重量级的任务调度方式，进程的创建、调度和上下文切换需要花费较多的系统资源。因此，进程的并发性是非常有限的。为了增加操作系统的并发性，人们便提出了线程。线程也称为轻量级进程，它的创建和切换消耗远远低于进程。正是由于这个原因，使用线程作为并发控制的基本单元，可以使应用程序拥有更高的并发能力。

但是，随着应用程序日趋复杂，软件对程序并发度的要求也越来越高。在超高并发量的环境中，线程也可能会显得相对沉重，操作系统会花费较多的时间在进程或线程之间切换。为了使系统能够支持更高的并行度，便有了协程的概念。

简单地理解，如果说线程是对进程的进一步分割，那么协程便是对线程的进一步分割。无论是进程、线程，还是协程，在逻辑层，它们都可以对应一个任务，以执行一段逻辑代码，达到一个目标。当使用协程实现一个任务时，协程并不完全占据一个线程，当一个协程处于等待状态时，它便会把 CPU 交给该线程内的其他协程。与线程相比，协程间的切换更为轻便，因此具有更低的操作系统成本和更高的任务并发性。

4.7.2 Kilim 框架简介

协程并不被 Java 语言原生支持。在 Java 中使用协程，需要使用协程框架。Kilim 就是就是一个比较流行的协程框架。通过 Kilim，开发人员可以以较低的开发成本将协程引入系统。

Kilim 使开发人员可以很快地建立一个基于协程的多任务并发系统，并通过一种称作邮箱的对象进行协程间通信。协程间也没有锁、同步块等概念，因此它不会使原有的多线程程序更加复杂。同时，一个纯粹的协程系统，其逻辑复杂性也要低于一个需要严格处理线程间并发关系的多线程系统。

使用 Kilim 框架和其他 Java 框架还有一点很大的不同之处，就是在开发后期，需要通过 Kilim 框架提供的织入（weaver）工具，将协程的控制代码库织入原始代码，以支持协程的正常工作。Kilim 中的核心模块如图 4.23 所示。

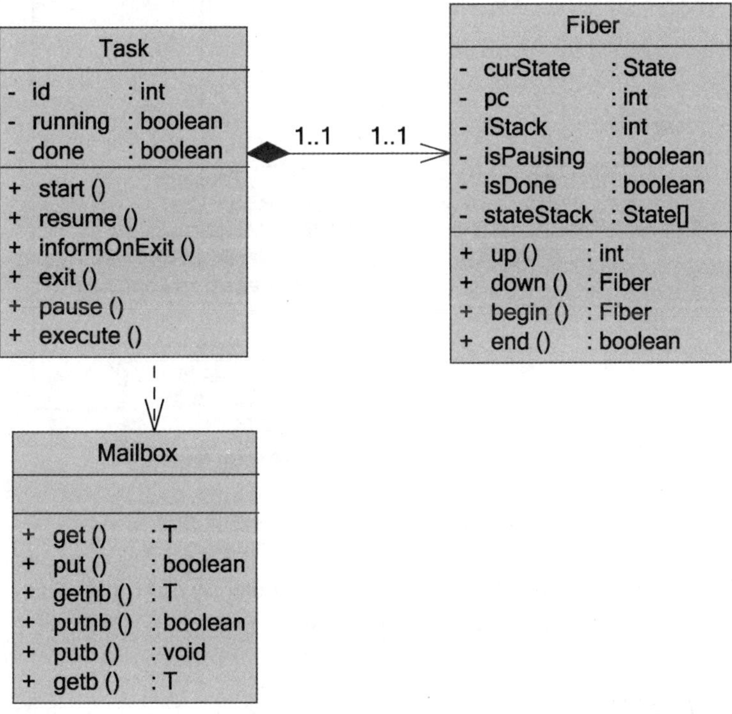

图 4.23　Kilim 中核心模块

Task 是协程的任务载体。其中，execute()方法用于执行一段任务代码；Fiber 对象用于保存和管理任务的执行堆栈，以实现任务可以正常暂停和继续；Mailbox 对象为协程间通信载体，用于数据共享和信息交流。

4.7.3 Task 及其状态

Task 对象作为协程的核心结构，负责执行一段逻辑代码，以达到预期目标，从而完成任务。在 Kilim 的官方文档中给出了 Task 对象的状态图，如图 4.24 所示。

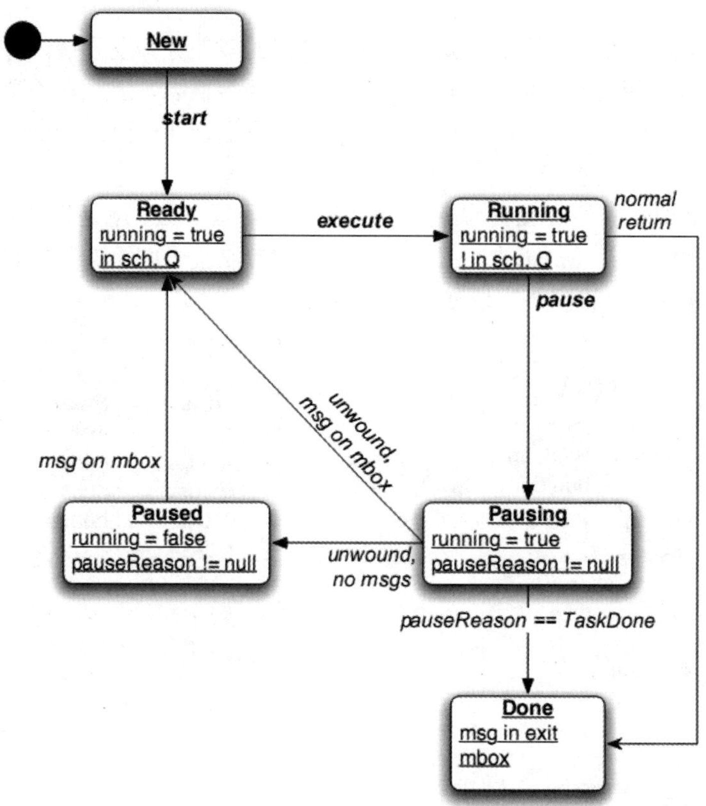

图 4.24　Kilim 官方文档中的 Task 状态图

Task 对象被创建后处于 Ready 状态，在调用 execute()方法后开始运行，在此期间可以被暂停操作，也可以被再次唤醒。正常结束后，Task 对象成为完成状态。

4.7.4 Fiber 及其状态

Fiber 对象用来维护 Task 的执行堆栈。Kilim 框架对线程进行了分割，以支持更小的并行度。为了全面支持协程的各项操作，需要在 Kilim 层维护程序的执行堆栈。

Fiber 的主要成员变量有 pc、curState、stateStack 和 iStack，它们都用于维护协程的运行堆栈。pc 是程序计数器，记录当前的执行位置；curState 为当前状态；stateStack 为协程的状态堆栈；iStack 是当前的栈位置。

Fiber 的 up()方法和 down()方法用于维护堆栈的生长和回退。在 Kilim 的官方文档中也给出了 Fiber 的状态图，如图 4.25 所示。

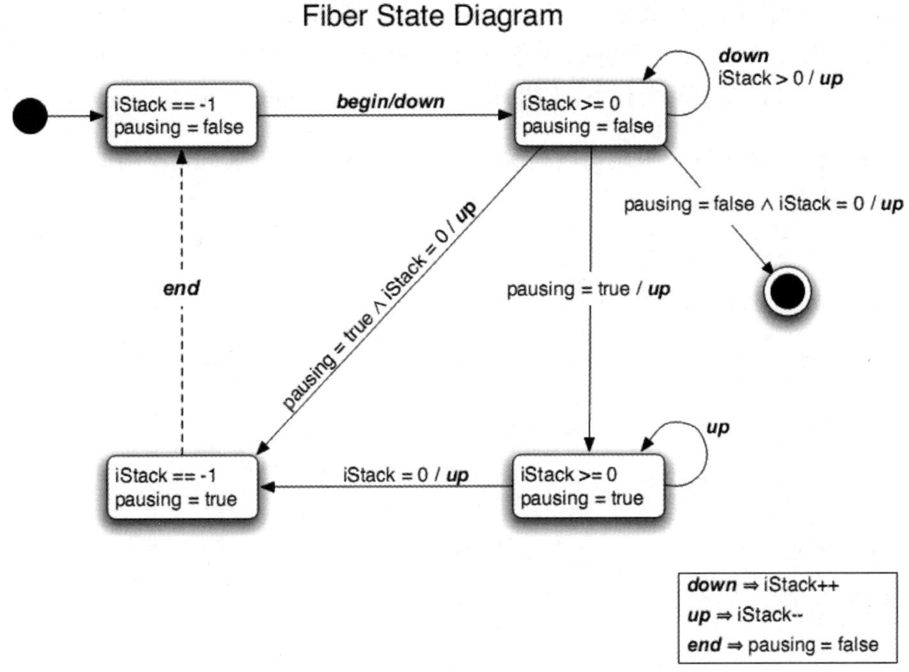

图 4.25　Kilim 官方文档中的 Fiber 状态图

图 4.25 中的符号“^”表示并且，斜体的 begin、down、end 和 up 表示 Fiber 的操作。iStack=0/up 可以解读为“进行 up()操作后，iStack 等于 0”。

4.7.5　Kilim 开发环境配置

Kilim 框架可以在其官方网站 http://www.malhar.net/sriram/kilim/上获得所有源码、工具和文档。获得的 Kilim 源码是一个 maven 工程，需要使用 Eclipse 的导入功能将其导入 Eclipse。导入方法：选择菜单栏中的 File | Import 命令，在弹出的对话框中选择“导入既有工程”，再在弹出的对话框中选择工程所在位置，即可将 Kilim 导入 Eclipse，如图 4.26 所示。

设置完成后工程即编译通过。在前文中提到，Kilim 程序在运行前需要使用 Kilim 提供的字节码织入程序，对编译后的原始字节码进行加强才能正常工作。为了使用方便，Kilim 工程中使用 Ant 脚本来自动完成工程的编译和字节码的织入等额外工作。读者可以很容易地在工程根目录下找到 build.xml 文件。在 build.xml 中有两个核心任务，即 all 和 test，默认 Ant 工程运行 all 任务。

```
<target name="all" depends="clean,weave" />
<target name="test" depends="testnotwoven,testwoven" />
```

all 任务负责编译整个 Kilim 工程，包括框架、实例和测试代码，并对所有的代码进行织入，做好运行的准备。test 任务必须在 all 顺利完成后才能正常执行，它负责运行所有的测试用例。先后执行以上两个任务，如果成功，说明基于 Kilim 框架的 Java 工程建立成功。

注意： Kilim 开发环境的搭建比较简单，读者只要关注一下 Kilim 源码工程即可轻松完成开发所需的各项配置。

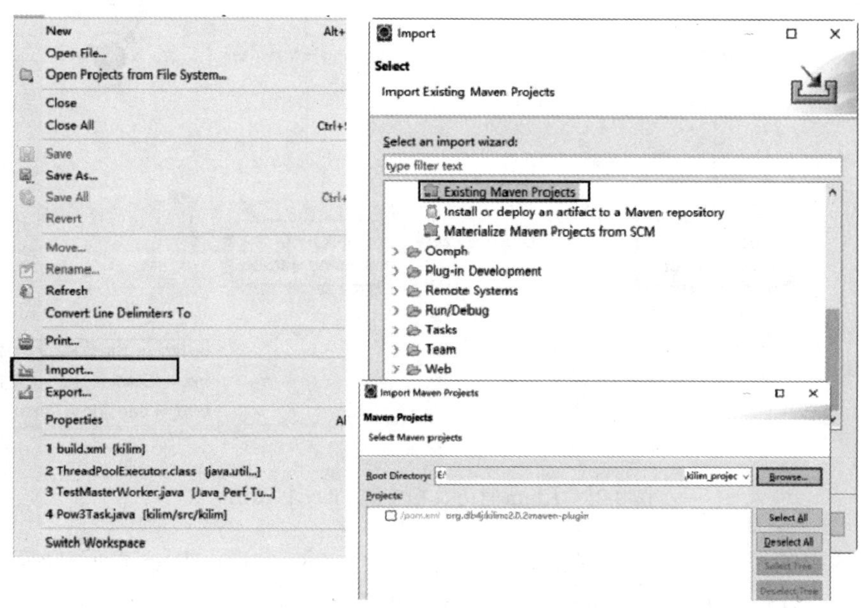

图 4.26　将 Kilim 导入 Eclipse 中

4.7.6　Kilim 之 Hello World

为了引领读者快速地进入 Kilim 的编程世界，下面介绍一个简单的 Hello World 例程，用以展示 Kilim 框架的基本功能。

```
public class HelloWorldTask extends Task {
    static Mailbox<String> mb = new Mailbox<String>();
    static Mailbox<ExitMsg> exitmb = new Mailbox<ExitMsg>();
    int type=0;                    //Task 的类型区分，0 表示接收者，1 表示发送者
    public HelloWorldTask(int type){
     this.type=type;
    }
```

```
    public static void main(String[] args) throws Exception {
        Task sender = new HelloWorldTask(1).start();
        Task reciever = new HelloWorldTask(0).start();
        reciever.informOnExit(exitmb);  //要求接收者在结束后退出邮箱
        exitmb.getb();                  //退出邮箱中内容，表示接收者已经结束
        System.exit(0);
    }

    public void execute() throws Pausable{
         if(type==0){                   //接收者
                while (true) {
                    String s = mb.get(); //取得邮箱中的信息
                    if (s.equals("over")) //如果是结束标记
                      break;
                    System.out.print(s);
                }
         }else if(type==1){             //发送者
               mb.putnb("Hello ");      //向邮箱中传递信息
               mb.putnb("World\n");
               mb.putnb("over");
         }
    }
}
```

在 Kilim 框架中，任何一个协程任务必须继承 Task 类。以上代码中的 HelloWorldTask 类重载了 execute()方法，用于处理其具体任务逻辑。在这个 HelloWorldTask 中包含两种类型的 Task，即接收者（receiver）和发送者（sender），发送者发送消息到邮箱中，接收者处理和显示这些信息，并且两者约定，当收到 over 字符串后，程序结束。

在主函数中，首先建立了两个 Task，分别作为发送者和接收者。可以看到，建立和运行 Task 的方法和线程是相当类似的。

直接运行以上代码会抛出以下错误：

```
############################################################
############################################################
Task class kilim.examples.HelloWorldTask has either not been woven or the
classpath is incorrect
############################################################
Task class kilim.examples.HelloWorldTask has either not been woven or the
classpath is incorrect
############################################################
java.lang.Exception: Stack trace
    at java.lang.Thread.dumpStack(Thread.java:1329)
    at kilim.Task.errNotWoven(Task.java:306)
    at kilim.Task.execute(Task.java:483)
    at kilim.Task.run(Task.java:550)
    at java.util.concurrent.Executors$RunnableAdapter.call(Executors.
java:511)
    at java.util.concurrent.FutureTask.run(FutureTask.java:266)
    at java.util.concurrent.ThreadPoolExecutor.runWorker(ThreadPoolExecutor.
java:1142)
```

```
    at java.util.concurrent.ThreadPoolExecutor$Worker.run(ThreadPoolExecutor.
java:617)
    at java.lang.Thread.run(Thread.java:745)
java.lang.Exception: Stack trace
    at java.lang.Thread.dumpStack(Thread.java:1329)
    at kilim.Task.errNotWoven(Task.java:306)
    at kilim.Task.execute(Task.java:483)
    at kilim.Task.run(Task.java:550)
```

这是因为所有的协程类必须先进行织入才能被 Kilim 框架管理。

建议读者可以先打包整个工程，编译并下载所依赖的类库，执行命令如下：

```
mvn package
```

接着，执行 Ant 脚本 build.xml，对目标 class 进行字节码织入，如图 4.27 所示。

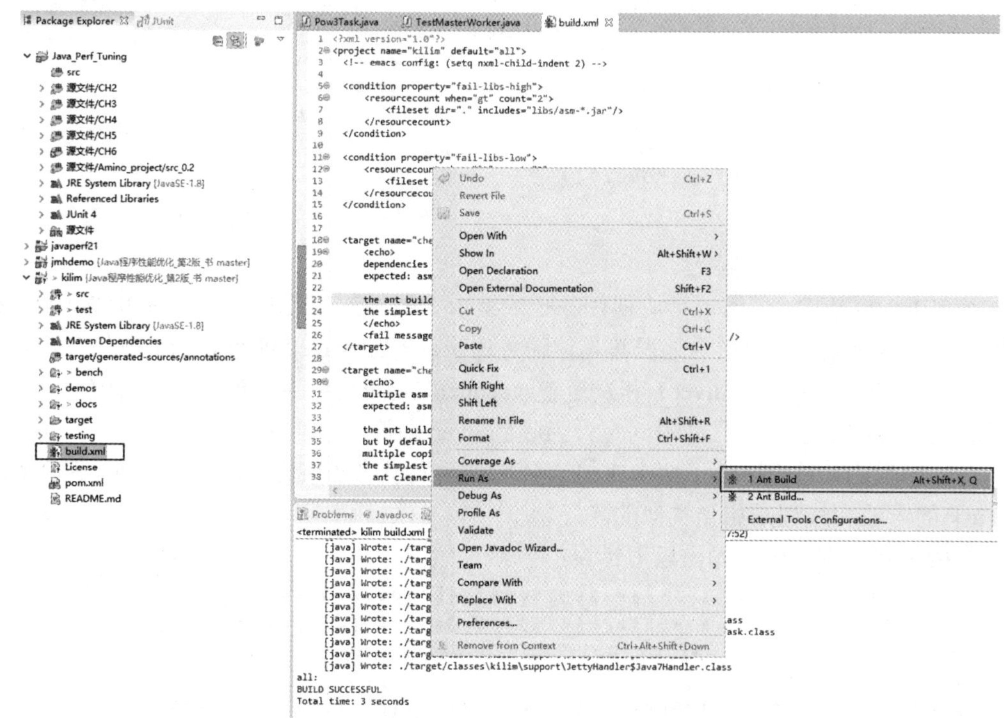

图 4.27　使用 Ant 进行字节码织入

然后就可以正常运行 HelloWorldTask 了。执行结果就是打印了大家熟悉的 Hello World。其他 kilim 程序的运行方法类似，读者可以自行尝试。

4.7.7 多任务通信

在 Kilim 框架中，协程间的通信和数据共享主要依靠 Mailbox 邮箱进行。Mailbox 就像一根管道在多个 Task 间共享。以生产者-消费者模式做类比，生产者向 Mailbox 中提交数据，消费者协程则从 Mailbox 中获取数据。

Mailbox 提供了以下多种数据存放和获取的方式。

- public T getnb()：立即获得邮箱中的消息。如果没有，则返回 null。该方法不会进行任何阻塞。
- public T get() throws Pausable：返回一个非空消息。如果 Mailbox 里没有消息，则会阻塞当前协程，直到获得一条有效的消息。
- public T get(long timeoutMillis)：尝试获得有效的消息。如果 Mailbox 为空，则在给定时间内等待，如果超过给定时间仍然没有获得消息，就返回 null。
- public T getb()：在 Mailbox 中获取消息。如果当前 Mailbox 为空，则阻塞整个线程，而不仅是当前协程。
- public T getb(final long timeoutMillis)：在给定时间内等待一条有效的消息。这个操作会阻塞当前线程，而不仅是当前协程。
- public boolean putnb(T msg)：在当前邮箱中发布一条消息，如果成功，则返回 true，如果失败，则返回 false。这个操作不会进行阻塞。
- public void put(T msg) throws Pausable：向当前邮箱发布一条消息，如果没有可用空间，就会阻塞当前协程，直到消息发布成功。
- public boolean put(T msg, int timeoutMillis) throws Pausable：向当前邮箱发布一条消息，如果成功，则返回 true，如果超时，则返回 false。这个操作会阻塞当前协程。
- public void putb(T msg)：向当前邮箱发布消息，如果邮箱没有足够空间，这个操作会阻塞当前线程，而不仅是协程。它会一直等待到操作成功才会返回。
- public void putb(T msg, final long timeoutMillis)：与 putb()函数类似，但会在给定时间内阻塞当前线程，直到成功或者超时。

4.7.8　Kilim 实例及性能评估

Kilim 框架所支持的协程拥有比线程更小的粒度，因此从理论上讲，使用 Kilim 框架的并发模型可以支持更高的并行度。本节将以幂次方求和为例，展示一个 Kilim 的具体应用，并将此应用和基于线程的实现进行并发度对比。

以下代码定义了 Pow3Task 任务，在主函数中分别开启了若干个用于求幂次方的任务和一个用于求和的任务，两者并发执行。变量 CIRCLE 定义了求和范围，示例中计算从 0 到 10 000 的立方和。

```
public class Pow3Task extends Task {
    static int CIRCLE=10000;                         //求立方和的范围
    static int TASK_NUM=2;                           //协程数量

    static Mailbox<Integer> mb = new Mailbox<Integer>(CIRCLE,CIRCLE);
    static Mailbox<Integer> result = new Mailbox<Integer>();
    static Mailbox<ExitMsg> exitBox = new Mailbox<ExitMsg>();
```

```
    int type=0;
    int re=0;

    public Pow3Task(int type){
     this.type=type;
    }

    public static void main(String[] args) throws Exception {
     long beginTime=System.currentTimeMillis();
     ArrayList<Task> tasks=new ArrayList<Task>();
     for(int i=0;i<CIRCLE;i++){          //传递消息
         mb.putnb(i);
     }
     for(int i=0;i<TASK_NUM;i++){
         new Pow3Task(0).start();        //开启求立方协程
     }
     Task t = new Pow3Task(1).start();  //开启求和协程
     t.informOnExit(exitBox);
     exitBox.getb();
     long endtime=System.currentTimeMillis();
     System.out.println("spend time:"+(endtime-beginTime));
     System.exit(0);
    }

    public void execute() throws Pausable{
     if(type==0){                        //如果是求立方的协程
         Integer s=null;
         while(true){
             s = mb.getnb();             //无阻塞，因为事先已经把消息放入邮箱
             if(s==null)break;           //所有任务都执行完成后退出
                result.putb(s*s*s);      //返回结果
         }
     }else if(type==1){                  //如果是求和的协程
         for(int i=0;i<CIRCLE;i++)
             re+=result.get();           //求和累加
         System.out.println("re="+re);
     }
    }
}
```

最后不要忘记执行 build.xml，以对编译后的文件进行织入，方可正常执行上述代码。并且每次修改程序后，都需要重新织入。

接着测试使用线程的情况。在本例中，使用 Amino 框架中的静态 Master-Worker 模式计算 0～10 000 的立方和。

```
public class TestMasterWorker {
    static int CIRCLE=10000;
    static int THREAD_NUM=2;
    public class Pow3 implements Doable<Integer,Integer>{
        @Override
        public Integer run(Integer input) {
            return input*input*input;                //计算立方
```

```
        }
    }

    @Test
    public void testStatic() {
        MasterWorker<Integer,Integer> mw=
MasterWorkerFactory.newStatic(new Pow3(),THREAD_NUM);
        List<MasterWorker.ResultKey> keyList=new Vector<MasterWorker.
ResultKey>();
        long beginTime=System.currentTimeMillis();
        for(int i=0;i<CIRCLE;i++){
            keyList.add(mw.submit(i)); //提交任务，开启线程
        }
        mw.execute();
        int re=0;
        while(keyList.size()>0){        //不等待全部任务执行完成就开始求和
            MasterWorker.ResultKey k=keyList.get(0);
            Integer i=mw.result(k);
            if(i!=null){
                re+=i;
                keyList.remove(0);
            }
        }
        long endtime=System.currentTimeMillis();
        System.out.println("spend time:"+(endtime-beginTime));
        System.out.println(re);
    }
}
```

注意系统参数 TASK_NUM 和 THREAD_NUM，分别表示开启协程的数量和线程池中线程的数量。在笔者的测试中，分别选用开启 2、200、1000、2000、4000、8000 和 10 000 个协程或者线程完成以上任务，结果如图 4.28 所示。

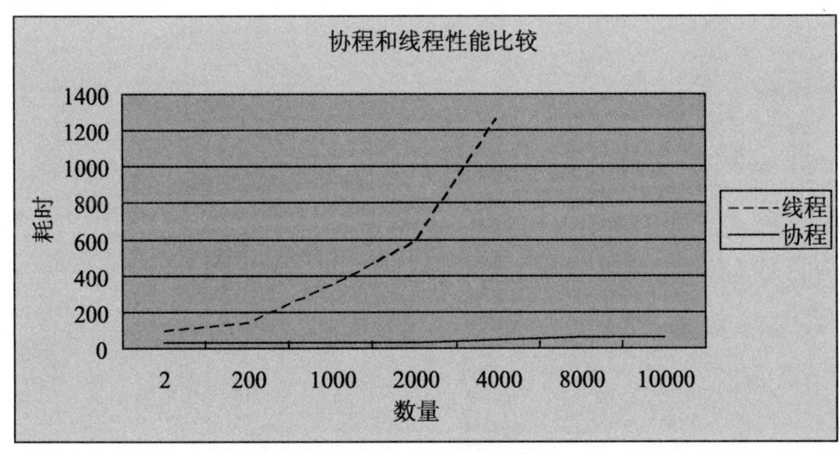

图 4.28　协程和线程性能比较

可以看到，当线程数量增加时，系统时耗激增。由于操作系统本地线程数量的限制，无法正常运行线程数 8000 和 10 000 的测试代码。而使用协程的方式，其增长曲线显得十

分平缓。由此可见，使用协程模型进行任务的分割更有利于开发高并发软件，系统对协程的创建、调度、维护和销毁也是低能耗的。

注意：使用协程，可以让系统以更低的成本支持更高的并行度。

4.8 小　　结

本章主要介绍了与并发程序相关的性能优化方法和技巧。4.1 节从设计角度介绍了一些常用的并行程序开发设计模式，如 Master-Worker 模式、Future 模式等；4.2 节介绍了与并行程序性能密切相关的线程池的使用方法；4.3 节介绍了并行程序专用的数据结构和它们在多线程下的性能表现；4.4 节介绍了多线程间的并发控制方法；4.5 节介绍了有关“锁”的优化方法；4.6 节介绍了如何通过无锁的方法提升并行程序的性能；4.7 节介绍了比线程更为轻便的多任务组件——协程。

第 5 章　JVM 调优

本章主要介绍 JVM 虚拟机层面的性能调优方法。由于 Java 字节码是运行在 JVM 虚拟机上的，所以同样的字节码使用不同的 JVM 虚拟机参数运行，其性能表现可能各不一样。为了能使系统性能最优，就需要选择使用合适的 JVM 参数运行 Java 应用程序。

本章涉及的主要知识点有：

- JVM 内存模型结构；
- 与内存分配（尤其是堆分配）相关的 JVM 参数；
- 垃圾回收器的种类及使用方法；
- 常用的 JVM 调优参数及其使用效果；
- 一个 JVM 调优实例。

5.1　Java 虚拟机内存模型

Java 虚拟机内存模型是 Java 程序运行的基础。为了能使 Java 应用程序正常运行，JVM 虚拟机将其内存数据分为程序计数器、虚拟机栈、本地方法栈、Java 堆和方法区几部分，如图 5.1 所示。

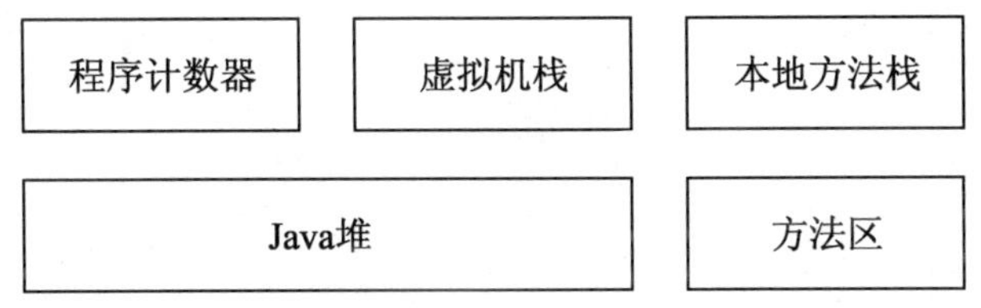

图 5.1　Java 虚拟机内存模型

程序计数器用于存放下一条运行的指令；虚拟机栈和本地方法栈用于存放函数调用的堆栈信息；Java 堆用于存放 Java 程序运行时所需的对象等数据；方法区用于存放程序的类元数据信息。

5.1.1　程序计数器

程序计数器（Program Counter Register）是一块很小的内存空间。由于 Java 是支持线程的语言，当线程数量超过 CPU 数量时，线程之间根据时间片轮询抢夺 CPU 资源。对于单核 CPU 而言，每一时刻只能有一个线程在运行，而其他线程必须被切换出去。为此，每一个线程都必须用一个独立的程序计数器，用于记录下一条要运行的指令。各个线程之间的计数器互不影响，独立工作，是一块线程私有的内存空间。

如果当前线程正在执行一个 Java 方法，则程序计数器记录正在执行的 Java 字节码地址；如果当前线程正在执行一个 Native 方法，则程序计数器为空。

5.1.2 Java 虚拟机栈

Java 虚拟机栈也是线程私有的内存空间，它和 Java 线程在同一时间创建，它保存方法的局部变量和部分结果，并参与方法的调用和返回。

Java 虚拟机规范允许 Java 栈的大小是动态的或者是固定的。在 Java 虚拟机规范中定义了两种异常与栈空间有关，分别是 StackOverflowError 和 OutOfMemoryError。线程在计算过程中，如果请求的栈深度大于最大可用的栈深度，则抛出 StackOverflowError；如果 Java 栈可以动态扩展，而在扩展栈的过程中没有足够的内存空间来支持栈的扩展，则抛出 OutOfMemoryError。

在 Hot Spot 虚拟机中，可以使用-Xss 参数来设置栈的大小。栈的大小直接决定了函数调用的可达深度。

以下代码演示了一个递归调用的应用。计数器 count 记录了递归的层次，这个没有出口的递归函数一定会导致栈溢出，程序在栈溢出时打印出栈的当前深度。

```
public class TestStack {
    private int count=0;
    public void recursion(){                          //没有出口的递归函数
        count++;                                      //每次调用深度加 1
        recursion();                                  //递归
    }
    @Test
    public void testStack(){
        try{
            recursion();                              //调用递归，等待溢出
        }catch(Throwable e){
            //打印溢出的深度
            System.out.println("deep of stack is "+count);
            e.printStackTrace();
        }
    }
}
```

默认情况下，程序输出结果如下：

```
deep of stack is 9152
java.lang.StackOverflowError
```

如果系统需要支持更深的栈调用，则可以使用参数-Xss1M 运行程序，从而扩大栈空

间的最大值。此时，再次运行代码，输出如下：

```
deep of stack is 40042
java.lang.StackOverflowError
```

可以看到，增加栈空间大小后，程序支持的函数调用深度明显上升。

虚拟机栈在运行时使用一种叫作栈帧的数据结构保存上下文数据。在栈帧中，存放了方法的局部变量表、操作数栈、动态链接方法和返回地址等信息。每一个方法的调用都伴随着栈帧的入栈操作。相应地，方法的返回则表示栈帧的出栈操作。如果方法调用时其参数和局部变量相对较多，那么栈帧中的局部变量表就会比较大，从而栈帧会膨胀，以满足方法调用所需传递的信息。因此，单个方法调用所需的栈空间也会比较大。

如图 5.2 所示为栈帧的基本结构。

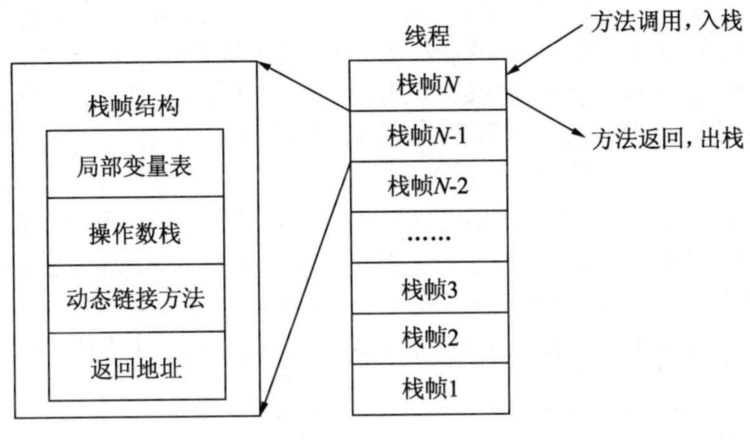

图 5.2　栈帧结构

注意： 函数嵌套调用的次数由栈的大小决定。栈越大，函数嵌套调用的次数越多。对于一个函数而言，它的参数越多，内部的局部变量就越多，它的栈帧就越大，其嵌套调用的次数就会减少。

以下代码的递归函数 recursion()定义了多个传入参数和局部变量，因此它的栈帧大小就会膨胀。

```
public class TestStack2 {
    private int count=0;
    public void recursion(long a,long b,long c) throws InterruptedException{
        long d=0,e=0,f=0;                    //占用了栈空间
        count++;
        recursion(a,b,c);                    //递归调用，与没有参数的递归调用相比
                                             //相同栈大小情况下，调用次数会减少
    }
    @Test
    public void testStack(){
        try{
```

```
            recursion(1L,2L,3L);                      //调用递归函数，统计调用次数
        }catch(Throwable e){
            System.out.println("deep of stack is "+count);
            e.printStackTrace();
        }
    }
}
```

同样使用参数-Xss1M 运行程序，输出如下：

```
deep of stack is 23578
java.lang.StackOverflowError
```

可以看到，随着调用函数参数的增加和局部变量的增加，单次函数调用对栈空间的需求也会增加（函数调用次数由无参时的 40 042 下降到 23 578）。

在栈帧中，与性能调优关系最为密切的就是局部变量表。局部变量表用于存放方法的参数和方法内部的局部变量。局部变量表以“字”为单位进行内存的划分，一个字为 32 位长度。对于 long 和 double 型的变量则占用 2 个字，其余类型占用 1 个字。在方法执行时，虚拟机使用局部变量表完成方法的传递，对于非 static 方法，虚拟机还会将当前对象（this）作为参数通过局部变量表传递给当前方法。

使用 jclasslib 工具可以查看 class 文件中每个方法所分配的最大局部变量表的容量。jclasslib 工具是开源软件，它可以用于查看 class 文件的结构，包括常量池、接口、属性和方法，还可以用于查看方法的字节码，帮助读者对 class 文件做较为深入的研究。目前，该工具可以在 http://sourceforge.net/projects/jclasslib/files/jclasslib 上下载。

注意： 使用 JClassLib 工具可以深入研究 class 类文件的结构，有助于读者对 Java 语言做更深入的了解。

使用 JClassLib 打开上例中的 TestStack2.class 文件，可以看到 recursion()方法，将其展开后查看 Code 属性，在 Code 属性的 Misc 页面，可以看到当前方法的最大局部变量表容量。如图 5.3 所示，可以看到，TestStack2.recursion()方法的最大栈容量为 13。因为该方法有 3 个 long 型参数，并在方法体内又定义了 3 个 long 型变量，共占 12 字，外加 this 变量作为参数，故最大的局部变量表为 13 字。

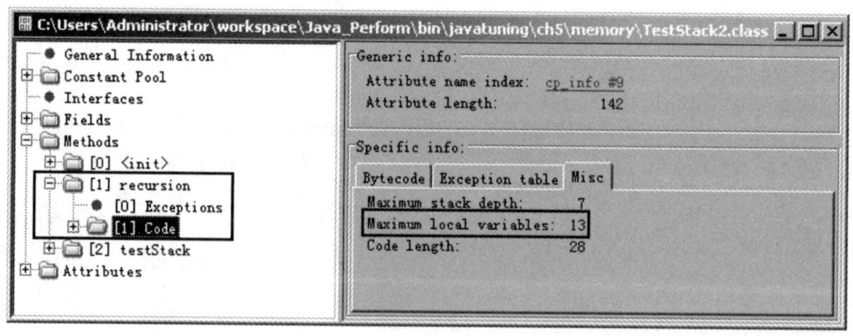

图 5.3　查看方法最大的局部变量容量

局部变量表中的字空间是可以重用的。因为在一个方法体内，局部变量的作用范围并不一定是整个方法体。观察下面这个类的两个方法的实现代码：

```
public class TestWordReuse {
    public void test1(){
        {
        long a=0;
        }
        long b=0;
    }
    public void test2(){
        long a=0;
        long b=0;
    }
}
```

在 test1()中，变量 a 的作用域只限于用于最近的大括号中，故在变量 b 定义时，变量 a 已经没有意义，变量 b 完全可以重用变量 a 所在的空间，其最大局部变量表容量只需 2+1=3 字。而在 test2()方法中，同样定义了 a、b 两个变量，但是它们的作用范围相同，不存在重用的可能，其最大局部变量表容量需要 2+2+1=5 字。

通过 JClassLib 工具查看 test1()和 test2()方法的最大局部变量，如图 5.4 所示。

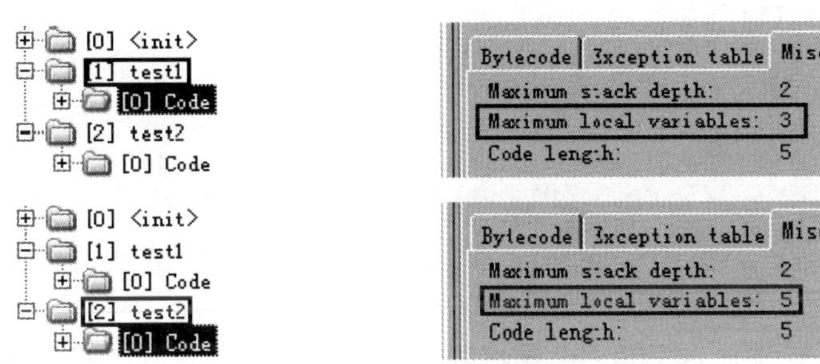

图 5.4　查看方法的最大局部变量容量

局部变量表的字对系统 GC 也有一定影响。如果一个局部变量被保存在局部变量表中，那么 GC 根就能引用这个局部变量所指向的内存空间，从而在执行 GC 时无法回收这部分空间。这里用一个非常简单的示例来说明局部变量对 GC 的影响。

首先，尝试运行以下的 test1()函数：

```
public static  void test1(){          //GC 无法回收，因为 b 还在局部变量表中
    {
    byte[] b=new byte[6*1204*1024];
    }
    System.gc();
    System.out.println("first explict gc over");
}
```

以上代码定义了一个局部变量 b，并且它的作用范围仅限于大括号中。在显式地进行 GC 调用时，变量 b 已经超过了它的作用范围，其对应的堆空间应该被回收。而事实上，

这段代码的 GC 调用过程如下：

```
[GC 271K->151K(5056K), 0.0015089 secs]
[Full GC 151K->151K(5056K), 0.0115487 secs]
[Full GC 7375K->7375K(12284K), 0.0087229 secs]
first explict gc over
```

很明显，显式地进行 Full GC 调用并没有能释放它所占用的堆空间。这是因为变量 b 仍在该栈帧的局部变量表中，因此 GC 根可以引用该内存块，阻碍了其回收过程。

假设该变量失效后，在这个函数体内又未能定义足够多的局部变量来复用该变量所占的字，那么在整个函数体中，这块内存区域是不会被回收的。如果函数体内的后续操作非常费时或者又申请了较大的内存空间，则将会对系统性能造成较大的压力。在这种环境下，手工将要释放的变量赋值为 null，是一种有效的做法。

以下代码显式地将变量 b 设置为 null，帮助系统执行 GC。

```
//GC 可以回收，因为赋值为 null 将销毁局部变量表中的数据
public static  void test2(){
    {
    byte[] b=new byte[6*1204*1024];
    b=null;
    }
    System.gc();
    System.out.println("first explict gc over");
}
```

代码的 GC 调用过程如下：

```
[GC 271K->151K(5056K), 0.0014664 secs]
[Full GC 151K->151K(5056K), 0.0112341 secs]
[Full GC 7375K->151K(12284K), 0.0090780 secs]
first explict gc over
```

可以看到，显式地进行 Full GC 操作顺利地回收了变量 b 所占的内存块。

在实际开发中，遇到上述情况的可能性并不大。因为在多数情况下，如果后续仍然需要进行大量的操作，那么极有可能会声明新的局部变量，从而复用变量 b 的字，使 b 所占的内存空间可以被 GC 回收。以下代码演示了这种可能：

```
//GC 可以回收 byte 数组，因为变量 a 复用了 b 的字，GC 根无法找到 b
public static  void test3(){
    {
    byte[] b=new byte[6*1204*1024];
    }
    int a=0;
    System.gc();
    System.out.println("first explict gc over");
}
```

该段代码的 GC 调用过程如下：

```
[GC 271K->151K(5056K), 0.0015362 secs]
[Full GC 151K->151K(5056K), 0.0131553 secs]
[Full GC 7375K->151K(12284K), 0.0086282 secs]
first explict gc over
```

很明显，变量 b 由于 a 的作用被回收了。

同理，读者可以再阅读以下两个函数。函数 test4()由于在变量 b 之前定义了变量 c，故作用域外的变量 a 复用了变量 c 的字。变量 b 依然保留，因此 GC 操作无法回收变量 b 的空间。而在函数 test5()中，由于后续又定义了变量 a 和变量 d，恰好复用了变量 c 和变量 b 的字，故 GC 操作可以顺利回收变量 b 所占的空间。

```
//GC 无法回收 byte 数组，因为变量 a 复用了 c 的字，b 仍然存在
public static void test4(){
    {
    int c=0;
    byte[] b=new byte[6*1204*1024];
    }
    int a=0;                        //复用 c 的字
    System.gc();
    System.out.println("first explict gc over");
}
public static void test5(){     //GC 可以回收 byte 数组，因为变量 d 复用了 b 的字
    {
    int c=0;
    byte[] b=new byte[6*1204*1024];
    }
    int a=0;                        //复用 c 的字
    int d=0;                        //复用 b 的字
    System.gc();
    System.out.println("first explict gc over");
}
```

在方法体内，变量 b 所在的字是否被复用，或者变量 b 是否被手工设置为 null，当方法一结束，该方法的栈帧就会被销毁，即栈帧中的局部变量表也被销毁，变量 b 就会被自然回收。

```
public static void main(String args[]){
    test1();
    System.gc();                    //总是可以回收 b，因为上层函数的栈帧已经销毁
    System.out.println("second explict gc over");
}
```

以上代码先调用了 test1()，虽然在 test1()中变量 b 无法回收，但是当 test1()方法一结束，其栈帧被销毁，那么方法体外的 GC 就能顺利回收变量 b 了。以上代码的 GC 调用过程如下：

```
[GC 271K->151K(5056K), 0.0014619 secs]
[Full GC 151K->151K(5056K), 0.0108332 secs]
[Full GC 7375K->7375K(12284K), 0.0097149 secs]
first explict gc over
[Full GC 7394K->151K(13320K), 0.0081832 secs]
second explict gc over
```

可以看到，方法体内的 GC 操作没能回收内存，但在 test1()方法体外的 GC 操作成功回收了变量 b。

注意：局部变量表中的字可能会影响 GC 回收。如果这个字没有被后续代码复用，那么它所引用的对象不会被 GC 释放。

5.1.3 本地方法栈

本地方法栈和 Java 虚拟机栈的功能很相似，Java 虚拟机栈用于管理 Java 函数的调用，而本地方法栈用于管理本地方法的调用。本地方法并不是用 Java 实现的，而是使用 C 语言实现的。在 SUN 的 Hot Spot 虚拟机中，不区分本地方法栈和虚拟机栈，因此和虚拟机栈一样，它也会抛出 StackOverflowError 和 OutOfMemoryError 异常。

5.1.4 Java 堆

Java 堆可以说是 Java 运行时内存中最为重要的部分，几乎所有的对象和数组都是在堆中分配空间的。Java 堆分为新生代和老年代两个部分。新生代用于存放刚刚产生的对象和年轻的对象，如果对象一直没有被回收，生存得足够长，则该对象就会被移入老年代。

新生代又可进一步细分为 eden、survivor space0（s0 或者 from space）和 survivor space1（s1 或者 to space）。eden 意为伊甸园，即对象的出生地，大部分对象刚刚建立时，通常会存放在这里。s0 和 s1 为 survivor 空间，直译为幸存者，也就是说存放其中的对象至少经历了一次垃圾回收并得以幸存。如果在幸存区的对象到了指定年龄仍未被回收，则有机会进入老年代（tenured）。

注意：堆空间可以简单地分为新生代和老年代。新生代用于存放刚产生的新对象，老年代则存放年长的对象（存在的时间较长，经过垃圾回收的次数较多的对象）。

堆空间的基本结构如图 5.5 所示。

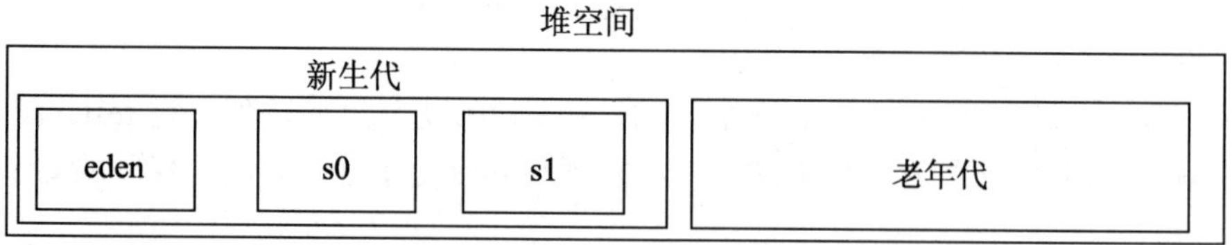

图 5.5 堆空间结构

为了方便读者更好地理解对象在内存中的分配方式，可以结合以下这个简单的示例，初步了解对象在堆中的分布。

```
public class TestHeapGC {
    public static void main(String args[]){
        byte[] b1=new byte[1024*1024/2];
        byte[] b2=new byte[1024*1024*8];
        b2=null;
```

```
        b2=new byte[1024*1024*8];        //进行一次新生代 GC 调用
        //System.gc();
    }
}
```

使用 JVM 参数“-XX:+PrintGCDetails -XX:SurvivorRatio=8 -XX:MaxTenuringThreshold=15 -Xms40M -Xmx40M -Xmn20M”运行这段代码，输出结果如下：

```
[GC [DefNew: 9031K->663K(18432K), 0.0026813 secs] 9031K->663K(38912K),
0.0027487 secs] [Times: user=0.00 sys=0.00, real=0.00 secs]
Heap
 def new generation   total 18432K, used 9183K [0x241e0000, 0x255e0000,
0x255e0000)
  eden space 16384K,  52% used [0x241e0000, 0x24a31f30, 0x251e0000)
  from space 2048K,  32% used [0x253e0000, 0x25485e78, 0x255e0000)
  to   space 2048K,   0% used [0x251e0000, 0x251e0000, 0x253e0000)
 tenured generation   total 20480K, used 0K [0x255e0000, 0x269e0000,
0x269e0000)
   the space 20480K,   0% used [0x255e0000, 0x255e0000, 0x255e0200,
0x269e0000)
 compacting perm gen  total 12288K, used 362K [0x269e0000, 0x275e0000,
0x2a9e0000)
   the space 12288K,   2% used [0x269e0000, 0x26a3a850, 0x26a3aa00,
0x275e0000)
    ro space 8192K,   67% used [0x2a9e0000, 0x2af42d98, 0x2af42e00,
0x2b1e0000)
    rw space 12288K,  53% used [0x2b1e0000, 0x2b850640, 0x2b850800,
0x2bde0000)
```

首先，在示例代码中注释掉显示 GC 的这一行代码。由程序的输出结果可以看到，在多次进行内存分配的过程中，触发了一次新生代 GC。在这次 GC 调用中，原本分配在 eden 段的变量 b1 被移动到 from 空间段（s0）。最后分配的 8MB 内存被分配到 eden 新生代。如果执行程序中的 Full GC 操作，则堆的信息如下：

```
[GC [DefNew: 9031K->663K(18432K), 0.0029870 secs] 9031K->663K(38912K),
0.0030501 secs] [Times: user=0.00 sys=0.00, real=0.00 secs]
[Full GC (System) [Tenured: 0K->8855K(20480K), 0.0278927 secs] 8855K->
8855K(38912K), [Perm : 362K->362K(12288K)], 0.0280075 secs] [Times: user=
0.00 sys=0.03, real=0.03 secs]
Heap
 def new generation   total 18432K, used 327K [0x241e0000, 0x255e0000,
0x255e0000)
  eden space 16384K,   2% used [0x241e0000, 0x24231f20, 0x251e0000)
  from space 2048K,   0% used [0x253e0000, 0x253e0000, 0x255e0000)
  to   space 2048K,   0% used [0x251e0000, 0x251e0000, 0x253e0000)
 tenured generation   total 20480K, used 8855K [0x255e0000, 0x269e0000,
0x269e0000)
   the space 20480K,  43% used [0x255e0000, 0x25e85df8, 0x25e85e00,
0x269e0000)
 compacting perm gen  total 12288K, used 362K [0x269e0000, 0x275e0000,
0x2a9e0000)
   the space 12288K,   2% used [0x269e0000, 0x26a3a878, 0x26a3aa00,
0x275e0000)
    ro space 8192K,   67% used [0x2a9e0000, 0x2af42d98, 0x2af42e00,
```

```
0x2b1e0000)
    rw space 12288K,   53% used [0x2b1e0000, 0x2b850640, 0x2b850800,
0x2bde0000)
```

可以看到，在执行 Full GC 操作之后，新生代空间被清空，未被回收的对象全部被移入老年代（tenured）。

JVM 所使用的 GC 操作方式 JVM 调优的重点之一，这部分内容将在后续章节中详细介绍。

5.1.5 方法区

方法区也是 JVM 内存区中非常重要的一块内存区域。与堆空间类似，它也是被 JVM 中所有的线程共享的。方法区主要保存的信息是类的元数据。

方法区中最为重要的是类的类型信息、常量池、域信息和方法信息。类型信息包括类的完整名称、父类的完整名称、类型修饰符（public/protected/private）和类型的直接接口类表；常量池包括这个类方法、域等信息所引用的常量信息；域信息包括域名称、域类型和域修饰符；方法信息包括方法名称、返回类型、方法参数、方法修饰符、方法字节码、操作数栈和方法栈帧的局部变量区大小及异常表。总之，方法区内保存的信息大部分来自于 class 文件，是 Java 应用程序运行必不可少的重要数据。

在 Hot Spot 虚拟机中，方法区也称之为永久区，是一块独立于 Java 堆的内存空间。虽然叫作永久区，但是在永久区中的对象同样也是可以被 GC 回收的，只是 GC 的表现和 Java 堆空间略有不同。对永久区 GC 的回收，通常主要从两个方面分析：一是 GC 对永久区常量池的回收；二是永久区对类元数据的回收。

注意：方法区也可称为永久区，主要存放常量及类的定义信息。

Hot Spot 虚拟机对常量池的回收策略是很明确的。只要常量池中的常量没有被任何地方引用，就可以被回收。下面的代码生成了大量的 String 对象，并将其加入常量池。String.intern()方法的含义是：如果常量池中已经存在当前 String，则返回池中的对象；如果常量池中不存在当前 String 对象，则先将 String 加入常量池，并返回池中的对象引用。

因此，以下代码会不停地将 String 对象加入常量池，导致永久区饱和。如果 GC 不能回收永久区的这些常量数据，那么就会抛出 OutOfMemory 错误。

```
@Test
public void permGenGC() {
    for (int i = 0; i < Integer.MAX_VALUE; i++) {
        String t = String.valueOf(i).intern();          //加入常量池
    }
}
```

使用 JVM 参数“-XX:PermSize=2M -XX:MaxPermSize=4M -XX:+PrintGCDetails”运行以上代码，部分输出结果如下：

```
[Full GC [Tenured: 486K->486K(10944K), 0.0132897 secs] 3174K->486K(15936K),
[Perm : 4096K->1497K(4096K)], 0.0138683 secs] [Times: user=0.01 sys=0.00,
real=0.01 secs]
[Full GC [Tenured: 486K->486K(10944K), 0.0126787 secs] 3174K->486K(15936K),
[Perm : 4096K->1497K(4096K)], 0.0131574 secs] [Times: user=0.02 sys=0.00,
real=0.02 secs]
[Full GC [Tenured: 486K->486K(10944K), 0.0127790 secs] 3174K->486K(15936K),
[Perm : 4096K->1497K(4096K)], 0.0132687 secs] [Times: user=0.01 sys=0.00,
real=0.01 secs]
[Full GC [Tenured: 486K->486K(10944K), 0.0139491 secs] 3174K->486K(15936K),
[Perm : 4096K->1497K(4096K)], 0.0144106 secs] [Times: user=0.02 sys=0.00,
real=0.02 secs]
```

从加粗的部分可知，每当常量池饱和时，执行 Full GC 总能顺利回收常量池中的数据，确保程序稳定、持续地运行。

与常量池的回收相比，类的元数据回收稍微复杂一些。作为演示，这里需要使用 Javassist 类库动态生成大量类，观察 GC 对类元数据的回收情况。

用于演示的动态类的父类如下（生成的动态类均为其子类）：

```
public class JavaBeanObject {
    private String name = "java";
    public String getName() {
        return name;
    }
    public void setName(String name) {
        this.name = name;
    }
}
```

动态类生成的代码如下：

```
@Test
public void testOneClassLoad()throws CannotCompileException, Instantiation
Exception,
    IllegalAccessException, NotFoundException{
    for (int i = 0; i < Integer.MAX_VALUE; i++) {      //定义类名
        CtClass c = ClassPool.getDefault().makeClass("Geym" + i);

    c.setSuperclass(ClassPool.getDefault().get("javatuning.ch5.memory.
JavaBeanObject"));
        Class clz = c.toClass();                       //新建类
        JavaBeanObject v=(JavaBeanObject)clz.newInstance();
    }
}
```

以上代码在运行时将会动态生成大量 JavaBeanObject 类的子类，并为所有动态类均生成一份实例。但实例的生命周期仅限为 for 循环的一次循环。也就是说，当下一个循环开始时，上一个循环体中生成的类及其实例都应该被视为垃圾而被回收。使用 JVM 参数“-XX:PermSize=2M -XX:MaxPermSize=4M -XX:+PrintGCDetails”运行以上代码，程序在运行后不久便抛出异常而结束，其最后的输出结果如下：

```
[Full GC [Tenured: 5379K->5379K(10944K), 0.0227413 secs] 5379K->5379K(15936K),
[Perm : 4095K->4095K(4096K)], 0.0227836 secs] [Times: user=0.01 sys=0.00,
```

```
real=0.02 secs]
[Full GC [Tenured: 5379K->5379K(10944K), 0.0225818 secs] 5379K->5379K(15936K),
[Perm : 4095K->4095K(4096K)], 0.0226354 secs] [Times: user=0.02 sys=0.00,
real=0.02 secs]
java.lang.OutOfMemoryError: PermGen space
[Full GC [Tenured: 5379K->5380K(10944K), 0.0253444 secs] 5470K->5380K(15936K),
[Perm : 4095K->4095K(4096K)], 0.0253923 secs] [Times: user=0.01 sys=0.00,
real=0.02 secs]
[Full GC [Tenured: 5380K->5380K(10944K), 0.0251851 secs] 5380K->5380K(15936K),
[Perm : 4095K->4095K(4096K)], 0.0252359 secs] [Times: user=0.03 sys=0.00,
real=0.03 secs]
Heap
 def new generation   total 4992K, used 91K [0x265e0000, 0x26b40000,
0x2bb30000)
  eden space 4480K,  2% used [0x265e0000, 0x265f6c68, 0x26a40000)
  from space 512K,  0% used [0x26a40000, 0x26a40000, 0x26ac0000)
  to   space 512K,  0% used [0x26ac0000, 0x26ac0000, 0x26b40000)
 tenured generation   total 10944K, used 5380K [0x2bb30000, 0x2c5e0000,
0x365e0000)
   the space 10944K,  49% used [0x2bb30000, 0x2c071080, 0x2c071200,
0x2c5e0000)
 compacting perm gen  total 4096K, used 4095K [0x365e0000, 0x369e0000,
0x369e0000)
   the space 4096K,  99% used [0x365e0000, 0x369dfff8, 0x369e0000,
0x369e0000)
    ro space 10240K,  51% used [0x369e0000, 0x36f0b700, 0x36f0b800,
0x373e0000)
    rw space 12288K,  54% used [0x373e0000, 0x37a776c0, 0x37a77800,
0x37fe0000)
```

可以看到，持久代已经饱和，并抛出 java.lang.OutOfMemoryError: PermGen space 异常显示持久代溢出。Full GC 在这种情况下不能回收类的元数据。

而在现有的软件开发项目中，CGLIB 和 Javassist 等动态字节码生成工具已经得到了非常普遍的使用。当系统中需要生成大量动态类时，对持久代的压力显然会比较大，不支持类元数据的回收显然是不合理的。幸好，Hot Spot 虚拟机也并非上例中显示的那样完全无视对类元数据的回收。只要虚拟机确认这个类信息没有并不会再被使用时，也会对类的元数据进行回收。

事实上，如果虚拟机确认该类的所有实例已经被回收，并且加载该类的 ClassLoader 已经被回收，GC 就有可能回收该类型。

一个最简单的 ClassLoader 实现如下：

```
public class MyClassLoader extends ClassLoader {
}
```

使用 Javassist 生成大量动态类，并尝试回收这些动态类的元数据，代码如下：

```
public class TestPermClassGC {
    //使用这个 ClassLoader 加载类
    static MyClassLoader cl = new MyClassLoader();

    @Test
    public  void  testNewClassLoad()  throws  CannotCompileException,
```

```
InstantiationException,
            IllegalAccessException, NotFoundException {
        for (int i = 0; i < Integer.MAX_VALUE; i++) {
            CtClass c = ClassPool.getDefault().makeClass("Geym" + i);
    c.setSuperclass(ClassPool.getDefault().get("javatuning.ch5.memory.J
avaBeanObject"));
            Class clz = c.toClass(cl, null);    //使用自定义的 ClassLoader
            JavaBeanObject v=(JavaBeanObject)clz.newInstance();
            if(i%10==0)
                cl = new MyClassLoader();       //销毁上一个 ClassLoader
        }
    }
}
```

与前一个例子相比，以上代码引入了一个自定义的 ClassLoader，并使用该 ClassLoader 加载所有的动态类。每个 ClassLoader 加载 10 个动态类后，其引用的 cl 变量便被设置为 null，使得虚拟机可以回收这个 ClassLoader 的实例。

依然使用 JVM 参数 "-XX:PermSize=2M -XX:MaxPermSize=4M -XX:+PrintGCDetails" 运行这段代码。可以看到，这段代码已经不会抛出 OutOfMemoryError 异常，可以持久稳定地运行。其最后几行的输出结果如下：

```
[Full GC [Tenured: 91628K->95928K(152716K), 0.1982967 secs] 108804K->
95928K(221516K), [Perm : 4095K->1926K(4096K)], 0.1989672 secs] [Times:
user=0.19 sys=0.02, real=0.20 secs]
[Full GC [Tenured: 95928K->100216K(159884K), 0.2043213 secs] 112611K->
100216K(231884K), [Perm : 4095K->1926K(4096K)], 0.2046386 secs] [Times:
user=0.20 sys=0.00, real=0.20 secs]
[Full GC [Tenured: 100216K->104516K(167028K), 0.2082486 secs] 117667K->
104516K(242292K), [Perm : 4095K->1926K(4096K)], 0.2091676 secs] [Times:
user=0.20 sys=0.01, real=0.22 secs]
[Full GC [Tenured: 104516K->108816K(174196K), 0.2184615 secs] 121302K->
108816K(252660K), [Perm : 4095K->1926K(4096K)], 0.2190274 secs] [Times:
user=0.20 sys=0.02, real=0.22 secs]
```

很明显，只要 ClassLoader 被回收，在执行 Full GC 时，永久区中的类的元数据是完全有可能被回收的。这种方法可以很好地与一些动态字节码生成库结合使用，以确保永久区的稳定。

注意： 如果 Hot Spot 虚拟机确认某一个类信息不会被使用，也会将其回收。回收的基本条件是所有该类的实例被回收，并且装载该类的 ClassLoader 被回收。

5.2　JVM 内存分配参数

JVM 内存结构分配对 Java 应用程序的性能有较大的影响。本节主要介绍设置 Java 应用程序内存大小及内存结构的方法，如设置堆大小、设置新生代大小、设置持久带大小、设置线程栈大小等。

5.2.1 设置最大堆内存

Java 应用程序可以使用的最大堆可以用-Xmx 参数指定。最大堆指的是新生代和老年代的大小之和的最大值，它是 Java 应用程序的堆上限。

以下这段代码不停地在堆上分配空间，直到内存溢出。-Xmx 参数的大小不同，将直接决定程序能够走过几个循环。

```
public static void main(String args[]){
    Vector v=new Vector();
    for(int i=1;i<=10;i++){
        byte[] b=new byte[1024*1024];       //每个循环分配 1MB 内存
        v.add(b);                           //强引用，执行 GC 时不能释放空间
        System.out.println(i+"M is allocated");
    }
    System.out.println("Max
memory:"+Runtime.getRuntime().maxMemory()/1024/1024+"M");
}
```

使用 java -Xmx5M javatuning.ch5.memory.TestXmx 运行程序时，最大堆上限为 5MB，此时程序输出结果如下，表明在完成 4MB 数据分配后，系统空闲的堆内存大小已经不足 1MB 了。

```
1M is allocated
2M is allocated
3M is allocated
4M is allocated
Exception in thread "main" java.lang.OutOfMemoryError: Java heap space
    at javatuning.ch5.memory.TestXmx.main(TestXmx.java:9)
```

当使用 java-Xmx11M javatuning.ch5.memory.TestXmx 运行程序时，最大堆上限为 11MB，此时程序顺利结束，没有任何异常，表明在 11MB 的堆空间上成功分配了 10MB 的 byte 数组。

在运行程序时，可以使用 Runtime.getRuntime().maxMemory()取得系统可用的最大堆内存。本例中最后一行的输出结果为：

```
Max memory:11M
```

注意： 通过-Xmx 参数可以设置系统的最大堆。

5.2.2 设置最小堆内存

使用 JVM 参数-Xms 可以设置系统的最小堆空间。也就是 JVM 启动时，所占据的操作系统内存大小。

Java 应用程序在运行时，首先会被分配-Xms 参数所指定的内存大小，并尽可能尝试在这个空间段内运行程序。当-Xms 指定的内存大小确实无法满足应用程序时，JVM 才会

向操作系统申请更多的内存，直到内存大小达到-Xmx 参数指定的最大内存为止。若超过-Xmx 参数指定的值，则抛出 OutOfMemoryError 异常。

如果-Xms 的数值较小，那么 JVM 为了保证系统尽可能地在指定内存范围内运行，就会更加频繁地进行 GC 操作，以释放失效的内存空间，从而会增加 Minor GC 和 Full GC 的执行次数，对系统性能产生一定的影响。

以下代码每次分配 1MB 空间，累计 3MB 时，清空所有内存。

```
public static void main(String args[]){
    Vector v=new Vector();
    for(int i=1;i<=10;i++){
        byte[] b=new byte[1024*1024];
        v.add(b);
        if(v.size()==3)                              //清空内存
            v.clear();
    }
}
```

使用 JVM 参数-Xmx11M -Xms4M -verbose:gc 运行以上代码，输出结果如下：

```
[GC 290K->164K(3968K), 0.0012980 secs]
[GC 1188K->1188K(3968K), 0.0021966 secs]
[GC 2212K->2212K(4032K), 0.0010549 secs]
[GC 3236K->2212K(4032K), 0.0001136 secs]
[GC 3236K->3236K(5060K), 0.0009725 secs]
[Full GC 3236K->1188K(5060K), 0.0120182 secs]
[GC 2212K->2212K(4032K), 0.0004945 secs]
[GC 3236K->2212K(4032K), 0.0000646 secs]
[GC 3236K->3236K(5060K), 0.0008348 secs]
[Full GC 3236K->1188K(5060K), 0.0056392 secs]
[GC 2212K->2212K(4032K), 0.0002660 secs]
[GC 3236K->2212K(4032K), 0.0000860 secs]
```

其中进行了 10 次 Minor GC 操作和 2 次 Full GC 操作。Minor GC 操作共计耗时 0.007382s，2 次 Full GC 操作共计耗时 0.017657，总计 0.025039s。

为减少 GC 操作的次数，增大-Xms 的值，使用 JVM 参数-Xmx11M -Xms11M -verbose:gc 运行相同代码，输入如下：

```
[GC 2373K->2212K(10944K), 0.0038912 secs]
[GC 4294K->3236K(10944K), 0.0016076 secs]
[GC 5307K->3236K(11008K), 0.0002174 secs]
[GC 5299K->5284K(11008K), 0.0011823 secs]
```

增大-Xms 后，只进行了 4 次 Minor GC 操作，合计耗时 0.006899s，执行速度得到了优化。

注意： JVM 会试图将系统内存尽可能地限制在-Xms 中，当内存实际使用量触及-Xms 指定的大小时，会触发 Full GC。因此把-Xms 值设置为-Xmx 时，可以在系统运行初期减少 GC 操作的次数和耗时。

5.2.3 设置新生代

参数-Xmn 可以用于设置新生代的大小。设置一个较大的新生代会减小老年代的大小，这个参数对系统性能及 GC 行为有很大的影响。新生代的大小一般设置为整个堆空间的 1/4 到 1/3。

以上例中的代码为例，若使用 JVM 参数“-Xmx11M -Xms11M -Xmn2M -XX:+PrintGCDetails”运行程序，将新生代的大小减小为 2MB（默认情况下是 3.5MB 左右），那么 Minor GC 操作次数将从 4 次增加到 9 次。

在 Hot Spot 虚拟机中，-XX:NewSize 可以用于设置新生代的初始大小，-XX:MaxNewSize 可用于设置新生代的最大值。但通常情况下，只设置-Xmn 已经可以满足绝大部分应用的需要。设置-Xmn 的效果等同于设置了相同的-XX:NewSzie 和-XX:MaxNewSize。

若设置不同的-XX:NewSize 和-XX:MaxNewSize，可能会导致内存振荡，从而产生不必要的系统开销。

5.2.4 设置持久代

持久代（方法区）不属于堆的一部分。在 Hot Spot 虚拟机中，使用-XX:MaxPermSize 可以设置持久代的最大值，使用-XX:PermSize 可以设置持久代的初始大小。

持久代的大小直接决定了系统可以支持多少个类定义及支持多少常量。对于使用 CGLIB 或者 Javassist 等动态字节码生成工具的应用程序而言，设置合理的持久代大小有助于维持系统稳定。

以下代码显示了一个使用 Javassist 动态生成大量 class 类的应用，并在永久区溢出时，打印其生成的动态类总数。

```
public static void main(String args[]) throws CannotCompileException,
NotFoundException, InstantiationException, IllegalAccessException{
    int i=0;
    try{
        for (i = 1; i <=Integer.MAX_VALUE; i++) {
            CtClass c = ClassPool.getDefault().makeClass("Geym" + i);
    //生成动态类
    c.setSuperclass(ClassPool.getDefault().get("javatuning.ch5.memory.J
avaBeanObject"));
            Class clz = c.toClass();
            JavaBeanObject v=(JavaBeanObject)clz.newInstance();
    //生成动态类实例
        }
    }catch(Throwable e){
        System.out.println("Create New Classes count is "+i);
        e.printStackTrace();
    }
}
```

使用参数-XX:PermSize=4M -XX:MaxPermSize=4M 运行该程序，输出结果如下：

```
Create New Classes count is 4142
Exception in thread "main" java.lang.OutOfMemoryError: PermGen space
```

将 MaxPermSize 加倍，使用-XX:PermSize=4M -XX:MaxPermSize=8M 运行同样的代码，其输出结果如下：

```
Create New Classes count is 9333
Exception in thread "main" java.lang.OutOfMemoryError: PermGen space
```

可以看到，系统所支持的最大类数量与 MaxPermSize 成正比。一般来说，MaxPermSize 设置为 64MB 就已经可以满足绝大部分应用程序的正常工作。如果依然出现永久区溢出，可以将 MaxPermSize 设置为 128MB。这是两个很常用的永久区取值。如果 128MB 依然不能满足应用程序的需求，那么对于大部分应用程序来说，则应该考虑优化系统设计，减少动态类的产生，或者使用 5.1.5 小节“方法区”中提到的方法，利用 GC 回收部分驻扎在永久区中的无用类信息，以使系统健康运行。

从 JDK 8 开始，Java 虚拟机已经彻底抛弃了持久代，而改用元数据区存放类的元信息。元数据是一块直接内存。可以使用-XX:MaxMetaspaceSize 指定可用的元数据区大小，如不指定，默认行为会试图耗尽所有可用的物理内存。因此，在 JDK 8 中，如果想得到上述效果，需要使用虚拟机参数-XX:MaxMetaspaceSize=20M，读者可以自行尝试。PermSize 和 MaxPermSize 参数在 JDK 8 中已经废弃。

5.2.5 设置线程栈

线程栈是线程的一块私有空间。有关线程栈的详细描述可以参考 5.1.2 小节“Java 虚拟机栈”。本节仅对线程栈做一些补充说明。

在 JVM 中，可以使用-Xss 参数设置线程栈的大小。

在线程中进行局部变量分配和函数调用时，都需要在栈中开辟空间。如果栈的空间分配太小，那么线程在运行时，可能没有足够的空间分配局部变量或者达不到足够的函数调用深度而导致程序异常退出。如果栈空间过大，那么开设线程所需的内存成本就会上升，系统所能支持的线程总数就会下降。

由于 Java 堆也是向操作系统申请内存空间的，因此如果堆空间过大，就会导致操作系统可用于线程栈的内存减少，从而间接减少程序所能支持的线程数量。

以下代码尝试开设尽可能多的线程，并在线程数量饱和时打印已开设的线程数量。

```
public class TestXss {
    public static class MyThread extends Thread{
        @Override
        public void run(){
            try {
                Thread.sleep(10000);                    //确保线程不退出
            } catch (InterruptedException e) {
```

```
                e.printStackTrace();
            }
        }
    }

    public static void main(String args[]){
        int i=0;
        try{
            for( i=0;i<10000;i++){
                new MyThread().start();             //开启大量新线程
            }
        }catch(OutOfMemoryError e){
            System.out.println("count thread is "+i);
        }
    }
}
```

首先，简单地使用-Xss1M 运行这段程序，即设置每个线程拥有 1MB 的栈空间。笔者的计算机上显示共可开设线程 1803 个。增大-Xss 的值，使用参数-Xss20M 为每个线程分配 20MB 的栈空间，结果在笔者的计算机上仅能支持 81 个线程。

如果指定系统的最大堆会发现，系统所能支持的线程数量还与堆的大小有关。结合最大堆参数和栈参数进行若干次实验，查看系统支持的最大线程数，结果如表 5.1 所示。

表 5.1　栈大小与线程数的关系

堆空间 \ 栈大小	-Xss1M	-Xss20M
-Xmx100M -Xms100M	1767	79
-Xmx300M -Xms300M	1567	69
-Xmx500M -Xms500M	1368	59
-Xmx700M -Xms700M	1168	49

Java 堆的分配以 200MB 递增，当栈大小为 1MB 时，最大线程数量以 200 递减。说明每个线程确实占据了 1MB 空间，当系统的物理内存被堆占据时，就不可以被栈使用。同理，当栈空间为 20MB 时，最大线程数量以 10 递减，正好也是堆空间的递增值。

当系统由于内存空间不够而无法创建新的线程时，会抛出 OOM（OutOfMemory）异常，如下：

```
java.lang.OutOfMemoryError: unable to create new native thread
```

根据以上讲解可知，这并不是由于堆内存不够而导致的 OOM 异常，而是因为操作系统内存减去堆内存后，剩余的系统内存不足而无法创建新的线程。在这种情况下，可以尝试减少堆内存以换取更多的系统空间来解决这个问题。

注意： 这是一种非常特殊的 OOM 异常。它不是因为堆内存不够而溢出，而是因为栈空间不够所致。为了赢得更多的栈空间，可以适当减少（而不是增加）堆的大小，从而尽可能避免这种 OOM 异常。

综上所述，如果系统确实需要大量的线程并发执行，那么设置一个较小的堆和较小的栈，有助于提高系统所能承受的最大线程数。

5.2.6　堆的比例分配

在前几节中已经讲过如何设置最大堆、最小堆和新生代的大小。尤其对新生代大小的设置，介绍了-Xmn、-XX:NewSize 和-XX:MaxNewSize 三个参数，它们只可以设定一个固定大小的新生代空间。事实上，在实际生产环境中，更希望能够对堆空间进行比例分配。本节将介绍几个可用于将堆空间进行比例分配的 JVM 参数。

参数-XX:SurvivorRatio 用来设置新生代中的 eden 空间和 s0 空间的比例关系。s0 和 s1 空间又可称为 from 空间和 to 空间，它们的大小是相同的，功能也是一样的，在执行 Minor GC 后会互换角色。SurvivorRatio 参数的含义如下：

-XX:SurvivorRatio=eden/s0=eden/s1

使用-XX:+PrintGCDetails -Xmn10M -XX:SurvivorRatio=8 运行一段简单的 Java 程序，便会有以下输出结果：

```
Heap
 def new generation   total 9216K, used 491K [0x229e0000, 0x233e0000,
0x233e0000)
  eden space 8192K,   6% used [0x229e0000, 0x22a5aee8, 0x231e0000)
  from space 1024K,   0% used [0x231e0000, 0x231e0000, 0x232e0000)
  to   space 1024K,   0% used [0x232e0000, 0x232e0000, 0x233e0000)
 tenured generation   total 4096K, used 0K [0x233e0000, 0x237e0000,
0x269e0000)
   the space 4096K,   0% used [0x233e0000, 0x233e0000, 0x233e0200,
0x237e0000)
 compacting perm gen  total 12288K, used 361K [0x269e0000, 0x275e0000,
0x2a9e0000)
   the space 12288K,   2% used [0x269e0000, 0x26a3a7d8, 0x26a3a800,
0x275e0000)
    ro space 8192K,  67% used [0x2a9e0000, 0x2af42d98, 0x2af42e00,
0x2b1e0000)
    rw space 12288K,  53% used [0x2b1e0000, 0x2b850640, 0x2b850800,
0x2bde0000)
```

修改参数，使用-XX:+PrintGCDetails -Xmn10M -XX:SurvivorRatio=2 运行程序，将比例设置为 2，则程序输出结果如下：

```
Heap
 def new generation   total 7680K, used 441K [0x229e0000, 0x233e0000,
0x233e0000)
  eden space 5120K,   8% used [0x229e0000, 0x22a4e768, 0x22ee0000)
  from space 2560K,   0% used [0x22ee0000, 0x22ee0000, 0x23160000)
  to   space 2560K,   0% used [0x23160000, 0x23160000, 0x233e0000)
 tenured generation   total 4096K, used 0K [0x233e0000, 0x237e0000,
0x269e0000)
   the space 4096K,   0% used [0x233e0000, 0x233e0000, 0x233e0200,
0x237e0000)
```

```
 compacting perm gen  total 12288K, used 361K [0x269e0000, 0x275e0000,
0x2a9e0000)
   the space 12288K,   2% used [0x269e0000, 0x26a3a7d8, 0x26a3a800,
0x275e0000)
    ro space 8192K,  67% used [0x2a9e0000, 0x2af42d98, 0x2af42e00,
0x2b1e0000)
    rw space 12288K,  53% used [0x2b1e0000, 0x2b850640, 0x2b850800,
0x2bde0000)
```

上例中，指定新生代合计为 10MB，并使 eden 区是 s0 的 2 倍大小，由于 s1 与 s0 相同，故有 eden=10MB/(1+1+2)×2=5MB。

参数-XX:NewRatio 可以用来设置新生代和老年代的比例，如下面的公式：

-XX:NewRatio=老年代/新生代

使用参数-XX:+PrintGCDetails -XX:NewRatio=2 -Xmx20M -Xms20M 运行一段简单的代码，输出结果如下：

```
Heap
 def new generation   total 6144K, used 448K [0x255e0000, 0x25c80000,
0x25c80000)
  eden space 5504K,   8% used [0x255e0000, 0x256502b8, 0x25b40000)
  from space 640K,   0% used [0x25b40000, 0x25b40000, 0x25be0000)
  to   space 640K,   0% used [0x25be0000, 0x25be0000, 0x25c80000)
 tenured generation   total 13696K, used 0K [0x25c80000, 0x269e0000,
0x269e0000)
   the space 13696K,   0% used [0x25c80000, 0x25c80000, 0x25c80200,
0x269e0000)
 compacting perm gen  total 12288K, used 361K [0x269e0000, 0x275e0000,
0x2a9e0000)
   the space 12288K,   2% used [0x269e0000, 0x26a3a7d8, 0x26a3a800,
0x275e0000)
    ro space 8192K,  67% used [0x2a9e0000, 0x2af42d98, 0x2af42e00,
0x2b1e0000)
    rw space 12288K,  53% used [0x2b1e0000, 0x2b850640, 0x2b850800,
0x2bde0000)
```

在本例中，因为堆大小为 20MB，新生代和老年代的比例为 1∶2，故新生代大小为 20MB×1/3≈6MB 左右，老年代为 12MB 左右。

注意：-XX:SurvivorRatio 可以设置 eden 区与 survivor 区的比例，-XX:NewRatio 可以设置老年代与新生代的比例。

这些 JVM 的 XX 参数在不同的 JDK 版本中的实现可能会略有不同。在具体使用时，可以使用-XX:+PrintGCDetails 参数打印出堆的实际大小，予以甄别。

5.2.7　堆分配参数总结

与 Java 应用程序堆内存相关的 JVM 参数如下：

- -Xms：设置 Java 应用程序启动时的初始堆大小。

- -Xmx：设置 Java 应用程序能获得的最大堆大小。
- -Xss：设置线程栈的大小。
- -XX:MinHeapFreeRatio：设置堆空间最小空闲比例。当堆空间的空闲内存小于这个数值时，JVM 便会扩展堆空间。
- -XX:MaxHeapFreeRatio：设置堆空间的最大空闲比例。当堆空间的空闲内存大于这个数值时，便会压缩堆空间，得到一个较小的堆。
- -XX:NewSize：设置新生代的大小。
- -XX:NewRatio：设置老年代与新生代的比例。它等于老年代大小除以新生代大小。
- -XX:SurviorRatio：设置新生代中 eden 区与survivior 区的比例。
- -XX:MaxPermSize：设置最大的持久区大小。
- -XX:PermSize：设置永久区的初始值。
- -XX:TargetSurvivorRatio：设置 survivior 区的可使用率。当 survivior 区的空间使用率达到这个数值时，会将对象送入老年代。

如图 5.6 所示为主要的堆分配参数的含义。

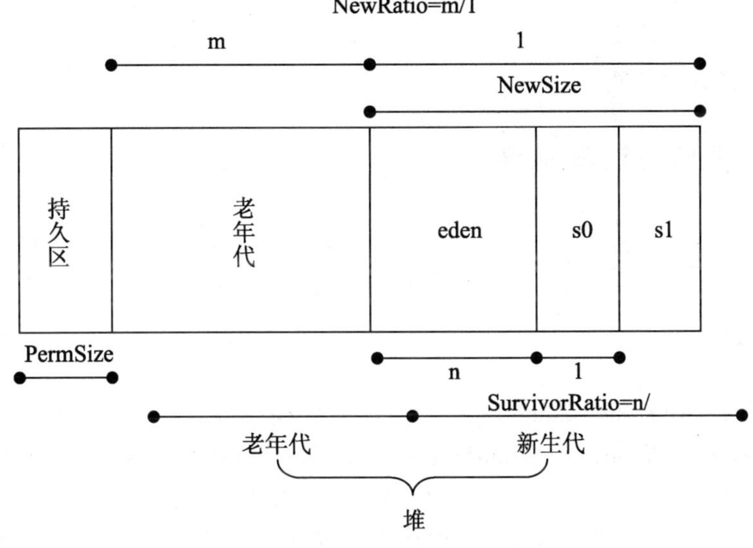

图 5.6　堆分配参数一览

5.3　垃圾收集基础

Java 语言的一大特点就是可以进行自动垃圾回收处理，开发人员无须过于关注系统资源（尤指内存资源）的释放情况。自动垃圾收集虽然大大减轻了开发人员的工作量，但同时也增加了软件系统的负担，一个不合适的垃圾回收方法和策略还会对系统性能造成不良影响。本节将主要介绍一些垃圾回收方法及 Hot Spot 虚拟机支持的垃圾回收器，并对它们的使用和设置做简单的介绍。

5.3.1 垃圾收集的作用

拥有垃圾回收器可以说是 Java 语言与 C++语言的一项显著区别。在 C++语言中，程序员必须小心谨慎地处理每一项内存分配，但内存使用完后，必须手工释放曾经占用的内存空间。当内存释放不够完全时，即存在分配但永不释放的内存块，就会引起内存泄漏，严重时会导致程序瘫痪。

虽然，目前有许多自动化检测工具可以识别这些内存泄漏的代码点，但是这种纯手工管理内存的方法依然被不少人所诟病。为了解决这个问题，Java 语言使用了垃圾回收器用来替代 C++时代纯手工的内存管理方式，以减轻程序员的负担，减少出错的概率。

垃圾回收器要处理的基本问题如下：

- 哪些对象需要回收？
- 何时回收这些对象？
- 如何回收这些对象？

5.3.2 垃圾回收算法与思想

垃圾回收器可以有多种不同的实现方式。本书不打算深入介绍各种垃圾回收器的具体实现算法，仅在本节中简单介绍主要的垃圾收集算法及其核心思想。

1. 引用计数法

引用计数法（Reference Counting）是最经典也是最古老的一种垃圾收集方法，在微软的 COM 组件技术和 Adobe 的 ActionScript 3 中，都可以找到引用计数器的身影。

引用计数器的实现很简单，对于一个对象 A，只要有任何一个对象引用了 A，则 A 的引用计数器就加 1，当引用失效时，引用计数器就减 1。只要对象 A 的应用计数器的值为 0，则对象 A 就不可能再被使用。

引用计数器的实现也非常简单，只需要为每个对象配备一个整型计数器即可。但是，引用计数器有一个严重的问题，即无法处理循环引用的情况。因此，在 Java 的垃圾回收器中，没有使用这种算法。

例如，一个简单的循环引用问题：有对象 A 和对象 B，对象 A 中含有对象 B 的引用，对象 B 中含有对象 A 的引用。此时，对象 A 和 B 的引用计数器都不为 0。但是，在系统中却不存在任何第 3 个对象引用了 A 或 B。也就是说，A 和 B 是应该被回收的垃圾对象，但由于垃圾对象间的相互引用，从而使垃圾回收器无法识别，引起内存泄漏。

如图 5.7 所示，不可达的对象出现循环引用，它的引用计数器均不为 0。

因此，在 Java 语言中单纯地使用引用计数器算法实现垃圾回收是不可行的。

🔔注意：由于无法处理循环引用的问题，引用计数法不适合用于 JVM 的垃圾回收。

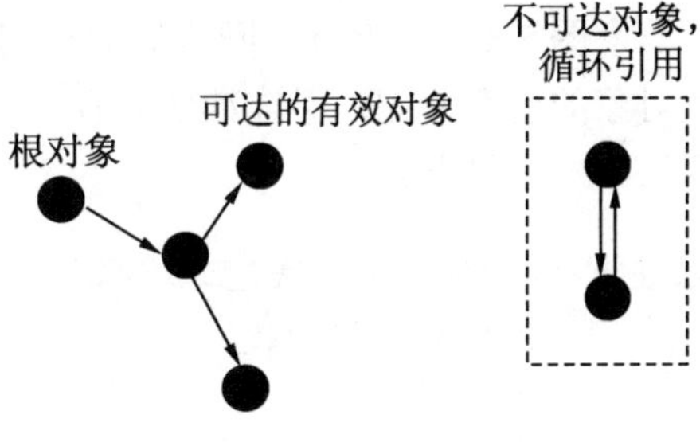

图 5.7　循环引用示意图

2．标记-清除算法

标记-清除算法（Mark-Sweep）是现代垃圾回收算法的思想基础。标记-清除算法将垃圾回收分为两个阶段：标记阶段和清除阶段。一种可行的实现方式是，在标记阶段，首先通过根节点标记所有从根节点开始的可达对象，因此未被标记的对象就是未被引用的垃圾对象。然后，在清除阶段清除所有未被标记的对象。标记-清除算法可能产生的最大问题就是空间碎片。

如图 5.8 所示，使用标记-清除算法对一块连续的内存空间进行回收。从根节点开始，所有的有引用关系的对象均被标记为存活对象（箭头表示引用），不可达的对象均为垃圾对象。在标记操作完成后，系统回收所有不可达的空间。

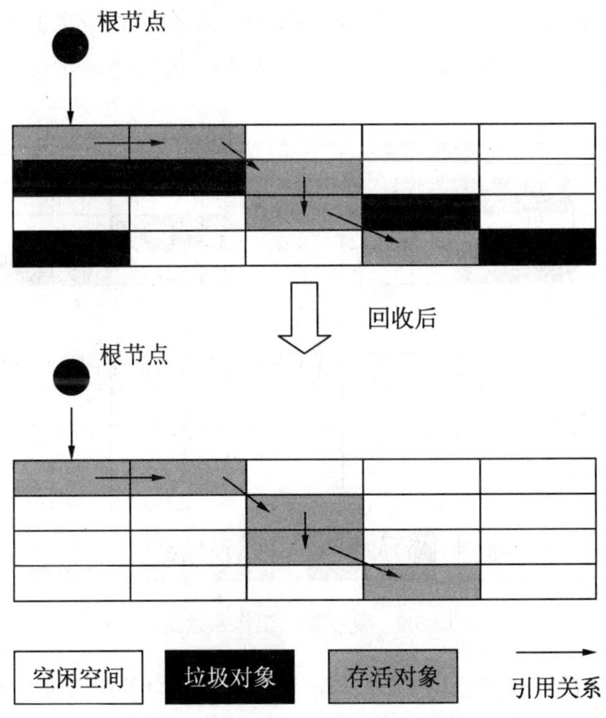

图 5.8　标记-清除算法的工作示意图

由图 5.8 可以看到，回收后的空间是不连续的。在对象的堆空间分配过程中，尤其是大对象的内存分配，不连续的内存空间的工作效率要低于连续的空间，这也是标记-清除算法的最大缺点。

注意：标记-清除算法先通过根节点标记所有可达对象，然后清除所有不可达对象，从而完成垃圾回收。

3. 复制算法

与标记-清除算法相比，复制算法（Copying）是一种相对高效的回收方法。它的核心思想是：将原有的内存空间分为两块，每次只使用其中的一块，在垃圾回收时，将正在使用的内存中的存活对象复制到未使用的内存块中，之后清除正在使用的内存块中的所有对象，交换两个内存的角色，完成垃圾回收。

如果系统中的垃圾对象很多，复制算法需要复制的存活对象数量并不会太大。因此，在真正需要垃圾回收的时刻，复制算法的效率是很高的。又因为对象是在垃圾回收过程中统一被复制到新的内存空间中的，因此可确保回收回的内存空间是没有碎片的。虽然有以上两大优点，但是复制算法的代价却是将系统内存折半，因此，单纯的复制算法也很难让人接受。

如图 5.9 所示，有 A、B 两块相同的内存空间，A 在进行垃圾回收时将存活对象复制到 B 中，B 中的空间在复制后保持连续。复制完成后，清空 A，并将空间 B 设置为当前使用空间。

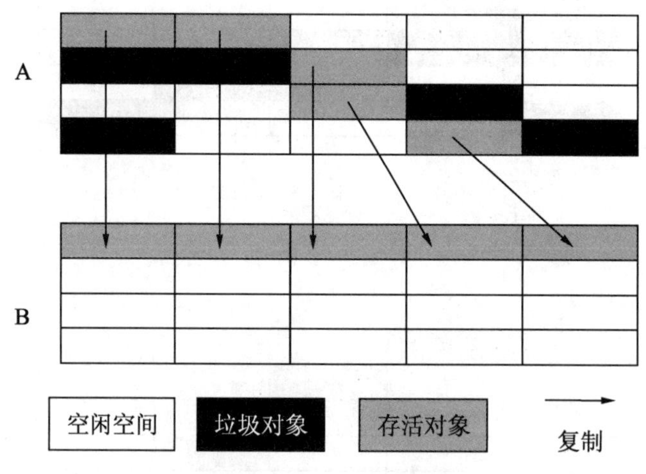

图 5.9　复制算法工作示意图

在 Java 的新生代串行垃圾回收器中使用了复制算法的思想。新生代分为 eden 空间、from 空间和 to 空间 3 个部分。其中，from 和 to 空间可以视为用于复制的两块大小相同、地位相等且可进行角色互换的空间块。from 和 to 空间也称为 survivor 空间，即幸存者空间，用于存放未被回收的对象。

在垃圾回收时，eden 空间中的存活对象会被复制到未使用的 survivor 空间中（假设是 to），正在使用的 survivor 空间（假设是 from）中的年轻对象也会被复制到 to 空间中（大对象，或者老年对象会直接进入老年代，如果 to 空间已满，则对象也会直接进入老年代）。此时，eden 空间和 from 空间中的剩余对象就是垃圾对象，可以直接清空，to 空间则存放此次回收后的存活对象。

这种改进的复制算法既保证了空间的连续性，又避免了大量的内存空间浪费。如图 5.10 所示为串行垃圾回收器在新生代的回收过程。在完成所有复制操作到活动 survivor 区后，简单地清空 eden 区和无效的 survivor 区即可。

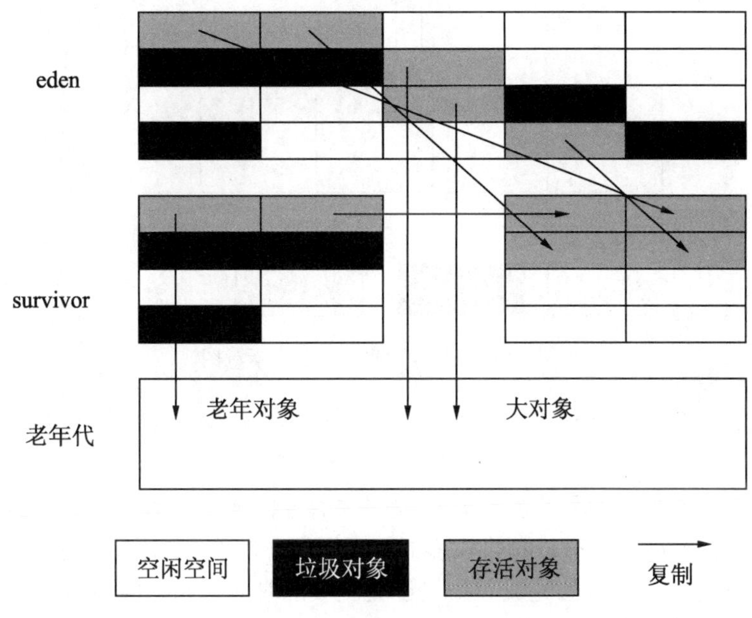

图 5.10　改进的复制算法工作示意图

注意：复制算法比较适用于新生代。因为在新生代中，垃圾对象通常会多于存活对象，复制算法的效果会比较好。

4. 标记-压缩算法

复制算法的高效性是建立在存活对象少、垃圾对象多的前提下，这种情况在年轻代经常发生。但是在老年代，更常见的情况是大部分对象都是存活对象，如果依然使用复制算法，由于存活对象较多，复制的成本也将很高。因此，基于老年代垃圾回收的特性，需要使用新的算法。

标记-压缩算法（Mark-Compact）是一种老年代的回收算法，它在标记-清除算法的基础上做了一些优化。和标记-清除算法一样，标记-压缩算法也需要首先从根节点开始对所有可达对象做一次标记。但之后，它并不是简单地清理未标记的对象，而是将所有的存活对象压缩到内存的一端，之后清理边界外所有的空间。这种方法既避免了碎片的产生，又不需要两块相同的内存空间，因此其性价比较高。如图 5-11 所示为标记-压缩算法的工作示意图。

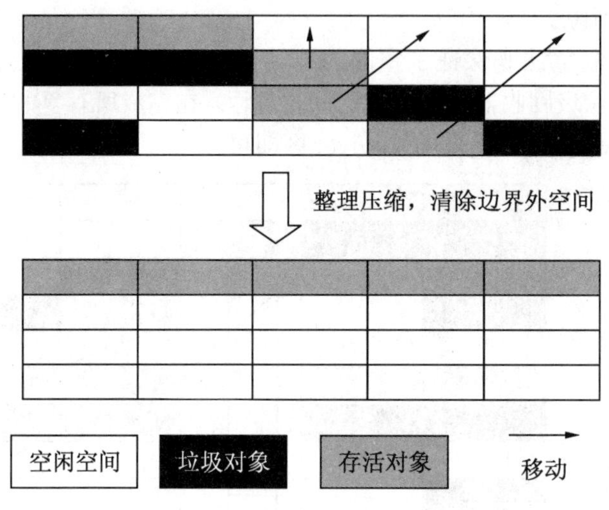

图 5.11 标记-压缩算法工作示意图

5. 增量算法

对于大部分垃圾回收算法而言，在垃圾回收的过程中，应用软件将处于一种 Stop the World 的状态。在 Stop the World 的状态下，应用程序的所有线程都会被挂起，暂停一切正常的工作，等待垃圾回收的完成。如果垃圾回收的时间很长，应用程序会被挂起很久，将严重影响用户体验或者系统的稳定性。

增量算法（Incremental Collecting）的基本思想是，如果一次性将所有的垃圾进行处理，需要造成系统长时间的停顿，那么就可以让垃圾收集线程和应用程序线程交替执行。垃圾收集线程每次只收集一小片区域的内存空间，接着切换到应用程序线程。如此反复，直到垃圾回收完成。使用这种方式，由于在垃圾回收的过程中间断性地还执行了应用程序代码，所以能减少系统的停顿时间。但是，因为线程切换和上下文转换的消耗，会使得垃圾回收的总体成本上升，造成系统吞吐量的下降。

6. 分代

前文中介绍了复制、标记-清除、标记-压缩等垃圾回收算法。在所有这些算法中，并没有一种算法可以完全替代其他算法，它们都具有自己独特的优势和特点。因此，根据垃圾回收对象的特性，使用合适的算法回收，才是明智的选择。

分代（Generational Collecting）就是基于这种思想而设计的。它将内存区间根据对象的特点分成几块，根据每块内存区间的特点，使用不同的回收算法，以提高垃圾回收的效率。

以 Hot Spot 虚拟机为例，它将所有的新建对象都放入称为年轻代的内存区域，年轻代的特点是对象朝生夕灭，大约 90%的新建对象会被很快回收，因此，在年轻代就要选择效率较高的复制算法。当一个对象经过几次回收后依然存活，对象就会被放入称为老年代的内存空间。在老年代中，几乎所有的对象都是经过几次垃圾回收后依然得以幸存的，因此可以认为这些对象在一段时期内，甚至在应用程序的整个生命周期中将是常驻内存的。

在极端情况下，老年代对象的存活率可以达到 100%。如果依然使用复制算法回收老年代，将需要复制大量对象。再加上老年代的回收性价比也要低于新生代，因此这种做法是不可取的。根据分代的思想，可以对老年代的回收使用与新生代不同的标记-压缩算法，以提高垃圾回收效率。如图 5.12 所示为这种分代的思想。

注意： 分代的思想被现有的 Hot Spot 虚拟机广泛使用，几乎所有的垃圾回收器都区分年轻代和老年代。

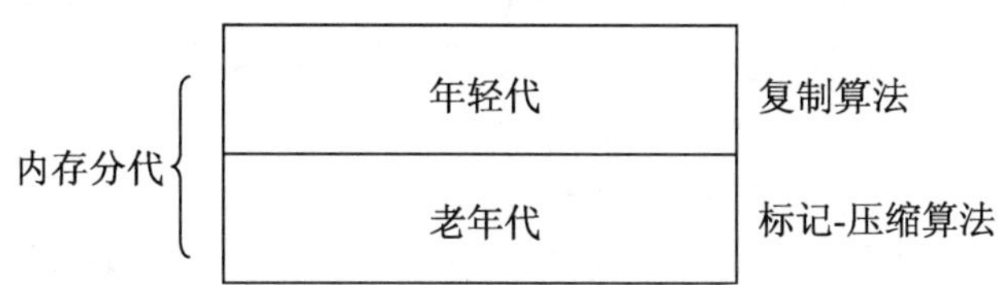

图 5.12　分代回收的思想

5.3.3　垃圾回收器的类型

从不同角度分析垃圾回收器，可以将垃圾回收器分为不同的类型。

按线程数分，可以分为串行垃圾回收器和并行垃圾回收器。串行垃圾回收器一次只使用一个线程进行垃圾回收，并行垃圾回收器一次将开启多个线程同时进行垃圾回收。在并行能力较强的 CPU 上，使用并行垃圾回收器可以缩短 GC 的停顿时间。

按照工作模式分，可以分为并发式垃圾回收器和独占式垃圾回收器。并发式垃圾回收器与应用程序线程交替工作，以尽可能减少应用程序的停顿时间。独占式垃圾回收器（Stop the World）一旦运行，就停止应用程序中的其他所有线程，直到垃圾回收过程完全结束。

按碎片处理方式，可分为压缩式垃圾回收器和非压缩式垃圾回收器。压缩式垃圾回收器会在回收完成后对存活对象进行压缩整理，以消除回收后的碎片。非压缩式的垃圾回收器不进行这步操作。

按工作的内存区间，又可分为新生代垃圾回收器和老年代垃圾回收器。顾名思义，新生代垃圾回收器只在新生代工作，老年代垃圾回收器则工作在老年代。

垃圾回收器的分类如表 5.2 所示。

表 5.2　垃圾回收器的分类

分　　类	线　程　数		工 作 模 式		碎 片 处 理		分　　代	
垃圾回收器类型	串行垃圾回收器	并行垃圾回收器	并发式垃圾回收器	独占式垃圾回收器	压缩式垃圾回收器	非压缩式垃圾回收器	新生代垃圾处理器	老年代垃圾处理器

5.3.4　评价 GC 策略的指标

评价一个垃圾回收器的好坏可以用以下指标进行衡量。

- 吞吐量：指在应用程序的生命周期内，应用程序所花费的时间和系统总运行时间的比值。系统总运行时间=应用程序耗时+GC 耗时。如果系统运行了 100min，GC 耗时 1min，那么系统的吞吐量就是(100−1)/100=99%。
- 垃圾回收器负载：和吞吐量相反，垃圾回收器负载指垃圾回收器耗时与系统运行总时间的比值。
- 停顿时间：指在垃圾回收器正在运行时，应用程序的暂停时间。对于独占式垃圾回收器而言，停顿时间可能会比较长。使用并发式垃圾回收器时，由于垃圾回收和应用程序交替运行，程序的停顿时间会变短，但是由于其效率很可能不如独占式垃圾回收器，故系统的吞吐量可能会较低。
- 垃圾回收频率：指垃圾回收器多长时间会运行一次。一般来说，对于固定的应用而言，垃圾回收器的频率应该是越低越好。通常增大堆空间可以有效降低垃圾回收发生的频率，但是可能会增加回收产生的停顿时间。
- 反应时间：指当一个对象称为垃圾后，多长时间内它所占据的内存空间会被释放。
- 堆分配：不同的垃圾回收器对堆内存的分配方式可能不同。一个良好的垃圾回收器应该有一个合理的堆内存区间划分。

通常情况下，很难让一个应用程序在所有的指标上都达到最优，因此只能根据应用本身的特点，尽可能使垃圾回收器配合应用程序的工作。例如，对于客户端应用而言，应该尽可能降低其停顿时间，给用户良好的使用体验，为此可以牺牲垃圾回收的吞吐量。对后台服务程序来说，可能会更加关注吞吐量，所以可以适当延长系统的停顿时间。

5.3.5　新生代串行回收器

串行回收器是所有垃圾回收器中最古老的一种，也是 JDK 中最基本的垃圾回收器之一。串行回收器主要有两个特点：第一，它仅仅使用单线程进行垃圾回收；第二，它是独占式的垃圾回收。

在串行回收器进行垃圾回收时，Java 应用程序中的线程都需要暂停，等待垃圾回收的完成，如图 5.13 所示，在串行回收器运行时，应用程序中的所有线程都停止工作，进行等待，这种现象称为 Stop the World。它将造成非常糟糕的用户体验，在实时性要求较高的应用场景中，这种现象往往是不能接受的。

虽然如此，串行回收器却是一个成熟的、经过长时间生产环境考验的极为高效的回收器。新生代串行回收器使用复制算法，实现起来相对简单，逻辑处理特别高效，并且没有线程切换的开销。在诸如单 CPU 处理器或者较小的应用内存等硬件平台不是特别优越的场合，串行回收器的性能表现可以超过并行回收器和并发回收器。

在 Hot Spot 虚拟机中，使用-XX:+UseSerialGC 参数可以指定使用新生代串行回收器和老年代串行回收器。当 JVM 在 Client 模式下运行时，它是默认的垃圾回收器。

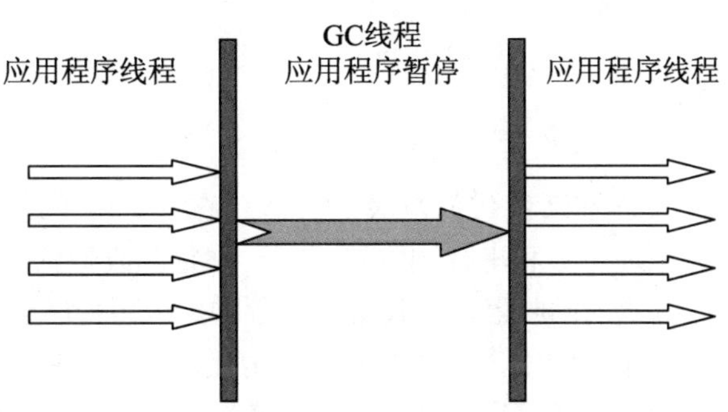

图 5.13　串行回收器示意图

一次新生代串行回收器的工作输出日志类似于如下信息（使用-XX:+PrintGCDetails 开关）：

```
0.844: [GC 0.844: [DefNew: 17472K->2176K(19648K), 0.0188339 secs] 17472K->
2375K(63360K), 0.0189186 secs] [Times: user=0.01 sys=0.00, real=0.02 secs]
```

它显示了一次垃圾回收前的新生代的内存占用量和垃圾回收后的新生代的内存占用量，以及垃圾回收所消耗的时间。

注意： 串行垃圾回收器虽然古老，但是久经考验，在大多数情况下，其性能表现是相当不错的。

5.3.6　老年代串行回收器

老年代串行回收器使用的是标记-压缩算法。和新生代串行回收器一样，它也是一个串行的、独占式的垃圾回收器。由于老年代垃圾回收通常会使用比新生代回收更长的时间，因此在堆空间较大的应用程序中，一旦老年代串行回收器启动，应用程序很可能会因此停顿几秒甚至更长时间。

虽然如此，作为老牌的垃圾回收器，老年代串行回收器可以和多种新生代回收器配合使用，同时它也可以作为 CMS 回收器的备用回收器。

若要启用老年代串行回收器，可以尝试使用以下参数：

- -XX:+UseSerialGC：新生代、老年代都使用串行回收器。

- -XX:+UseParNewGC：新生代使用并行回收器，老年代使用串行回收器。
- -XX:+UseParallelGC：新生代使用并行回收器，老年代使用串行回收器。

一次老年代串行回收器的工作输出日志类似于如下信息：

```
8.259: [Full GC 8.259: [Tenured: 43711K->40302K(43712K), 0.2960477 secs]
63350K->40302K(63360K), [Perm : 17836K->17836K(32768K)], 0.2961554 secs]
[Times: user=0.28 sys=0.02, real=0.30 secs]
```

以上信息显示了垃圾回收前老年代和永久区的内存占用量，以及垃圾回收后老年代和永久区的内存占用量。

5.3.7 并行回收器

并行回收器是一个工作在新生代的垃圾回收器。它只是简单地将串行回收器多线程化，它的回收策略、算法及参数和串行回收器一样。并行回收器的工作原理如图 5.14 所示。并行回收器也是独占式的回收器，在收集的过程中，应用程序会全部暂停。但由于并行回收器使用多线程进行垃圾回收，因此在并发能力比较强的 CPU 上，它产生的停顿时间要短于串行回收器，而在单 CPU 或者并发能力较弱的系统中，并行回收器的效果不会比串行回收器好，甚至由于多线程的压力，它的实际表现很可能比串行回收器差。

开启并行回收器可以使用以下参数：

- -XX:+UseParNewGC：新生代使用并行回收器，老年代使用串行回收器。
- -XX:+UseConcMarkSweepGC：新生代使用并行回收器，老年代使用 CMS。

并行回收器工作时的线程数量可以使用-XX:ParallelGCThreads 参数指定。一般情况下，最好与 CPU 数量相当，避免过多的线程数影响垃圾收集的性能。在默认情况下，当 CPU 的数量小于 8 个时，ParallelGCThreads 的值等于 CPU 的数量，当 CPU 的数量大于 8 个时，ParallelGC-Threads 的值等于 3+((5×CPU_Count)/8)。

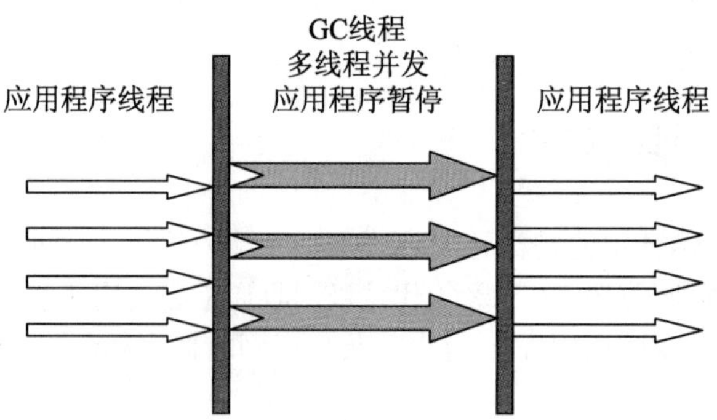

图 5.14　新生代并行回收器示意图

一次并行回收器的日志输出信息如下：

```
0.834: [GC 0.834: [ParNew: 13184K->1600K(14784K), 0.0092203 secs] 13184K->
1921K(63936K), 0.0093401 secs] [Times: user=0.00 sys=0.00, real=0.00 secs]
```

可以看到，这个输出和新生代串行回收器几乎是一样的，只有回收器的标识符不同。

5.3.8 新生代并行回收器

新生代并行回收（Parallel Scavenge）器也是使用复制算法的回收器。从表面上看，它和并行回收器一样，都是多线程、独占式的回收器。但是并行回收器有一个重要的特点：它非常关注系统的吞吐量。

新生代并行回收器可以使用以下参数启用：

- -XX:+UseParallelGC：新生代使用并行回收器，老年代使用串行回收器。
- -XX:+UseParallelOldGC：新生代和老年代都使用并行回收处理器。

并行回收器提供了两个重要的参数，用于控制系统的吞吐量。

- -XX:MaxGCPauseMillis：设置最大垃圾收集停顿时间。它的值是一个大于 0 的整数。回收器在工作时，会调整 Java 堆大小或者其他一些参数，尽可能把停顿时间控制在 MaxGCPauseMillis 以内。如果读者希望减少停顿时间而把这个值设得很小，为了达到预期的停顿时间，JVM 可能会使用一个较小的堆（一个小堆比一个大堆回收快），这将导致垃圾回收变得很频繁，从而增加垃圾回收的总时间，降低吞吐量。
- -XX:GCTimeRatio：设置吞吐量大小。它的值是一个 0～100 之间的整数。假设 GCTimeRatio 的值为 n，那么系统将花费不超过 $1/(1+n)$的时间用于垃圾收集。例如 GCTime- Ratio 等于 19（默认值），则系统用于垃圾收集的时间不超过 1/(1+19)=5%。默认情况下，它的取值是 99，即不超过 1/(1+99)=1%的时间用于垃圾收集。

除此以外，新生代并行回收器与并行回收器的另一个不同之处在于，它还支持一种自适应的 GC 调节策略。使用-XX:+UseAdaptiveSizePolicy 可以打开自适应的 GC 调节策略。在这种模式下，新生代的大小、eden 和 survivior 的比例、晋升老年代的对象年龄等参数会被自动调整，以达到在堆大小、吞吐量和停顿时间之间的平衡。在手工调优比较困难的场合，可以直接使用这种自适应的方式，即仅指定虚拟机的最大堆、目标的吞吐量（GCTimeRatio）和停顿时间（MaxGCPauseMillis），让虚拟机自己完成调优工作。

新生代并行回收器的工作日志如下：

```
0.880: [GC [PSYoungGen: 16448K->2439K(19136K)] 16448K->2439K(62848K),
0.0064912 secs] [Times: user=0.00 sys=0.00, real=0.00 secs]
```

日志中显示了回收器的工作成果，也就是回收前的内存大小和回收后的内存大小，以及花费的时间。

注意： 新生代并行回收器关注系统的吞吐量。可以通过-XX:MaxGCPauseMillis 和 -XX:GCTimeRatio 参数设置期望的停顿时间和吞吐量大小。

5.3.9 老年代并行回收器

老年代并行回收器也是一种多线程并发的回收器。和新生代并行回收器一样，它也是一种关注吞吐量的回收器。老年代并行回收器使用标记-压缩算法，它在 JDK 1.6 中才可以使用。如图 5.15 所示为并行回收器的工作模式。

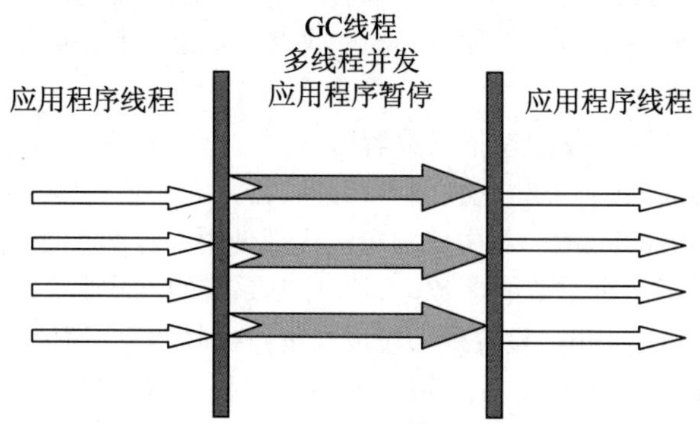

图 5.15　老年代并行回收器工作示意图

使用-XX:+UseParallelOldGC 参数，可以在新生代和老年代都使用并行回收器。这是一对非常关注吞吐量的垃圾回收器组合，在对吞吐量敏感的系统中可以考虑使用。参数-XX:ParallelGCThreads 也可以用于设置垃圾回收时的线程数量。

老年代并行回收器的工作日志如下：

```
1.500: [Full GC [PSYoungGen: 2682K->0K(19136K)] [ParOldGen: 28035K->
30437K(43712K)] 30717K->30437K(62848K) [PSPermGen: 10943K->10928K(32768K)],
0.2902791 secs] [Times: user=1.44 sys=0.03, real=0.30 secs]
```

日志中显示了新生代、老年代及永久区在回收前后的情况，以及 Full GC 操作所消耗的时间。

5.3.10 CMS 回收器

与并行回收器不同，CMS 回收器主要关注系统停顿时间。CMS 是 Concurrent Mark Sweep 的缩写，意为并发标记清除，从名称上就可以得知，它使用的是标记-清除算法，同时它又是一个使用多线程并行回收的垃圾回收器。

CMS 回收器的工作过程与其他垃圾回收器相比略显复杂。CMS 工作时的主要步骤有初始标记、并发标记、重新标记、并发清除和并发重置。其中初始标记和重新标记是独占系统资源的，而并发标记、并发清除和并发重置是可以和用户线程一起执行的。因此，从整体上说，CSM 回收器不是独占式的，它可以在应用程序运行过程中进行垃圾回收。CMS 回收器的工作流程如图 5.16 所示。

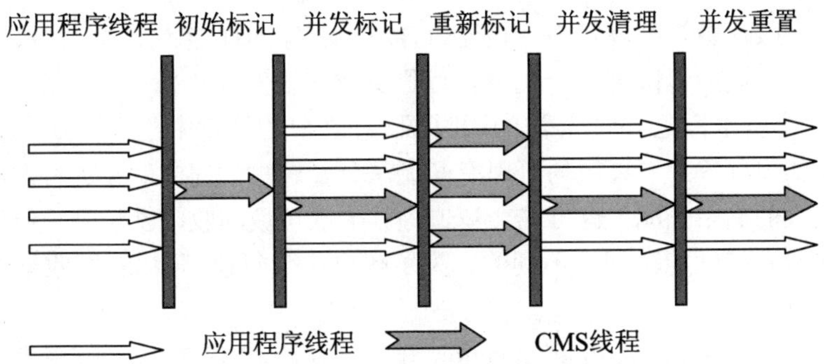

应用程序线程　初始标记　并发标记　重新标记　并发清理　并发重置

应用程序线程　CMS线程

图 5.16　CMS 回收器工作示意图

根据标记-清除算法，初始标记、并发标记和重新标记都是为了标记出需要回收的对象。并发清理则是在标记完成后正式回收垃圾对象。并发重置是指在垃圾回收完成后，重新初始化 CMS 数据结构和数据，为下一次垃圾回收做好准备。并发标记、并发清理和并发重置都是可以和应用程序线程一起执行的。

CMS 回收器在其主要的工作阶段虽然没有暴力地彻底暂停应用程序线程，但是由于它和应用程序线程并发执行，相互抢占 CPU，故在 CMS 执行期内对应用程序吞吐量将造成一定影响。CMS 默认启动的线程数是(ParallelGCThreads+3)/4，其中，ParallelGCThreads 是新生代并行回收器的线程数。也可以通过-XX:ParallelCMSThreads 参数手工设定 CMS 的线程数量。当 CPU 资源比较紧张时，受到 CMS 回收器线程的影响，应用系统的性能在垃圾回收阶段可能会非常糟糕。

由于 CMS 回收器不是独占式的回收器，在 CMS 回收过程中，应用程序仍然在不停地工作。在应用程序的工作过程中，又会不断地产生垃圾。这些新生成的垃圾在当前 CMS 回收过程中是无法清除的。同时，因为应用程序没有中断，故在 CMS 回收过程中还应该确保应用程序有足够的内存可用。因此，CMS 回收器不会等待堆内存饱和时才进行垃圾回收，而是当堆内存使用率达到某一阈值时便开始进行回收，以确保应用程序在 CMS 工作过程中依然有足够的空间支持应用程序运行。

这个回收阈值可以使用-XX:CMSInitiatingOccupancyFraction 来指定，默认是 68，即当老年代的空间使用率达到 68%时会执行一次 CMS 回收。如果应用程序的内存使用率增长很快，在 CMS 的执行过程中已经出现了内存不足的情况，此时 CMS 回收就会失败，JVM 将启动老年代串行回收器进行垃圾回收。如果这样，应用程序将完全中断，直到垃圾收集完成，这时应用程序的停顿时间可能会很长。

注意： 通过-XX:CMSInitiatingOccupancyFraction 参数可以指定当老年代空间使用率达到一定比例时进行一次 CMS 垃圾回收。

因此，根据应用程序的特点，可以对-XX:CMSInitiatingOccupancyFraction 进行调优。如果内存增长缓慢，则可以设置一个稍大的值，大的阈值可以有效降低 CMS 的触发频率，减少老年代的回收次数，可以较为明显地改善应用程序的性能。反之，如果应用程序内存使用率增长很快，则应该降低这个阈值，以避免频繁触发老年代串行回收器。

CMS 是一个基于标记-清除算法的回收器。在之前的篇章中已经提到，标记-清除算法将会造成大量的内存碎片，离散的可用空间无法分配较大的对象。在这种情况下，即使堆内存仍然有较大的剩余空间，也可能会被迫进行一次垃圾回收，以换取一块可用的连续内存。这种现象对系统性能是相当不利的。为了解决这个问题，CMS 回收器还提供了几个用于内存压缩整理的参数。

-XX:+UseCMSCompactAtFullCollection 开关可以使 CMS 在垃圾收集完成后进行一次内存碎片整理。内存碎片的整理不是并发进行的。-XX:CMSFullGCsBeforeCompaction 参数可以用于设定进行多少次 CMS 回收后执行一次内存压缩。

CMS 回收器工作时的日志输出如下：

```
1.662: [GC [1 CMS-initial-mark: 28122K(49152K)] 29959K(63936K), 0.0046877
secs] [Times: user=0.00 sys=0.00, real=0.00 secs]
1.666: [CMS-concurrent-mark-start]
1.699: [CMS-concurrent-mark: 0.033/0.033 secs] [Times: user=0.25 sys=0.00,
real=0.03 secs]
1.699: [CMS-concurrent-preclean-start]
1.700: [CMS-concurrent-preclean: 0.000/0.000 secs] [Times: user=0.00 sys=
0.00, real=0.00 secs]
1.700: [GC[YG occupancy: 1837 K (14784 K)]1.700: [Rescan (parallel) ,
0.0009330 secs]1.701: [weak refs processing, 0.0000180 secs] [1 CMS-remark:
28122K(49152K)] 29959K(63936K), 0.0010248 secs] [Times: user=0.00 sys=
0.00, real=0.00 secs]
1.702: [CMS-concurrent-sweep-start]
1.739: [CMS-concurrent-sweep: 0.035/0.037 secs] [Times: user=0.11 sys=
0.02, real=0.05 secs]
1.739: [CMS-concurrent-reset-start]
1.741: [CMS-concurrent-reset: 0.001/0.001 secs] [Times: user=0.00 sys=
0.00, real=0.00 secs]
```

以上信息是一次 CMS 收集的输出结果。可以看到，CMS 回收器的工作过程包括初始化标记、并发标记、重新标记、并发清理和重发重置等几个重要阶段。在日志中，还可以看到 CMS 的耗时及堆内存信息。

除此之外，CMS 回收器在运行时还可能会输出如下日志：

```
33.348: [Full GC 33.348: [CMS33.357: [CMS-concurrent-sweep: 0.035/0.036
secs] [Times: user=0.11 sys=0.03, real=0.03 secs]
 (concurrent mode failure): 47066K->39901K(49152K), 0.3896802 secs]
60771K->39901K(63936K), [CMS Perm : 22529K->22529K(32768K)], 0.3897989
secs] [Times: user=0.39 sys=0.00, real=0.39 secs]
```

以上日志信息说明 CMS 回收器并发收集失败，这很可能是由于应用程序在运行过程中老年代空间不够所导致。如果在 CMS 工作过程中出现非常频繁的并发模式失败，就应该考虑进行调整，尽可能预留一个较大的老年代空间；或者可以设置一个较小的-XX:

CMSInitiatingOccupancyFraction 参数，以降低 CMS 触发的阈值，使 CMS 在执行过程中仍然有较大的老年代空闲空间供应用程序使用。

注意：CMS 回收器是一个关注停顿的垃圾回收器。同时，CMS 回收器在部分工作流程中可以与用户程序同时运行，从而降低应用程序的停顿时间。

5.3.11 G1 回收器

G1 回收器是目前较新的垃圾回收器。它在 JDK 1.6 update 14 中提供了早期预览版，并伴随 JDK 7 update 4 发布。从长期目标来看，它是为了取代 CMS 回收器而设计的。G1 回收器拥有独特的垃圾回收策略，这和之前提到的回收器截然不同。从分代上看，G1 依然属于分代垃圾回收器，它会区分年轻代和老年代，依然有 eden 区和 survivor 区，但从堆的结构上看，它并不要求整个 eden 区、年轻代或者老年代都连续。作为 CMS 的长期替代方案，G1 同时使用了全新的分区算法，其特点如下：

- 并行性：G1 在回收期间可以由多个 GC 线程同时工作，从而有效利用多核计算能力。
- 并发性：G1 拥有与应用程序交替执行的能力，部分工作可以和应用程序同时执行，因此一般来说，不会在整个回收期间完全阻塞应用程序。
- 分代 GC：G1 依然是一个分代回收器，但是和之前的回收器不同，它同时兼顾年轻代和老年代。除了 G1 外，其他垃圾回收器或者工作在年轻代，或者工作在老年代，这是一个很大的不同。
- 空间整理：G1 在回收过程中会进行适当的对象移动，而不像 CMS 只是简单地标记清理对象，在若干次 GC 操作后，CMS 必须进行一次碎片整理。而 G1 不同，它每次回收都会有效地复制对象，从而减少空间碎片。
- 可预见性：由于分区的原因，G1 可以只选取部分区域进行内存回收，这样就缩小了回收的范围，因此对于全局停顿也能得到较好的控制。

G1 回收器最大的特点就是将大块内存划分成大小相等的多个小块，并分别管理。这些小块叫作区（region），其结构如图 5.17 所示。

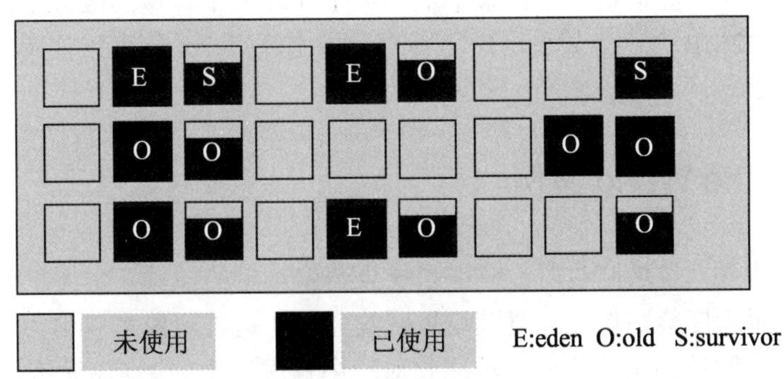

图 5.17 G1 的内存结构

每次回收时，G1 会避免回收整个 Java 堆，而是根据算法，选择垃圾比例最高的几个区进行回收，因此大大降低了执行 Full GC 可能带来的长时间停顿。对比 CMS 回收器，虽然也在努力尝试减少一次回收产生的停顿时间，但随着回收次数不断增加，CMS 回收器所管理的堆内存会逐渐地碎片化，因此不可避免地会进行一次长时间的 Full GC 操作。当这种 Full GC 操作发生在一个很大的堆上时（如 32GB 或 64GB），系统可能因此而停顿几分钟。这对于延迟要求比较高的系统显然是不可接受的。而 G1 的这种分块回收思想则从理论上打破了虚拟机必须进行 Full GC 操作的怪圈。只要程序的内存使用是合理并且的 GC 操作是友好的，在不断地进行区间回收过程中，系统总是能保证在不进行 Full GC 操作的前提下还有空闲的内存可以使用。

可以使用-XX:+UseG1GC 标记打开 G1 回收器开关。对 G1 回收器进行设置时，最重要的一个参数就是-XX:MaxGCPauseMillis，它用于指定目标的最大停顿时间。如果任何一次停顿超过这个设置值时，G1 就会尝试通过调整新生代和老年代的比例、堆大小和晋升年龄等手段，试图达到预设目标。对于性能调优来说，总是鱼和熊掌不可兼得的，如果停顿时间缩短，对于新生代来说，这意味着很可能要增加新生代 GC 操作的次数，GC 操作反而会变得更加频繁。对于老年代区域来说，为了获得更短的停顿时间，那么在进行混合 GC 收集时，一次收集的区域数量也会变少，这样无疑增加了进行 Full GC 操作的可能性。

另外一个重要的参数是-XX:ParallelGCThreads，它用于设置并行回收时进行 GC 操作的工作线程数量。

此外，-XX:InitiatingHeapOccupancyPercent 参数可以指定当整个堆使用率达到一定比例时，触发并发标记周期的执行，默认值是 45，即当整个堆占用率达到 45%时，执行并发标记周期。InitiatingHeapOccupancyPercent 参数一旦设置，始终不会再被 G1 回收器修改，这意味着 G1 回收器不会试图改变这个值来满足 MaxGCPauseMillis 的目标。如果 InitiatingHeapOccupancyPercent 值设置偏大，会导致并发周期迟迟得不到启动，那么引起 Full GC 操作的可能性也大大增加；反之，一个过小的 InitiatingHeapOccupancyPercent 值会使得并发周期非常频繁，大量的 GC 线程抢占 CPU，会导致应用程序的性能有所下降。

最后一个值得了解的参数是-XX:G1HeapRegionSize=n，它设置了 G1 的每个区（region）的大小。默认情况下，虚拟机会根据整个堆的大小计算一个合理的区大小，每个区的大小总是介于 1MB～32MB 之间。如果用户需要自己指定区大小，则可以使用这个参数，以避免虚拟机自行计算。

5.3.12 Stop the World 案例

前文中曾经讲到，垃圾回收时，应用系统会产生一定的停顿，尤其在独占式的垃圾回收器中，整个应用程序会被停止，直到垃圾回收完成，这种现象可以称为 Stop the World。

本节将以一个简单的例子说明垃圾回收对应用程序产生的影响，希望能给读者留下深刻的印象。这样，当生产环境遇到类似的问题时，系统莫名其妙地停止工作，读者便可以检查是否是由于垃圾回收引起的，进而排查问题。

以下是这个案例的代码：

```
public class StopWorldTest {
    public static class MyThread extends Thread{
        HashMap map=new HashMap();
        @Override
        public void run(){
            try{
                while(true){
                    if(map.size()*512/1024/1024>=400){ //防止内存溢出
                        map.clear();
                        System.out.println("clean map");
                    }
                    byte[] b1;
                    for(int i=0;i<100;i++){
                        b1=new byte[512];                //模拟内存占用
                        map.put(System.nanoTime(), b1);
                    }
                    Thread.sleep(1);
                }
            }catch(Exception e){

            }
        }
    }
    //每毫秒打印一次时间信息
    public static class PrintThread extends Thread{
        public static final long starttime=System.currentTimeMillis();
        @Override
        public void run(){
            try{
                while(true){
                    long t=System.currentTimeMillis()-starttime;
                    System.out.println(t/1000+"."+t%1000);
                    Thread.sleep(100);
                }
            }catch(Exception e){

            }
        }
    }
    public static void main(String args[]){
        MyThread t=new MyThread();
        PrintThread p=new PrintThread();
        t.start();
        p.start();
    }
}
```

上面的代码定义了 2 个线程——MyThread 和 PrintThread。MyThread 不停地申请系统内存，这将迫使进行垃圾回收；PrintThread 则每隔 0.1s 打印出系统的启动时间。在正常情况下，系统应用每秒钟有 10 个输出。

使用参数-Xmx512M -Xms512M -XX:+UseSerialGC -Xloggc:gc.log -XX:+PrintGCDetails 运行这段代码，部分输出结果如下：

```
0.0
0.94
省略部分输出
14.812
14.922
18.281
省略部分输出
19.234
19.328
23.703
```

以上省略部分都是看似正常的执行结果，即每秒钟有 10 条记录输出。但加粗部分显示程序似乎在这两个地方停顿了三四秒的时间。理论上，在这段时间内，应该有 30～40 条记录输出。PrintThread 在这两个时间点上停顿了，并且时间超过了 3 秒。进一步查看 GC 操作的日志，截取部分输出信息如下：

```
15.642: [GC 15.643: [DefNew: 36287K->4031K(36288K), 3.1730192 secs] 318034K
->318014K(520256K), 3.2486674 secs] [Times: user=0.08 sys=0.11, real=3.27
secs]
20.027: [GC 20.027: [DefNew: 36287K->4031K(36288K), 4.2712328 secs] 350270K
->350244K(520256K), 4.2719265 secs] [Times: user=0.11 sys=0.03, real=4.28
secs]
```

从时间上看，以上两个 GC 操作发生的时间正好位于 15s 和 20s 左右，并且持续时间长达 3s～5s，从发生时间和影响时间上看，这两个 GC 操作严重干扰了 PrintThread 的正常工作。这就是 Stop the World 产生的后果。

在笔者的开发经验中，垃圾回收器甚至还使系统产生过 100s 以上的停顿，从而造成了严重的业务中断。因此，慎重选择回收器并对其进行调优是相当重要的。

注意： 垃圾回收产生的停顿可能会对应用程序的执行效果产生严重的不良影响。

5.3.13 垃圾回收器对系统性能的影响

本节将简单展示不同垃圾回收器对应用软件性能的影响，但目的并不是通过测试筛选出最优秀的垃圾回收器。事实上，在众多的垃圾回收器中并没有最好的，只有最适合应用的回收器。根据应用软件的特性及硬件平台的特点，选择不同的垃圾回收器才能有效地提高系统性能。

通过本节的样例测试，读者将看到不同的垃圾回收器对应用程序性能产生的直接影响。希望读者通过对本节的阅读，能够在实际工作中重视对垃圾回收器的选择。

测试代码如下：

```
public class GCTimeTest {
    static HashMap map=new HashMap();

    public static void main(String args[]){
        long begintime=System.currentTimeMillis();
        for(int i=0;i<10000;i++){
            if(map.size()*512/1024/1024>=400){      //保护内存不溢出
                map.clear();
                System.out.println("clean map");
            }
            byte[] b1;
            for(int j=0;j<100;j++){                 //模拟对内存的消耗
                b1=new byte[512];
                map.put(System.nanoTime(), b1);
            }
        }
        long endtime=System.currentTimeMillis();
        System.out.println(endtime-begintime);
    }
}
```

上面这段代码进行了 1 万次循环，每次分配 512×100 个字节空间，最后输出程序运行所消耗的时间。笔者在 Dell 1950 服务器上（8 核 CPU）测试以上代码，得到的垃圾回收器和程序耗时的关系如表 5.3 所示。

表 5.3　垃圾回收器的测试耗时

回　收　器	耗时（ms）
-Xmx512M -Xms512M -XX:+UseParNewGC	3203
-Xmx512M -Xms512M -XX:+UseParallelOldGC -XX:ParallelGCThreads=8	3593
-Xmx512M -Xms512M -XX:+UseSerialGC	3360
-Xmx512M -Xms512M -XX:+UseConcMarkSweepGC	2516

不同的回收器，其代码的执行时间有着较为明显的差别。在本例中，使用 CMS 回收器比并行回收器快了将近 30%。并行回收器甚至比串行回收器更慢。当然，这并不能说明 CMS 回收器比并行回收器更好，只能说明 CMS 回收器更适合笔者的测试硬件环境和样例代码。

注意：根据应用程序的不同特点，可以选择不同的垃圾回收器，以提高应用程序的性能。

5.3.14　GC 操作相关参数总结

1. 与串行回收器相关的参数

下面是与串行回收器相关的参数。

- -XX:+UseSerialGC：在新生代和老年代使用串行回收器。
- -XX:SurvivorRatio：设置 eden 区和 survivior 区的大小比例。
- -XX:PretenureSizeThreshold：设置大对象直接进入老年代的阈值。当对象的大小超过这个值时，将直接在老年代分配。
- -XX:MaxTenuringThreshold：设置对象进入老年代年龄的最大值。每一次执行 Minor GC 操作后，对象年龄就加 1。任何大于这个年龄的对象，一定会进入老年代。

2. 与并行回收器相关的参数

下面是与并行回收器相关的参数。

- -XX:+UseParNewGC：在新生代使用并行回收器。
- -XX:+UseParallelOldGC：在老年代使用并行回收器。
- -XX:ParallelGCThreads：设置用于垃圾回收的线程数。通常情况下可以和 CPU 数量相等。但在 CPU 数量比较多的情况下，设置相对较小的数值也是合理的。
- -XX:MaxGCPauseMillis：设置最大垃圾收集的停顿时间，它的值是一个大于 0 的整数。回收器在工作时会调整 Java 堆大小或者其他参数，尽可能地把停顿时间控制在 MaxGCPauseMillis 以内。
- -XX:GCTimeRatio：设置吞吐量大小，它的值是一个 0～100 之间的整数。假设 GCTimeRatio 的值为 n，那么系统将花费不超过 $1/(1+n)$的时间用于垃圾收集。
- -XX:+UseAdaptiveSizePolicy：打开自适应 GC 调节策略。在这种模式下，新生代的大小、eden 和 survivior 的比例、晋升老年代的对象年龄等参数会被自动调整，以达到在堆大小、吞吐量和停顿时间之间的平衡。

3. 与CMS回收器相关的参数

下面是与 CMS 回收器相关的参数。

- -XX:+UseConcMarkSweepGC：新生代使用并行回收器，老年代使用 CMS+串行回收器。
- -XX:ParallelCMSThreads：设定 CMS 的线程数量。
- -XX:CMSInitiatingOccupancyFraction：设置 CMS 回收器在老年代空间被使用多少后触发，默认为 68%。
- -XX:+UseCMSCompactAtFullCollection：设置 CMS 回收器在完成垃圾收集后是否要进行一次内存碎片的整理。
- -XX:CMSFullGCsBeforeCompaction：设置进行多少次 CMS 垃圾回收后，进行一次内存压缩。
- -XX:+CMSClassUnloadingEnabled：允许对类元数据进行回收。
- -XX:+CMSParallelRemarkEnabled：启用并行重标记。
- -XX:CMSInitiatingPermOccupancyFraction：当永久区占用率达到这一比例时，启动

CMS 回收（前提是 -XX:+CMSClassUnloadingEnabled 被激活了）。

- -XX:UseCMSInitiatingOccupancyOnly：表示只在到达阈值的时候才进行 CMS 回收。
- -XX:+CMSIncrementalMode：使用增量模式，比较适合单 CPU。

4．与G1回收器相关的参数

下面是与 G1 回收器相关的参数。

- -XX:+UseG1GC：使用 G1 回收器。
- -XX:MaxGCPauseMillis：设置最大垃圾收集的停顿时间。
- -XX:GCPauseIntervalMillis：设置停顿间隔时间。
- -XX:G1HeapRegionSize=n：手工设置每个区的大小。

5．其他参数

另外一个常用的参数是-XX:+DisableExplicitGC，表示禁用显式的 GC 操作。

5.4　常用调优案例和方法

在前文中已经较为详细地介绍了 JVM 的各项参数功能。结合这些参数，本节主要介绍几种常用的 JVM 调优思路及调优的方法。当然，所有这些方法并不是万能的，它们都是为了解决某一个具体问题，从而提高某个局部性能而特别设置的。使用这些方法也可能会对其他性能指标产生不良的影响，在实际的调优过程中，需要根据具体情况进行权衡和折中。

5.4.1　将新对象预留在新生代

由于执行 Full GC 操作的成本要远远高于 Minor GC 操作，因此尽可能将对象分配在新生代是一个明智的做法。虽然在大部分情况下，JVM 会尝试在 eden 区分配对象，但是由于空间紧张等问题，很可能不得不将部分年轻对象提前向老年代压缩。因此，在 JVM 参数调优中，可以为应用程序分配一个合理的新生代空间，以最大限度地避免新对象直接进入老年代的情况。

以下代码分配了 4MB 空间，来观察一下它的内存使用情况。

```
public class PutInEden {
    public static void main(String args[]){
        byte[] b1,b2,b3,b4;                 //定义变量
        b1=new byte[1024*1024];             //分配 1MB 堆空间，考察堆空间的使用情况
        b2=new byte[1024*1024];
        b3=new byte[1024*1024];
        b4=new byte[1024*1024];
```

```
    }
}
```

使用 JVM 参数-XX:+PrintGCDetails -Xmx20M -Xms20M 运行以上代码，部分输出结果如下：

```
Heap
 def new generation   total 1408K, used 1049K [0x255e0000, 0x25760000, 0x25760000)
  eden space 1280K,  82% used [0x255e0000, 0x256e66e0, 0x25720000)
  from space 128K,   0% used [0x25720000, 0x25720000, 0x25740000)
  to   space 128K,   0% used [0x25740000, 0x25740000, 0x25760000)
 tenured generation   total 18944K, used 3223K [0x25760000, 0x269e0000, 0x269e0000)
   the space 18944K,  17% used [0x25760000, 0x25a85e58, 0x25a86000, 0x269e0000)
 compacting perm gen  total 12288K, used 362K [0x269e0000, 0x275e0000, 0x2a9e0000)
   the space 12288K,   2% used [0x269e0000, 0x26a3a880, 0x26a3aa00, 0x275e0000)
    ro space 8192K,  67% used [0x2a9e0000, 0x2af42d98, 0x2af42e00, 0x2b1e0000)
    rw space 12288K,  53% used [0x2b1e0000, 0x2b850640, 0x2b850800, 0x2bde0000)
```

可以看到，虽然 b1、b2 和 b3 都是新对象，但是新生代 eden 的大小只有 1MB 多，仅仅可以存放一个数组对象，因此在连续 4 次空间分配后，只有 b4 可以在 eden 区，而其他 3 个数组对象都已经移到了老年代。为了将这些新对象尽可能地预留在新生代，可以手工增大新生代的大小。

使用参数-XX:+PrintGCDetails -Xmx20M -Xms20M -Xmn6M 分配足够大的新生代空间。再运行以上代码，输出结果如下：

```
Heap
 def new generation   total 5568K, used 4559K [0x255e0000, 0x25be0000, 0x25be0000)
  eden space 4992K,  91% used [0x255e0000, 0x25a53f58, 0x25ac0000)
  from space 576K,   0% used [0x25ac0000, 0x25ac0000, 0x25b50000)
  to   space 576K,   0% used [0x25b50000, 0x25b50000, 0x25be0000)
 tenured generation   total 14336K, used 0K [0x25be0000, 0x269e0000, 0x269e0000)
   the space 14336K,   0% used [0x25be0000, 0x25be0000, 0x25be0200, 0x269e0000)
 compacting perm gen  total 12288K, used 362K [0x269e0000, 0x275e0000, 0x2a9e0000)
   the space 12288K,   2% used [0x269e0000, 0x26a3a880, 0x26a3aa00, 0x275e0000)
    ro space 8192K,  67% used [0x2a9e0000, 0x2af42d98, 0x2af42e00, 0x2b1e0000)
    rw space 12288K,  53% used [0x2b1e0000, 0x2b850640, 0x2b850800, 0x2bde0000)
```

可以看到，在输出结果中，所有对象都预留在了新生代，老年代使用率为 0。类似地，通过-XX:NewRatio 等参数也可以指定新生代的大小。

除了通过设置一个较大的新生代预留新对象外，设置合理的 survivor 区并且提高 survivor 区的使用率，也可以将年轻对象保存在新生代。一般来说，当 survivor 区的空间不够，或者占用率达到 50%时，就会直接让对象进入老年代（不管对象的年龄有多大）。

```
public class PutInEden2 {
    public static void main(String args[]){
        byte[] b1,b2,b3;
        b1=new byte[1024*512];                //分配 0.5MB 堆空间
        b2=new byte[1024*1024*4];             //分配 4MB 堆空间
        b3=new byte[1024*1024*4];
        b3=null;                              //使 b3 可以被回收
        b3=new byte[1024*1024*4];             //分配 4MB 堆空间
    }
}
```

使用参数-XX:+PrintGCDetails -Xmx20M -Xms20M -Xmn10M -XX:SurvivorRatio=8 运行以上代码，输出结果如下：

```
Heap
 def new generation   total 9216K, used 4259K [0x255e0000, 0x25fe0000, 0x25fe0000)
  eden space 8192K,  52% used [0x255e0000, 0x25a08fd8, 0x25de0000)
  from space 1024K,   0% used [0x25de0000, 0x25de0000, 0x25ee0000)
  to   space 1024K,   0% used [0x25ee0000, 0x25ee0000, 0x25fe0000)
 tenured generation   total 10240K, used 4759K [0x25fe0000, 0x269e0000, 0x269e0000)
   the space 10240K,  46% used [0x25fe0000, 0x26485df8, 0x26485e00, 0x269e0000)
 compacting perm gen  total 12288K, used 362K [0x269e0000, 0x275e0000, 0x2a9e0000)
   the space 12288K,   2% used [0x269e0000, 0x26a3a870, 0x26a3aa00, 0x275e0000)
    ro space 8192K,  67% used [0x2a9e0000, 0x2af42d98, 0x2af42e00, 0x2b1e0000)
    rw space 12288K,  53% used [0x2b1e0000, 0x2b850640, 0x2b850800, 0x2bde0000)
```

可以看到，两个 4MB 对象中的一个在新生代，一个在老年代。其中，b1 对象被存放在老年代，而这却是不希望见到的。因为 b1 对象在此时还很年轻，存放在新生代更有利于回收。而在垃圾回收过程中，b1 对象的大小已经占据了 from 区的一半，故被直接送入了老年代。解决方法是，可以增大 from 区或者增大 from 区的利用率。使用以下两种参数运行程序，均可以将 b1 对象继续保存在新生代。

```
-XX:+PrintGCDetails -Xmx20M -Xms20M -Xmn10M -XX:SurvivorRatio=8 -XX:Target
SurvivorRatio=90

-XX:+PrintGCDetails -Xmx20M -Xms20M -Xmn10M -XX:SurvivorRatio=2
```

第一种方法是通过参数-XX:TargetSurvivorRatio 提高 from 区的利用率，等 from 区使用率达到 90%时，再将对象送入老年代。第二种方法是通过-XX:SurvivorRatio 设置一个更大的 from 区，将 b1 对象预存在新生代。

使用第一种方法运行代码，输出结果如下：

```
Heap
 def new generation   total 9216K, used 4923K [0x255e0000, 0x25fe0000,
0x25fe0000)
  eden space 8192K,  52% used [0x255e0000, 0x25a08fd8, 0x25de0000)
  from space 1024K,  64% used [0x25de0000, 0x25e85de8, 0x25ee0000)
  to   space 1024K,   0% used [0x25ee0000, 0x25ee0000, 0x25fe0000)
 tenured generation   total 10240K, used 4096K [0x25fe0000, 0x269e0000,
0x269e0000)
   the  space  10240K,   40%  used  [0x25fe0000,  0x263e0010,  0x263e0200,
0x269e0000)
 compacting perm gen  total 12288K, used 362K [0x269e0000, 0x275e0000,
0x2a9e0000)
   the  space  12288K,    2%  used  [0x269e0000,  0x26a3a870,  0x26a3aa00,
0x275e0000)
    ro  space  8192K,   67%  used  [0x2a9e0000,  0x2af42d98,  0x2af42e00,
0x2b1e0000)
    rw  space  12288K,   53%  used  [0x2b1e0000,  0x2b850640,  0x2b850800,
0x2bde0000)
```

可以看到，此时 b1 对象仍然在新生代的 from 区，预留对象成功。

注意：由于新生代垃圾回收的速度高于老年代，因此将年轻对象预留在新生代有利于提高整体的 GC 执行效率。

5.4.2 大对象进入老年代

虽然在大部分情况下将对象分配在新生代是合理的，但是对于大对象，这种做法却是值得商榷的。因为大对象出现在新生代很可能会扰乱新生代的 GC，并破坏新生代原有的对象结构。而尝试在新生代分配大对象，很可能会导致空间不足。为了有足够的空间容纳大对象，JVM 不得不将新生代中的年轻对象移到老年代。因为大对象占用空间多，所以可能需要移动大量小的年轻对象进入老年代，这对 GC 操作来说是相当不利的。

基于以上原因，可以将大对象直接分配到老年代，保持新生代对象结构的完整性，以提高 GC 执行效率。如果一个大对象同时又是短命的对象，假设这种情况出现的比较频繁，那么对于 GC 操作来说将会是一场灾难。原本应该用于存放永久对象的老年代被“短命”的对象塞满，这也意味着对堆空间进行了洗牌，扰乱了分代内存回收的基本思路。因此，在软件开发过程中，应该尽可能避免使用短命的大对象。

注意：短命的大对象对垃圾回收是一场灾难。目前没有一种特别好的回收方法处理这个问题，因此开发人员应该尽量避免使用短命的大对象。

可以使用参数-XX:PretenureSizeThreshold 设置大对象直接进入老年代的阈值。当对象的大小超过这个值时，将直接在老年代分配。

注意：-XX:PretenureSizeThreshold 参数只对串行回收器和新生代并行回收器有效，并行回收器不识别这个参数。

```
public class BigObj2Old {
    public static void main(String args[]){
        byte[] b1;
        b1=new byte[1024*1024];
    }
}
```

以上代码分配了一个 1MB 的对象。使用 JVM 参数-XX:+PrintGCDetails -Xmx20M -Xms 20M 运行程序，可以得到以下输出结果：

```
Heap
 def new generation   total 1408K, used 1177K [0x255e0000, 0x25760000, 0x25760000)
  eden space 1280K,  82% used [0x255e0000, 0x256e66e0, 0x25720000)
  from space 128K, 100% used [0x25740000, 0x25760000, 0x25760000)
  to   space 128K,   0% used [0x25720000, 0x25720000, 0x25740000)
 tenured generation   total 18944K, used 23K [0x25760000, 0x269e0000, 0x269e0000)
   the space 18944K,   0% used [0x25760000, 0x25765e68, 0x25766000, 0x269e0000)
 compacting perm gen  total 12288K, used 362K [0x269e0000, 0x275e0000, 0x2a9e0000)
   the space 12288K,   2% used [0x269e0000, 0x26a3a810, 0x26a3aa00, 0x275e0000)
    ro space 8192K,  67% used [0x2a9e0000, 0x2af42d98, 0x2af42e00, 0x2b1e0000)
    rw space 12288K,  53% used [0x2b1e0000, 0x2b850640, 0x2b850800, 0x2bde0000)
```

可以看到，该对象被分配到了新生代，并几乎占满了整个新生代。如果需要将 1MB 以上的对象直接在老年代分配，可以使用参数-XX:+PrintGCDetails -Xmx20M -Xms20M -XX:PretenureSizeThreshold=1000000，此时程序的输出结果如下：

```
Heap
 def new generation   total 1408K, used 298K [0x255e0000, 0x25760000, 0x25760000)
  eden space 1280K,  23% used [0x255e0000, 0x2562aba8, 0x25720000)
  from space 128K,   0% used [0x25720000, 0x25720000, 0x25740000)
  to   space 128K,   0% used [0x25740000, 0x25740000, 0x25760000)
 tenured generation   total 18944K, used 1024K [0x25760000, 0x269e0000, 0x269e0000)
   the space 18944K,   5% used [0x25760000, 0x25860010, 0x25860200, 0x269e0000)
 compacting perm gen  total 12288K, used 362K [0x269e0000, 0x275e0000, 0x2a9e0000)
   the space 12288K,   2% used [0x269e0000, 0x26a3a810, 0x26a3aa00, 0x275e0000)
    ro space 8192K,  67% used [0x2a9e0000, 0x2af42d98, 0x2af42e00, 0x2b1e0000)
    rw space 12288K,  53% used [0x2b1e0000, 0x2b850640, 0x2b850800, 0x2bde0000)
```

可以看到，1MB 的 byte 数组已经分配在老年代了。与上例程序的运行输出结果相比，新生代明显有了很大的空闲空间，可以用于处理和回收其他较小的年轻对象。

5.4.3 设置对象进入老年代的年龄

在堆中，每个对象都有自己的年龄。一般情况下，年轻对象存放在新生代，年老对象存放在老年代。为了做到这一点，虚拟机为每个对象都维护一个年龄。

如果对象在 eden 区经过一次 GC 操作后还存活着，它将被移动到 survivior 区中，对象年龄加 1。以后，对象每经过一次 GC 操作依然存活的，则年龄再加 1。当对象年龄达到阈值时，就移入老年代，成为老年对象。

这个阈值的最大值可以通过参数-XX:MaxTenuringThreshold 来设置，其默认值是 15。虽然-XX:MaxTenuringThreshold 的值可能是 15 或者更大，但这不意味着新对象非要达到这个年龄才能进入老年代。事实上，对象实际进入老年代的年龄是虚拟机在运行时根据内存使用情况动态计算的。这个参数指定的是阈值年龄的最大值，即实际晋升老年代年龄为动态计算所得的年龄与-XX:MaxTenuringThreshold 中较小的那个。

```
public class MaxTenuringThreshold {
    public static void main(String args[]){
        byte[] b1,b2,b3;
        b1=new byte[1024*512];
        b2=new byte[1024*1024*4];
        b3=new byte[1024*1024*4];
        b3=null;
        b3=new byte[1024*1024*4];
    }
}
```

使用参数-XX:+PrintGCDetails -Xmx20M -Xms20M -Xmn10M -XX:SurvivorRatio=2 运行以上代码，结果显示 b1 对象在程序结束后依然保存在新生代。减小对象晋升老年代的年龄，使用参数-XX:+PrintGCDetails -Xmx20M -Xms20M -Xmn10M -XX:SurvivorRatio=2 -XX:MaxTenuringThreshold=1 运行以上代码，将晋升到老年代的对象年龄阈值设置为 1，即所有经过一次 GC 操作的对象都可以直接进入老年代。程序结束后，可以发现 b1 对象已经被分配到了老年代。如果希望对象尽可能长地停留在新生代，可以设置一个较大的阈值。

5.4.4 稳定与振荡的堆大小

一般来说，稳定的堆大小对垃圾回收是有利的。获得一个稳定的堆大小的方法是让-Xms 和-Xmx 的大小一致，即最大堆和最小堆（初始堆）一样。如果这样设置，系统在运行时堆大小是恒定的，稳定的堆空间可以减少 GC 操作的次数。因此，很多服务端应用都会将最大堆和最小堆设置为相同的数值。

但是，一个不稳定的堆也并不是毫无用处。稳定的堆大小虽然可以减少 GC 操作次数，但同时也增加了每次执行 GC 操作的时间。让堆大小在一个区间中振荡，在系统不需要使用大内存时压缩堆空间，使 GC 操作应对一个较小的堆，可以加快单次执行 GC 操作的速度。基于这样的考虑，JVM 还提供了两个参数用于压缩和扩展堆空间。

- -XX:MinHeapFreeRatio：设置堆空间的最小空闲比例，默认是 40。当堆空间的空闲内存小于这个数值时，JVM 便会扩展堆空间。
- -XX:MaxHeapFreeRatio：设置堆空间的最大空闲比例，默认是 70。当堆空间的空闲内存大于这个数值时，JVM 便会压缩堆空间，得到一个较小的堆。

注意： 当-Xms 和-Xmx 相等时，-XX:MinHeapFreeRatio 和-XX:MaxHeapFreeRatio 这两个参数是无效的。

以下测试代码可用于观察-XX:MinHeapFreeRatio 和-XX:MaxHeapFreeRatio 的作用。

```
public class HeapSize {
    public static void main(String args[]) throws InterruptedException {
        Vector v = new Vector();
        while (true) {
            byte[] b = new byte[1024 * 1024];
            v.add(b);
            if (v.size() == 10)
                v = new Vector();
            Thread.sleep(1);
        }
    }
}
```

当使用参数-Xms10M -Xmx40M -XX:MinHeapFreeRatio=40 -XX:MaxHeapFreeRatio=50 运行以上代码时，程序的堆空间使用情况如图 5.18 所示。

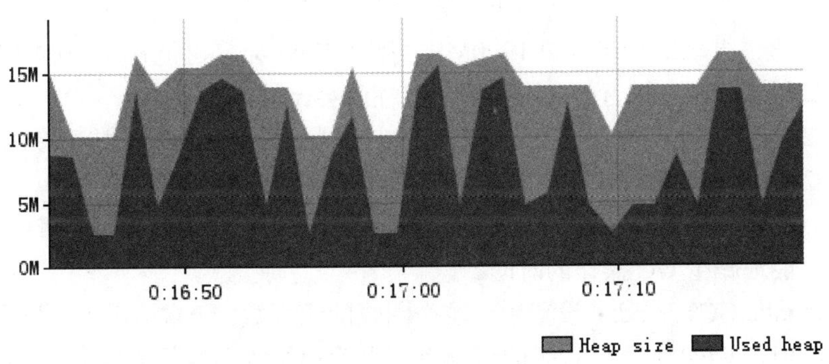

图 5.18　振荡堆空间的使用情况

可以看到，堆空间在不停地振荡，即根据应用程序的实际使用情况不断地进行调整。

使用参数-Xms40M -Xmx40M -XX:MinHeapFreeRatio=40 -XX:MaxHeapFreeRatio=50 运行以上代码，因为设置了一个稳定的堆大小，所以-XX:MinHeapFreeRatio 与-XX:MaxHeapFreeRatio 将失效，此时程序的堆空间使用情况如图 5.19 所示。

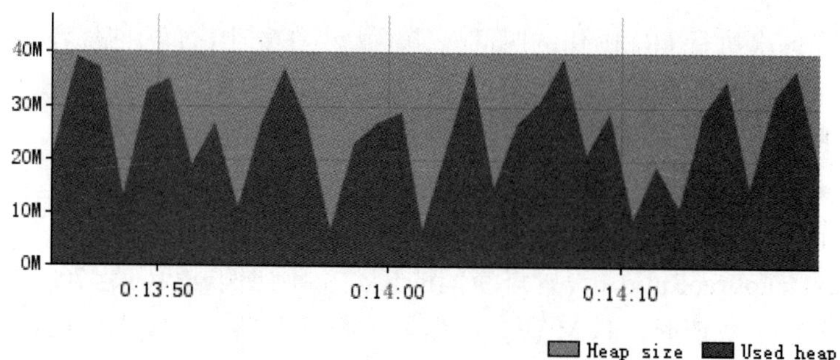

图 5.19　稳定的堆空间使用情况

在一个稳定的堆中，堆空间大小始终不变，每次进行 GC 操作时，都要应对一个 40MB 的空间，因此虽然 GC 操作的次数减少了，但是单次执行 GC 操作的速度不如一个振荡的堆。

5.4.5　吞吐量优先案例

吞吐量优先的方案将会尽可能减少系统执行垃圾回收的总时间，故可以考虑关注系统吞吐量的并行回收器。在拥有 4GB 内存和 32 核 CPU 的计算机上，进行吞吐量优先的优化，可用以下参数：

```
java -Xmx3800m -Xms3800m -Xmn2g -Xss128k -XX:+UseParallelGC -XX:Parallel
GCThreads=20 -XX:+UseParallelOldGC
```

各参数的具体说明如下：

- -Xmx3800m -Xms3800m：设置 Java 堆的最大值和初始值。为了避免堆内存的频繁振荡导致系统性能下降，让最小堆等于最大堆是一种比较常用的做法。假设将最小堆设置为最大堆的一半，即 1900MB，那么 JVM 会尽可能在 1900MB 堆空间中运行，如果这样，它进行 GC 操作的可能性就会比较高。
- -Xss128k：减少线程栈的大小，这样可以使剩余的系统内存支持更多的线程。
- -Xmn2g：设置新生代大小。
- -XX:+UseParallelGC：新生代使用并行回收器。这是一个关注吞吐量的回收器，可以尽可能地减少 GC 操作的时间。
- -XX:ParallelGCThreads：设置用于垃圾回收的线程数。通常情况下可以和 CPU 数量相等，但在 CPU 数量比较多的情况下，设置相对较小的数值也是合理的。
- -XX:+UseParallelOldGC：老年代也使用并行回收器。

5.4.6　使用大页案例

在 Solaris 系统中，JVM 可以支持大页的使用。使用大的内存分页可以增强 CPU 的内存寻址能力，从而提供系统的性能。例如：

```
java  -Xmx2506m  -Xms2506m  -Xmn1536m  -Xss128k  -XX:+UseParallelGC  -XX:
ParallelGCThreads=20 -XX:+UseParallelOldGC -XX:LargePageSizeInBytes=256m
```

其中，-XX:LargePageSizeInBytes 用于设置大页的大小。

5.4.7　降低停顿案例

为降低应用软件在垃圾回收时的停顿，首先考虑的是使用关注系统停顿的 CMS 回收器；其次，为了减少 Full GC 操作的次数，应尽可能将对象预留在新生代，因为新生代的 Minor GC 操作成本远远小于老年代的 Full GC 操作成本。例如：

```
java -Xmx3550m -Xms3550m -Xmn2g -Xss128k -XX:ParallelGCThreads=20 -XX:
+UseConcMarkSweepGC -XX:+UseParNewGC -XX:SurvivorRatio=8 -XX:TargetSurvivor
Ratio=90 -XX:MaxTenuringThreshold=31
```

各参数的具体说明如下：

- -XX:ParallelGCThreads：设置 20 个线程进行垃圾回收。
- -XX:+UseParNewGC：新生代使用并行回收器。
- -XX:+UseConcMarkSweepGC：老年代使用 CMS 回收器以降低停顿。
- -XX:SurvivorRatio：设置 eden 区和 survivior 区的比例为 8∶1。稍大的 survivior 空间可以提高在新生代回收生命周期较短的对象的可能性（如果 survivior 不够大，一些短命的对象可能直接进入老年代，这对系统是不利的）。
- -XX:TargetSurvivorRatio：设置 survivior 区的可使用率。这里设置为 90%，表示允许 90%的 survivior 空间被使用。默认值是 50%，因此该设置提高了 survivior 区的使用率。当存放的对象超过这个百分比时，则对象会向老年代压缩。因此，这个选项有助于将对象留在新生代。
- -XX:MaxTenuringThreshold：年轻对象晋升到老年代的年龄。默认值是 15，也就是说对象经过 15 次 Minor GC 操作依然存活，则进入老年代。这里设置为 31，即尽可能地将对象保存在新生代。

5.5　实用 JVM 参数

在本书中，已经分类介绍了不少 JVM 参数，例如与内存分配、垃圾回收、多线程相关的各项调优参数。除了这些参数外，JVM 虚拟机还提供了不少与改善性能或者故障排查相关的系统参数。本节将对这些额外的参数做一个整理和初步介绍。

5.5.1　JIT 编译参数

JVM 的 JIT（Just-In-Time）编译器可以在运行时将字节码编译成本地代码，从而提高函数的执行效率。-XX:CompileThreshold 为 JIT 编译的阈值，当函数的调用次数超过-XX:CompileThreshold 时，JIT 就将字节码编译成本地机器码。在 client 模式下，-XX:Compile-Threshold 的取值是 1500，在 server 模式下，其取值是 10 000。JIT 编译完成后，JVM 便会用本地代码代替原来的字节码解释执行，因此在系统的未来运行中，这些时间是可以被赚回来的。

JIT 编译会花费一定的时间，为了能合理地设置 JIT 编译的阈值，可以使用-XX:+CITime 打印出 JIT 编译的耗时，也可以使用-XX:+PrintCompilation 打印出 JIT 编译的信息。例如以下代码：

```
public class TestJIT {
    static long i = 0;

    public static void testJIT() {      //JIT 编译测试函数
        i++;
    }
    public static void main(String args[]) {
        for (int j = 0; j < 1488; j++) //不足 1500 次,testJIT()不会被 JIT 编译
            testJIT();                  //调用 testJIT()函数
        long end = System.currentTimeMillis();
    }
}
```

以上代码将 testJIT()函数运行了 1488 次。使用 JVM 参数-XX:CompileThreshold=1500 -XX:+PrintCompilation -XX:+CITime 运行以上代码，由于 testJIT()的运行次数不足 1500 次，故不会被 JIT 编译。修改程序中的循环次数，使其大于 1500，再用相同的参数运行代码，会发现 testJIT()函数被 JIT 编译。程序输出结果如下：

```
  1      java.lang.String::equals (88 bytes)
  2      java.lang.String::lastIndexOf (156 bytes)
  3      java.lang.String::hashCode (60 bytes)
  4      java.lang.String::charAt (33 bytes)
  5      sun.net.www.ParseUtil::encodePath (336 bytes)
  6      java.lang.String::indexOf (151 bytes)
  7      java.lang.String::indexOf (166 bytes)
  8      javatuning.ch5.jvmpara.TestJIT::testJIT (9 bytes)

Accumulated compiler times (for compiled methods only)
------------------------------------------------
  Total compilation time   :  0.005 s
    Standard compilation   :  0.005 s, Average : 0.001
    On stack replacement   :  0.000 s, Average : -1.#IO
    Detailed C1 Timings
      Setup time:         0.000 s ( 0.0%)
      Build IR:           0.001 s (36.0%)
        Optimize:            0.000 s ( 3.4%)
      Emit LIR:           0.002 s (48.2%)
        LIR Gen:           0.000 s ( 8.1%)
        Linear Scan:        0.002 s (38.4%)
      LIR Schedule:        0.000 s ( 0.0%)
      Code Emission:       0.000 s (12.2%)
```

```
     Code Installation:  0.000 s ( 3.5%)
     Instruction Nodes:    643 nodes

 Total compiled bytecodes :   1029 bytes
   Standard compilation   :   1029 bytes
   On stack replacement   :      0 bytes
 Average compilation speed: 218195 bytes/s

 nmethod code size        :   3568 bytes
 nmethod total size       :   8800 bytes
```

这段输出结果分为两个部分：第一部分是由-XX:+PrintCompilation 打印的经过 JIT 编译的函数；第二部分是由-XX:+CITime 打印的 JIT 编译的基本信息。增大-XX:CompileThreshold 的值，那么经过 JIT 编译的函数个数便会减少，同时在 JIT 上消耗的时间也会降低。但对于长期运行的系统，其性能未必能得到改进，毕竟 JIT 编译是一种一劳永逸的方法。

5.5.2 堆快照

在性能问题排查中，分析堆快照（Dump）是必不可少的一环。获得程序的堆快照文件有多种方法，本节将介绍一种比较常用的方法，即使用-XX:+ HeapDumpOnOutOfMemoryError 参数在程序发生 OOM 时导出应用程序的当前堆快照。这是非常有用的一种方法，因为当程序发生 OOM 退出系统时，一些瞬时信息都随着程序的终止而消失，而重现 OOM 问题往往比较困难或者耗时。

因此在 OOM 发生时，通过-XX:+ HeapDumpOnOutOfMemoryError 参数将当前的堆信息保存到文件中，对于排除当前问题是很有帮助的。通过参数-XX: HeapDumpPath 可以指定堆快照的保存位置。

使用以下参数运行 Java 程序，可以在程序发生 OOM 时，导出堆信息到 C 盘的 m.hprof 文件中：

```
-Xmx10M -XX:+HeapDumpOnOutOfMemoryError -XX:HeapDumpPath=C:\m.hprof
```

导出的 Dump 文件可以通过 Visual VM 等多种工具查看分析，进而定位问题原因。如图 5.20 所示为使用 Visual VM 打开的一个通过-XX:+HeapDumpOnOutOfMemoryError 方法导出的堆快照。通过 Visual VM，可以很容易地发现，过多的 byte[]实例是导致这次 OOM 的直接原因。

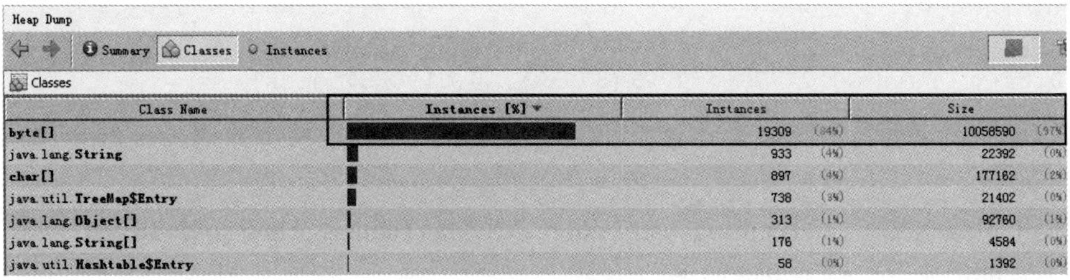

Heap Dump

Summary Classes Instances

Classes

Class Name	Instances [%]	Instances	Size
byte[]		19309 (84%)	10058590 (97%)
java.lang.String		933 (4%)	22392 (0%)
char[]		897 (4%)	177162 (2%)
java.util.TreeMap$Entry		738 (3%)	21402 (0%)
java.lang.Object[]		313 (1%)	92760 (1%)
java.lang.String[]		176 (1%)	4584 (0%)
java.util.Hashtable$Entry		58 (0%)	1392 (0%)

图 5.20 堆快照分析

注意：获取和分析堆快照对于 Java 应用程序性能优化和故障排查都是相当重要的。

5.5.3 错误处理

在系统发生 OOM 错误时，虚拟机运行用户在错误发生时运行一段第三方脚本。例如，当 OOM 发生时，重置系统，运行以下脚本：

```
-XX:OnOutOfMemoryError=c:\reset.bat
```

5.5.4 获取 GC 信息

获取 GC 信息是 Java 应用程序调优的重要一环。JVM 虚拟机也提供了许多参数帮助开发人员获取 GC 信息。

要获取一段简要的 GC 信息，可以使用-verbose:gc 或者-XX:+PrintGC。它们的输出结果如下：

```
[GC 4247K->4233K(5184K), 0.0024562 secs]
[Full GC 4233K->4233K(5184K), 0.0162135 secs]
```

这段输出结果显示 GC 操作前的堆栈情况及 GC 操作后的堆栈大小和堆栈的总大小，并且显示了这次 GC 操作的耗时。

如果要获得更加详细的信息，可以使用-XX:+PrintGCDetails。它的一段典型输出结果如下：

```
[GC [DefNew: 959K->63K(960K), 0.0020522 secs] 3361K->3351K(5056K), 0.0021131
secs] [Times: user=0.00 sys=0.00, real=0.00 secs]
[GC [DefNew: 959K->64K(960K), 0.0025450 secs][Tenured: 4169K->4224K(4224K),
0.0167379  secs]  4247K->4233K(5184K),  [Perm  :  365K->365K(12288K)],
0.0194600 secs] [Times: user=0.00 sys=0.01, real=0.02 secs]
```

-XX:+PrintGCDetails 的输出结果显然比之前的两个参数详细许多。它不仅包含 GC 操作的总体情况，还分别给出了新生代、老年代及永久区各自的 GC 操作信息，以及 GC 操作消耗的时间。

如果需要打印 GC 操作发生的时间，则可以追加使用-XX: +PrintGCTimeStamps 参数。打开这个开关后，将额外输出 GC 操作的发生时间，以此得知 GC 操作的频率和间隔。具体输出结果如下：

```
0.641: [GC 7789K->7777K(8768K), 0.0031202 secs]
0.644: [Full GC 7777K->7777K(8768K), 0.0190837 secs]
```

如果需要查看新生对象晋升老年代的实际阈值，可以使用参数-XX:+ PrintTenuring-Distribution。

使用参数-XX:+PrintTenuringDistribution -XX:MaxTenuringThreshold=18 运行一段 Java 程序，它的部分输出结果可能如下：

```
Desired survivor size 98304 bytes, new threshold 1 (max 18)
- age   1:     196600 bytes,     196600 total
```

可以看到，在程序运行时，对象实际晋升老年代的年龄是 1，最大年龄是 18（由-XX:MaxTenuringThreshold 指定）。

如果需要在执行 GC 操作时打印详细的堆信息，则可以打开-XX:+PrintHeapAtGC 开关。一旦打开它，那么每次执行 GC 操作时都将打印堆的使用情况，当然这个输出量将是巨大的。

```
{Heap before GC invocations=0 (full 0):
 def new generation   total 960K, used 896K [0x229e0000, 0x22ae0000, 0x22ec0000)
  eden space 896K, 100% used [0x229e0000, 0x22ac0000, 0x22ac0000)
  from space 64K,   0% used [0x22ac0000, 0x22ac0000, 0x22ad0000)
  to   space 64K,   0% used [0x22ad0000, 0x22ad0000, 0x22ae0000)
 tenured generation   total 4096K, used 0K [0x22ec0000, 0x232c0000, 0x269e0000)
   the space 4096K,   0% used [0x22ec0000, 0x22ec0000, 0x22ec0200, 0x232c0000)
 compacting perm gen  total 12288K, used 364K [0x269e0000, 0x275e0000, 0x2a9e0000)
   the space 12288K,   2% used [0x269e0000, 0x26a3b1d8, 0x26a3b200, 0x275e0000)
    ro space 8192K,  67% used [0x2a9e0000, 0x2af42d98, 0x2af42e00, 0x2b1e0000)
    rw space 12288K,  53% used [0x2b1e0000, 0x2b850640, 0x2b850800, 0x2bde0000)
Heap after GC invocations=1 (full 0):
 def new generation   total 960K, used 64K [0x229e0000, 0x22ae0000, 0x22ec0000)
  eden space 896K,   0% used [0x229e0000, 0x229e0000, 0x22ac0000)
  from space 64K, 100% used [0x22ad0000, 0x22ae0000, 0x22ae0000)
  to   space 64K,   0% used [0x22ac0000, 0x22ac0000, 0x22ad0000)
 tenured generation   total 4096K, used 662K [0x22ec0000, 0x232c0000, 0x269e0000)
   the space 4096K,  16% used [0x22ec0000, 0x22f65898, 0x22f65a00, 0x232c0000)
 compacting perm gen  total 12288K, used 364K [0x269e0000, 0x275e0000, 0x2a9e0000)
   the space 12288K,   2% used [0x269e0000, 0x26a3b1d8, 0x26a3b200, 0x275e0000)
    ro space 8192K,  67% used [0x2a9e0000, 0x2af42d98, 0x2af42e00, 0x2b1e0000)
    rw space 12288K,  53% used [0x2b1e0000, 0x2b850640, 0x2b850800, 0x2bde0000)
}
```

以上是使用-XX:+PrintHeapAtGC 打印的堆使用情况，它分为两个部分，即执行 GC 操作前的堆信息和执行 GC 操作后的堆信息。这里不仅包括了新生代、老年代和永久区的使用大小和使用率情况，还包括新生代中 eden 和 survivior 区的使用情况。

如果需要查看 GC 操作与应用程序相互执行时的耗时，可以使用-XX:+PrintGCApplicationStoppedTime 和-XX:+PrintGCApplicationConcurrentTime 参数。它们将分别显示

应用程序在执行 GC 操作时的停顿时间和应用程序在 GC 操作停顿期间的执行时间。它们的输出结果如下：

```
Application time: 0.1172196 seconds
Total time for which application threads were stopped: 0.0032191 seconds
```

为了能将以上的输出信息保存到文件中，可以使用-Xloggc 参数指定 GC 日志的输出位置。例如，-Xloggc:C:\gc.log 表示将 GC 日志输出到 C 盘下的 gc.log 文件中，便于日后分析。

注意：详细的 GC 操作信息是进行 JVM 调优的重要参考信息。可以依据 GC 操作日志，设置合理的堆大小及相关垃圾回收器的参数。

5.5.5 类和对象跟踪

JVM 还提供了一组参数用于获取系统运行时加载类和卸载类的信息。-XX:+TraceClassLoading 参数用于跟踪类加载情况，-XX:+TraceClassUnloading 参数用于跟踪类卸载情况。如果需要同时跟踪类的加载和卸载信息，可以同时打开这两个开关，也可以使用-verbose: class 参数。以下代码不断加载新类，并不断卸载类，使用参数-verbose:class 跟踪它的输出。

```
public class TraceClassInstance {
    static MyClassLoader cl = new MyClassLoader();
    static MethodInterceptor mi=new MyMethodInterceptor();

    public static void main(String[] args) throws CannotCompileException,
InstantiationException,
            IllegalAccessException, NotFoundException {
        for (int i = 0; i < Integer.MAX_VALUE; i++) {
            JavaBeanObject v=createInstance2(i);
                //ClassLoader 被回收，则类可能被卸载
                cl = new MyClassLoader();
        }
    }

    private static JavaBeanObject createInstance2(int i) throws Cannot
CompileException,
            InstantiationException, IllegalAccessException, NotFoundException {
        CtClass c = ClassPool.getDefault().makeClass("Geym" + i);

    c.setSuperclass(ClassPool.getDefault().get("javatuning.ch5.memory.J
avaBeanObject"));
        Class clz = c.toClass(cl, null);
        return (JavaBeanObject)clz.newInstance();      //加载了新类
    }
}
```

跟踪类加载和卸载的部分输出结果如下：

```
[Unloading class Geym4893]
[Unloading class Geym4055]
```

```
[Loaded Geym5652 from javatuning.ch5.memory.MyClassLoader]
[Loaded Geym5653 from javatuning.ch5.memory.MyClassLoader]
```

除了类的跟踪，JVM 还提供了-XX:+PrintClassHistogram 开关，用于打印运行时实例的信息。当此开关被打开时，按 Ctrl+Break 键会输出系统中类的统计信息，具体如下：

```
num #instances #bytes class name
--------------------------------
......
   4: 990 23760 java.lang.String
....
   31: 19 456 java.util.concurrent.ConcurrentHashMap$HashEntry
```

从左到右依次显示了序号、实例数量、总大小和类名等信息。

5.5.6 控制 GC

前文花了较大的篇幅介绍了垃圾回收的参数及其使用。除此之外，JVM 虚拟机还提供了一些额外的垃圾回收参数。

-XX:+DisableExplicitGC 参数用于禁止显式地执行 GC 操作，即禁止在程序中使用 System.gc()触发 Full GC。通常情况下，开发人员应该对 JVM 垃圾回收机制有足够的信任，它会在恰当的时候进行垃圾回收，不需要开发者告诉它何时应该触发。由于开发人员的疏忽，程序中可能存在大量的 System.gc()等显式垃圾回收代码，系统的性能就会下降。启用这个参数后，就可以禁用这些显式的 GC 操作，从而提高性能。

对于应用程序来说，在绝大多数情况下，不需要进行类的回收。因为回收类的性价比非常低，类元数据一旦被载入，通常会伴随应用程序整个生命周期，进行类回收很可能会无功而返（虽然也有一些例外，例如基于 OSGI 的应用，或者使用动态字节码生成技术大量生成动态类的应用）。

如果应用程序不需要回收类，则可以使用-Xnoclassgc 参数启动应用程序，那么在执行 GC 操作的过程中就不会发生类的回收，进而提升 GC 操作的性能。因此，如果读者尝试使用-XX:+Trace ClassUnloading -Xnoclassgc 参数运行程序，将看不到任何输出，因为系统不会卸载任何类，所以类卸载是无法跟踪到任何信息的。

另一个有用的 GC 操作控制参数是-Xincgc，一旦启用这个参数，系统便会进行增量式的 GC 操作。增量式的 GC 操作使用特定算法让 GC 操作线程和应用程序线程交叉执行，从而减小应用程序因 GC 操作而产生的停顿时间。

5.5.7 选择类校验器

为确保 class 文件的正确和安全，JVM 需要通过类校验器对 class 文件进行验证。目前，JVM 中有两套校验器。在 JDK 1.6 中默认开启了新的类校验器，从而加速类的加载。可以使用-XX:-UseSplitVerifier 参数指定使用旧的类校验器（注意是关闭选项）。如果新的校验器校验失败，可以使用老的校验器再次校验，并可以使用开关-XX:-FailOverToOldVerifier关闭再次校验的功能。

5.5.8 Solaris 下的线程控制

在 Solaris 下，JVM 提供了以下几个用于线程控制的开关。

- -XX:+UseBoundThreads：绑定所有用户线程到内核线程，减少线程进入饥饿状态的次数。
- -XX:+ UseLWPSynchronization：使用内核线程替换线程同步。
- -XX:+UseVMInterruptibleIO：允许运行时中断线程。

5.5.9 使用大页

对于同样大小的内存空间，使用大页后内存分页的表项就会减少，从而提升 CPU 从虚拟内存地址映射到物理内存地址的能力。在支持大页的操作系统中，可以使用 JVM 参数让虚拟机使用大页，从而提升系统性能。具体参数如下：

- -XX:+UseLargePages：启用大页。
- -XX: LargePageSizeInBytes：指定大页的大小。

5.5.10 压缩指针

在 64 位虚拟机上，应用程序所占内存的大小要远远超出其 32 位版本（约 1.5 倍左右）。这是因为 64 位系统拥有更宽的寻址空间，与 32 位系统相比，其指针对象的长度进行了翻倍。为了解决这个问题，64 位的 JVM 虚拟机可以使用-XX:+UseCompressedOops 参数打开指针压缩，从一定程度上减少内存的消耗。启用-XX:+UseCompressedOops 后，可以对以下指针进行压缩：

- Class 的属性指针（静态成员变量）；
- 对象的属性指针；
- 普通对象数组的每个元素指针。

虽然压缩指针可以节省内存，但是压缩和解压指针也会对 JVM 造成一定的性能损失。

5.6 JVM 调优实战

本节将以 Tomcat 为基础，通过一个模拟案例，较为系统地介绍 JVM 调优的过程。本节涉及的内容有：

- Tomcat 服务器基本概况及其调优的方法。
- 一款优秀的性能测试工具——JMeter 的使用方法。
- 一个 Web 应用程序的调优过程和思路。

5.6.1 Tomcat 简介与启动加速

Tomcat 服务器是一个免费的开放源代码的 Web 应用服务器。它是 Apache 软件基金会（Apache Software Foundation）的 Jakarta 项目中的一个核心项目，由 Apache、Sun 和其他一些公司及个人共同开发而成。它完全基于 Java 平台，也是目前使用最为广泛的 Servlet 容器之一。Tomcat 安装完成后，目录如图 5.21 所示。

bin
conf
lib
logs
temp
webapps
work
LICENSE
NOTICE
RELEASE-NOTES
RUNNING.txt

图 5.21 Tomcat 目录结构

bin 目录下存放的是 Tomcat 启动和关闭的程序；conf 目录下是 Tomcat 服务器的配置文件，包括 Tomcat 的权限管理、线程池和端口号等配置信息；webapps 目录下存放的是部署在 Tomcat 下的 Web 应用，每个应用对应一个文件夹或者 war 包。

启动 Tomcat 时，只要运行 bin 目录下的 startup.bat 文件即可。在笔者的计算机上，在不部署额外 Web 应用程序的情况下，启动 Tomcat 后，控制台的最后几行输出信息如下：

```
信息: Starting ProtocolHandler ["http-bio-8080"]
2012-3-18 21:53:05 org.apache.coyote.AbstractProtocol start
信息: Starting ProtocolHandler ["ajp-bio-8010"]
2012-3-18 21:53:05 org.apache.catalina.startup.Catalina start
信息: Server startup in 710 ms
```

这些信息显示，Tomcat 在 8080 端口启动了监听，整个启动时间花费了 710ms。

在正式对 Web 应用进行优化前，先展示一个简单的示例，学习如何通过配置合理的 JVM 参数，来加快 Tomcat 的启动过程。

在使用 startup.bat 启动 Tomcat 服务器时，startup.bat 调用了 bin 目录下的 catalina.bat 文件。如果需要配置 Tomcat 的 JVM 参数，则可以将参数写入 catalina.bat 中。打开 catalina.bat 文件可以看到，其中有一段说明信息如下：

```
rem   CATALINA_OPTS   (Optional) Java runtime options used when the "start",
rem                   "run" or "debug" command is executed.
rem                    Include here and not in JAVA_OPTS all options, that
should
rem                   only be used by Tomcat itself, not by the stop process,
rem                   the version command etc.
rem                   Examples are heap size, GC logging, JMX ports etc.
rem                   省略部分代码
rem
rem   JAVA_OPTS        (Optional) Java runtime options used when any command
rem                   is executed.
rem                   Include here and not in CATALINA_OPTS all options, that
rem                   should be used by Tomcat and also by the stop process,
```

```
rem                   the version command etc.
rem                   Most options should go into CATALINA_OPTS.
```

这段说明信息显示，配置环境变量 CATALINA_OPTS 或者 JAVA_OPTS 都可以设置 Tomcat 的 JVM 优化参数。对 startup.bat 而言，将参数配置在任何一个环境变量中都是可以生效的。根据说明的建议，类似于堆大小、GC 操作日志和 JMX 端口等推荐配置在 CATALINA_OPTS 中。为了获取 Tomcat 启动时的 GC 操作信息，在 catalina.bat 中加入以下代码：

```
set CATALINA_OPTS=-Xloggc:gc.log -XX:+PrintGCDetails
```

再次启动 Tomcat，发现在 bin 目录下生成了文件 gc.log，记录着启动时的 GC 操作信息。在笔者的启动过程中，这个文件合计记录了 39 次 GC 操作，其中 Full GC 操作两次。如果能去掉这些 GC 操作过程，那么启动速度无疑会变快。注意下面这两段 Full GC 操作的日志：

```
0.665: [Full GC (System) 0.665: [Tenured: 1592K->1674K(4096K), 0.0347159
secs] 1954K->1674K(5056K), [Perm : 3922K->3922K(12288K)], 0.0348039 secs]
[Times: user=0.03 sys=0.00, real=0.03 secs]
1.421: [GC 1.421: [DefNew: 960K->64K(960K), 0.0022170 secs]1.423: [Tenured:
4263K->4011K(4352K), 0.0543689 secs] 4992K->4011K(5312K), [Perm : 6766K->
6766K(12288K)], 0.0567838 secs] [Times: user=0.06 sys=0.00, real=0.06 secs]
```

在 Full GC 操作发生时，永久区回收了部分数据，如果拥有一个较大的永久区，则可以避免发生 Full GC 操作。同时，为了减少 Minor GC 操作的次数，也需要增大新生代空间。为此，尝试使用以下参数启动 Tomcat：

```
set CATALINA_OPTS=%CATALINA_OPTS% -Xmx32M -Xms32M
```

再次运行 Tomcat，启动完成后查看日志，发现还有一次 Full GC 操作。这次 Full GC 操作是因为代码中显式地使用了 System.gc()导致的。因此可以使用以下参数，禁用显式的 GC 操作：

```
set CATALINA_OPTS=%CATALINA_OPTS% -XX:+DisableExplicitGC
```

至此，在 Tomcat 的启动过程中已经找不到 Full GC 操作的踪迹，同时 Minor GC 操作也减少到了 16 次。

在堆内存 32MB 不变的前提下，为了能进一步减少 Minor GC 操作的次数，可以扩大新生代的大小，方法如下：

```
set CATALINA_OPTS=%CATALINA_OPTS% -XX:NewRatio=2
```

在这个较大的新生代下，Minor GC 操作的次数减少到了 4 次，并且没有 Full GC 操作发生。为了加快 Minor GC 操作的速度，在多核计算机上可以考虑使用新生代并行回收器，加快仅有的 4 次 Minor GC 操作速度，方法如下：

```
set CATALINA_OPTS=%CATALINA_OPTS% -XX:+UseParallelGC
```

由于 JVM 虚拟机在加载类时出于安全考虑会对 class 文件进行校验和认证，如果类文件是可信任的，为了加快程序的运行速度，也可以考虑禁用这些校验，方法如下：

```
set CATALINA_OPTS=%CATALINA_OPTS%  -Xverify:none
```

至此，完成了一个简单的加快 Tomcat 启动过程的实验。再次启动 Tomcat 服务器，在笔者的计算机上，最后几行的输出信息如下：

```
信息: Starting ProtocolHandler ["http-bio-8080"]
2012-3-19 20:53:08 org.apache.coyote.AbstractProtocol start
信息: Starting ProtocolHandler ["ajp-bio-8010"]
2012-3-19 20:53:08 org.apache.catalina.startup.Catalina start
信息: Server startup in 570 ms
```

可以看到，经过一系列 JVM 参数的调优，Tomcat 启动过程由之前的 710ms 下降到了 570ms。不过读者要注意，以上操作是针对一个未部署任何应用的 Tomcat 进行的。如果 Tomcat 部署了 Web 应用，则需要根据 Web 应用的具体情况设置合理的参数。

注意： 通过合理的 JVM 参数，可以加速 Java 应用程序的启动速度，提供更好的用户体验。

5.6.2　Web 应用程序简介

为了便于演示对 Web 应用程序的调优，笔者使用一套简易的开源 Blog 系统，并对其进行适当的改造，使其更加符合演示的需要。

该 Blog 系统使用 Struts 和 Hibernate 开发，基于 MySQL 服务器，系统界面如图 5.22 所示。

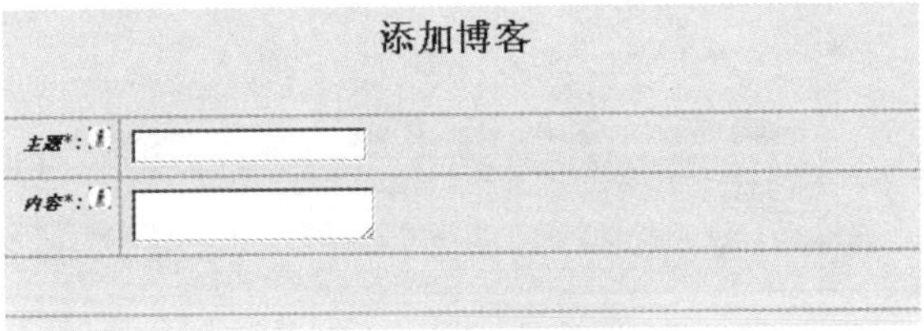

图 5.22　测试程序截图

由于该程序只是用来进行压力测试和调优使用，故读者不必关注该应用的功能及具体实现过程。为了能使演示达到更好的效果，笔者对 Blog 系统的部分代码进行了修改，例如响应 homepage.action 请求的 HomepageAction 类。修改后的部分代码如下：

```
static  Map<UserInfo,byte[]> userdata =new WeakHashMap<UserInfo, byte[]>();

public String execute() {
    UserInfo ui = AuthorityUtil.getUser( );

    if( ui==null ) {
        addActionError( getText( "error.logon.first" ) );
        return INPUT;
    }
    userdata.put(ui, new byte[1024*1024]); //为每个登录用户分配 1MB 空间
    IUserDAO dao = DaoFactory.getUserDAO();
    user = dao.getUserById( ui.getUserId() );

    return SUCCESS;
}
```

5.6.3 JMeter 简介与使用

JMeter 是 Apache 下基于 Java 的一款性能测试和压力测试工具，可对 HTTP 服务器和 FTP 服务器，甚至是数据库进行压力测试。作为一款专业的压力测试工具，JMeter 功能强大，本节仅简要介绍与本次试验相关的功能。

JMeter 的运行主界面如图 5.23 所示。

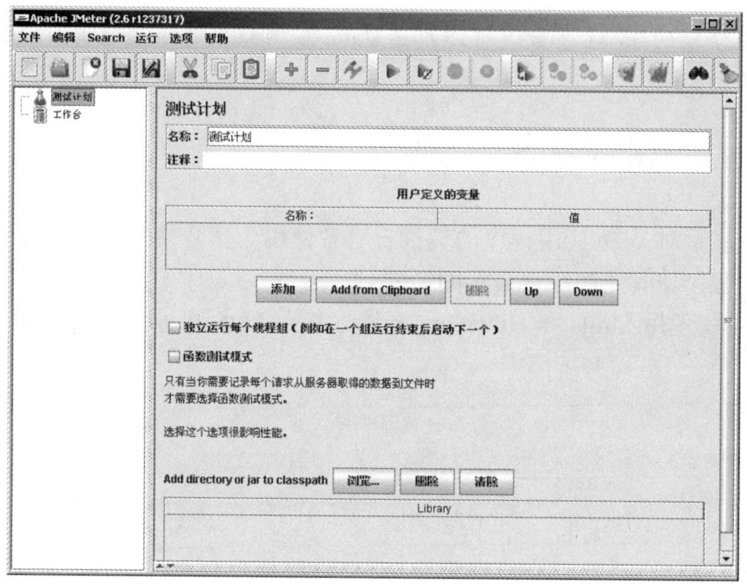

图 5.23　JMeter 运行界面

为了能够使用 JMeter 对 Tomcat 服务器进行性能测试，首先需要添加线程组，用来模拟用户线程访问 Tomcat 服务器。图 5.24 显示了如何在 JMeter 中添加线程组。

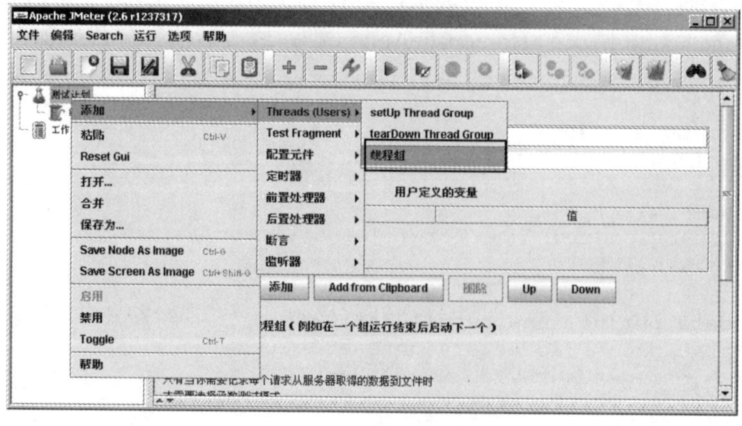

图 5.24　在 JMeter 中添加线程组

在添加线程组后，需要对线程组进行配置。这里使用一个拥有 10 个线程的线程组，并让每个线程循环工作 200 次，如图 5.25 所示。

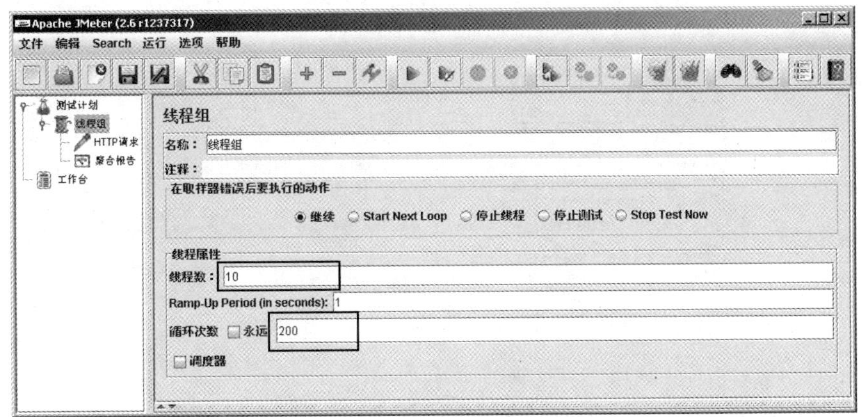

图 5.25　在 JMeter 中配置线程组

在线程组之下，需要给线程组分配相应的采样器，如 HTTP 请求、FTP 请求及数据库连接等。线程组会完成采样器的工作，如图 5.26 所示为添加一个 HTTP 请求采样器的方法。

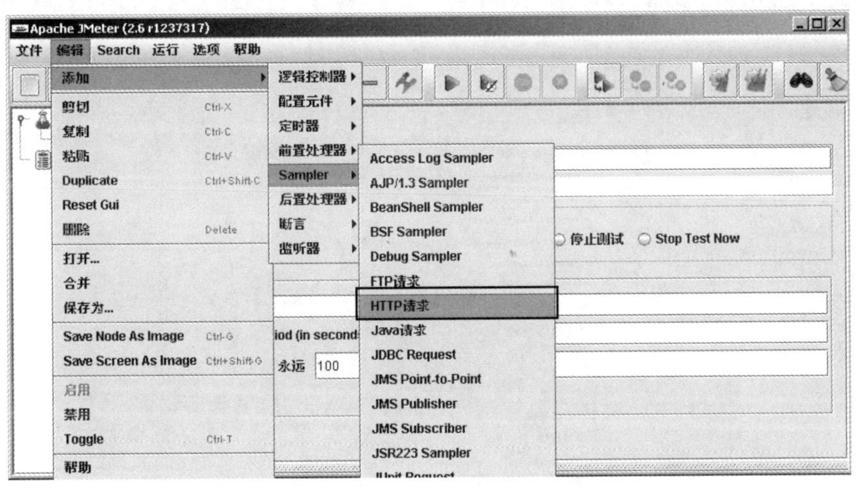

图 5.26　添加采样器

在 HTTP 请求采样器添加完成后，需要设置 HTTP 请求的各项参数，例如服务器 IP、端口号、访问路径及 HTTP 参数等，如图 5.27 所示。在本次实验中，访问地址为/blog/homepage.action。

除线程组和采样器外，最后还需要一份测试报告。JMeter 可以给出各种形式或侧重于各个方面的测试报告。在本实验中添加一份聚合报告，即让 JMeter 在测试完成后生成一份聚合报告，供开发者研究，如图 5.28 所示。

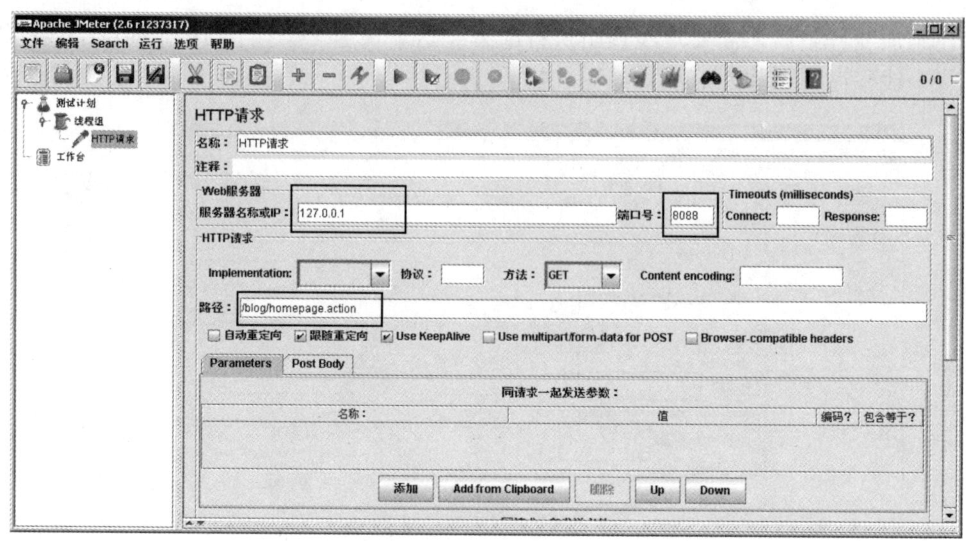

图 5.27　采样器配置

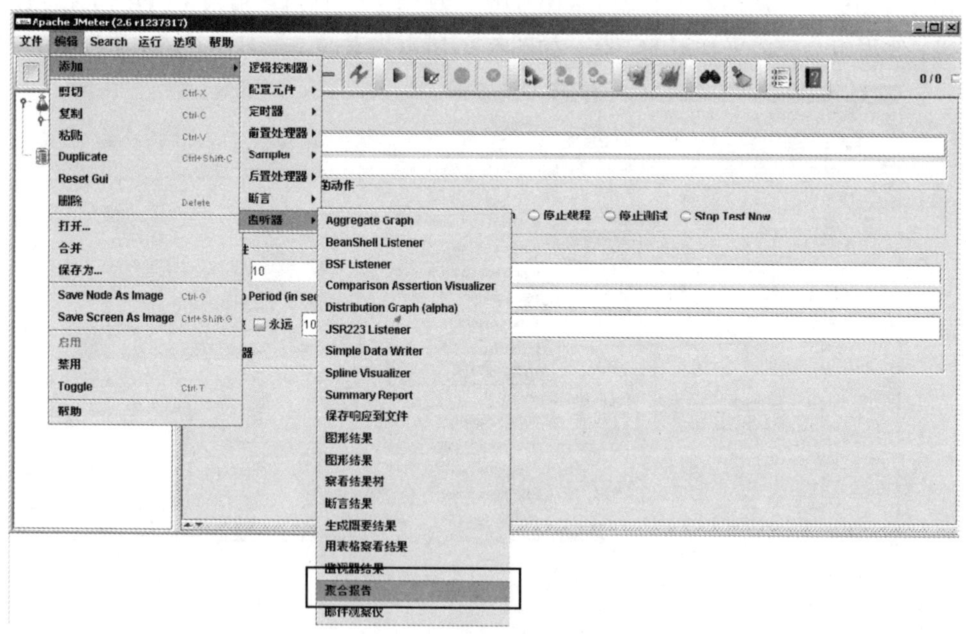

图 5.28　添加聚合报告

聚合报告有各项参数，包括平均响应时间、错误数和吞吐量等。在本试验中，需要最为关注的是吞吐量。根据本节对线程组和采样器的设置，这里的吞吐量表示在 10 线程，且每线程 200 次并发访问的情况下，Tomcat 服务器所能维持的吞吐量。

配置完成后，单击启动按钮，即可进行测试。测试完成后，查看图 5.29 中吞吐量的数值，即可知道 Tomcat 在当前 JVM 参数配置和当前访问压力下的吞吐量。

Apache JMeter (2.6 r1237317)

文件 编辑 Search 运行 选项 帮助

聚合报告

名称：聚合报告

注释：

所有数据写入一个文件

文件名　浏览...　Log/Display Only: 仅日志错误　Successes　Configure

Label	# Samples	Average	Median	90% Line	Min	Max	Error %	Throughput	KB/sec
总体	0	0	0	0	9223372036...	-922337203...	0.00%	.0/hour	.0

Include group name in label?　Save Table Data　Save Table Header

图 5.29　聚合报告的输出内容

注意：JMeter 是一款优秀的开源软件，使用 JMeter 可以方便地对 Web 应用程序进行压力测试和性能测试。

5.6.4　调优前 Web 应用运行状况

将 Blog 应用程序部署到 Tomcat 的 webapps 目录中，在不设置任何 JVM 参数的情况下运行 Tomcat 并启动 JMeter，按照上文的设置对 Tomcat 进行压力测试。在 JMeter 完成任务后，Tomcat 堆的使用情况如图 5.30 所示，永久区的使用情况如图 5.31 所示。

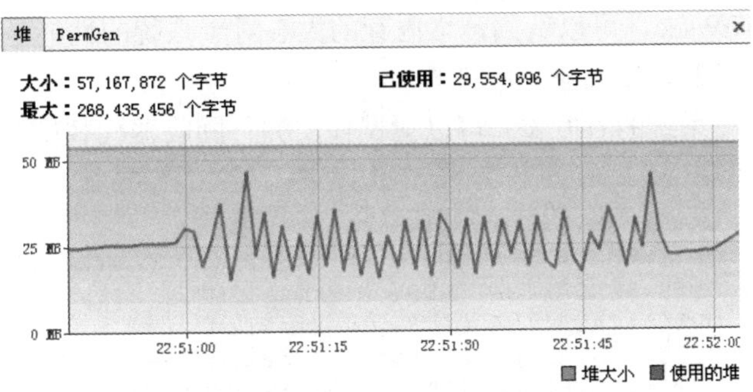

图 5.30　堆使用情况

可以看到，最大堆为 256MB，但在实际使用中，只使用了 50MB，因此引起了频繁的 GC 操作。而在永久区，最大堆为 64MB，而实际使用时，初始值约为 10MB 左右，并经历了一次扩容，达到了 19MB 左右，并基本稳定在 19MB。

JMeter 最后显示的吞吐量为 38.7/sec，通过 GC 操作日志可知，整个过程中，前后共进行的 GC 操作次数达 145 次（笔者在这次试验中，使用 8 核的 Dell 1950 服务器作为测试平台）。

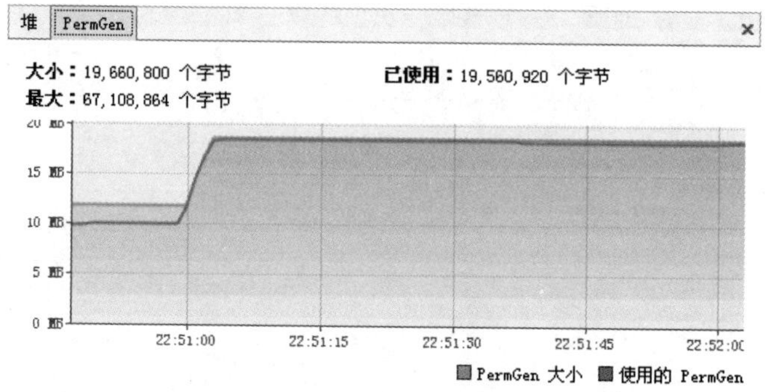

图 5.31　永久区使用情况

5.6.5　调优过程

为了减少 GC 操作的次数，可以使用合理的堆大小和永久区大小。这里将堆大小设置为 512MB，永久区使用 32MB，同时禁用显式的 GC 操作，并去掉类校验。参数如下：

```
set CATALINA_OPTS=%CATALINA_OPTS%  "-Xmx512M"
set CATALINA_OPTS=%CATALINA_OPTS%  "-Xms512M"
set CATALINA_OPTS=%CATALINA_OPTS%  "-XX:PermSize=32M"
set CATALINA_OPTS=%CATALINA_OPTS%  "-XX:MaxPermSize=32M"
set CATALINA_OPTS=%CATALINA_OPTS%  "-XX:+DisableExplicitGC"
set CATALINA_OPTS=%CATALINA_OPTS%  "-Xverify:none"
```

同样使用 JMeter 进行测试，在这个配置下，GC 操作的总次数下降到了 39 次，Tomcat 吞吐量上升到了 47.9/sec。可以看到，堆内存的大小对于系统的性能是有决定性影响的，分配适当的堆，可以明显提高系统的性能。

为了进一步提高系统的吞吐量，可以尝试使用并行回收器代替串行回收器。系统参数如下：

```
set CATALINA_OPTS="-Xloggc:gc.log "
set CATALINA_OPTS=%CATALINA_OPTS%  "-XX:+PrintGCDetails"
set CATALINA_OPTS=%CATALINA_OPTS%  "-Xmx512M"
set CATALINA_OPTS=%CATALINA_OPTS%  "-Xms512M"
set CATALINA_OPTS=%CATALINA_OPTS%  "-XX:PermSize=32M"
set CATALINA_OPTS=%CATALINA_OPTS%  "-XX:MaxPermSize=32M"
set CATALINA_OPTS=%CATALINA_OPTS%  "-XX:+DisableExplicitGC"
set CATALINA_OPTS=%CATALINA_OPTS%  "-Xverify:none"
set CATALINA_OPTS=%CATALINA_OPTS%  -XX:+UseParallelGC
set CATALINA_OPTS=%CATALINA_OPTS% -XX:+UseParallelOldGC
set CATALINA_OPTS=%CATALINA_OPTS% -XX:ParallelGCThreads=8
```

使用并行回收器后，系统的吞吐量又有所上升，达到 51/sec。在实际工作中，读者还可以尝试使用 CMS 回收器。在本次试验中，CMS 回收器的性能与并行回收器接近。以下参数在使用 CMS 回收器的同时，通过-XX:SurvivorRatio 设置了一个较大的 survivior 区，努力将对象预留在新生代；通过修改-XX:CMSInitiatingOccupancyFraction 的值，将 CMS 的 Full GC 操作触发的阈值设置为 78%，即当老年代使用到 78%时，才触发 Full GC 操作。

```
set CATALINA_OPTS="-Xloggc:gc.log "
set CATALINA_OPTS=%CATALINA_OPTS% "-XX:+PrintGCDetails"
set CATALINA_OPTS=%CATALINA_OPTS% "-Xmx512M"
set CATALINA_OPTS=%CATALINA_OPTS% "-Xms512M"
set CATALINA_OPTS=%CATALINA_OPTS% "-XX:PermSize=32M"
set CATALINA_OPTS=%CATALINA_OPTS% "-XX:MaxPermSize=32M"
set CATALINA_OPTS=%CATALINA_OPTS% "-XX:+DisableExplicitGC"
set CATALINA_OPTS=%CATALINA_OPTS% "-Xverify:none"
set CATALINA_OPTS=%CATALINA_OPTS% "-XX:+UseConcMarkSweepGC"
set CATALINA_OPTS=%CATALINA_OPTS% "-XX:ParallelCMSThreads=8"
set CATALINA_OPTS=%CATALINA_OPTS% -XX:+UseCMSCompactAtFullCollection
set CATALINA_OPTS=%CATALINA_OPTS% -XX:CMSFullGCsBeforeCompaction=0
set CATALINA_OPTS=%CATALINA_OPTS% -XX:CMSInitiatingOccupancyFraction=78
set CATALINA_OPTS=%CATALINA_OPTS% -XX:SoftRefLRUPolicyMSPerMB=0
set CATALINA_OPTS=%CATALINA_OPTS% -XX:+CMSParallelRemarkEnabled
set CATALINA_OPTS=%CATALINA_OPTS% -XX:SurvivorRatio=1
set CATALINA_OPTS=%CATALINA_OPTS% -XX:+UseParNewGC
```

经过以上设置，系统的吞吐量上升到 51.5%。

综上所述，JVM 调优的主要过程为：确定堆内存大小（-Xmx、-Xms），合理分配新生代和老年代（-XX:NewRatio、-Xmn、-XX:SurvivorRatio），确定永久区大小（-XX:Permsize、-XX:MaxPermSize），选择垃圾回收器及对垃圾回收器进行合理的设置。除此之外，禁用显式的 GC（-XX:+DisableExplicitGC）操作、禁用类元数据回收（-Xnoclassgc）和禁用类验证（-Xverify:none）等设置，对提高系统性能也有一定的帮助。

5.7 小　结

本章介绍了 JVM 虚拟机的调优方法。首先介绍了虚拟机的内存模型，并重点介绍了虚拟机栈、Java 堆和方法区的结构；接着详细介绍了与内存分配相关的 JVM 参数，以及垃圾回收的原理及其在 Hot Spot 虚拟机中的配置；最后介绍了一些常用的调优案例，以及一个基于 Tomcat 的模拟 Web 应用程序的调优过程。

第 6 章　Java 性能调优工具

为了能准确获得程序的性能信息，需要使用各种辅助工具。本章将着重介绍用于系统性能分析的各种工具。熟练掌握这些工具，对性能瓶颈定位和系统故障排查都很有帮助。

本章涉及的主要知识点有：

- Linux 平台上获取性能指标的主要命令；
- Windows 平台上获取性能指标的工具；
- JDK 自带的获取 Java 程序堆信息和线程信息的相关工具；
- MAT 内存分析工具及一些商业性能调优工具；
- 用于分析堆快照的对象查询语言（OQL）。

6.1　Linux 命令行工具

Linux 平台是使用最为广泛的服务器平台之一，不少 Java 端程序都运行在类 Linux 平台（如 AIX、Solaris 等）上。不同的类 Linux 操作系统的很多命令都非常相似，不少命令仅有一些细节上的差异。本节主要介绍用于 Linux 平台的性能收集和统计工具。

6.1.1　top 命令

top 命令是 Linux 平台上常用的性能分析工具，能够实时显示系统中各个进程的资源占用状况。top 命令的部分输出结果如下：

```
[root@redhat6 tmp]# top
top - 09:33:57 up  6:37,  3 users,  load average: 0.10, 0.05, 0.07
Tasks: 191 total,   1 running, 190 sleeping,   0 stopped,   0 zombie
Cpu(s): 3.3%us, 2.2%sy, 0.0%ni, 94.5%id,  0.0%wa,  0.0%hi,  0.0%si,  0.0%st
Mem:   2071628k total,  1738012k used,   333616k free,    75044k buffers
Swap:  4161528k total,     5348k used,  4156180k free,  1095040k cached

  PID USER    PR NI VIRT  RES  SHR  S  %CPU %MEM TIME+    COMMAND
 2078 root    20 0  56016 25m  8348 S  9.3  1.3  4:39.27  Xorg
 4022 oracle  20 0  82540 13m  9.9m S  1.3  0.7  0:11.28  gnome-terminal
16055 root    20 0  2660  1144 872  R  0.3  0.1  0:00.03  top
    1 root    20 0  2828  1272 1068 S  0.0  0.1  0:02.02  init
    2 root    20 0  0     0    0    S  0.0  0.0  0:00.00  kthreadd
```

```
  3 root    RT 0  0        0     0     S  0.0  0.0   0:00.74 migration/0
  4 root    20 0  0        0     0     S  0.0  0.0   0:00.01 ksoftirqd/0
  5 root    RT 0  0        0     0     S  0.0  0.0   0:00.00 watchdog/0
  6 root    RT 0  0        0     0     S  0.0  0.0   0:00.40 migration/1
  7 root    20 0  0        0     0     S  0.0  0.0   0:00.01 ksoftirqd/1
  8 root    RT 0  0        0     0     S  0.0  0.0   0:00.00 watchdog/1
  9 root    20 0  0        0     0     S  0.0  0.0   0:00.13 events/0
```

top 命令的输出结果可以分为两个部分：前半部分是系统统计信息，后半部分是进程信息。

在统计信息中，第 1 行是任务队列信息，它的结果等同于 uptime 命令。从左到右依次表示：系统当前时间、系统运行时间、当前登录用户数及系统的平均负载（使用 load average 表示）。系统的平均负载即任务队列的平均长度，这 3 个值分别表示 1min、5min、15min 到现在的平均值。

第 2 行是进程统计信息，包括总进程数、正在运行的进程数、睡眠进程数、停止的进程数和僵尸进程数。第 3 行是 CPU 的统计信息：us 表示用户空间 CPU 占用率；sy 表示内核空间 CPU 占用率；ni 表示用户进程（改变过优先级的进程）CPU 占用率；id 表示空闲 CPU 占用率；wa 表示等待输入/输出的 CPU 时间百分比；hi 表示硬件中断请求的 CPU 时间百分比；si 表示软件中断请求的 CPU 时间百分比；st 表示在虚拟机中运行时等待 CPU 的时间。在 Mem 行中，从左到右依次表示物理内存总量、已使用的物理内存、空闲物理内存和内核缓冲的使用量。Swap 行依次表示交换区总量、已使用的交换区大小、空闲交换区大小和缓冲交换区大小。

top 命令输出结果的后半部分是进程信息区，显示系统内各个进程的资源使用情况。在 Top 命令的输出结果中，可能出现的列及其含义如下（因为代码或开发环境不同，以下列不一定全部显示）：

- PID：进程 ID。
- PPID：父进程 ID。
- UID：进程所有者的用户 ID。
- USER：进程所有者的用户名。
- GROUP：进程所有者的组名。
- TTY：启动进程的终端名。不是从终端启动的进程则显示为“?”。
- PR：优先级。
- NI：nice 值。负值表示高优先级，正值表示低优先级。
- P：最后使用的 CPU，仅在多 CPU 环境中有意义。
- %CPU：上次更新到现在的 CPU 时间占用百分比。
- TIME：进程使用的 CPU 时间总计，单位为秒。
- TIME+：进程使用的 CPU 时间总计，单位为 1/100s。
- %MEM：进程使用的物理内存百分比。
- VIRT：进程使用的虚拟内存总量，单位为 KB，VIRT=SWAP+RES。
- SWAP：进程使用的虚拟内存中被换出的大小，单位为 KB。

- RES：进程使用的未被换出的物理内存大小，单位为 KB，RES=CODE+DATA。
- CODE：可执行代码占用的物理内存大小，单位为 KB。
- DATA：可执行代码以外的部分（数据段＋栈）占用的物理内存大小，单位为 KB。
- SHR：共享内存大小，单位为 KB。
- nFLT：页面错误次数。
- nDRT：最后一次写入到现在被修改过的页面数。
- S：进程状态。D 表示不可中断的睡眠状态，R 表示运行，S 表示睡眠，T 表示跟踪或停止，Z 表示僵尸进程。
- COMMAND：命令名/命令行。
- WCHAN：若该进程在睡眠，则显示睡眠中的系统函数名。
- Flags：任务标志，参考 sched.h。

在 top 命令下按 F 键可以进行列的选择，按 O 键可以更改列的显示顺序。此外，top 命令还有以下一些实用的交互指令。

- H：显示帮助信息。
- K：终止一个进程。
- Q：退出程序。
- C：切换显示命令的名称和完整的命令行。
- M：根据驻留内存大小进行排序。
- P：根据使用 CPU 的百分比大小进行排序。
- T：根据时间/累计时间进行排序。
- 数字 1：显示所有 CPU 的负载情况。

注意：使用 top 命令可以从宏观上观察系统的各个进程对 CPU 的占用情况及内存使用情况。

6.1.2 sar 命令

sar 命令也是 Linux 系统中重要的性能监测工具之一，它可以周期性地对内存和 CPU 使用情况进行采样。基本语法如下：

```
sar [ options ] [ <interval> [ <count> ] ]
```

interval 和 count 分别表示采样周期和采样数量。options 选项可以指定 sar 命令对哪些性能数据进行采样（不同版本的 sar 命令选项可能有所不同，可以通过 sar -h 命令查看）。

- -A：所有报告的总和。
- -u：CPU 的利用率。
- -d：硬盘使用报告。
- -b：I/O 的情况。

- -q：查看队列长度。
- -r：内存使用统计信息。
- -n：网络信息统计。
- -o：采样结果输出到文件。

下面的代码使用 sar 命令统计 CPU 的使用情况，每秒采样一次，共采样 3 次。

```
[root@redhat6 tmp]# sar -u 1 3
Linux 2.6.32-71.el6.i686 (redhat6) 03/25/2012  _i686_  (2 CPU)

11:04:48 AM  CPU    %user   %nice   %system   %iowait   %steal   %idle
11:04:49 AM  all    1.00    0.00    1.00      0.00      0.00     98.00
11:04:50 AM  all    1.98    0.00    1.49      0.00      0.00     96.53
11:04:51 AM  all    1.00    0.00    1.00      0.00      0.00     98.01
Average:     all    1.33    0.00    1.16      0.00      0.00     97.51
```

下面的代码用于获取内存的使用情况。

```
[root@redhat6 tmp]# sar -r 1 3
Linux 2.6.32-71.el6.i686 (redhat6) 03/25/2012  _i686_  (2 CPU)

11:06:53 AM kbmemfree kbmemused  %memused kbbuffers  kbcached  kbcommit
%commit  kbactive  kbinact
11:06:54 AM    233696   1837932     88.72    116848   1121380   1521120
24.40    919704    723204
11:06:55 AM    233696   1837932     88.72    116848   1121380   1521120
24.40    919704    723204
11:06:56 AM    233696   1837932     88.72    116856   1121376   1521120
24.40    919704    723204
Average:       233696   1837932     88.72    116851   1121379   1521120
24.40    919704    723204
```

下面的代码用于获取 I/O 信息。

```
[root@redhat6 tmp]# sar -b 1 3
Linux 2.6.32-71.el6.i686 (redhat6) 03/25/2012  _i686_  (2 CPU)

11:08:08 AM   tps      rtps     wtps      bread/s    bwrtn/s
11:08:09 AM   30.00    2.00     28.00     16.00      208.00
11:08:10 AM   0.00     0.00     0.00      0.00       0.00
11:08:11 AM   15.00    0.00     15.00     0.00       128.00
Average:      15.00    0.67     14.33     5.33       112.00
```

注意：sar 命令可以查看 I/O 信息、内存信息及 CPU 的使用情况。

6.1.3　vmstat 命令

vmstat 也是一款功能比较齐全的性能监测工具，它可以统计 CPU、内存及 swap 的使用情况等信息。和 sar 工具类似，vmstat 也可以指定采样周期和采样次数。下面的代码表示每秒采样一次，共计 3 次。

```
[root@redhat6 tmp]# vmstat 1 3
```

```
procs ----------memory--------- ---swap-- ----io--- --system-- ----cpu----
 r  b  swpd  free    buff    cache    si  so bi bo  in   cs    us sy  id  wa st
 0  0  5312 221444 119176 1122592 73  0   0  34  185  281   1  2  97  1  0
 0  0  5312 221048 119176 1122592 32  0   0  0   442  725   2  1  97  0  0
 0  0  5312 221048 119176 1122592 0   0   0  0   463  741   2  1  97  0  0
```

输出结果中，各列含义如表 6.1 所示。

表 6.1　vmstat命令输出结果的含义

procs	r：等待运行的进程数 b：处在非中断睡眠状态的进程数
memory	swpd：虚拟内存使用情况，单位为KB free：空闲的内存，单位为KB buff：被用来作为缓存的内存数，单位为KB
swap	si：从磁盘交换到内存的交换页数量，单位为KB/s so：从内存交换到磁盘的交换页数量，单位为KB/s
io	bi：发送到块设备的块数，单位为块/秒 bo：从块设备接收到的块数，单位为块/秒
system	in：每秒的中断次数，包括时钟中断 cs：每秒的上下文切换次数
cpu	us：用户CPU使用时间 sy：内核CPU系统使用时间 id：空闲时间

以下代码显示了一个线程切换频繁的 Java 程序。

```
public class HoldLockMain {
    public static Object[] lock=new Object[10];
    public static java.util.Random r=new java.util.Random();
    static{
        for(int i=0;i<lock.length;i++)
            lock[i]=new Object();
    }
    //一个持有锁的线程
    public static class HoldLockTask implements Runnable{
        private int i;
        public HoldLockTask(int i){
            this.i=i;
        }
        @Override
        public void run() {
            try{
                while(true){
                    synchronized (lock[i]) {                    //持有锁
                        if(i%2==0)
                            lock[i].wait(r.nextInt(10));    //等待
                        else
                            lock[i].notifyAll();            //通知
                    }
```

```
                }
            }catch(Exception e){
            }
        }
    }

    public static void main(String[] args){
        for(int i=0;i<lock.length*2;i++)        //每两个线程使用同一个锁对象
            new Thread(new HoldLockTask(i/2)).start();
    }
}
```

使用 vmstat 工具监控上述 Java 程序的执行情况：

```
[oracle@redhat6 ~]$ vmstat 1 4
procs ----------memory--------- ---swap-- ----io--- --system-- ----cpu----
 r  b swpd free   buff   cache   si  so bi  bo  in   cs    us  sy id  wa st
 6  0 5472 185240 134860 1257524 65  0  0   24  192  302   2   1  96  0  0
 7  0 5472 185108 134860 1257524 0   0  0   0   2399 2451  99  1  0   0  0
 9  0 5472 185124 134860 1257524 0   0  0   0   2350 2410  99  1  0   0  0
 7  0 5472 185124 134860 1257524 128 0  0   0   2339 2367  100 1  0   0  0
```

通过加粗部分可以看到，系统有着很高的 cs 值（上下文切换）和 us 值（用户 CPU 使用时间），表明系统的上下文切换频繁，用户 CPU 占用率很高。

注意： vmstat 工具可以查看内存、交互分区、I/O 操作、上下文切换、时钟中断及 CPU 的使用情况。

6.1.4　iostat 命令

iostat 命令可以提供详尽的 I/O 信息。它的基本使用方式如下：

```
[root@redhat6 tmp]# iostat 1 2
Linux 2.6.32-71.el6.i686 (redhat6) 03/25/2012  _i686_  (2 CPU)

avg-cpu:  %user   %nice %system %iowait  %steal   %idle
           1.05    0.00    1.67    0.63    0.00   96.64

Device:            tps   kB_read/s    kB_wrtn/s    kB_read    kB_wrtn
sda               7.21       62.88        35.64    2083412    1180818
dm-0             13.29       62.66        35.41    2076369    1173160
dm-1              0.09        0.11         0.23       3720       7640

avg-cpu:  %user   %nice %system %iowait  %steal   %idle
           1.49    0.00   11.94    0.00    0.00   86.57

Device:            tps   kB_read/s    kB_wrtn/s    kB_read    kB_wrtn
sda               7.00        4.00        16.00          4         16
dm-0              8.00        4.00        16.00          4         16
dm-1              0.00        0.00         0.00          0          0
```

以上命令显示了 CPU 的使用概况和磁盘 I/O 的信息。对输出信息每秒采样 1 次，合计采样两次。如果只需要显示磁盘情况，不需要显示 CPU 使用情况，则可以使用以下命令：

```
iostat -d 1 2
```

-d 表示输出磁盘的使用情况。在输出结果中，各个列的含义如下：

- tps：该设备每秒的传输次数。
- kB_read/s：每秒从设备读取的数据量。
- kB_wrtn/s：每秒向设备写入的数据量。
- kB_read：读取的总数据量。
- kB_wrtn：写入的总数据量。

如果需要得到更多的统计信息，可以使用-x 选项。例如：

```
iostat -x 1 2
```

注意： 磁盘 I/O 很容易成为系统性能的瓶颈。通过 iostat 命令可以快速定位系统是否产生了大量的 I/O 操作。

6.1.5 pidstat 工具

pidstat 是一个功能强大的性能监测工具，它也是 Sysstat 的组件之一。读者可以在 http://www.icewalkers.com/Linux/Software/59040/Sysstat.html 上下载这个工具。下载后，通过./configure、make 和 make install 三个命令即可安装 pidstat 工具。pidstat 的强大之处在于，它不仅可以监视进程的性能情况，也可以监视线程的性能情况。本小节将详细介绍 pidstat 的功能。

1. CPU使用率监控

下面是一个简单的占用 CPU 的程序，它开启了 4 个用户线程，其中 1 个线程大量占用 CPU 资源，其他 3 个线程则处于空闲状态。

```
public class HoldCPUMain {
    public static class HoldCPUTask implements Runnable{
        @Override
        public void run() {
            while(true){
                double a=Math.random()*Math.random();  //占用 CPU
            }
        }
    }
    public static class LazyTask implements Runnable{
        public void run(){
            try{
                while(true){
                    Thread.sleep(1000);                  //空闲线程
                }
            }catch(Exception e){

            }
        }
```

```
    }

    public static void main(String[] args){
        new Thread(new HoldCPUTask()).start();          //开启线程，占用 CPU
        new Thread(new LazyTask()).start();             //空闲线程
        new Thread(new LazyTask()).start();
        new Thread(new LazyTask()).start();
    }
}
```

运行以上程序，要监控该程序的 CPU 使用率，可以先使用 jps 命令找到 Java 程序的 PID，然后使用 pidstat 命令输出程序的 CPU 使用情况。执行命令如下：

```
[root@redhat6 tmp]# jps
443 Jps
16185
1187 HoldCPUMain
[root@redhat6 tmp]# pidstat -p 1187 -u 1 3
Linux 2.6.32-71.el6.i686 (redhat6) 03/25/2012  _i686_  (2 CPU)

01:38:19 PM  PID   %usr    %system  %guest  %CPU    CPU  Command
01:38:20 PM  1187  99.01   0.00     0.00    99.01   1    java
01:38:21 PM  1187  100.00  0.00     0.00    100.00  1    java
01:38:22 PM  1187  99.00   0.00     0.00    99.00   1    java
Average:     1187  99.34   0.00     0.00    99.34   -    java
```

其中，pidstat 的参数-p 用于指定进程 ID，-u 表示对 CPU 使用率的监控，最后的参数 1 和 3 分别表示每秒采样 1 次与合计采样 3 次。从输出结果中可以看到，该应用程序的 CPU 占用率几乎达到 100%。pidstat 的功能不仅限于观察进程信息，它还可以进一步监控线程的信息，执行命令如下：

```
pidstat -p 1187 1 3 -u -t
```

该命令的部分输出结果如下：

```
01:47:30 PM  TGID  TID   %usr   %system  %guest  %CPU   CPU  Command
01:47:31 PM  1187  -     98.02  0.00     0.00    98.02  0    java
01:47:31 PM  -     1187  0.00   0.00     0.00    0.00   0    |__java
省略部分线程
01:47:31 PM  -     1203  0.00   0.00     0.00    0.00   0    |__java
01:47:31 PM  -     1204  97.03  0.00     0.00    97.03  1    |__java
省略部分线程
01:47:31 PM  -     1207  0.00   0.00     0.00    0.00   1    |__java
```

-t 参数将系统性能的监控细化到线程级别。从输出结果中可以看到，该 Java 应用程序之所以占用如此高的 CPU，是因为线程 1204 的缘故。

注意： 使用 pidstat 工具不仅可以定位到进程，甚至可以进一步定位到线程。

使用以下命令可以导出指定 Java 应用程序的所有线程。

```
jstack -l 1187 >/tmp/t.txt
```

在输出的 t.txt 文件中可以找到这样一段输出内容：

```
"Thread-0" prio=10 tid=0xb75b3000 nid=0x4b4 runnable [0x8f171000]
   java.lang.Thread.State: RUNNABLE
    at javatuning.ch6.toolscheck.HoldCPUMain$HoldCPUTask.run(HoldCPUMain.
java:7)
    at java.lang.Thread.run(Thread.java:636)

   Locked ownable synchronizers:
    - None
```

从加粗的文字可以看到，这个线程正是 HoldCPUTask 类，它的 nid(native ID)为 0x4b4，转为十进制后正好是 1204。

通过这个方法，开发人员可以使用 pidstat 很容易地捕获在 Java 应用程序中大量占用 CPU 的线程。

2. I/O使用监控

磁盘 I/O 也是常见的性能瓶颈之一。使用 pidstat 也可以监控进程内线程的 I/O 情况。下面的代码开启了 4 个线程，其中，线程 HoldIOTask 产生了大量的 I/O 操作。

```
public class HoldIOMain {
    public static class HoldIOTask implements Runnable{
        @Override
        public void run() {
            while(true){
                try {
                    FileOutputStream fos=new FileOutputStream(new File("temp"));
                    for(int i=0;i<10000;i++)
                        fos.write(i);                        //大量的写操作
                    fos.close();
                    FileInputStream fis=new FileInputStream(new File("temp"));
                    while(fis.read()!=-1);                   //大量的读操作
                } catch (FileNotFoundException e) {
                    e.printStackTrace();
                } catch (IOException e) {
                    e.printStackTrace();
                }
            }
        }
    }
    public static class LazyTask implements Runnable{
        public void run(){
            try{
                while(true){
                    Thread.sleep(1000);                      //一个空闲线程
                }
            }catch(Exception e){

            }
```

```
        }
    }

    public static void main(String[] args){
        new Thread(new HoldIOTask()).start();           //开启占用I/O的线程
        new Thread(new LazyTask()).start();             //开启空闲线程
        new Thread(new LazyTask()).start();
        new Thread(new LazyTask()).start();
    }
}
```

在程序运行过程中，使用以下命令监控程序 I/O 的使用情况：

```
[oracle@redhat6 ~]$ pidstat -p 22796 -d -t 1 3
Linux 2.6.32-71.el6.i686 (redhat6) 03/25/2012  _i686_  (2 CPU)

06:06:00 PM   TGID    TID    kB_rd/s    kB_wr/s    kB_ccwr/s   Command
06:06:01 PM   22796   -      0.00       332.00     0.00        java
06:06:01 PM   -       22796  0.00       0.00       0.00        |__java
06:06:01 PM   -       22799  0.00       0.00       0.00        |__java
06:06:01 PM   -       22802  0.00       0.00       0.00        |__java
06:06:01 PM   -       22803  0.00       0.00       0.00        |__java
06:06:01 PM   -       22805  0.00       0.00       0.00        |__java
06:06:01 PM   -       22806  0.00       0.00       0.00        |__java
06:06:01 PM   -       22807  0.00       0.00       0.00        |__java
06:06:01 PM   -       22808  0.00       0.00       0.00        |__java
06:06:01 PM   -       22809  0.00       0.00       0.00        |__java
06:06:01 PM   -       22810  0.00       0.00       0.00        |__java
06:06:01 PM   -       22811  0.00       0.00       0.00        |__java
06:06:01 PM   -       22812  0.00       0.00       0.00        |__java
06:06:01 PM   -       22813  0.00       328.00     0.00        |__java
06:06:01 PM   -       22814  0.00       0.00       0.00        |__java
06:06:01 PM   -       22815  0.00       0.00       0.00        |__java
06:06:01 PM   -       22816  0.00       0.00       0.00        |__java
```

其中，22 796 是通过 jps 命令查询到的进程 ID，-d 参数表明监控对象为磁盘 I/O，1 和 3 分别表示每秒采样 1 次，合计采样 3 次。

从输出结果中可以看到，进程中的 22 813（0x591D）线程产生了大量的 I/O 操作。通过前文中提到的 jstatck 命令可以导出当前线程的堆栈，查找 nid 为 22 813（0x591D）的线程，即可定位到 HoldIOTask 线程。

注意：使用 pidstat 命令可以查看进程和线程的 I/O 信息。

3．内存监控

使用 pidstat 命令还可以监控指定进程的内存使用情况。下面的代码使用 pidstat 工具对进程 ID 为 27 233 的进程进行内存监控，每秒刷新 1 次，共进行 5 次统计。

```
[oracle@redhat6 ~]$ pidstat -r -p 27233 1 5
Linux 2.6.32-71.el6.i686 (redhat6) 04/14/2012  _i686_  (2 CPU)

09:50:32 AM   PID    minflt/s   majflt/s   VSZ      RSS     %MEM   Command
09:50:33 AM   27233  0.00       0.00       728164   11476   0.55   java
09:50:34 AM   27233  1.00       0.00       728164   11480   0.55   java
09:50:35 AM   27233  1.00       0.00       728164   11484   0.55   java
09:50:36 AM   27233  1.00       0.00       728164   11488   0.55   java
09:50:37 AM   27233  0.99       0.00       728164   11492   0.55   java
Average:      27233  0.80       0.00       728164   11484   0.55   java
```

输出结果中各列含义如下：

- minflt/s：该进程每秒错误（不需要从磁盘中调出内存页）的总数。
- majflt/s：该进程每秒错误（需要从磁盘中调出内存页）的总数。
- VSZ：该进程使用的虚拟内存大小，单位为 KB。
- RSS：该进程占用的物理内存大小，单位为 KB。
- %MEM：占用内存比率。

注意： pidstat 工具是一款多合一的优秀工具，它不仅可以监控 CPU、I/O 和内存资源，甚至可以将问题定位到相关线程，以方便进行应用程序故障排查。

6.2 Windows 工具

作为桌面市场的引领者，Windows 平台上也运行着大量的 Java 应用程序。本节主要介绍一些可以工作在 Windows 平台上的性能监控工具，包括 Windows 系统自带的任务管理器、性能监控工具，以及一些优秀的第三方工具。

6.2.1 任务管理器

Windows 系统的任务管理器是大家最为熟知的一款系统工具，通过 Ctrl+Alt+Del 组合键便能调出。任务管理器乍看之下并不起眼，但事实上它却是使用最为方便、功能也非常强大的一款性能统计工具。任务管理器的界面如图 6.1 所示。

可以看到，任务管理器的进程页罗列了系统内进程的名称、所属用户、CPU 使用率和内存使用量等信息。通过任务管理器，可以方便地实时监控各个进程的 CPU 和内存使用情况，这对于简单的性能监控已经足够了。

除了图 6.1 中所展示的列外，任务管理器的进程页面还可以显示更多的性能参数，如进程 ID 和 I/O 信息等，如图 6.2 所示。

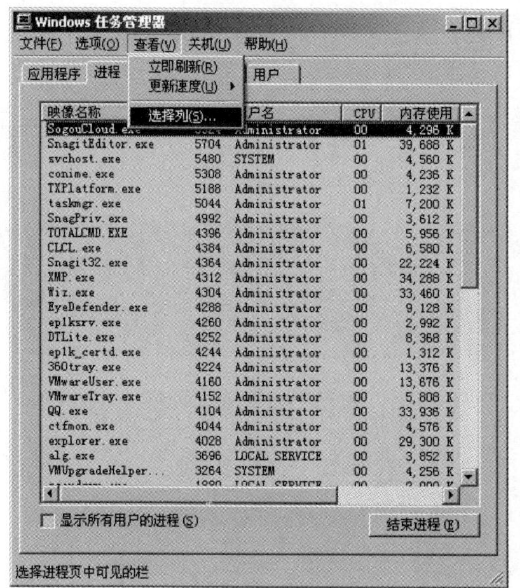

图 6.1　任务管理器界面

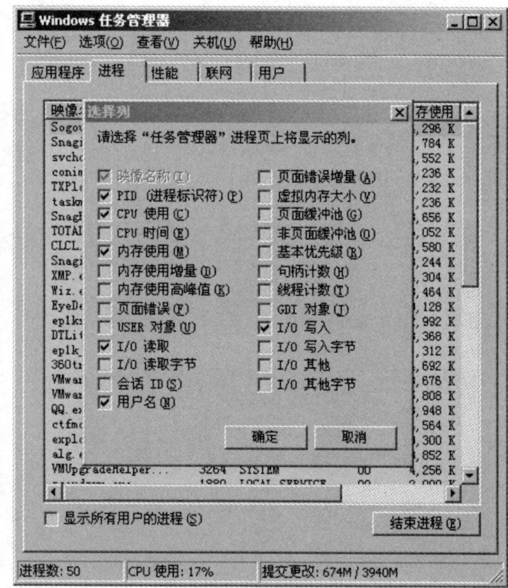

图 6.2　任务管理器支持的统计类型

选择“查看”菜单的“选择列”命令，打开“选择列”对话框（如图 6.2 所示），在此可以选择需要监控的列信息。如图 6.3 所示，笔者将任务管理器调整为一个只显示进程名称、PID、CPU 使用率、内存使用量和 I/O 情况的进程性能监控工具。

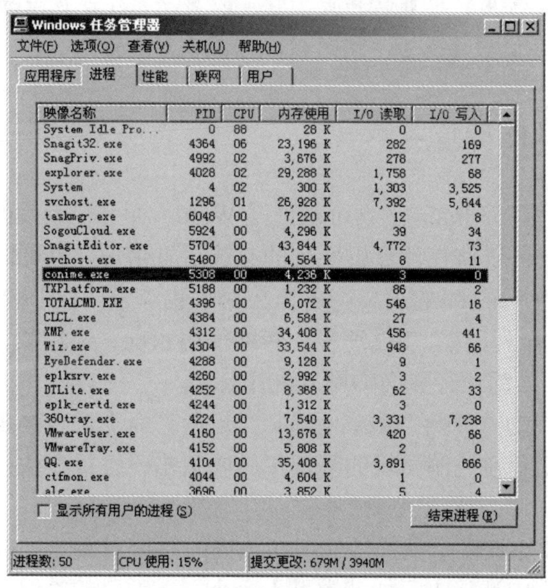

图 6.3　通过任务管理器显示内存和 I/O 情况

除了对进程进行单独的监控外，任务管理器还能对计算机系统的整体运行情况进行监控，包括 CPU、内存及网络的使用情况。图 6.4 展示了 CPU 的实际使用率和内存使用情况，图 6.5 展示了当前的网络使用情况。

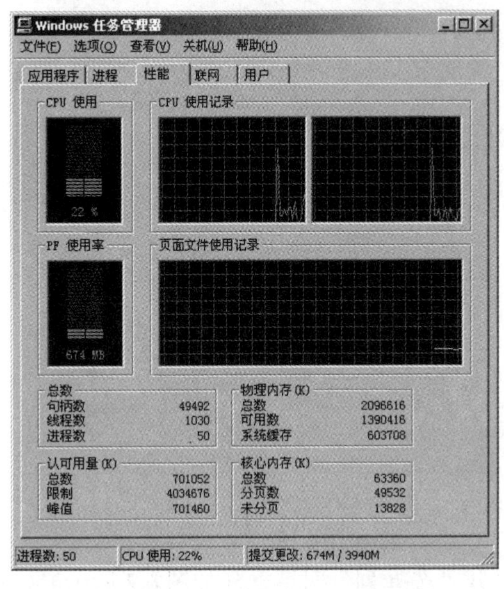

图 6.4　CPU 和内存使用情况

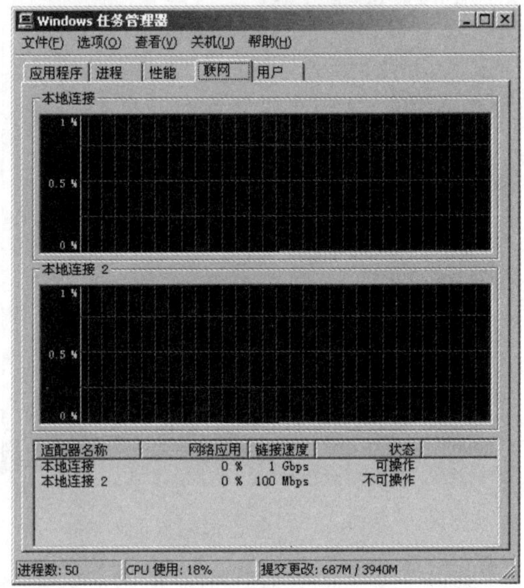

图 6.5　网络使用情况

注意：任务管理器很常用，也非常强大，它可以显示系统的网络负载、任意进程的 CPU 占用率、内存使用量及 I/O 使用情况。

6.2.2 perfmon 性能监控工具

与任务管理器相比，perfmon 工具可以说是 Windows 下专业级的性能监控工具了。它的功能极其强大，不仅可以监控计算机系统的整体运行情况，也可以专门针对某一个进程或者线程进行状态监控。而且，它所支持的监控对象也非常多，几乎涉及系统的所有方面，从 CPU 使用情况到内存利用率、I/O 速度、网络使用状况、进程数、线程等，无不在其监控范围内。perfmon 工具的运行界面如图 6.6 所示。

读者可以在任务栏的“开始”菜单中选择“运行”命令，在弹出的“运行”对话框中使用 perfmon 命令，或者在控制面板的管理工具中双击“性能”快捷方式打开 perfmon 工具，如图 6.7 所示。

perfmon 工具的底部表格显示了当前正在监控的系统对象。可以在监控对象表格中右击，在弹出的快捷菜单中选择“添加计数器”命令，在弹出的“添加计数器”对话框中选择需要监控的对象，如图 6.8 所示。

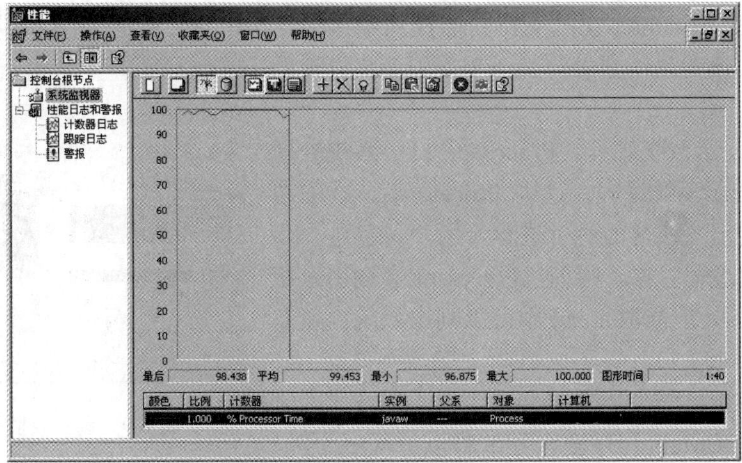

图 6.6　perfmon 运行界面

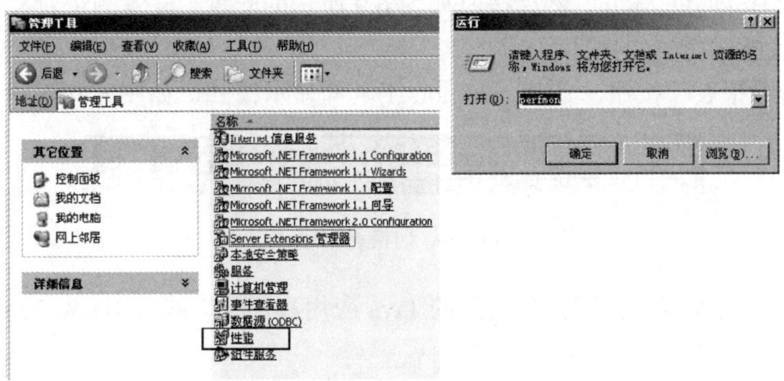

图 6.7　打开 perfmon 的方式

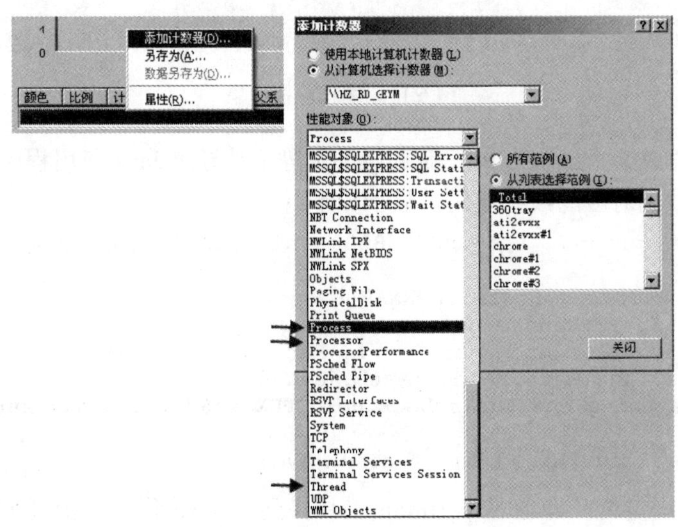

图 6.8　perfmon 支持的监控对象

可以看到，perfmon 工具支持的监控对象很多，但一般来说，读者只需要关注图 6.8 中用箭头标注的几项即可。

Process 表示系统进程，Processor 表示系统处理器，Thread 表示系统线程。选中 Process 后，在右边的列表中会列出系统内的所有进程，用户可以进一步选择要监控的进程对象。同理，Processor 会列出系统内所有的 CPU 处理器，Thread 则可以列出系统内所有的线程。

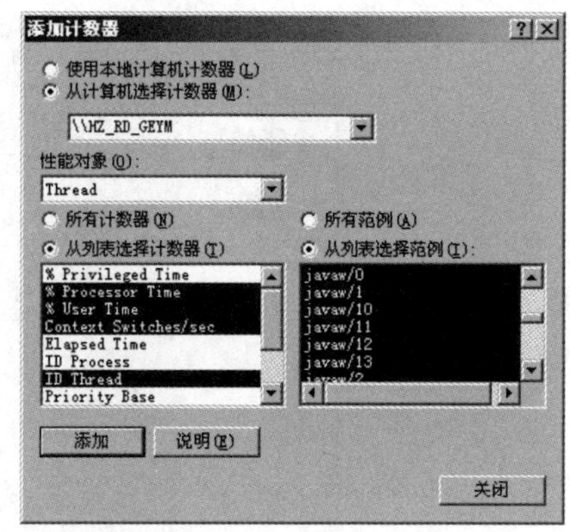

图 6.9　选择要监控的线程

读者应该还记得在介绍 pidstat 工具（6.1.5 节）时使用的 HoldCPUMain 程序吧，本节将以该程序为例，展示如何使用 perfmon 工具找出在 Java 应用程序中最消耗 CPU 资源的线程。

首先运行 HoldCPUMain，然后按照如图 6.9 所示的配置，设置测量对象为 Thread，并选择 java.exe 进程中所有的线程。

单击“查看报表”按钮，切换 perfmon 工具的显示模式，如图 6.10 所示。

图 6.10　切换显示模式

在报表中可以很容易找到，在当前的 Java 应用程序中，线程 ID 为 2548 的线程占用了很高的 CPU，如图 6.11 所示。

Thread	javaw 0	javaw 1	javaw 10	javaw 11	javaw 12
% Processor Time	0.000	0.000	100.000	0.000	0.000
% User Time	0.000	0.000	100.000	0.000	0.000
Context Switches/sec	0.000	0.000	2613.562	0.987	0.987
ID Thread	1496	3304	2548	2160	3340

图 6.11　线程监控结果

将 2548 换算成十六进制为 9f4。通过 jstack 等工具导出 Java 应用程序的线程快照，并查找 9f4，即可找到对应的线程代码，显示如下：

```
"Thread-0" prio=6 tid=0x02b38800 nid=0x9f4 runnable [0x02e5f000..
0x02e5fd94]
   java.lang.Thread.State: RUNNABLE
    at java.util.Random.next(Random.java:139)
    at java.util.Random.nextDouble(Random.java:394)
    at java.lang.Math.random(Math.java:695)
    at javatuning.ch6.toolscheck.HoldCPUMain$HoldCPUTask.run(HoldCPUMain.
java:8)
    at java.lang.Thread.run(Thread.java:619)
```

至此完成线程定位，即通过 perfmon 工具找到了 Java 程序中消耗 CPU 最多的线程代码。

注意：perform 工具也是 Windows 自带的一款性能监控软件，可以监控的性能指标繁多，功能也非常强大。当任务管理器无法满足要求时，推荐使用该工具。

6.2.3　Process Explorer 工具

Process Explorer 是一款功能极其强大的进程管理工具，完全可以替代 Windows 自带的任务管理器。读者可以在 http://technet.microsoft.com/en-us/sysinternals/bb896653 上下载该工具。Process Explorer 的运行主界面如图 6.12 所示。

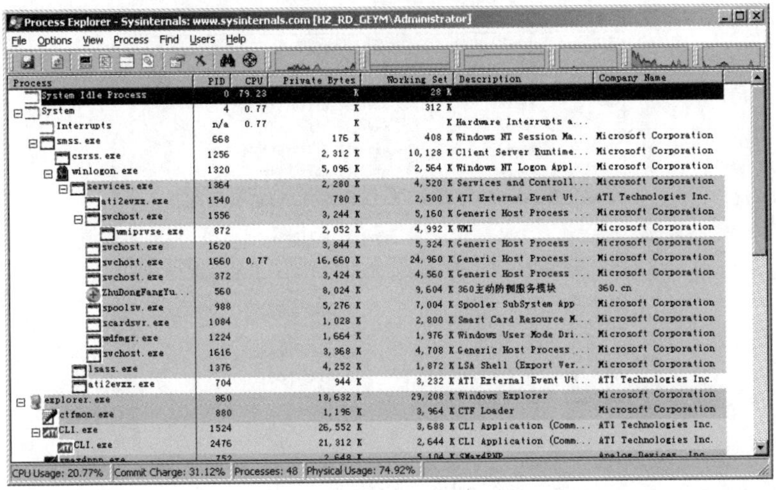

图 6.12　Process Explorer 的运行主界面

Process Explorer 不仅显示了系统内所有的进程，还进一步显示了进程间的父子关系。Process Explorer 所支持的测量项非常多。可以在表格头部右击，选择 Select Columns 命令，打开对话框，选择需要统计的策略项。如图 6.13 所示，Process Explorer 将统计项进行了分类，主要有进程模块信息、进程性能、I/O 使用情况、网络使用情况、内存使用情况等选项卡。

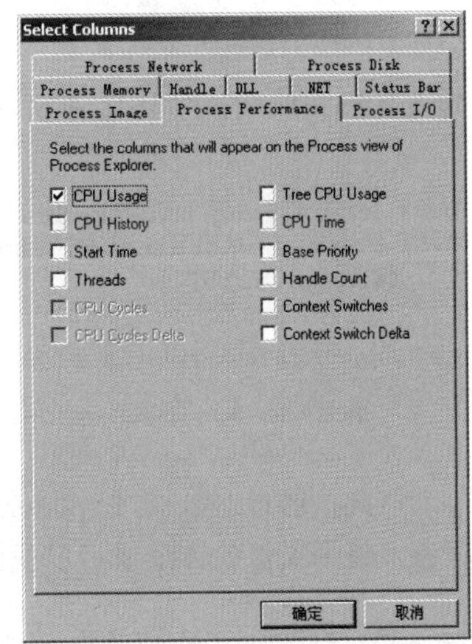

图 6.13　进程性能统计类型

在进程中右击，选择属性命令，可以显示选中进程的详细信息，包括线程数、上下文环境、CPU、I/O 和内存使用情况等。

在 6.1.3 节的“vmstat 命令”中，使用了名为 HoldLockMain 的例子，演示了一个大量线程切换的场景。这里继续使用该示例，演示 Process Explorer 的使用方法。

首先运行 HoldLockMain，在 Process Explorer 中可

以看到，该 Java 程序占用了很高的 CPU，如图 6.14 所示。

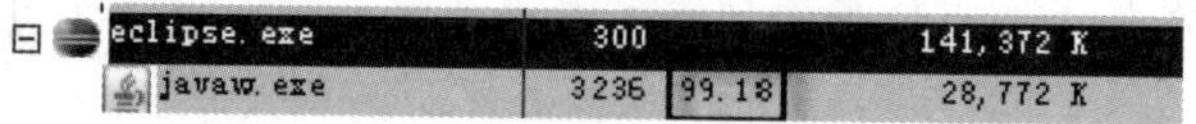

图 6.14　Process Explorer 监控 CPU 占用率

右击 javaw.exe，打开属性对话框，在其中查看线程页，如图 6.15 所示。

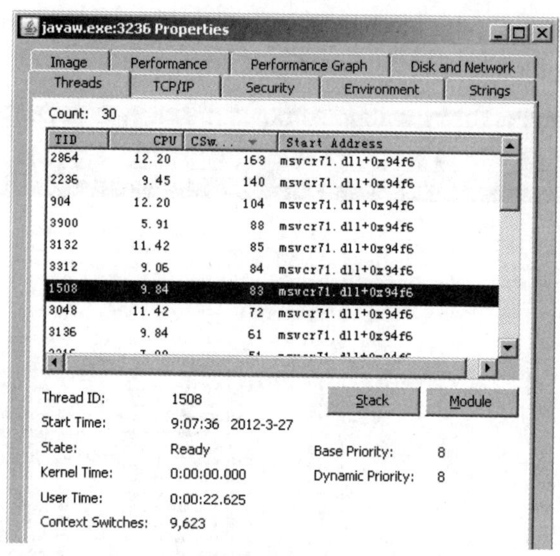

图 6.15　查看线程情况

可以看到，在该 Java 程序中，线程的上下文切换数值和 CPU 占用率都比较大。查看当前 CPU 占用率达 12%、上下文切换达 163 次的线程 ID 为 2864 的线程，换算成十六进制为 b30。在线程快照中，查找 b30 对应的线程，有以下结果：

```
"Thread-14" prio=6 tid=0x02b4c800 nid=0xb30 runnable [0x032bf000..
0x032bfc94]
   java.lang.Thread.State: RUNNABLE
     at javatuning.ch6.toolscheck.HoldLockMain$HoldLockTask.run(HoldLock
Main.java:19)
     - locked <0x22a23478> (a java.lang.Object)
     at java.lang.Thread.run(Thread.java:619)

   Locked ownable synchronizers:
     - None
```

至此，通过 Process Explorer 便找到了其中消耗 CPU 资源的一个线程。在实际开发过程中，使用类似的方法便可以找出程序中最为消耗资源的线程。

注意： Process Explorer 可以认为是一个加强版的任务管理器，但它不是 Windows 系统自带的工具，需要下载后安装。

6.2.4　pslist 命令行

与之前介绍的性能监控工具不同，pslist 工具是一款 Windows 下的命令行工具。虽然与之前的 GUI 工具相比，命令行工具在易用性上略有不足，但它依然具有 GUI 工具所不能替代的功能与用途。读者可以在 http://technet.microsoft.com/en-us/sysinternals/bb896682 上下载并安装该工具。

pslist 的基本用法如下：

```
pslist [-?][-d][-m][-x][-t][-s [n]] [-r n][-e] [name|pid]
```

各参数的含义如下：

- -d：显示线程的详细信息。
- -m：显示内存的详细信息。
- -x：显示进程、内存和线程的信息。
- -t：显示进程间的父子关系。
- -s [n]：进入监控模式，其中 n 指定程序运行时间，按 Esc 键退出。
- -r n：指定监控模式下的刷新时间，单位为 s。
- -e：使用精确匹配打开这个开关，pslist 将只监控 name 参数指定的进程。
- name：指定监控的进程名称，pslist 将监控所有以给定名字开头的进程。
- pid：指定进程 ID。

本节依然延用在 6.1.5 节中“pidstat 工具”给出的 HoldCPUTask 示例。首先运行 HoldCPUTask 程序，然后使用 pslist 列出所有的 Java 应用程序进程，执行命令如下：

```
C:\Documents and Settings\Administrator>pslist java
Name     Pid    Pri   Thd   Hnd    Priv     CPU Time       Elapsed Time
javaw    2268   8     14    119    28068    0:02:08.765    0:02:10.265
```

使用-d 参数列出线程信息：

```
C:\Documents and Settings\Administrator>pslist java -d

javaw 2268:
 Tid   Pri  Cswtch  State           User Time    Kernel Time  Elapsed Time
3212   9    49      Wait:UserReq    0:00:00.015  0:00:00.000  0:03:34.421
1428   9    280     Wait:UserReq    0:00:00.078  0:00:00.078  0:03:34.375
2052   10   274     Wait:UserReq    0:00:00.000  0:00:00.000  0:03:34.171
 540   11   3       Wait:UserReq    0:00:00.000  0:00:00.000  0:03:33.953
 184   9    2       Wait:UserReq    0:00:00.000  0:00:00.000  0:03:33.953
4052   10   6       Wait:UserReq    0:00:00.000  0:00:00.000  0:03:33.484
1156   10   2       Wait:UserReq    0:00:00.000  0:00:00.000  0:03:33.484
2448   11   42      Wait:UserReq    0:00:00.015  0:00:00.000  0:03:33.484
3728   8    3       Wait:UserReq    0:00:00.000  0:00:00.000  0:03:33.484
2552   10   4699    Wait:DelayExec  0:00:00.000  0:00:00.000  0:03:33.484
2548   8    142357  Running         0:03:32.406  0:00:00.015  0:03:33.328
1856   8    252     Wait:UserReq    0:00:00.000  0:00:00.000  0:03:33.312
```

```
3528   8    250      Wait:UserReq     0:00:00.000 0:00:00.000  0:03:33.312
1448   8    238      Wait:UserReq     0:00:00.000 0:00:00.000  0:03:33.312
```

找到运行中具有最高 Cswtch（上下文切换）值的线程 2548，换算成十六进制为 9f4（很明显，该线程也是占用 CPU 时间最多的线程）。在线程快照中查找这个线程 ID，结果如下：

```
"Thread-0" prio=6 tid=0x02b38800 nid=0x9f4 runnable [0x02e5f000..
0x02e5fb94]
   java.lang.Thread.State: RUNNABLE
    at java.util.Random.nextDouble(Random.java:394)
    at java.lang.Math.random(Math.java:695)
    at javatuning.ch6.toolscheck.HoldCPUMain$HoldCPUTask.run(HoldCPUMain.
java:8)
    at java.lang.Thread.run(Thread.java:619)

   Locked ownable synchronizers:
    - None
```

这样可以找到当前最消耗 CPU 的线程 HoldCPUTask。

注意：pslist 是 Windows 下的命令行工具，它可以显示进程乃至线程的详细信息。

6.3 JDK 命令行工具

在 JDK 的开发包中，除了大家熟知的 java.exe 和 javac.exe 外，还有一系列辅助工具。这些辅助工具位于 JDK 安装目录下的 bin 目录中，可以帮助开发人员很好地解决 Java 应用程序的一些“疑难杂症”。图 6.16 显示了部分辅助工具。

乍看之下，虽然这些工具都是.exe 的可执行文件，但事实上它们只是 Java 程序的一层包装，其真正的实现是在 tools.jar 中，如图 6.17 所示。

jdb.exe	26 KB	应用程序
jhat.exe	26 KB	应用程序
jinfo.exe	26 KB	应用程序
jmap.exe	26 KB	应用程序
jps.exe	26 KB	应用程序
jrunscript.exe	26 KB	应用程序
jstack.exe	26 KB	应用程序
jstat.exe	26 KB	应用程序
jstatd.exe	26 KB	应用程序

图 6.16 JDK 内置工具

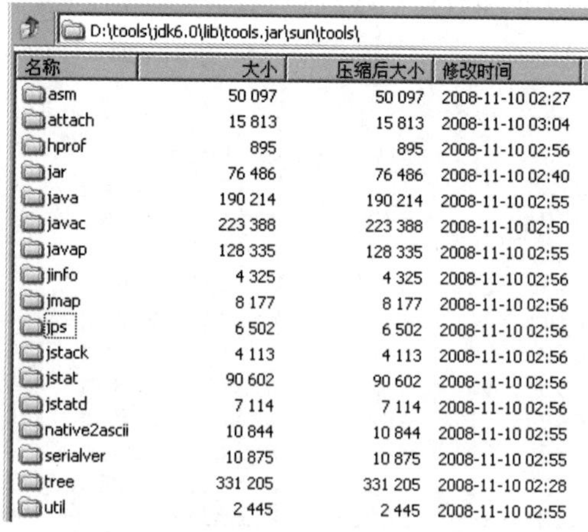
D:\tools\jdk6.0\lib\tools.jar\sun\tools\

名称	大小	压缩后大小	修改时间
asm	50 097	50 097	2008-11-10 02:27
attach	15 813	15 813	2008-11-10 03:04
hprof	895	895	2008-11-10 02:56
jar	76 486	76 486	2008-11-10 02:40
java	190 214	190 214	2008-11-10 02:55
javac	223 388	223 388	2008-11-10 02:50
javap	128 335	128 335	2008-11-10 02:55
jinfo	4 325	4 325	2008-11-10 02:56
jmap	8 177	8 177	2008-11-10 02:56
jps	6 502	6 502	2008-11-10 02:56
jstack	4 113	4 113	2008-11-10 02:56
jstat	90 602	90 602	2008-11-10 02:56
jstatd	7 114	7 114	2008-11-10 02:56
native2ascii	10 844	10 844	2008-11-10 02:55
serialver	10 875	10 875	2008-11-10 02:55
tree	331 205	331 205	2008-11-10 02:28
util	2 445	2 445	2008-11-10 02:55

图 6.17 tools.jar 中的实现

以 jps 工具为例，在控制台执行 jps 命令和 java -classpath %Java_HOME%/lib/tools.jar sun.tools.jps.Jps 命令是等价的，即 jps.exe 只是这个命令的一层包装。

6.3.1 jps 命令

jps 命令类似于 Linux 下的 ps，但它只用于列出 Java 的进程。直接运行 jps 命令不加任何参数，可以列出 Java 程序进程 ID 及 Main 函数短名称，例如：

```
C:\Documents and Settings\Administrator>jps
6260 Jps
7988 Main
400
```

从这个输出结果中可以看到，当前系统中共存在 3 个 Java 应用程序，其中第一个输出 Jps 就是 jps 命令本身，这也证明了此命令的本质是一个 Java 程序。此外，jps 还提供了一系列参数来控制它的输出内容。

参数-q 可以指定 jps 只输出进程 ID，而不输出类的短名称，例如：

```
C:\Documents and Settings\Administrator>jps -q
7988
7152
```

参数-m 可以用于输出传递给 Java 进程（主函数）的参数，例如：

```
C:\Documents and Settings\Administrator>jps -m
7988 Main --log-config-file D:\tools\squirrel-sql-3.2.1\log4j.properties
--squir
rel-home D:\tools\squirrel-sql-3.2.1
7456 Jps -m
```

参数-l 可以用于输出主函数的完整路径，例如：

```
C:\Documents and Settings\Administrator>jps -m -l
7244 sun.tools.jps.Jps -m -l
7988 net.sourceforge.squirrel_sql.client.Main --log-config-file D:\tools\
squirre
l-sql-3.2.1\log4j.properties --squirrel-home D:\tools\squirrel-sql-3.2.1
```

参数-v 可以显示传递给 JVM 的参数，例如：

```
C:\Documents and Settings\Administrator>jps -m -l -v
6992 sun.tools.jps.Jps -m -l -v -Denv.class.path=.;D:\tools\jdk6.0\lib\
dt.jar;D:
\tools\jdk6.0\lib\tools.jar;D:\tools\jdk6.0\lib
-Dapplication.home=D:\tools\jdk6
.0 -Xms8m
7988 net.sourceforge.squirrel_sql.client.Main --log-config-file D:\tools\
squirre
l-sql-3.2.1\log4j.properties --squirrel-home D:\tools\squirrel-sql-3.2.1
-Xmx256
m -Dsun.java2d.noddraw=true
```

注意：jps 命令类似于 ps 命令，但是它只列出系统中所有的 Java 应用程序。通过 jps 命令可以方便地查看 Java 进程的启动类、传入参数和 JVM 参数等信息。

6.3.2 jstat 命令

jstat 是一个可用于观察 Java 应用程序运行信息的工具。它的功能非常强大，可以通过它查看堆信息的详细情况。其基本使用语法如下：

```
jstat -<option> [-t] [-h<lines>] <vmid> [<interval> [<count>]]
```

其中，选项 option 可以由以下值构成。

- -class：显示 ClassLoader 的相关信息。
- -compiler：显示 JIT 编译的相关信息。
- -gc：显示与 GC 操作相关的堆信息。
- -gccapacity：显示各个代的容量及使用情况。
- -gccause：显示垃圾收集的相关信息（同-gcutil），同时显示最后一次或当前正在发生的垃圾收集的诱发原因。
- -gcnew：显示新生代信息。
- -gcnewcapacity：显示新生代的大小与使用情况。
- -gcold：显示老年代和永久代的信息。
- -gcoldcapacity：显示老年代的大小。
- -gcpermcapacity：显示永久代的大小。
- -gcutil：显示垃圾收集信息。
- -printcompilation：输出 JIT 编译的方法信息。

相关参数含义如下：

- -t：可以在输出信息前加上一个 Timestamp 列，显示程序的运行时间。
- -h：可以设定在周期性数据输出时，当输出多少行数据后跟着输出一个表头信息。
- interval：用于指定输出统计数据的周期，单位为 ms。
- count：用于指定一共输出多少次数据。

如下示例输出 Java 进程 2972 的 ClassLoader 相关信息。每秒统计一次信息，一共输出 2 次。

```
C:\Documents and Settings\Administrator>jstat -class -t 2972 1000 2
Timestamp         Loaded       Bytes        Unloaded      Bytes        Time
1395.6            2375         2683.8       7             6.2          3.45
1396.6            2375         2683.8       7             6.2          3.45
```

在以上的输出结果中，Loaded 表示载入类的数量，第 1 个 Bytes 表示载入类的合计大小，Unloaded 表示卸载类的数量，第 2 个 Bytes 表示卸载类的大小，Time 表示在加载类和卸载类上所花的时间。

下例显示了查看 JIT 编译的信息。

```
C:\Documents and Settings\Administrator>jstat -compiler -t 2972
Timestamp      Compiled Failed Invalid    Time    FailedType FailedMethod
1675.9         779      0      0          0.61    0
```

其中，Compiled 表示编译任务执行的次数，Failed 表示编译失败的次数，Invalid 表示编译不可用的次数，Time 表示编译的总耗时，FailedType 表示最后一次编译失败的类型，FailedMethod 表示最后一次编译失败的类名和方法名。

下例显示了与 GC 操作相关的堆信息输出结果。

```
C:\Documents and Settings\Administrator>jstat -gc 2972
 S0C    S1C    S0U    S1U    EC      EU      OC        OU       PC         PU
YGC     YGCT   FGC    FGCT   GCT
 64.0   64.0   0.0    2.0    896.0   448.9   12312.0   9019.1   12288.0    9101.3
101     0.153  2      0.210  0.364
```

其中，各列的信息含义如下：

- S0C：s0（from）的大小（KB）。
- S1C：s1（from）的大小（KB）。
- S0U：s0（from）已使用的空间（KB）。
- S1U：s1（from）已使用的空间（KB）。
- EC：eden 区的大小（KB）。
- EU：eden 区已使用的空间（KB）。
- OC：老年代的大小（KB）。
- OU：老年代已经使用的空间（KB）。
- PC：永久区的大小（KB）。
- PU：永久区已使用的空间（KB）。
- YGC：新生代 GC 操作次数。
- YGCT：新生代 GC 操作耗时。
- FGC：Full GC 操作次数。
- FGCT：Full GC 操作耗时。
- GCT：GC 操作总耗时。

下例显示了各个代的信息，与-gc 相比，它不仅输出了各个代的当前大小，也包含各个代的最大值和最小值。

```
C:\Documents and Settings\Administrator>jstat -gccapacity 2972
 NGCMN     NGCMX     NGC       S0C       S1C       EC        OGCMN    OGCMX
OGC       OC        PGCMN     PGCMX     PGC       PC        YGC      FGC
  1024.0  20160.0   1024.0    64.0      64.0      896.0     4096.0   241984.0
12312.0   12312.0   12288.0   65536.0   12288.0   12288.0   129      2
```

其中部分列的信息含义如下：

- NGCMN：新生代最小值（KB）。
- NGCMX：新生代最大值（KB）。

- NGC：当前新生代大小（KB）。
- OGCMN：老年代最小值（KB）。
- OGCMX：老年代最大值（KB）。
- PGCMN：永久代最小值（KB）。
- PGCMX：永久代最大值（KB）。

下例显示了最近一次执行 GC 操作的原因及当前执行 GC 操作的原因。

```
C:\Documents and Settings\Administrator>jstat -gccause 2972
  S0      S1      E       O       P       YGC    YGCT    FGC    FGCT    GCT
LGCC      GCC
  0.00    0.00    19.58   59.99   91.43   143    0.207   3      0.331   0.538
System.gc()       No GC
```

其中部分列的信息含义如下：

- LGCC：上次执行 GC 操作的原因。
- GCC：当前执行 GC 操作的原因。

以上输出结果显示，最近一次执行 GC 操作是由于显式的 System.gc()调用所引起的，当前时刻未执行 GC 操作。

-gcnew 参数可以用于查看新生代的一些详细信息。

```
C:\Documents and Settings\Administrator>jstat -gcnew 2972
 S0C     S1C     S0U   S1U    TT   MTT   DSS    EC       EU      YGC   YGCT
 128.0   128.0   0.0   11.8   15   15    64.0   1024.0   139.8   159   0.223
```

其中部分列的信息含义如下：

- TT：新生代对象晋升到老年代对象的年龄。
- MTT：新生代对象晋升到老年代对象的年龄最大值。
- DSS：所需的 survivor 区大小。

-gcnewcapacity 参数可以详细地输出新生代各个区的大小信息。

```
C:\Documents and Settings\Administrator>jstat -gcnewcapacity 2972
  NGCMN   NGCMX     NGC     S0CMX   S0C      S1CMX    S1C     ECMX      EC
YGC       FGC
  1024.0  20160.0   1280.0  128.0   1984.0   1984.0   128.0   16192.0   1024.0
178       3
```

其中部分列信息如下：

- S0CMX：s0 区的最大值（KB）。
- S1CMX：s1 区的最大值（KB）。
- ECMX：eden 区的最大值（KB）。

-gcold 参数用于展现老年代 GC 操作的概况。

```
C:\Documents and Settings\Administrator>jstat -gcold 2972
 PC        PU        OC        OU       YGC    FGC    FGCT     GCT
 12288.0   11295.6   15048.0   9106.1   190    3      0.331    0.580
```

-gcoldcapacity 参数用于展现老年代的容量信息。

```
C:\Documents and Settings\Administrator>jstat -gcoldcapacity 2972
```

```
OGCMN     OGCMX      OGC       OC        YGC     FGC      FGCT     GCT
4096.0    241984.0   15048.0   15048.0   195     3        0.331    0.584
```

-gcpermcapacity 参数用于展示永久区的使用情况。

```
C:\Documents and Settings\Administrator>jstat -gcpermcapacity 2972
  PGCMN      PGCMX      PGC        PC         YGC     FGC     FGCT     GCT
   12288.0   65536.0    12288.0    12288.0    220     3       0.331    0.605
```

-gcutil 参数用于展示 GC 回收的相关信息。

```
C:\Documents and Settings\Administrator>jstat -gcutil 2972
  S0     S1     E      O       P        YGC     YGCT     FGC    FGCT    GCT
  7.65   0.00   62.88  60.60   92.19    224     0.277    3      0.331   0.609
```

其中部分列的信息如下：

- S0：s0 区使用的百分比。
- S1：s1 区使用的百分比。
- E：eden 区使用的百分比。
- O：old 区使用的百分比。
- P：永久区使用的百分比。

注意：jstat 命令可以非常详细地查看 Java 应用程序的堆使用情况及 GC 操作情况。

6.3.3　jinfo 命令

jinfo 可以用来查看正在运行的 Java 应用程序的扩展参数，甚至支持在运行时修改部分参数。其基本语法如下：

```
jinfo <option> <pid>
```

其中，option 可以为以下信息：

- -flag <name>：打印指定 JVM 的参数值。
- -flag [+|-]<name>：设置指定 JVM 参数的布尔值。
- -flag <name>=<value>：设置指定 JVM 参数的值。

在很多情况下，Java 应用程序不会指定所有的 JVM 参数，此时，开发人员可能不知道某一个具体的 JVM 参数的默认值。在这种情况下，需要通过查找文档获取某个参数的默认值。这个查找过程可能是非常艰难的，但有了 jinfo 工具，开发人员可以很方便地找到 JVM 参数的当前值。

例如，下例显示了新生代对象晋升到老年代对象的最大年龄。在应用程序启动时并没有指定这个参数，但通过 jinfo 可以查看这个参数的当前数值。

```
C:\Documents and Settings\Administrator>jinfo -flag MaxTenuringThreshold
2972
-XX:MaxTenuringThreshold=15
```

下例显示了是否打印 GC 的详细信息。

```
C:\Documents and Settings\Administrator>jinfo -flag PrintGCDetails 2972
-XX:-PrintGCDetails
```

除了查找参数的值，jinfo 也支持修改部分参数的数值，当然这个修改能力是极其有限的。下例中通过调用 jinfo 对 PrintGCDetails 参数进行修改，jinfo 可以在 Java 程序运行时关闭或者打开这个开关。

```
C:\Documents and Settings\Administrator>jinfo -flag PrintGCDetails 2972
-XX:-PrintGCDetails

C:\Documents and Settings\Administrator>jinfo -flag +PrintGCDetails 2972

C:\Documents and Settings\Administrator>jinfo -flag PrintGCDetails 2972
-XX:+PrintGCDetails
```

注意：jinfo 不仅可以查看运行时某一个 JVM 参数的实际取值，甚至可以在运行时修改部分参数，并使之立即生效。

6.3.4 jmap 命令

jmap 命令可以生成 Java 应用程序的堆快照和对象的统计信息。

下例使用 jmap 命令生成 PID 为 2972 的 Java 程序的对象统计信息，并输出到 s.txt 文件中。

```
jmap -histo 2972 >c:\s.txt
```

输出文件结构如下：

```
num      #instances      #bytes          class name
----------------------------------------------
   1:    4983            6057848         [I
   2:    20929           2473080         <constMethodKlass>
..................
1932:    1               8               sun.java2d.pipe.AlphaColorPipe
1933:    1               8               sun.reflect.GeneratedMethodAccessor64
Total    230478          22043360
```

可以看到，这个输出结果显示了内存中的实例数量和合计。

jmap 命令的另一个更为重要的功能是得到 Java 程序的当前堆快照，例如执行以下命令：

```
C:\Documents and Settings\Administrator>jmap -dump:format=b,file=c:\heap.
hprof 2972
Dumping heap to C:\heap.hprof ...
Heap dump file created
```

本例中，将应用程序的堆快照输出到 C 盘的 heap.bin 文件中。之后，便可以通过多种工具分析该文件，例如 6.3.5 节中将要介绍的 jhat 工具。这里使用 Visual VM 工具打开这个快照文件，如图 6.18 所示。

注意：jmap 命令可用于导出 Java 应用程序的堆快照。

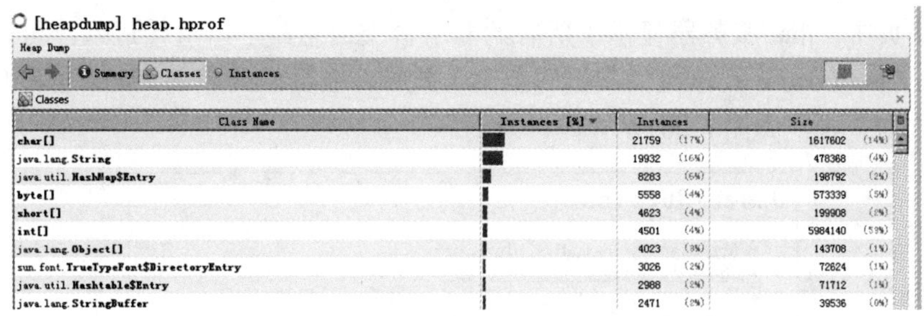

图 6.18　使用 Visual VM 打开堆快照

6.3.5　jhat 命令

使用 jhat 命令可以分析 Java 应用程序的堆快照内容。这里分析 6.3.4 节中使用 jmap 命令生成的堆文件 heap.hprof，如下：

```
C:\Documents and Settings\Administrator>jhat c:\heap.hprof
Reading from c:\heap.hprof...
Dump file created Thu Mar 22 22:27:19 CST 2012
Snapshot read, resolving...
Resolving 133055 objects...
Chasing references, expect 26 dots..........................
Eliminating duplicate references..........................
Snapshot resolved.
Started HTTP server on port 7000
Server is ready.
```

jhat 在分析完成后，使用 HTTP 服务器展示其分析结果。在浏览器中访问 http://127.0.0.1:7000，结果如图 6.19 所示。

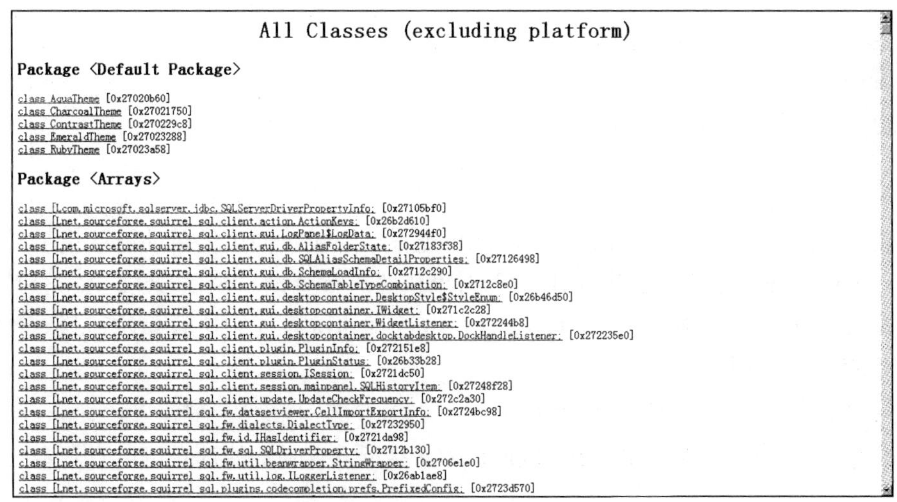

图 6.19　jhat 的输出结果

在默认页中，jhat 服务器显示了所有的非平台类信息。单击链接进入，可以查看选中类的超类、ClassLoader 及该类的实例等信息。此外，在页面的底部，jhat 还为开发人员提供了其他查询方式，如图 6.20 所示。

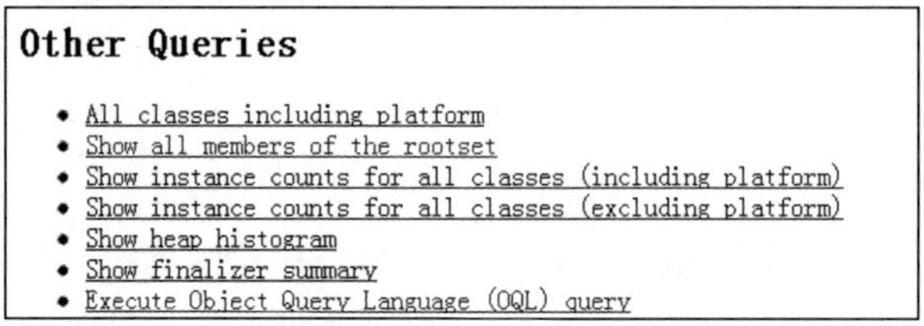

Other Queries

- All classes including platform
- Show all members of the rootset
- Show instance counts for all classes (including platform)
- Show instance counts for all classes (excluding platform)
- Show heap histogram
- Show finalizer summary
- Execute Object Query Language (OQL) query

图 6.20　jhat 提供的查询功能

通过这些链接，开发者可以进一步查看所有类的信息（包括 Java 平台的类）、所有类的实例数量及实例的具体信息。最后，还有一个链接指向 OQL 查询界面。

图 6.21 显示了在 jhat 中查看 Java 应用程序中 java.lang.String 类的实例数量。

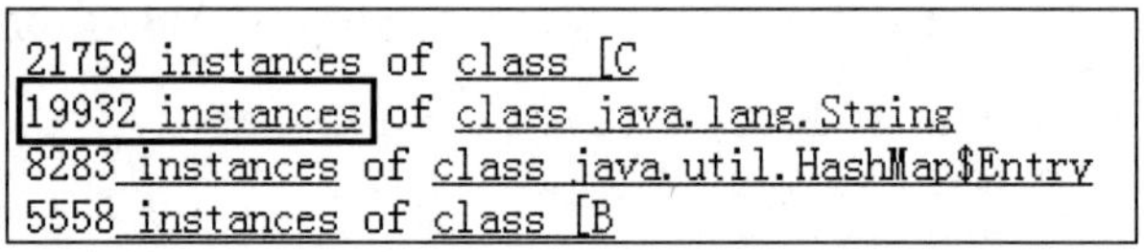

21759 instances of class [C
19932 instances of class java.lang.String
8283 instances of class java.util.HashMap$Entry
5558 instances of class [B

图 6.21　显示实例数量

单击 instances 链接可以进一步查看 String 对象的实例，如图 6.22 所示。

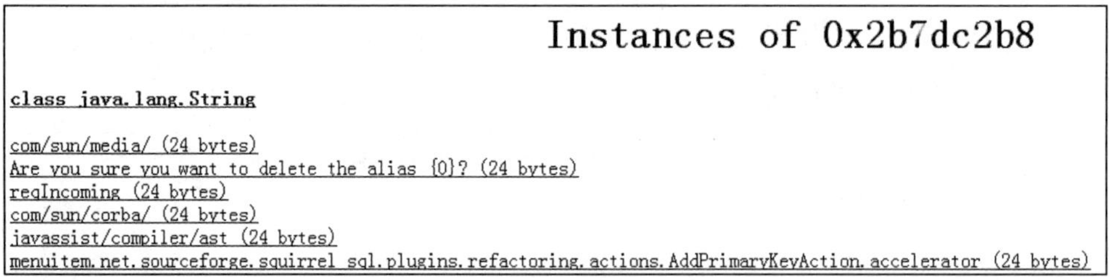

Instances of 0x2b7dc2b8

class java.lang.String

com/sun/media/ (24 bytes)
Are you sure you want to delete the alias {0}? (24 bytes)
reqIncoming (24 bytes)
com/sun/corba/ (24 bytes)
javassist/compiler/ast (24 bytes)
menuitem.net.sourceforge.squirrel_sql.plugins.refactoring.actions.AddPrimaryKeyAction.accelerator (24 bytes)

图 6.22　显示 String 对象的实例

通常，导出的堆快照信息非常多，因此可能很难通过页面上简单的链接索引找到想要的信息。为此，jhat 还支持使用 OQL 语句对堆快照进行查询。执行 OQL 语句的界面非常简洁，如图 6.23 所示。例如，使用 OQL 查询出当前 Java 程序中所有 java.io.File 对象的路径，则 OQL 语句如下：

```
select file.path.value.toString() from java.io.File file
```

jhat 的 OQL 语句与 Visual VM 的 OQL 非常接近，有兴趣的读者可以查阅本书中的相关章节。

注意： jhat 命令可以对堆快照文件进行分析，它启动一个 HTTP 服务器，开发人员可以通过浏览器浏览 Java 堆快照。

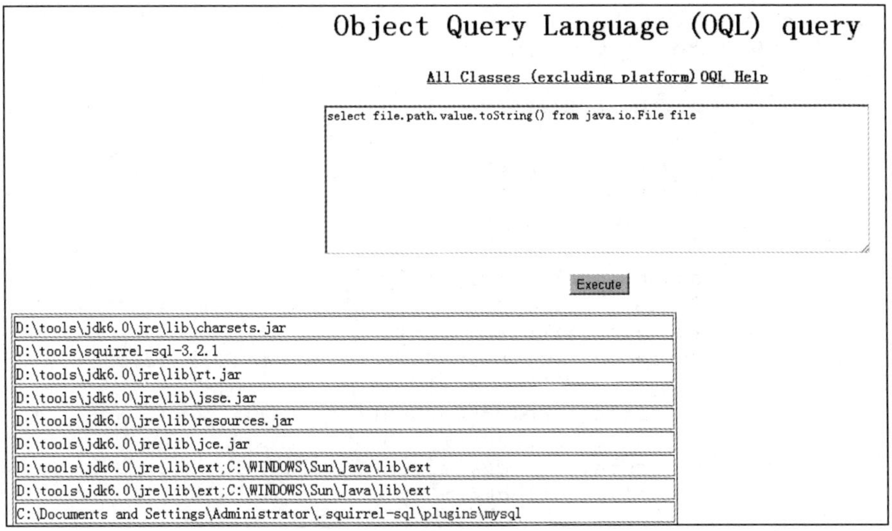

Object Query Language (OQL) query

All Classes (excluding platform) OQL Help

select file.path.value.toString() from java.io.File file

Execute

D:\tools\jdk6.0\jre\lib\charsets.jar
D:\tools\squirrel-sql-3.2.1
D:\tools\jdk6.0\jre\lib\rt.jar
D:\tools\jdk6.0\jre\lib\jsse.jar
D:\tools\jdk6.0\jre\lib\resources.jar
D:\tools\jdk6.0\jre\lib\jce.jar
D:\tools\jdk6.0\jre\lib\ext;C:\WINDOWS\Sun\Java\lib\ext
D:\tools\jdk6.0\jre\lib\ext;C:\WINDOWS\Sun\Java\lib\ext
C:\Documents and Settings\Administrator\.squirrel-sql\plugins\mysql

图 6.23　OQL 查询界面

6.3.6　jstack 命令

jstack 命令可用于导出 Java 应用程序的线程堆栈。其语法如下：

```
jstack [-l] <pid>
```

其中，-l 选项用于打印锁的附加信息。

jstack 工具会在控制台输出程序中所有的锁信息，并可以使用重定向将输出结果保存到文件中。例如：

```
jstack -l 2348 >C:\deadlock.txt
```

下例演示了一个简单的死锁，两个线程分别占用 south 锁和 north 锁，并同时请求对方占用的锁，导致死锁发生。

```
public class DeadLock extends Thread{
    protected Object myDirect;
    static ReentrantLock south = new ReentrantLock();
    static ReentrantLock north = new ReentrantLock();

    public DeadLock(Object obj){
        this.myDirect=obj;
        if(myDirect==south){
            this.setName("south");
        }
        if(myDirect==north){
```

```
            this.setName("north");
        }
    }
    @Override
    public void run() {
        if (myDirect == south) {
            try {
                north.lockInterruptibly();                  //占用 north
                try {
                    Thread.sleep(500);                      //等待 north 启动
                } catch (Exception e) {
                    e.printStackTrace();
                }
                south.lockInterruptibly();                  //占用 south
                System.out.println("car to south has passed");
            } catch (InterruptedException e1) {
                System.out.println("car to south is killed");
            }finally{
                if(north.isHeldByCurrentThread())
                    north.unlock();
                if(south.isHeldByCurrentThread())
                    south.unlock();
            }

        }
        if (myDirect == north) {
            try {
                south.lockInterruptibly();                  //占用 south
                try {
                    Thread.sleep(500);
                } catch (Exception e) {
                    e.printStackTrace();
                }
                north.lockInterruptibly();                  //占用 north
                System.out.println("car to north has passed");
            } catch (InterruptedException e1) {
                System.out.println("car to north is killed");
            }finally{
                if(north.isHeldByCurrentThread())
                    north.unlock();
                if(south.isHeldByCurrentThread())
                    south.unlock();
            }

        }
    }

    public static void main(String[] args) throws InterruptedException {
        DeadLock car2south = new DeadLock(south);       //两个线程死锁
        DeadLock car2north = new DeadLock(north);
        car2south.start();
        car2north.start();
        Thread.sleep(1000);
    }
}
```

使用 jstack 工具打印上例的输出结果，部分结果如下：

```
"north" prio=6 tid=0x02bb9c00 nid=0x2b4 waiting on condition [0x02f5f000]
   java.lang.Thread.State: WAITING (parking)
    at sun.misc.Unsafe.park(Native Method)
    - parking to wait for  <0x22a19948> (a java.util.concurrent.locks.Reent
rantLock$NonfairSync)
    at java.util.concurrent.locks.LockSupport.park(Unknown Source)
    at java.util.concurrent.locks.AbstractQueuedSynchronizer.parkAndCheck
Interrupt(Unknown Source)
    at java.util.concurrent.locks.AbstractQueuedSynchronizer.doAcquire
Interruptibly(Unknown Source)
    at java.util.concurrent.locks.AbstractQueuedSynchronizer.acquire
Interruptibly(Unknown Source)
    at  java.util.concurrent.locks.ReentrantLock.lockInterruptibly(Unknown
Source)
    at javatuning.ch6.toolscheck.DeadLock.run(DeadLock.java:49)

   Locked ownable synchronizers:
    - <0x22a19920> (a java.util.concurrent.locks.ReentrantLock$NonfairSync)

"south" prio=6 tid=0x02bb9000 nid=0x750 waiting on condition [0x02f0f000]
   java.lang.Thread.State: WAITING (parking)
    at sun.misc.Unsafe.park(Native Method)
    - parking to wait for  <0x22a19920> (a java.util.concurrent.locks.Reent
rantLock$NonfairSync)
    at java.util.concurrent.locks.LockSupport.park(Unknown Source)
    at java.util.concurrent.locks.AbstractQueuedSynchronizer.parkAndCheck
Interrupt(Unknown Source)
    at   java.util.concurrent.locks.AbstractQueuedSynchronizer.doAcquire
Interruptibly(Unknown Source)
    at java.util.concurrent.locks.AbstractQueuedSynchronizer.acquire
Interruptibly(Unknown Source)
    at  java.util.concurrent.locks.ReentrantLock.lockInterruptibly(Unknown
Source)
    at javatuning.ch6.toolscheck.DeadLock.run(DeadLock.java:29)

   Locked ownable synchronizers:
    - <0x22a19948> (a java.util.concurrent.locks.ReentrantLock$NonfairSync)
```

省略部分输出结果

```
Found one Java-level deadlock:                    //找到死锁
=============================
"north":                                          //死锁线程的名字
  waiting for ownable synchronizer 0x22a19948, (a java.util.concurrent.
locks.ReentrantLock$NonfairSync),
  which is held by "south"
"south":                                          //死锁线程的名字
  waiting for ownable synchronizer 0x22a19920, (a java.util.concurrent.
locks.ReentrantLock$NonfairSync),
  which is held by "north"
```

省略部分输出结果

从 jstack 工具的输出结果中可以很容易地找到发生死锁的两个线程及死锁线程的持有对象和等待对象，从而帮助开发人员解决死锁问题。

注意：通过 jstack 工具不仅可以得到线程堆栈，还可以自动进行死锁检查，并输出找到的死锁信息。

6.3.7 jstatd 命令

在本节之前所述的工具中，只涉及监控本机的 Java 应用程序，而在这些工具中，一些监控工具也支持对远程计算机的监控（如 jps、jstat）。为了启用远程监控，则需要配合使用 jstatd 命令。

jstatd 命令是一个 RMI 服务端程序，它的作用相当于代理服务器，建立本地计算机与远程监控工具的通信。jstatd 服务器将本地的 Java 应用程序信息传递到远程计算机上，如图 6.24 所示。

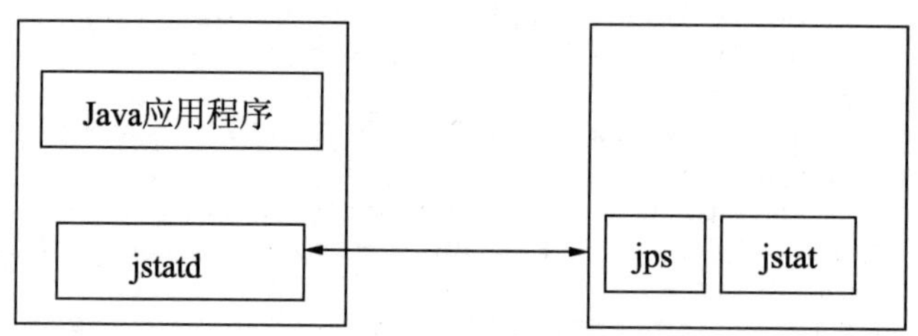

图 6.24　jstatd 工作示意图

直接打开 jstatd 服务器可能会抛出拒绝访问的异常：

```
C:\Documents and Settings\Administrator>jstatd
Could not create remote object
access denied (java.util.PropertyPermission java.rmi.server.ignoreSub
Classes write)
java.security.AccessControlException: access denied (java.util.Property
Permission java.rmi.server.ignoreSubClasses write)
        at java.security.AccessControlContext.checkPermission(AccessControl
Context.java:323)
        at java.security.AccessController.checkPermission(AccessController.
java:546)
        at java.lang.SecurityManager.checkPermission(SecurityManager.java:
532)
        at java.lang.System.setProperty(System.java:725)
        at sun.tools.jstatd.Jstatd.main(Jstatd.java:122)
```

这是由于 jstatd 程序没有足够的权限所致。可以使用 Java 的安全策略，为其分配相应的权限。下面的代码为 jstatd 分配了最大的权限，并将其保存在 jstatd.all.policy 文件中。

```
grant codebase "file:E:/tools/jdk1.6.0.21/lib/tools.jar" {
 permission java.security.AllPermission;
};
```

使用以下命令再次开启 jstatd 服务器：

```
C:\Documents and Settings\Administrator>jstatd -J-Djava.security.policy=
c:\jstatd.all.policy
```

这样，服务器开启成功。

注意：-J 参数是一个公共参数，如 jps 和 jstat 等命令都可以接受这个参数。由于 jps 和 jstat 命令本身也是 Java 应用程序，-J 参数可以为 jps 等命令本身设置其 JVM 参数。

默认情况下，jstatd 将在 1099 端口开启 RMI 服务器。

```
C:\Documents and Settings\Administrator>netstat -ano|findstr 1099
  TCP    0.0.0.0:1099           0.0.0.0:0              LISTENING       3656
C:\Documents and Settings\Administrator>jps
3656 Jstatd
```

以上命令行显示，本机的 1099 端口处于监听状态，相关进程号是 3656。使用 jsp 命令查看 3656 进程正是 jstatd，说明 jstatd 启动成功。

下面使用 jps 显示远程计算机的 Java 进程，执行命令如下：

```
C:\Documents and Settings\Administrator>jps localhost:1099
3656 Jstatd
460 Main
2464 Jps
844
```

使用 jstat 显示远程进程 460 的 GC 操作情况，执行命令如下：

```
C:\Documents and Settings\Administrator>jstat -gcutil 460@localhost:1099
  S0     S1     E      O      P      YGC    YGCT    FGC    FGCT     GCT
  0.00   22.05 88.55  91.62  69.88  23     0.091   0      0.000    0.091
```

6.3.8 hprof 工具

与前文中介绍的监控工具不同，hprof 不是独立的监控工具，它只是一个 Java agent 工具，可以用于监控 Java 应用程序在运行时的 CPU 信息和堆信息。使用 java -agentlib:hprof=help 命令可以查看 hprof 的帮助文档。下面是 hprof 工具帮助信息的输出结果，加粗部分是常用的参数。

```
C:\Documents and Settings\Administrator>java -agentlib:hprof=help
     HPROF: Heap and CPU Profiling Agent (JVMTI Demonstration Code)
hprof usage: java -agentlib:hprof=[help]|[<option>=<value>, ...]
Option Name and Value  Description                    Default
---------------------  -----------                    -------
heap=dump|sites|all    heap profiling                 all
cpu=samples|times|old  CPU usage                      off
```

```
monitor=y|n            monitor contention            n
format=a|b             text(txt) or binary output     a
file=<file>            write data to file            java.hprof[{.txt}]
net=<host>:<port>       send data over a socket        off
depth=<size>           stack trace depth             4
interval=<ms>          sample interval in ms          10
cutoff=<value>          output cutoff point            0.0001
lineno=y|n             line number in traces?          y
thread=y|n             thread in traces?             n
doe=y|n               dump on exit?               y
msa=y|n               Solaris micro state accounting n
force=y|n              force output to <file>         y
verbose=y|n            print messages about dumps      y
```

使用 hprof 工具可以查看程序中各个函数的 CPU 占用时间。以下代码包含 3 个方法，分别占用不同的 CPU 时间。

```
public class HProfTest {
      public void slowMethod()
      {
        try {
          Thread.sleep( 1000 );                       //模拟一个很慢的方法
        } catch (InterruptedException e) {
          e.printStackTrace();     }
      }

      public void slowerMethod()
      {
        try {
          Thread.sleep( 10000 );                      //模拟一个更慢的方法
        } catch (InterruptedException e) {
          e.printStackTrace();     }
      }

      public void fastMethod()                        //一个很快的方法
      {
        try {
          Thread.yield();
        } catch (Exception e) {
          e.printStackTrace();     }
      }

      public static void main( String[] args )
      {
        HProfTest test = new HProfTest();
        test.fastMethod();                            //分别运行这些方法
        test.slowMethod();
        test.slowerMethod();
      }
}
```

使用参数-agentlib:hprof=cpu=times,interval=10 运行以上代码。times 选项将会在 Java 函数的调用前后记录函数的执行时间，进而计算函数的执行时间。程序运行的部分输出结果如下：

```
CPU TIME (ms) BEGIN (total = 11078) Sat Mar 24 17:37:06 2012
rank   self  accum   count trace method
   1 90.27% 90.27%       1 300932 javatuning.ch6.toolscheck.HProfTest.
slowerMethod
   2  9.03% 99.30%       1 300931 javatuning.ch6.toolscheck.HProfTest.
slowMethod
   3  0.14% 99.44%       5 300217 java.lang.String.toLowerCase
   4  0.14% 99.58%     213 300277 java.lang.CharacterDataLatin1.toLowerCase
   5  0.14% 99.73%      51 300664 java.lang.String.charAt
   6  0.14% 99.86%       1 300867 java.lang.String.lastIndexOf
   7  0.14% 100.00%      1 300381 java.io.Win32FileSystem.isLetter
CPU TIME (ms) END
```

可以很容易地看到运行时间最长的函数。

使用参数-agentlib:hprof=heap=dump,format=b,file=c:\core.hprof 运行程序，可以将应用程序的堆快照保存在指定文件 c:\core.hprof 中。使用 MAT 或者 Visual VM 等工具可以分析这个堆文件。

使用参数-agentlib:hprof=heap=sites 运行程序，可以输出 Java 应用程序中各个类所占的内存百分比。部分输出结果如下：

```
SITES BEGIN (ordered by live bytes) Sat Mar 24 17:42:33 2012
          percent          live          alloc'ed  stack class
 rank   self  accum     bytes objs     bytes  objs trace name
    1  1.50%  1.50%      3384   25      3384    25 300028 char[]
    2  0.97%  2.47%      2200    2      2200     2 300100 byte[]
    3  0.93%  3.40%      2096   18      2096    18 300036 char[]
```

注意：使用 hprof 工具可以监控 Java 应用程序各个函数的运行时间，或导出程序的堆快照。

6.3.9　jcmd 命令

在 JDK 7 之后，JDK 新增了一个命令行工具 jcmd。不同于之前的命令行工具，jcmd 是一个多功能工具，它几乎包括之前介绍的所有命令的功能。

如下命令类似于 jps，列出当前正在运行的 Java 程序。

```
C:\Users\Administrator>jcmd -l
14932 javatuning.ch6.toolscheck.DeadLock
5644 sun.tools.jcmd.JCmd -l
```

下面的命令显示了给定程序的启动时间。

```
C:\Users\Administrator>jcmd 14932 VM.uptime
14932:
97.191 s
```

不同于之前的命令行工具，jcmd 的使用更加友好，它不仅支持 pid 作为输入，也可以使用主程序类名作为其输入，例如：

```
C:\Users\Administrator>jcmd javatuning.ch6.toolscheck.DeadLock VM.uptime
14932:
255.204 s
```

它足够“聪明”，甚至可以只写类的短名称，例如：

```
C:\Users\Administrator>jcmd DeadLock VM.uptime
14932:
310.909 s
```

还可以通过 jcmd 很轻松地打印线程堆栈（类似于 jstack），例如：

```
jcmd DeadLock Thread.print
```

也可以通过 jcmd 打印类的柱状图信息（类似于 jmap -histo），例如：

```
jcmd DeadLock GC.class_histogram
```

同样支持 dump 整个堆数据，例如：

```
jcmd DeadLock GC.heap_dump D:\d.dump
```

上述命令会将整个堆信息转存到 D:\d.dump 文件中。

还可以查看进程启动时的虚拟机参数，例如：

```
C:\Users\Administrator>jcmd DeadLock VM.flags
14932:
-XX:CICompilerCount=4 -XX:InitialHeapSize=536870912 -XX:MaxHeapSize=
8581545984 -XX:MaxNewSize=2860515328 -XX:MinHeapDeltaBytes=524288 -XX:
NewSize=178782208 -XX:OldSize=358088704 -XX:+UseCompressedClassPointers
-XX:+UseCompressedOops -XX:+UseFastUnorderedTimeStamps -XX:-UseLarge
PagesIndividualAllocation -XX:+UseParallelGC
```

6.4 JConsole 工具

JConsole 工具是 JDK 自带的图形化性能监控工具。通过 JConsole 工具，可以查看 Java 应用程序的运行概况，并监控堆信息、永久区使用情况及类的加载情况等。本节主要介绍 JConsole 工具的基本使用方法。

6.4.1 JConsole 连接 Java 程序

JConsole 程序在%JAVA_HOME%/bin 目录下，启动后，程序便要求指定连接 Java 应用程序，如图 6.25 所示。

在“新建连接”对话框中罗列了所有的本地 Java 应用程序，选择需要连接的程序即可。在“远程进程”部分还有一个用于连接远程进程的文本框，输入正确的远程进程地址即可连接。

如果需要使用 JConsole 连接远程进程，则需要在远程 Java 应用程序启动时加上如下参数：

```
-Djava.rmi.server.hostname=127.0.0.1
-Dcom.sun.management.jmxremote
-Dcom.sun.management.jmxremote.port=
8888
-Dcom.sun.management.jmxremote.authen
ticate=false
-Dcom.sun.management.jmxremote.ssl=
false
```

-Djava.rmi.server.hostname 用于指定运行 Java 应用程序的计算机 IP 地址，-Dcom.sun.management.jmxremote.port 用于指定通过 JMX 管理该进程的端口号。基于以上配置启动的 Java 应用程序通过 JConsole 在远程连接时，只需要输入如下远程进程即可。

```
127.0.0.1:8888
```

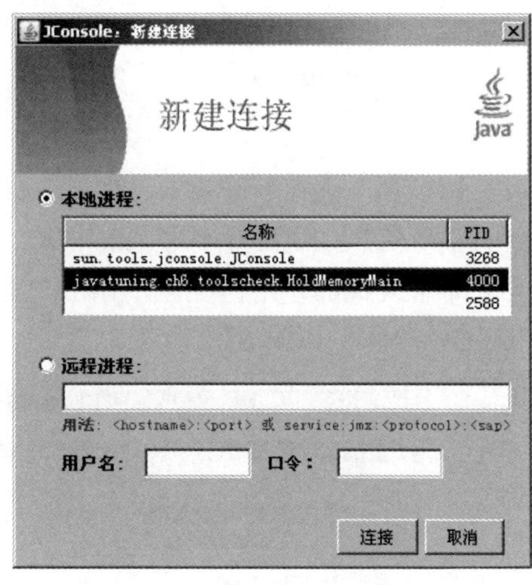

图 6.25　通过 JConsole 连接 Java 应用

6.4.2　Java 程序概况

在连接上 Java 应用程序后便可以查看应用程序的概况，如图 6.26 所示。图中 4 张折线图分别显示了堆内存的使用情况、系统的线程数量、加载类的数量及 CPU 的使用率。

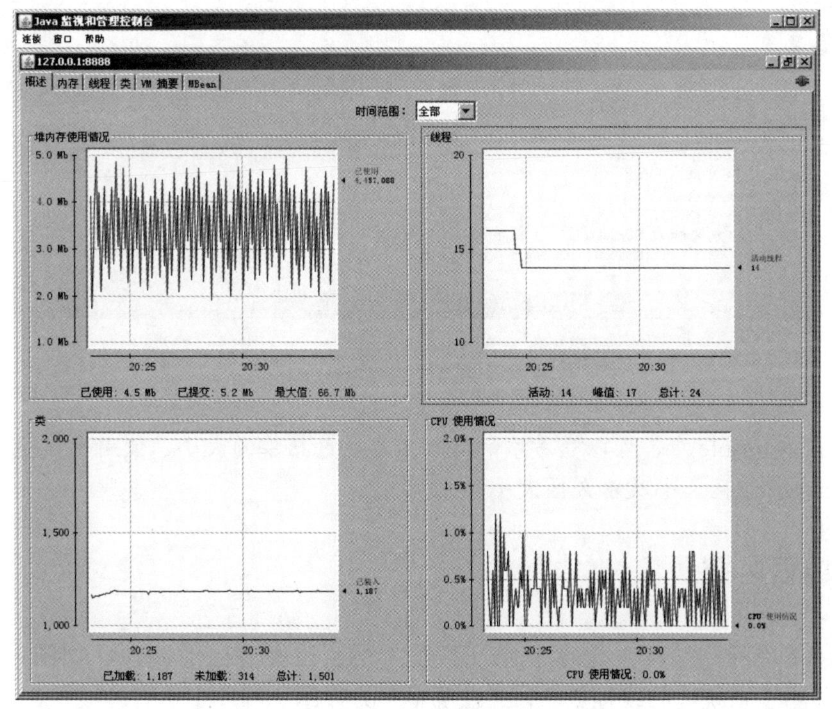

图 6.26　使用 JConsole 查看应用程序的概况

6.4.3 内存监控

切换到“内存”选项卡，JConsole 可以显示当前内存的详细信息。这里不仅包括堆内存的整体信息，更细化到了 eden 区、survivior 区及老年代的使用情况，同时也包括非堆区，即永久代的使用情况。单击右上角的“执行 GC”按钮，可以强制应用程序进行一次 Full GC 操作，如图 6.27 所示。

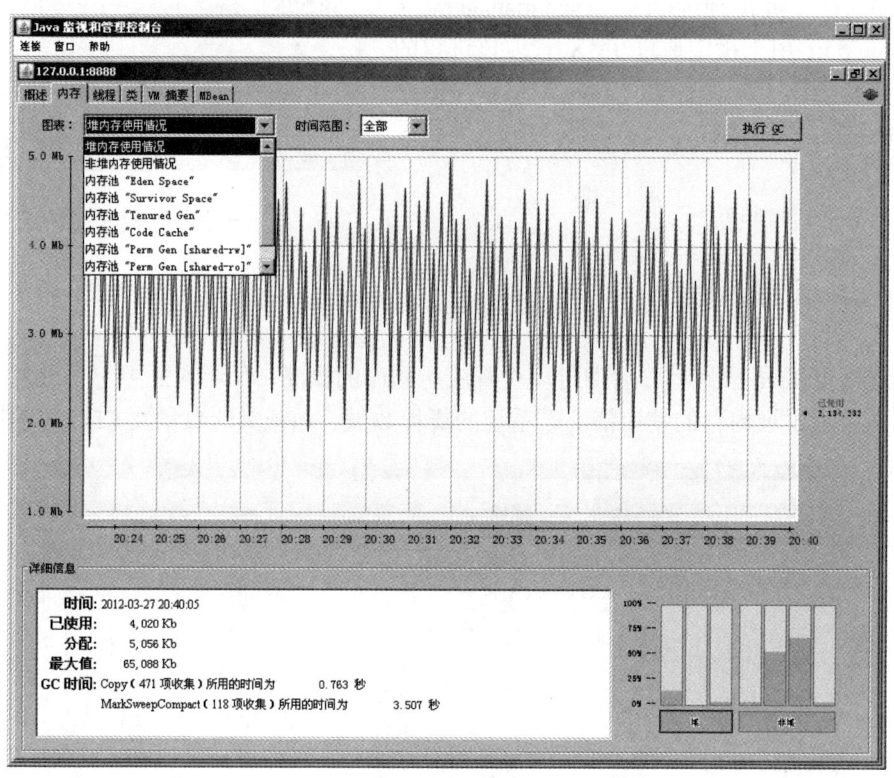

图 6.27　使用 JConsole 查看堆内存信息

注意：在 JConsole 中，可以查看堆的详细信息，包括堆的大小、使用率、eden 区大小、survivor 区大小及永久区大小等。

6.4.4 线程监控

JConsole 中的“线程”选项卡允许开发人员监控程序内的线程，如图 6.28 所示。JConsole 显示了系统内的线程数量，并在屏幕下方显示了程序中所有的线程。单击线程名称，便可以查看线程的栈信息。

单击“检测到死锁”按钮，还可以自动检测多线程应用程序的死锁情况。图 6.29 展示了由 JConsole 检测到的死锁线程。

本例中，应用程序的代码可以参考 6.3.6 节 jstack 命令中的示例。

注意：使用 JConsole 可以方便地查看系统内的线程信息，并且可以快速地定位死锁问题。

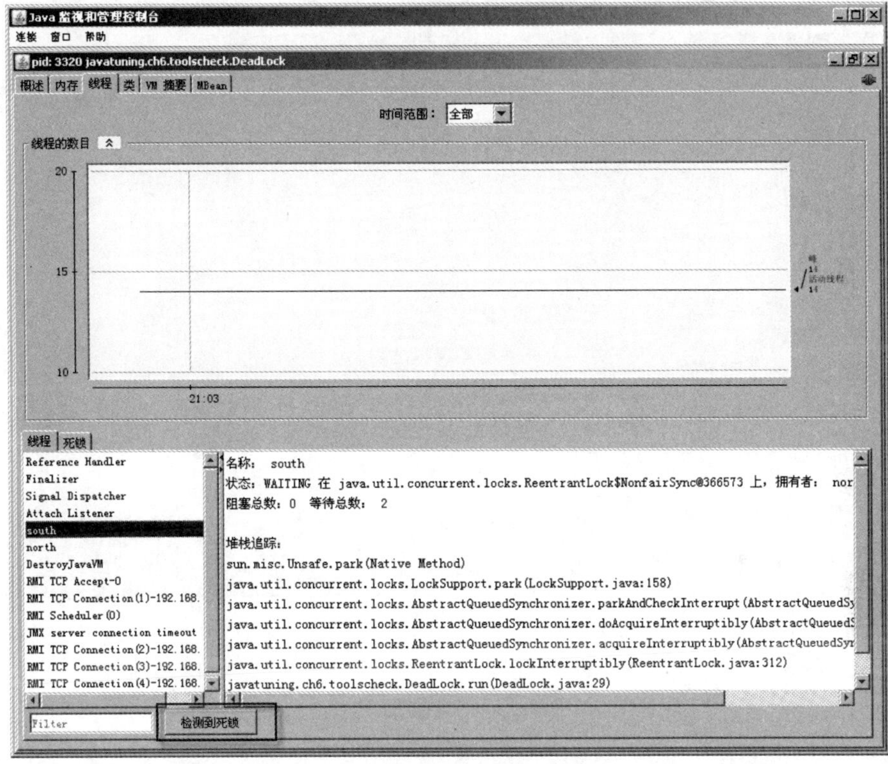

图 6.28　使用 JConsole 查看线程信息

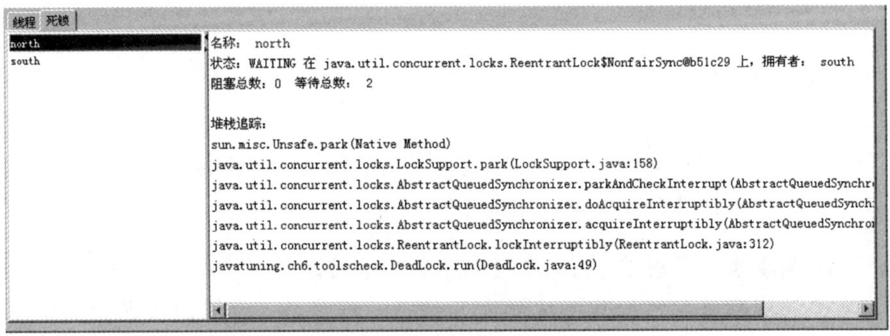

图 6.29　使用 JConsole 检查死锁

6.4.5 类加载情况

JConsole 的“类”选项卡如图 6.30 所示，显示了系统已经装载的类数量，在“详细信息”栏中，还显示了已卸载的类数量。

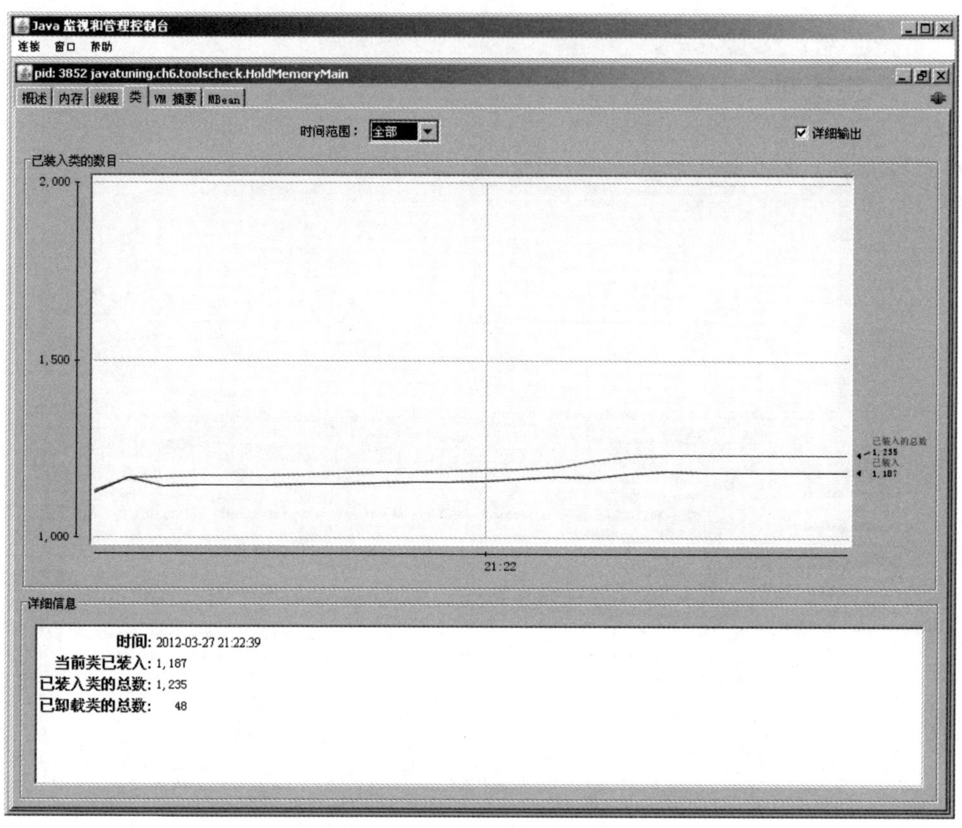

图 6.30 使用 JConsole 查看类加载的情况

6.4.6 虚拟机信息

在“VM 摘要”选项卡中，JConsole 显示了当前应用程序的运行环境，包括虚拟机类型、版本、堆信息及虚拟机参数等，如图 6.31 所示。

注意：VM 摘要显示了当前 Java 应用程序的基本信息，如虚拟机类型、虚拟机版本、系统的线程信息、操作系统的内存信息、堆信息、垃圾回收器的类型、JVM 参数及类路径等。

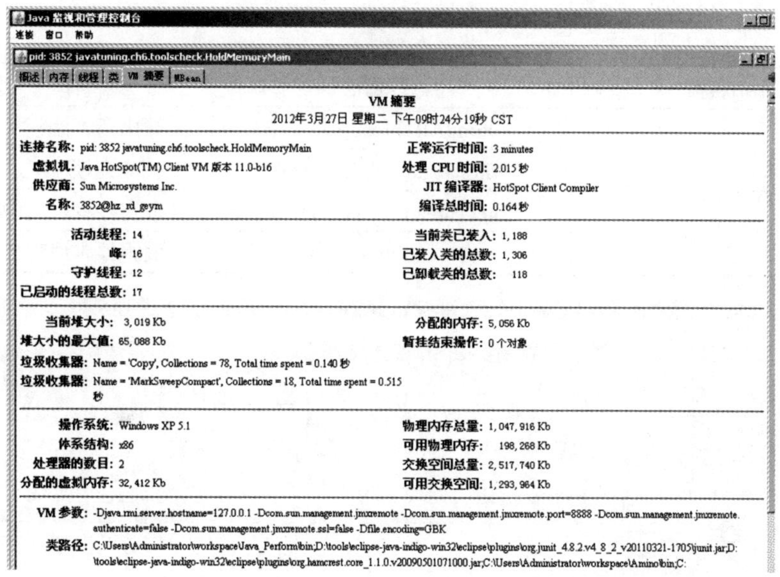

图 6.31　使用 JConsole 展示 JVM 虚拟机的信息

6.4.7　MBean 管理

MBean 选项卡允许通过 JConsole 进行 MBean 管理，包括查看或者设置 MBean 的属性，以及运行 MBean 的方法等。如图 6.32 所示为 MBean 的管理界面，这里选中了 Memory 的 Verbose 属性。通过修改 Verbose 的属性值，可以在程序运行时动态打开或者关闭 GC 操作的输出信息。

MBean 的种类繁多，功能也比较强大，本节将列举几个常用的 MBean 操作，如表 6.2 所示。

表 6.2　主要的Mbean操作

MBean名称	操作/属性	作　用
Memory	Verbose	设置GC操作的输出
	HeapMemoryUsage	显示堆内存信息
	gc()	调用System.gc()
Runtime	BootClassPath	根类路径
	ClassPath	类路径
	Uptime	系统启动时间
Threading	DaemonThreadCount	Daemon线程数量
	PeakThreadCount	峰值线程数量
	ThreadCount	当前线程数量

（续）

MBean名称	操作/属性	作　　用
Threading	dumpAllThreads()	导出所有线程
	findDeadLockThread()	检测死锁
	getThreadCpuTime()	取得线程占用的CPU时间
	getThreadInfo()	取得给定线程信息

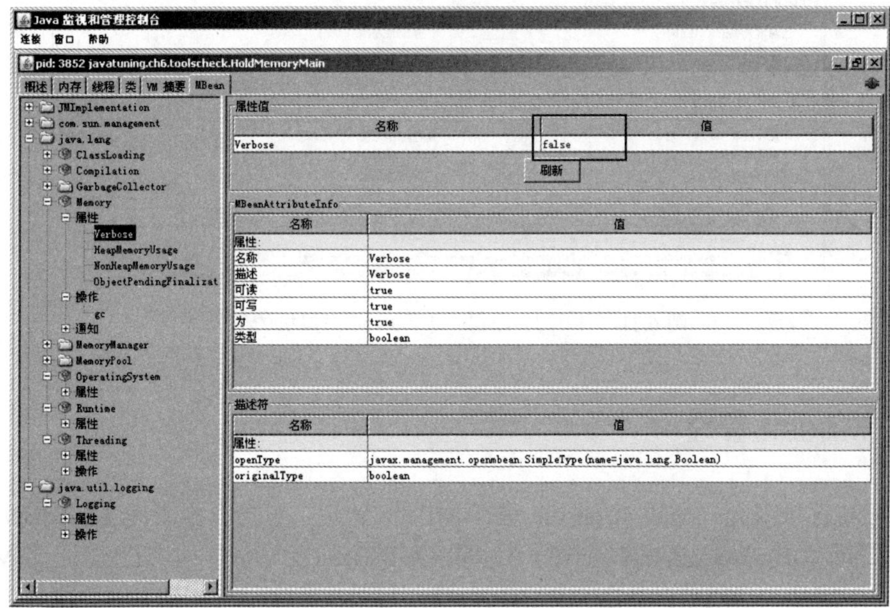

图 6.32　JConsole 中的 MBean 管理界面

注意：通过 JConsole，可以对 Java 应用程序中的 Mbean 进行统一管理。

6.4.8　使用插件

除了基本功能外，JConsole 还支持插件扩展。在 JDK 的安装目录下就有一个自带的 JConsole 插件，它位于%JAVA_HOME%\demo\management\JTop 下。使用以下命令可以让 JConsole 加载插件并启动：

```
jconsole -pluginpath %JAVA_HOME%/demo/management/JTop/JTop.jar
```

JConsole 启动后，连接到任意 Java 应用程序，便可以进入 JTop 页面，如图 6.33 所示。

JTop 插件按照 CPU 占用时间进行排序，将占用 CPU 时间最长的线程显示在表格顶端。通过这个插件，开发人员便能迅速地找到占用 CPU 时间最长的线程名称，并通过线程快照定位线程代码。

pid: 716 javatuning.ch6.toolscheck.HoldCPUMain

概述 | 内存 | 线程 | 类 | VM 摘要 | MBean | JTop

ThreadName	CPU(sec)	State
Thread-0	41.0000	RUNNABLE
Attach Listener	0.0000	RUNNABLE
RMI TCP Connection(idle)	0.0000	TIMED_WAITING
RMI TCP Connection(4)-192.168.1.102	0.0000	RUNNABLE
DestroyJavaVM	0.0000	RUNNABLE
RMI TCP Connection(idle)	0.0000	TIMED_WAITING
RMI TCP Accept-0	0.0000	RUNNABLE
Reference Handler	0.0000	WAITING

图 6.33　JConsole 插件的使用

JTop 插件的完整源代码都可以在 JDK 的安装目录下找到，有兴趣的读者可以修改 JTop 的源码，让它显示更多的线程信息。

6.5　Visual VM 多合一工具

Visual VM 是一个功能强大的多合一故障诊断和性能监控的可视化工具。它集成了多种性能统计工具的功能，使用 Visual VM 可以代替 jstat、jmap、jhat、jstack 甚至是 JConsole。在 JDK 6 update 7 以后，Visual VM 便作为 JDK 的一部分被发布出来，它完全免费。

Visual VM 也可以作为独立的软件进行安装，读者可以在 http://visualvm.java.net 上下载并安装 Visual VM 的最新版本。

在本节的介绍中，笔者所使用的 Visual VM 事先安装了一些必要的插件，为了保持功能上的一致，读者也可以安装图 6.34 所示的插件。

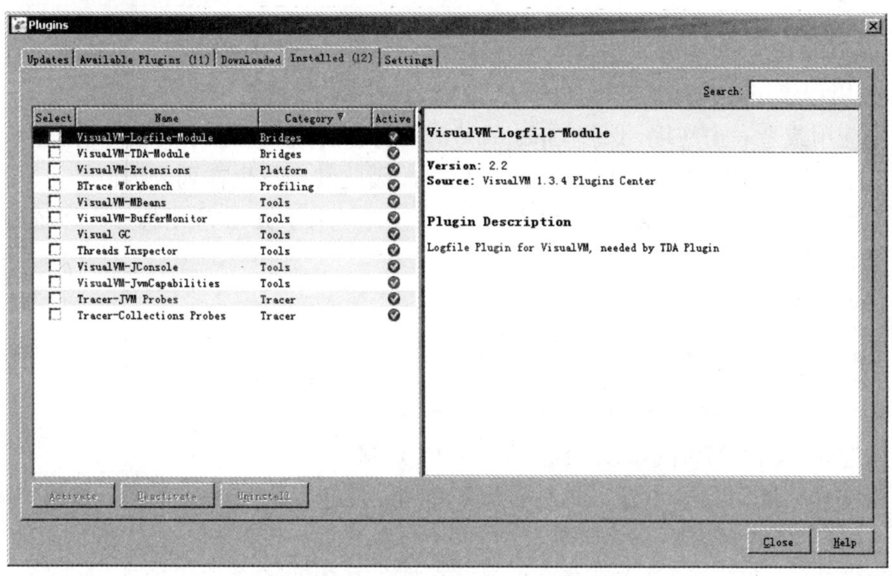

图 6.34　Visual VM 插件管理

Visual VM 插件的安装非常容易。既可以通过离线下载插件文件*.nbm，然后在 Plugin 对话框的 Downloaded 选项卡中，添加已下载的插件，如图 6.35 所示；也可以在 Available Plugin 选项卡中在线安装插件。

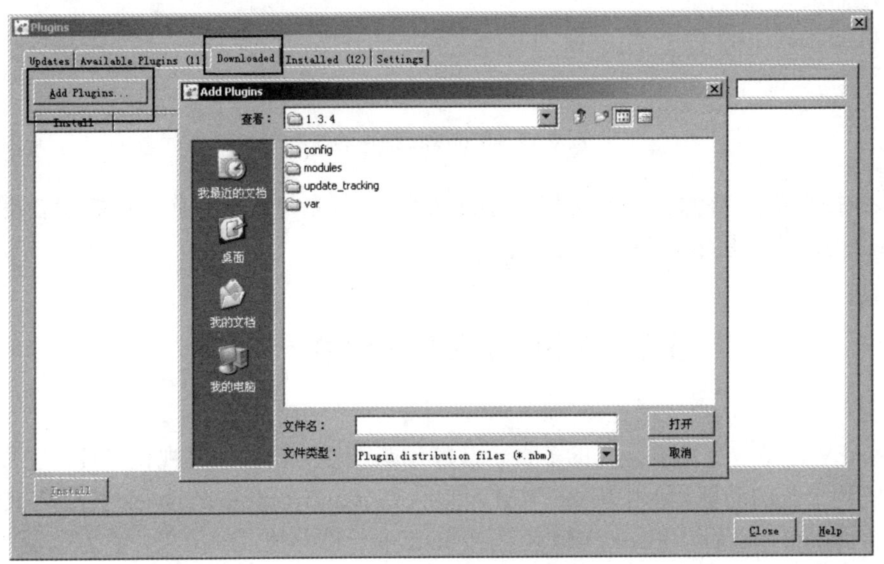

图 6.35　为 Visual VM 安装插件

6.5.1　Visual VM 连接应用程序

Visual VM 支持多种方式连接应用程序，最常用的就是本地连接。只要本地计算机内有 Java 应用程序正在执行，在 Visual VM 的 Local 节点下就会出现这些应用。

双击应用或者右击应用，选择 Open 命令，就能够监控应用程序的运行情况，如图 6.36 所示。由于 Visual VM 本身也是 Java 应用程序，因此其自身也在列表内。

除了本地连接外，Visual VM 也支持远程 JMX 连接。Java 应用程序可以通过以下参数打开 JMX 端口：

```
-Djava.rmi.server.hostname=127.0.0.1
-Dcom.sun.management.jmxremote
-Dcom.sun.management.jmxremote.port=8888
-Dcom.sun.management.jmxremote.authenticate=false
-Dcom.sun.management.jmxremote.ssl=false
```

可以选择如图 6.37 所示的命令来添加 JMX 连接。

然后在弹出的对话框中输入远程计算机地址、端口，如图 6.38 所示。如果需要验证，则再输入用户名和密码。

添加成功后，在 Local 节点下就会出现一个带有 JMX 图标的应用程序，如图 6.39 所示。图中的两个应用程序分别通过本地方式与 JMX 方式进行连接，两者的标识图标是不同的。

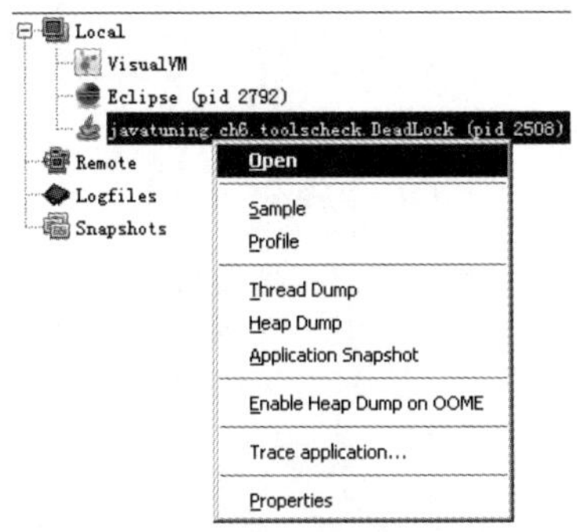

图 6.36　选择 Open 命令

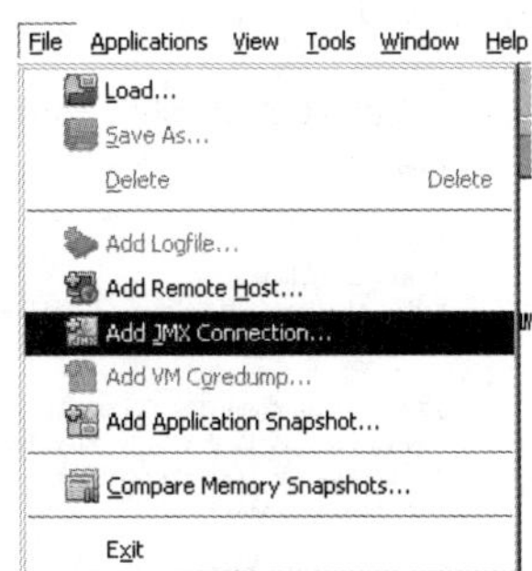

图 6.37　添加 JMX 连接

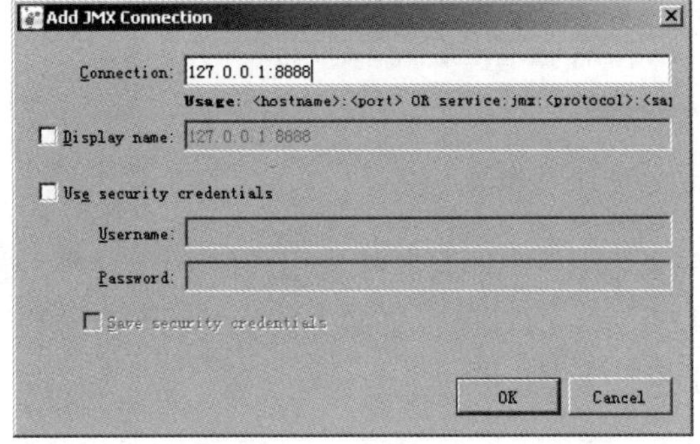

图 6.38　Visual VM 配置 JMX 连接

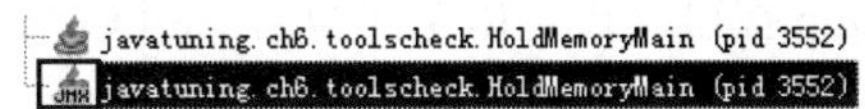

图 6.39　Visual VM 中 JMX 应用程序图标

Visual VM 还支持添加远程主机。远程主机可以通过 jstatd 工具建立，如使用以下命令开启 jstatd 服务器：

```
C:\Documents and Settings\Administrator>jstatd -J-Djava.security.policy=
c:\jstatd.all.policy
```

接着在 Visual VM 中添加远程主机，如图 6.40 所示。然后在 Host name（主机名）文本框中输入正确的计算机名称或者 IP 地址。连接成功后，在 Remote 节点下即可显示远程计算机上的 Java 应用程序，如图 6.41 所示。

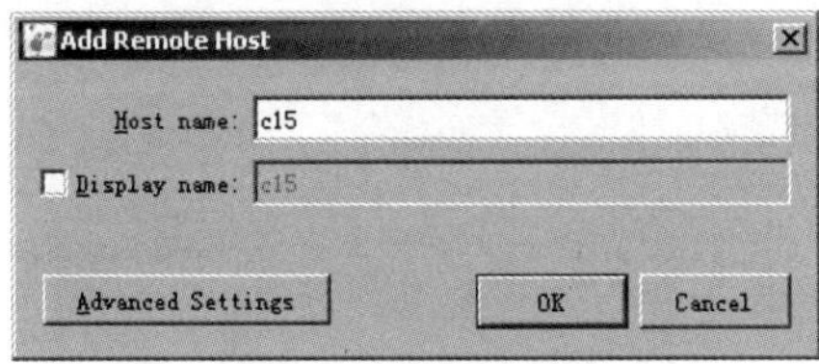

图 6.40　添加远程主机

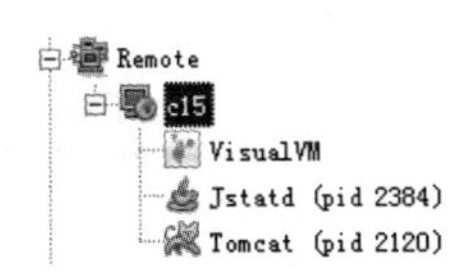

图 6.41　远程主机管理

6.5.2　监控应用程序概况

通过 Visual VM，可以查看应用程序的基本情况，例如进程 ID、Main Class、启动参数等，如图 6.42 所示。

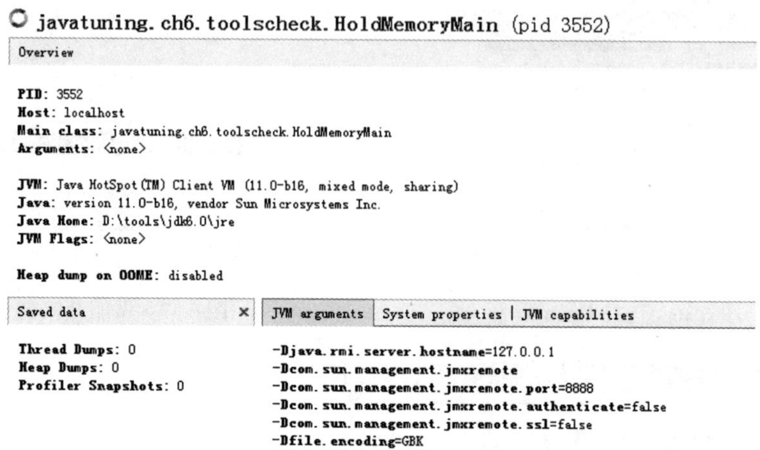

图 6.42　显示应用程序概况

单击 Tab 页面上的 Monitor 页面（图中未显示），即可监控应用程序 CPU、堆、永久区、类加载和线程数的总体情况，如图 6.43 所示。通过单击页面上的 Perform GC 和 Heap Dump 按钮，还可以手工执行 Full GC 操作和生成堆快照。

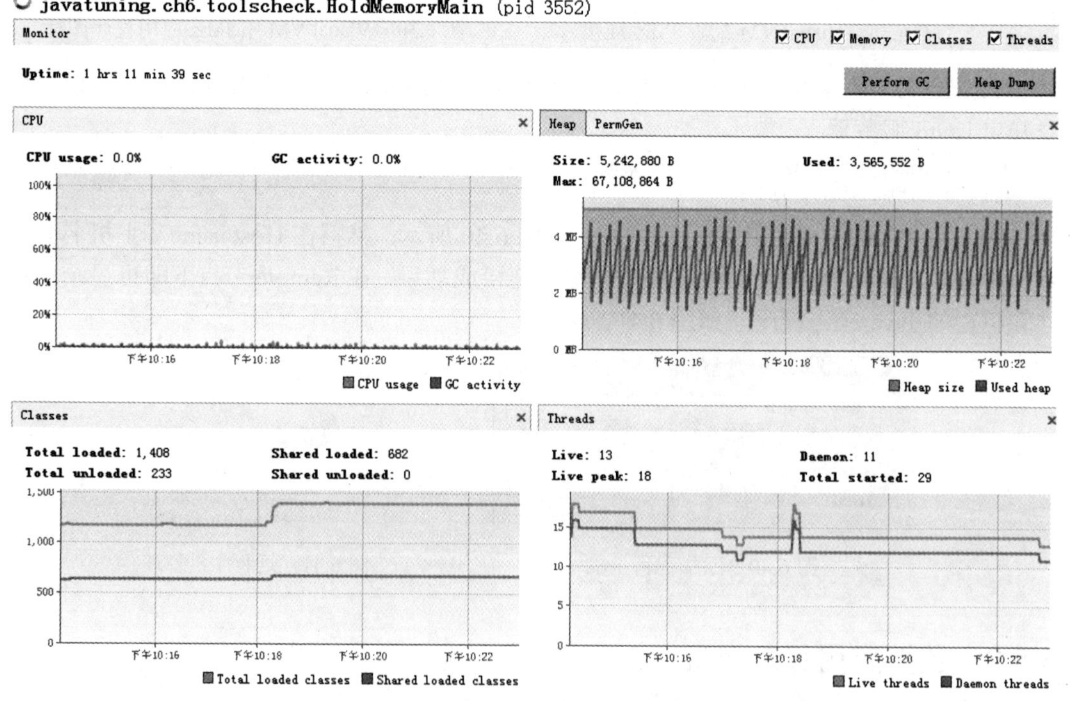

图 6.43　显示 Java 程序的内存信息等

注意：Visual VM 将 CPU 使用率、堆信息、永久区信息、线程及类加载情况作了图形化的展示，方便开发人员查看。

6.5.3　Thread Dump 和分析

Visual VM 的 Thread 页面（如图 6.44 所示）可以提供详细的线程信息。单击 Thread Dump 按钮可以导出当前所有线程的堆栈信息。在左下角的 Threads inspector 区域，选中相应的线程也可以只导出选中线程的堆栈信息。

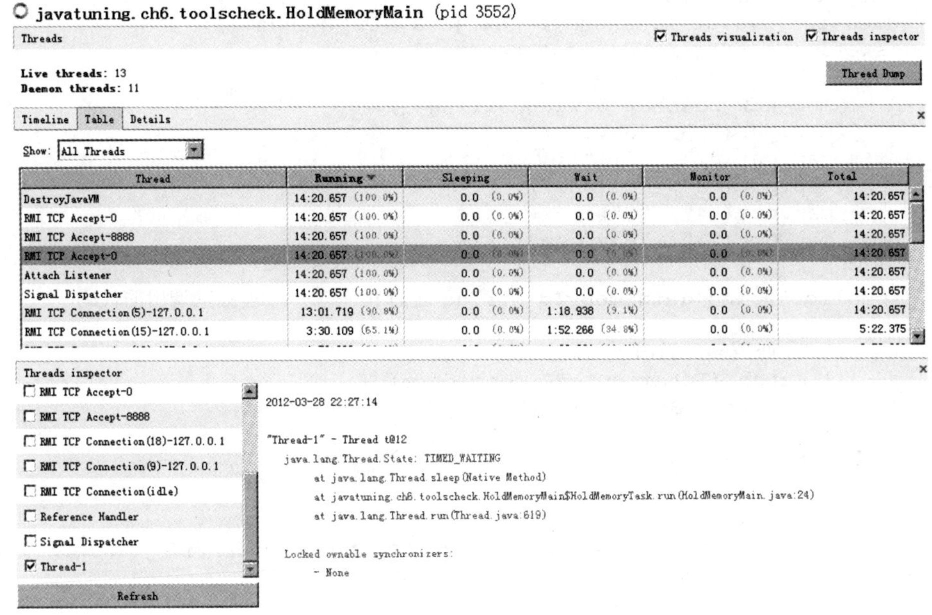

图 6.44　线程查看

如果 Visual VM 在当前程序中找到了死锁，则会以十分显眼的方式在 Threads 页面给予提示，如图 6.45 所示。

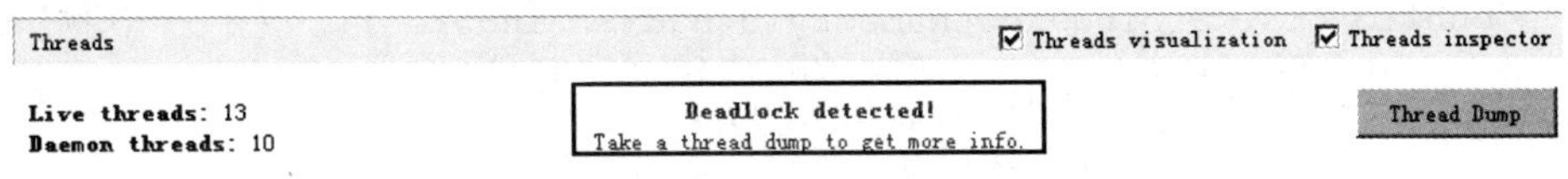

图 6.45　Visual VM 的死锁提示

注意：Visual VM 的 Thread 页面提供了详细的线程信息。该页面还会进行自动死锁监测，一旦发现存在死锁现象，便会提示用户。

6.5.4 性能分析

Visual VM 有两个采样器。在 Sampler 页面下显示了 CPU 和内存两个性能采样器，用于实时地监控程序信息。CPU 采样器可以将 CPU 占用时间定位到方法，内存采样器可以查看当前程序的堆信息。

下例是一个模拟函数频繁调用的 Java 程序。getNameById()为底层函数，被 getNamesByIds()和 getNamesByIdsBad()函数频繁调用。

```
public class MethodTime {
    static java.util.Random r=new java.util.Random();
    static Map<String,String> map=null;
    static{
        map=new HashMap<String,String>();
        map.put("1", "Java");
        map.put("2", "C++");
        map.put("3", "Delphi");
        map.put("4", "C");
        map.put("5", "Phython");
    }
    public String getNameById(String id){        //被频繁调用的代码
        try {
            Thread.sleep(1);
        } catch (InterruptedException e) {
            e.printStackTrace();
        }
        return map.get(id);
    }

    public List<String> getNamesByIds(String ids){ //调用 getNameById()
        List<String> re=new ArrayList<String>();
        String[] strs=ids.split(",");
        for(String id:strs){
            re.add(getNameById(id));              //正常调用 getNameById()
        }
        return re;
    }

    public List<String> getNamesByIdsBad(String ids){  //存在一次额外的调用
        List<String> re=new ArrayList<String>();
        String[] strs=ids.split(",");
        for(String id:strs){
            //A bad code
            getNameById(id);                      //额外调用 getNameById()
            re.add(getNameById(id));              //正常调用 getNameById()
        }
        return re;
    }

    public class NamesByIdsThread implements Runnable{
        @Override
```

```
        public void run() {
            try{
                while(true){
                    int c=r.nextInt(4);
                    String ids="";
                    for(int i=0;i<c;i++)
                        ids=Integer.toString((r.nextInt(4)+1))+",";
                    getNamesByIds(ids);                //调用一个正常的方法
                }
            }catch(Exception e){
            }
        }
    }

    public class NamesByIdsBadThread implements Runnable{
        @Override
        public void run() {
            try{
                while(true){
                    int c=r.nextInt(4);
                    String ids="";
                    for(int i=0;i<c;i++)
                        ids=Integer.toString((r.nextInt(4)+1))+",";
                    getNamesByIdsBad(ids);             //调用了额外的方法
                }
            }catch(Exception e){
            }
        }
    }

    public static void main(String args[]){
        MethodTime instance=new MethodTime();
        new Thread(instance.new NamesByIdsThread()).start();
        new Thread(instance.new NamesByIdsBadThread()).start();
    }
}
```

通过 Visual VM 的采样功能，可以找到该程序中占用 CPU 时间最长的函数，如图 6.46 所示。可以看到 getNameById()函数占用了大量的 CPU 时间。

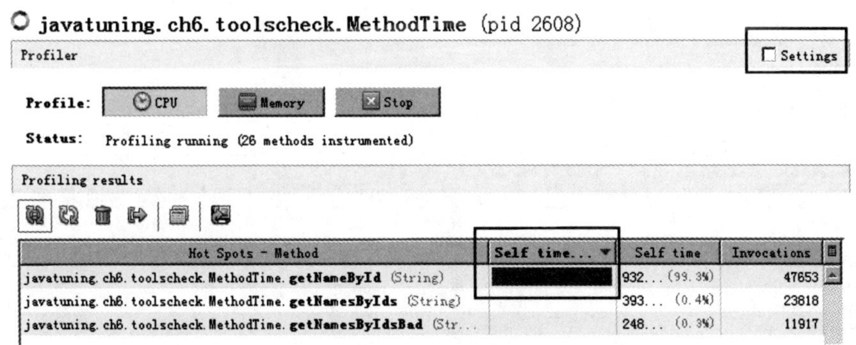

图 6.46　方法耗时监控

注意：Visual VM 虽然可以统计函数调用的时间，但是无法给出函数调用堆栈。因此，通过 Visual VM 还是无法确定一个函数被谁调用了多少次。

在 Visual VM 的默认统计信息中，并不包含 JDK 的内置对象的函数调用统计，例如 java.*包中的类。如果需要统计 JDK 内的函数调用情况，需要选中右上角的 Settings 复选框手工进行配置。图 6.47 增加了对 java.lang.String 的函数调用统计信息。

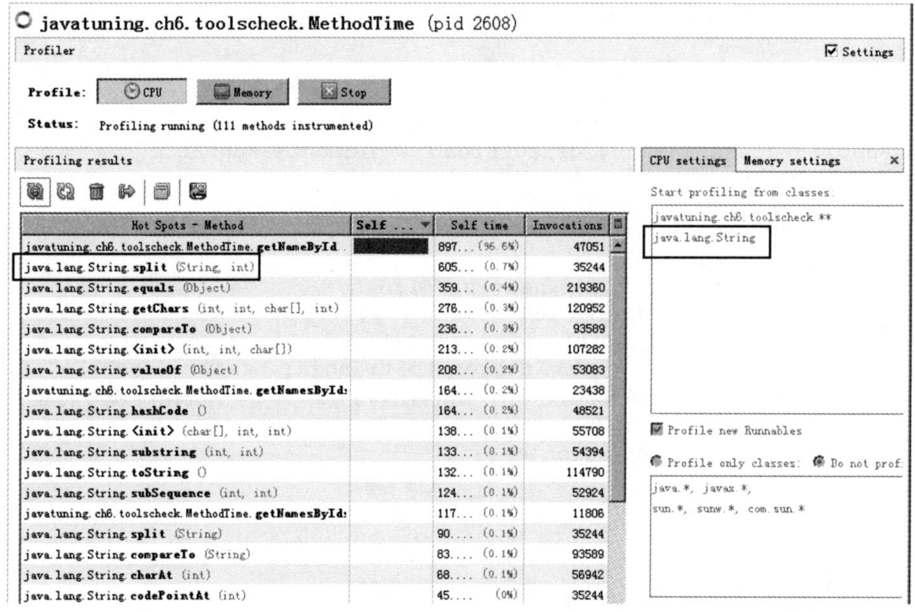

图 6.47 增加对 java.lang.String 的监控

通过内存采样器，可以实时查看系统中实例的分布情况，如图 6.48 所示。随着程序的运行，Visual VM 会实时更新这些数据，动态显示各个类所占用的内存大小。

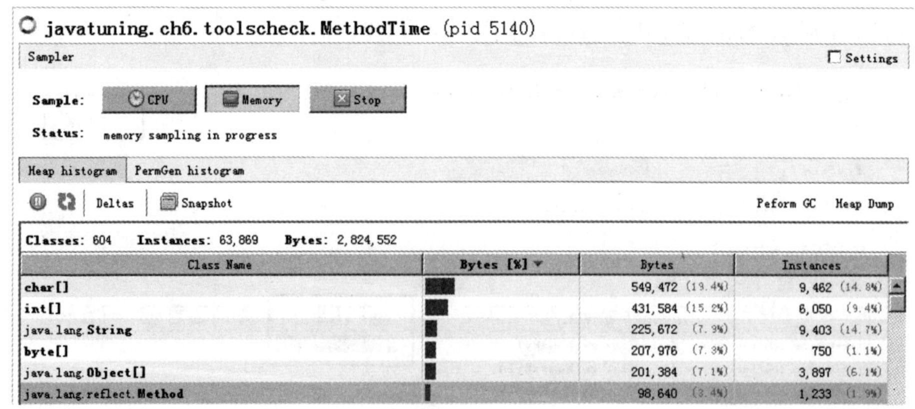

图 6.48 内存监控

6.5.5　快照

Visual VM 可以保存某一个时刻应用程序的瞬时运行情况，包括程序的堆信息、线程堆栈等。通过图 6.49 所示的操作，可以保存当前应用程序的整体快照信息。保存后的快照可以另存为文件，以供日后分析使用，如图 6.50 所示。

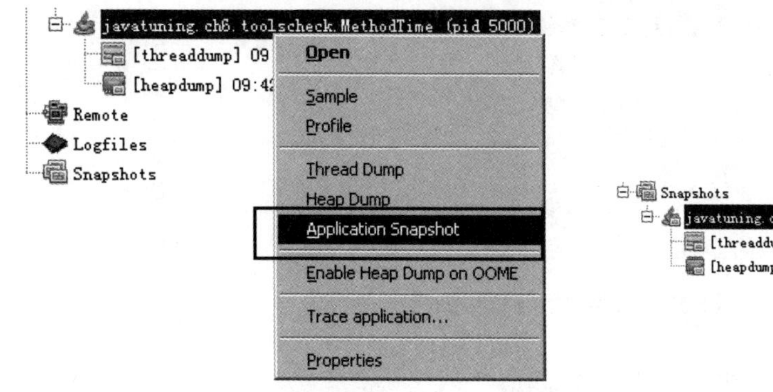

图 6.49　导出快照

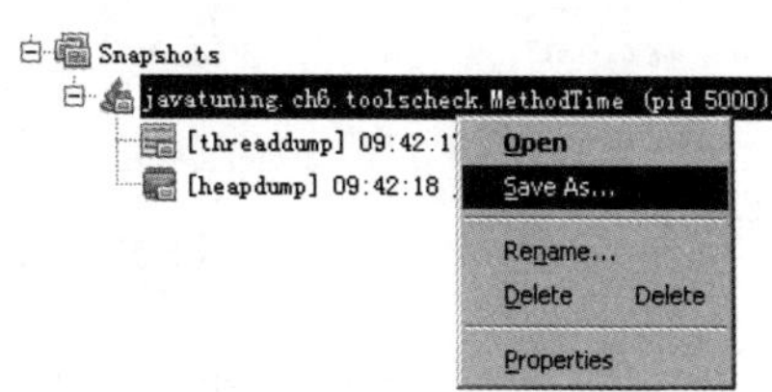

图 6.50　将快照另存为文件

6.5.6　内存快照分析

通过右击图 6.51 中选中的项，在弹出的快捷菜单中选择 Heap Dump 命令，可以立即获得当前应用程序的内存快照。

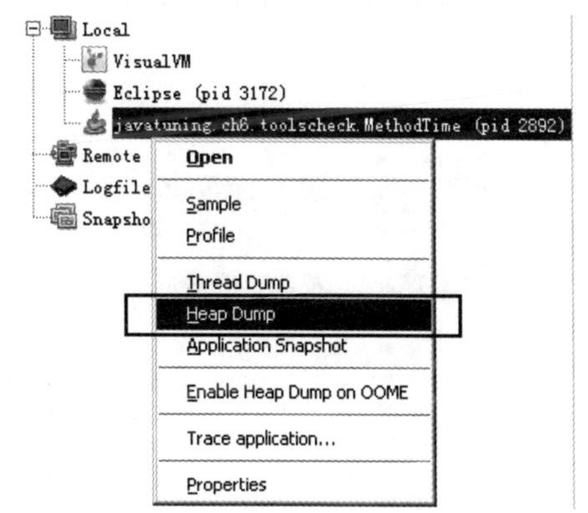

图 6.51　选择 Heap Dump 命令

内存快照分析功能如图 6.52 所示，在顶部的 Tab 页中提供了 4 个基本功能页：Summary、Classes、Instances 和 OQL Console（OQL 控制台）。下面分别介绍它们。

（1）Summary 页面展示当前内存的整体信息，包括内存大小、实例总数、类总数等。

（2）在 Classes 页面中，以类为索引，显示每个类的实例数占用空间。在 Classes 页面中还可以对两个不同的内存快照文件进行比较，这个功能可以帮助开发者快速分析同一应用程序在运行的不同时刻，内存数据产生的变化，如图 6.52 所示。

在 Classes 页面中，如果需要获取指定类的更多信息，可以右击该类，选择 show in Instances View 命令进入该类的实例页面，如图 6.53 所示。

（3）Instances 页面将显示指定类的所有实例。开发者可以查看当前内存中内存数据的实际内容。图 6.54 所示为查看 String 对象实例页面的部分内容。可以看到，系统中所有的 String 对象都被一一罗列出来，并且可以看到所有对象的具体数据。

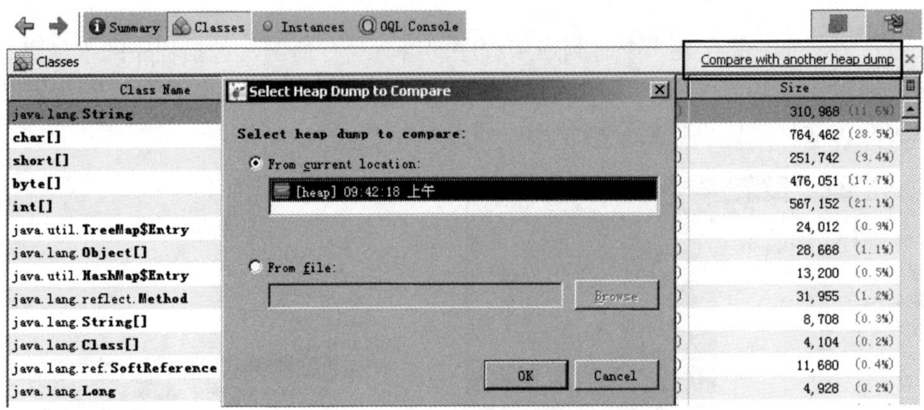

图 6.52　内存快照分析与快照比较

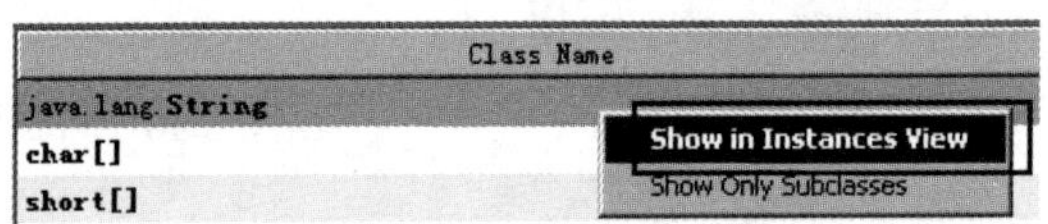

图 6.53　进入类实例页面

在右下角的 References 页面可以查看系统中引用这个实例的对象，展示对象间的引用关系。

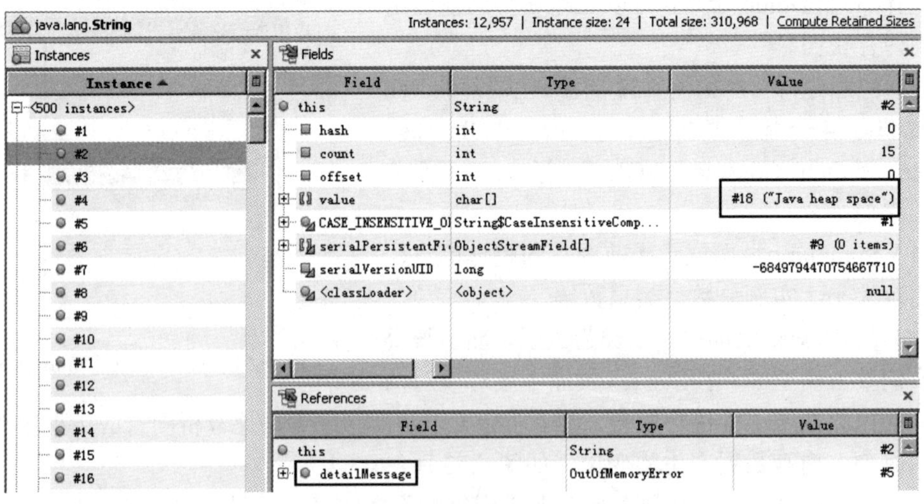

图 6.54　String 对象实例显示

（4）OQL 控制台（OQL Console）提供了更为强大的对象查询功能。有关 Visual VM 的 OQL 支持，将在后续章节进行详细阐述。

注意：通过 Visual VM 提供的内存快照分析工具，可以查看堆快照内的类信息和对象信息。

6.5.7　MBean 管理功能

Visual VM 可以通过插件集成 JConsole 的 MBean 管理功能，图 6.55 所示为在 Visual VM 中使用 MBean 管理功能。

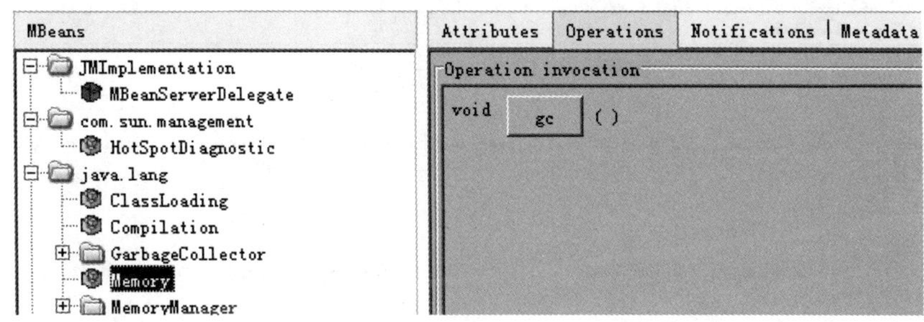

图 6.55　Visual VM 的 MBean 管理功能

注意：Visual VM 的 MBean 管理功能和 JConsole 是完全一致的。

6.5.8　TDA 的使用

TDA 是 Thread Dump Analyzer 的缩写，是一款线程快照分析工具。当使用 jstack 或者 Visual VM 等工具取得线程快照文件后，通过文本编辑器查看和分析线程快照文件是一件非常艰难的事情。而 TDA 的功能就在于帮助开发者分析导出的线程快照。TDA 可以在 http://java.net/projects/tda/上下载。

TDA 可以作为一款单独的软件运行，也可以作为 Visual VM 的插件运行。当作为单独的软件运行时，只需要使用 TDA 打开线程快照文件即可。当作为 Visual VM 插件运行时，只要在 Visual VM 中导出当前线程快照，TDA 就会自动启动并分析快照文件。TDA 运行时的界面如图 6.56 所示。

由图 6.56 可以看到，TDA 将文本信息进行了分析和整理，以树、表格的形式显示这些信息。通过 TDA，可以方便地查看哪些线程持有哪些对象锁。通过 Monitors 节点，可以显示所有的锁信息，并查看持有该锁的线程。

注意：TDA 实际上是一个文本分析工具，它将线程快照的文本信息经过整理和统计，以图形化的方式展现出来，方便开发人员进行数据分析。

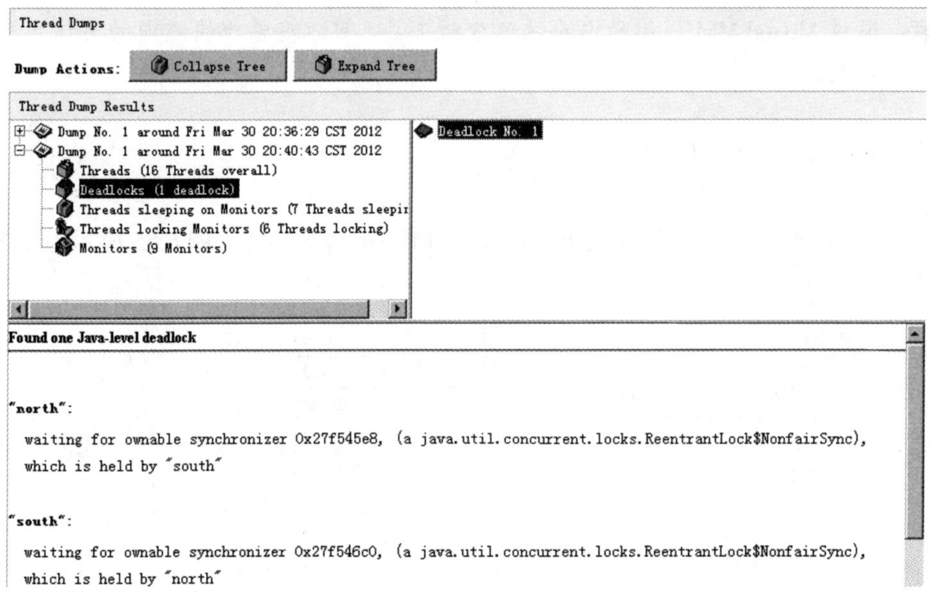

图 6.56　TDA 运行界面

6.5.9　BTrace 简介

BTrace 是一款非常有意思的工具，它可以在不停机的情况下，通过字节码注入，动态监控系统的运行情况。它可以跟踪指定的方法调用、构造函数调用和系统内存等信息。本节在参考 BTrace 用户手册的基础上，着眼于实际应用，选取较为实用的几个 BTrace 脚本，演示 BTrace 工具强大的功能。

在 Visual VM 中安装 BTrace 插件后，便可以针对 Java 应用程序执行 BTrace 脚本了。在 Java 应用程序的节点上右击，选择快捷菜单中的 Trace application 命令即可进入 BTrace 插件界面，如图 6.57 所示。

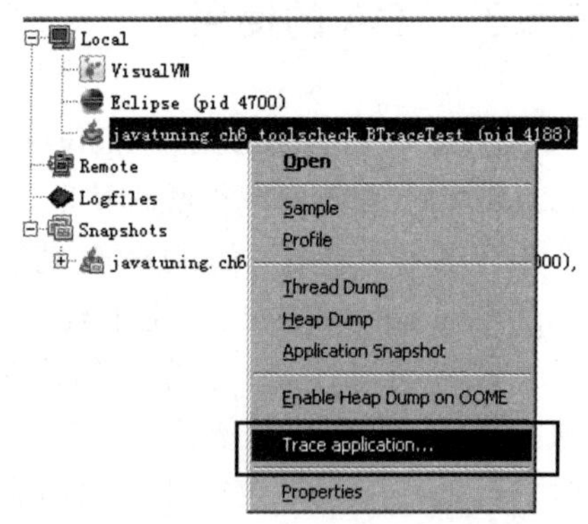

图 6.57　选择 Trace application 命令

BTrace 界面主要分为上下两部分，上半部分为代码区，下半部分为输出结果。在代码区中完成 BTrace 脚本的编写，单击 Start 按钮即可将 BTrace 脚本注入选中的应用程序中；程序输出结果将在下半部分显示，如图 6.58 所示。

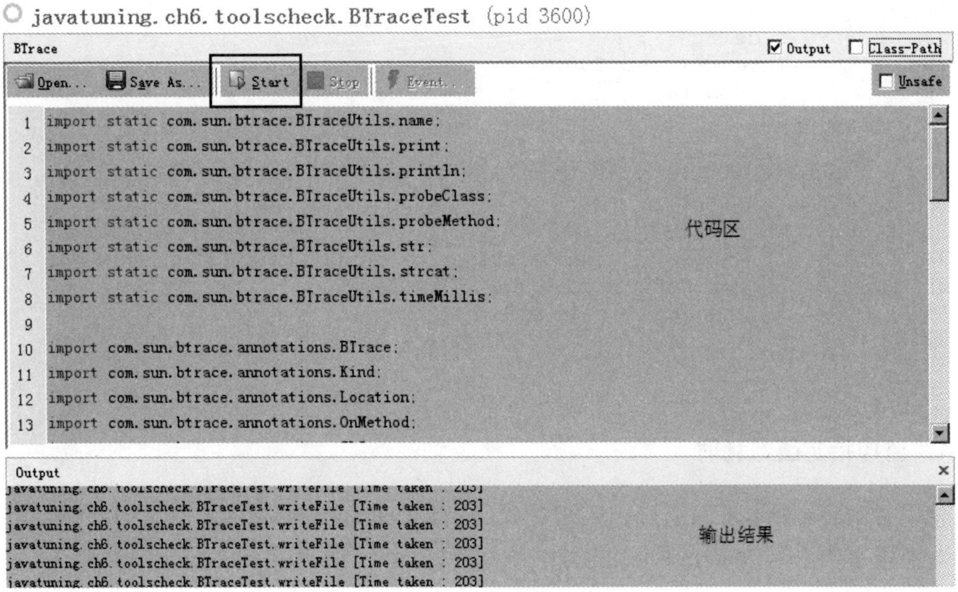

图 6.58　BTrace 运行界面

本节使用的目标测试程序如下，该程序周期性地进行文件读写操作。下文中，将使用 BTrace 对该程序进行监控。

```
package javatuning.ch6.toolscheck;

import java.io.DataInputStream;
import java.io.DataOutputStream;
import java.io.File;
import java.io.FileInputStream;
import java.io.FileOutputStream;
import java.io.IOException;

public class BTraceTest {
    public static void writeFile(String filename) throws IOException,
    InterruptedException{
        File f=new File(filename);
        if(!f.exists()){
            f.createNewFile();
        }
        DataOutputStream fos=new DataOutputStream(new FileOutputStream(f));
        fos.writeBytes(filename);                   //写文件
        fos.close();
        Thread.sleep(200);
    }

    public static String readFile(String filename) throws IOException,
    InterruptedException{
        File f=new File(filename);
        DataInputStream fis=new DataInputStream (new FileInputStream(f));
        String re=fis.readLine();                   //读文件
```

```
            fis.close();
            f.delete();
            Thread.sleep(200);
            return re;
        }

        public static void main(String args[]) throws IOException, InterruptedException{
            while(true){                                    //不停地进行文件读写
                String filename=Integer.toString(((int)(Math.random()*100)));
                writeFile(filename);
                readFile(filename);
            }
        }
}
```

1. 监控指定函数耗时

使用 BTrace 脚本可以通过正则表达式，指定监控特定类的特定方法的耗时。以下代码将监控所有类中名为 writeFile()的方法的执行时间。

```
import static com.sun.btrace.BTraceUtils.*;
import com.sun.btrace.annotations.*;
/**
 * 监控方法耗时
 *
 */
@BTrace
public class PrintTimes {
    /**
     * 开始时间
     */
    @TLS
    private static long startTime = 0;

    /**
     * 方法开始时调用
     */
    @OnMethod(clazz = "/.+/",                       //监控任意类
     method = "/writeFile/")                        //监控 writeFile()方法
    public static void startMethod() {
        startTime = timeMillis();
    }

    /**
     * 方法结束时调用<br>
     * Kind.RETURN 这个注解很重要
     */
    @SuppressWarnings("deprecation")
    @OnMethod(clazz = "/.+/",
     method = "/writeFile/",
     location = @Location(Kind.RETURN))             //方法返回时触发
    public static void endMethod() {
```

```
            print(strcat(strcat(name(probeClass()), "."), probeMethod()));
            print(" [");
            print(strcat("Time taken : ", str(timeMillis() - startTime)));
            println("]");
        }
    }
```

以上脚本使用@OnMethod 注解指定要监控的类和方法名称。它在方法开始运行时记录方法的起始执行时间，在方法返回时记录方法的终止时间，从而计算方法的运行耗时。将这段脚本注入样例目标程序，部分输出结果如下：

```
javatuning.ch6.toolscheck.BTraceTest.writeFile [Time taken : 203]
javatuning.ch6.toolscheck.BTraceTest.writeFile [Time taken : 203]
javatuning.ch6.toolscheck.BTraceTest.writeFile [Time taken : 203]
```

注意：通过 BTrace 脚本，可以监控指定的某一个方法的运行耗时。

2. 取得任意行代码信息

通过 BTrace 脚本的@Location 注解，可以指定程序运行到某一行代码时触发某种行为。下例显示了通过 BTrace 脚本，获取 BTraceTest 类第 26 行代码的信息（当目标程序运行到第 26 行时，触发 BTrace 脚本）。

```
import com.sun.btrace.annotations.*;
import static com.sun.btrace.BTraceUtils.*;
@BTrace
public class AllLines {
@OnMethod(
    clazz="/.*BTraceTest/",                //监控以 BtraceTest 结尾的类
    location=@Location(value=Kind.LINE, line=26)    //指定在第 26 行触发
)
public static void online(@ProbeClassName String pcn,
    @ProbeMethodName String pmn,
    int line) {
    print(Strings.strcat(pcn, "."));
    print(Strings.strcat(pmn, ":"));
    println(line);
    }
}
```

以上脚本在目标程序运行到第 26 行时触发，并打印该行信息。该脚本的部分输出结果如下：

```
javatuning.ch6.toolscheck.BTraceTest.readFile:26
javatuning.ch6.toolscheck.BTraceTest.readFile:26
```

由脚本输出可以看到，BTrace 正确识别了 BTraceTest 类的第 26 行代码，正处于 readFile()函数的运行区间中。若将@Location 中 line 的值设置为-1，则 BTrace 脚本将在每一行触发。

3. 定时触发

BTrace 脚本支持定时触发，可以周期性地执行某种行为，以获取系统信息。下例使用

@OnTimer 注解分别制定两个周期性任务，分别为每秒运行一次和每 3s 运行一次。

```
01 import com.sun.btrace.annotations.*;
02 import static com.sun.btrace.BTraceUtils.*;
03
04 @BTrace
05 public class Timers {
06     @OnTimer(1000)                                  //每秒运行一次
07     public static void getUpTime()
08        println(Strings.strcat("1000 msec: ",
09           Strings.str(Sys.VM.vmUptime())));    //虚拟机启动时间
10     }
11
12     @OnTimer(3000)                                  //每 3s 运行一次
13     public static void getStack() {
14        jstackAll();                                 //导出线程堆栈
15     }
16 }
```

在脚本的第 6 行，指定一个每秒运行一次的任务，并打印虚拟机的启动时间。在第 12 行，指定一个每 3s 运行一次的任务，每次都将导出系统的线程快照。

注意： 通过 BTrace 可以在当前应用程序中定时获取一些运行时的系统信息。

4. 监控函数参数

BTrace 可以在运行时，监控传递给指定类的指定方法的参数，以获取应用系统执行时的内部细节信息，帮助程序排错和调优。

```
import com.sun.btrace.annotations.*;
import com.sun.btrace.AnyType;
import static com.sun.btrace.BTraceUtils.*;

@BTrace
public class FunArg {
    @OnMethod(
    clazz="/.*BTraceTest/",                          //要监控的类
    method="/writeFile/"                             //要监控的方法
    )
    public static void anyWriteFile(@ProbeClassName String pcn,
       @ProbeMethodName String pmn,
       AnyType[] args) {
       print(pcn);                                   //类名称
       print(".");
       print(pmn);                                   //方法名称
       printArray(args);                             //传递给方法的参数
    }
}
```

以上脚本监控 BTraceTest 类的 writeFile()方法，并在每次方法调用时输出系统传递给该方法的参数。程序的部分输出结果如下：

```
javatuning.ch6.toolscheck.BTraceTest.writeFile[28, ]
javatuning.ch6.toolscheck.BTraceTest.writeFile[88, ]
```

加粗部分即为 writeFile()方法的接收参数。通过 BTrace 在不影响系统正常运行的情况下，捕获了所有指定方法的调用及传入参数。

注意：BTrace 可以跟踪指定方法的传入参数，获取方法的参数值，这对于现场问题排查会很有帮助。

5. 监控文件

通过对 I/O 函数的监控，BTrace 还可以捕获系统的 I/O 情况。下例中，通过 BTrace 脚本对 FileInputStream 和 FileOutputStream 对象进行监控，输出程序在运行时通过 FileInputStream 和 FileOutputStream 读取和写入的文件。

```
import com.sun.btrace.annotations.*;
import static com.sun.btrace.BTraceUtils.*;
import java.io.File;
import java.io.FileInputStream;
import java.io.FileOutputStream;

@BTrace
public class FileTracker {
    @TLS
    private static String name;

    @OnMethod(clazz = "java.io.FileInputStream",     //监控构造函数
        method = "<init>")
    public static void onNewFileInputStream(@Self FileInputStream self,
    File f) {
        name = Strings.str(f);                       //获得传入的参数
    }

    @OnMethod(clazz = "java.io.FileInputStream",
        method = "<init>",                           //监控构造函数
        type = "void (java.io.File)",
        location = @Location(Kind.RETURN))
    public static void onNewFileInputStreamReturn() {
        if (name != null) {
            //打印文件信息
            println(Strings.strcat("opened for read ", name));
            name = null;
        }
    }

    @OnMethod(clazz = "java.io.FileOutputStream",    //监控构造函数
        method = "<init>")
    public static void onNewFileOutputStream(@Self FileOutputStream
    self,
        File f,
        boolean b) {
```

```
            name = str(f);                              //获得传入的参数
        }

        @OnMethod(clazz = "java.io.FileOutputStream",  //监控构造函数
            method = "<init>",
            type = "void (java.io.File, boolean)",
            location = @Location(Kind.RETURN))
        public static void OnNewFileOutputStreamReturn() {
            if (name != null) {
                //打印文件信息
                println(Strings.strcat("opened for write ", name));
                name = null;
            }
        }
    }
```

脚本中截获了 FileOutputStream 和 FileInputStream 的构造函数，记录读写的文件名称并将其输出。部分输出结果如下：

```
opened for write 6
opened for read 6
opened for write 49
opened for read 49
```

注意：在本例中，BTrace 通过截获 FileOutputStream 和 FileInputStream 构造函数的方式监控文件 I/O 操作。如果文件 I/O 没有通过这两个构造函数发起，那么就无法通过这个脚本获得相关文件信息。

6.6 Visual VM 对 OQL 的支持

6.5.6 节已经简单地介绍了如何通过 Visual VM 查看堆内存快照中的对象信息。但通常堆内存快照十分庞大，快照中的类数量也很多，很难通过浏览的方式找到所需的内容。为此，Visual VM 提供了对 OQL（对象查询语言）的支持，以方便开发人员在庞大的堆内存数据中快速定位所需的资源。

6.6.1 Visual VM 的 OQL 基本语法

Visual VM 的 OQL 是一种类似于 SQL 的查询语言。它的基本语法如下：

```
select <JavaScript expression to select>
[ from [instanceof] <class name> <identifier>
[ where <JavaScript boolean expression to filter> ] ]
```

OQL 由 3 个部分组成：select 子句、from 子句和 where 子句。select 子句指定查询结果要显示的内容；from 子句指定查询范围，可指定类名，如 java.lang.String、char[]和 Ljava.io.File（File 数组）；where 子句指定查询条件。

select 子句和 where 子句支持使用 JavaScript 语法处理较为复杂的查询逻辑，select 子句可以使用类似 JSON 的语法输出多个列。from 子句中可以使用 instanceof 关键字，将给定类的子类也包括到输出列表中。

在 Visual VM 的 OQL 中，可以直接访问对象的属性和部分方法。如下例中，直接使用了 String 对象的 count 属性，筛选出长度大于等于 100 的字符串。

```
select s from java.lang.String s where s.count >= 100
```

如果要选取长度大于等于 256 的 int 数组，则语法如下：

```
select a from int[] a where a.length >= 256
```

如果要筛选出表示两位数的整数字符串，则语法如下：

```
select {instance: s, content: s.toString()} from java.lang.String s where
/^\d{2}$/(s.toString())
```

上例中，select 子句使用 JSON 语法，指定输出为 String 对象和 String.toString()；where 子句使用正则表达式指定符合/^\d{2}$/条件的字符串。本例的部分输出数据如图 6.59 所示。

```
{
content = 32,
instance = java.lang.String#56
}

{
content = 10,
instance = java.lang.String#228
}
```

图 6.59　使用 JSON 返回值的 OQL 输出

下例筛选出所有的文件路径及文件对象，其中调用了类的 toString()方法。

```
select {content:file.path.toString(),instance:file} from java.io.File file
```

下例使用 instanceof 关键字选取所有的 ClassLoader，包括子类。

```
select cl from instanceof java.lang.ClassLoader cl
```

由于在 Java 程序中，一个 Class 类可能会被多个 ClassLoader 同时载入，因此在这种情况下可能需要使用 Class 的 ID 来指定 Class。如下例，选出了所有 ID 为 0x37A014D8 的 Class 的对象实例。

```
select s from 0x37A014D8 s
```

注意：Visual VM 的 OQL 语言支持 JavaScript 作为其子表达式。

6.6.2　内置 heap 对象

heap 对象是 Visual VM OQL 的内置对象，通过 heap 对象可以实现一些强大的 OQL 功能。heap 对象的主要方法如下：

- forEachClass()：对每一个类对象执行一个回调操作。它的使用方法类似于 heap.forEachClass(callback)，其中 callback 为 JavaScript 函数。
- findClass()：查找给定名称的类对象，返回类的方法和属性参考表 6.3。它的调用方法类似于 heap.findClass(className)。
- classes()：返回堆快照中所有类的集合。使用方法类似于 heap.classes()。

- objects()：返回堆快照中所有的对象集合。使用方法类似于 heap.objects(clazz, [includeSubtypes], [filter])，其中 clazz 指定类名称，includeSubtypes 指定是否选出子类，filter 为过滤器，指定筛选规则。includeSubtypes 和 filter 可以省略。
- livepaths()：返回指定对象的存活路径，即显示哪些对象直接或者间接引用了给定对象。它的使用方法类似于 heap.livepaths(obj)。
- roots()：返回这个堆的根对象。使用方法类似于 heap.roots()。

表 6.3 使用findClass()返回的Class对象拥有的属性和方法

属　性	方　法
name：类名称	isSubclassOf()：是否是指定类的子类
superclass：父类	isSuperclassOf()：是否是指定类的父类
statics：类的静态变量的名称和值	subclasses()：返回所有子类
fields：类的域信息	superclasses()：返回所有父类

例如，查找 java.util.Vector 类，语法如下：

```
select heap.findClass("java.util.Vector")
```

查找 java.util.Vector 的所有父类，语法如下：

```
select heap.findClass("java.util.Vector").superclasses()
```

输出结果如下：

```
java.util.AbstractList
java.util.AbstractCollection
java.lang.Object
```

查找所有在 java.io 包下的对象，语法如下：

```
select filter(heap.classes(), "/java.io./(it.name)")
```

查找字符串“56”的引用链，语法如下：

```
select heap.livepaths(s) from java.lang.String s where s.toString()=='56'
```

以下是一种可能的输出结果，其中 java.lang.String#274 即字符串“56”。

```
java.lang.String#274
java.lang.String#274->java.lang.Object[]#311->java.util.Vector#7
java.lang.String#274->java.io.File#9
```

查找这个堆的根对象，语法如下：

```
select heap.roots()
```

查找当前堆中所有 java.io.File 对象的实例，语法如下：

```
select heap.objects("java.io.File",true)
```

6.6.3 对象函数

在 Visual VM 中还为 OQL 语言提供了一组以对象为操作目标的内置函数。通过这些函数，可以获取目标对象的更多信息。本节将介绍常用的对象函数。

1．classof()函数

classof()函数返回给定的 Java 对象的类，调用方法形如 classof(objname)。其返回的类对象具有以下属性。

- name：类名称。
- superclass：父类。
- statics：类的静态变量的名称和值。
- fields：类的域信息。

返回的类对象拥有以下方法。

- isSubclassOf()：是否是指定类的子类。
- isSuperclassOf()：是否是指定类的父类。
- subclasses()：返回所有子类。
- superclasses()：返回所有父类。

下例将返回所有 Vector 类及子类的类型。

```
select classof(v) from instanceof java.util.Vector v
```

输出结果如下：

```
java.util.Vector
java.util.Vector
java.util.Stack
```

2．objectid()函数

objectid()函数返回对象的 ID。使用方法为 objectid(objname)。

下例将返回所有 Vector 对象（不包含子类）的 ID。

```
select objectid(v) from  java.util.Vector v
```

3．reachables()函数

reachables()函数返回给定对象的可达对象集合，使用方法为 reachables(obj,[filter])，其中 obj 为给定对象，filter 指定忽略给定对象中的某一字段的可达引用。

下例将返回“56”这个 String 对象的所有可达对象。

```
select reachables(s) from java.lang.String s where s.toString()=='56'
```

输出结果如下：

```
char[]#264
```

这里的返回结果是 java.lang.String.value 域的引用对象，即给定的 String 类型的 value 域指向对象 char[]#264。如果使用过滤，要求输出结果中不包含 java.lang.String.value 域的引用对象，代码如下：

```
select  reachables(s,"java.lang.String.value")  from  java.lang.String  s
where s.toString()=='56'
```

以上代码输出结果为空，因为 String 对象只有 value 包含对其他对象的引用。

4．referrers()函数

referrers()函数返回引用给定对象的对象集合，使用方法为 referrers(obj)。

下例将返回引用“56”的 String 对象的对象集合。

```
select referrers(s) from java.lang.String s where s.toString()=='56'
```

输出结果如下：

```
java.lang.Object[]#311
java.io.File#9
```

这说明一个 Object 数组和一个 File 文件对象引用了“56”这个字符串对象。在查询结果中单击 java.lang.Object[]#311，可进一步找到引用 java.lang.Object[]#311 对象的是一个 Vector 对象，如图 6.60 所示，这表明“56”字符串被一个 Vector 所持有。

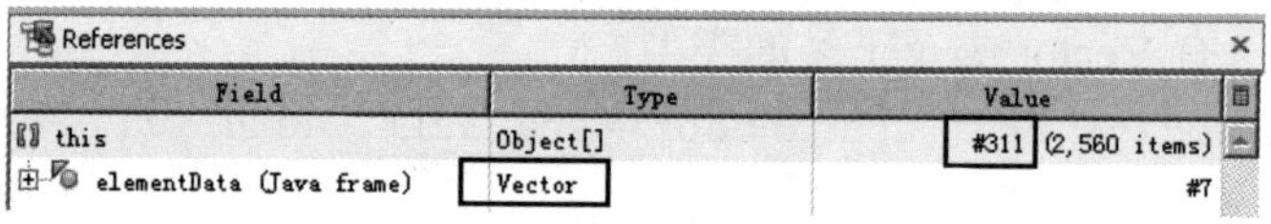

References

Field	Type	Value
this	Object[]	#311 (2,560 items)
elementData (Java frame)	Vector	#7

图 6.60　查找引用

单击 java.io.File#9，可以找到 File 对象的哪个字段引用了字符串“56”，如图 6.61 所示。

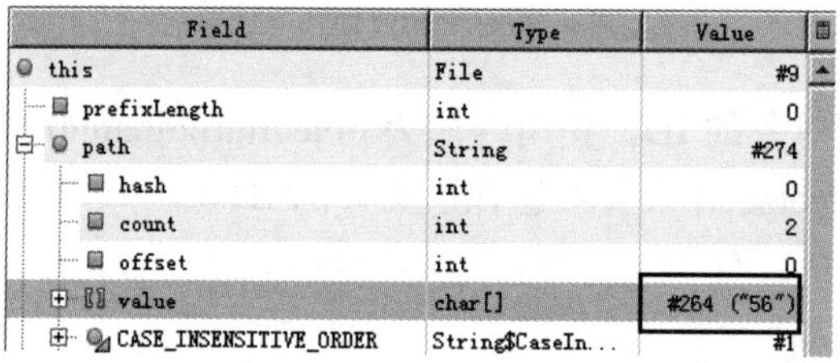

Field	Type	Value
this	File	#9
prefixLength	int	0
path	String	#274
hash	int	0
count	int	2
offset	int	0
value	char[]	#264 ("56")
CASE_INSENSITIVE_ORDER	String$CaseIn...	#1

图 6.61　查找引用

下例将找出长度为 2，并且至少被 2 个对象引用的字符串。

```
select  s.toString()  from  java.lang.String  s  where  (s.count==2  &&  count
(referrers(s)) >=2)
```

注意：where 子句中使用的逻辑运算符是&&。这是 JavaScript 语法，不能像 SQL 一样使用 AND 操作符。

5．referees()函数

referees()函数返回给定对象的直接引用对象集合，使用方法为 referees(obj)。

下例将返回 File 对象的静态成员引用。

```
select referees(heap.findClass("java.io.File"))
```

下例将返回长度为 2，并且至少被 2 个对象引用的字符串的直接引用。

```
select referees(s) from java.lang.String s where (s.count==2 && count
(referrers(s)) >=2)
```

6．sizeof()函数

sizeof()函数返回指定对象的大小（不包括它的引用对象），即浅堆（Shallow Size）。

注意：sizeof()函数返回对象的大小不包括对象的引用对象。因此，sizeof()的返回值由对象的类型决定，和对象的具体内容无关。

下例将返回所有 int 数组的大小及对象。

```
select {size:sizeof(o),Object:o} from int[] o
```

下例将返回所有 Vector 的大小及对象。

```
select {size:sizeof(o),Object:o} from java.util.Vector o
```

输出结果如图 6.62 所示。

不论 Vector 集合包含多少对象，Vector 对象所占用的内存大小始终为 24KB。这是由 Vector 本身的结构决定的，与其内容无关。sizeof()函数就是返回对象的固有大小。

```
{
Object = java.util.Vector#1,
size = 24.0
}
{
Object = java.util.Vector#2,
size = 24.0
}
{
Object = java.util.Vector#3,
size = 24.0
}
```

图 6.62　sizeof()函数输出结果

7．rsizeof()函数

rsizeof()函数返回对象及其引用对象的大小总和，即深堆（Retained Size）。这个数值不仅与类本身的结构有关，还与对象的当前数据内容有关。

下例显示了所有 Vector 对象的 Shallow Size 及 Retained Size。

```
select {size:sizeof(o),rsize:rsizeof(o)} from java.util.Vector o
```

部分输出结果如图 6.63 所示。

注意：rsizeof()函数取得对象及其引用对象的大小总和。因此，它的返回值与对象的当前数据内容有关。

8．toHtml()函数

toHtml()函数将对象转换为 HTML 显示。

下例将 Vector 对象的输出使用 HTML 进行加粗和斜体显示。

```
select "<b><em>"+toHtml(o)+"</em></b>" from java.util.Vector o
```

输出结果如图 6.64 所示。

```
{
rsize = 120772.0,
size = 24.0
}
{
rsize = 360.0,
size = 24.0
}
```

图 6.63　rsizeof()函数的输出结果

```
java.util.Vector#1
java.util.Vector#2
java.util.Vector#3
java.util.Vector#4
```

图 6.64　toHtml()函数的输出结果

6.6.4　集合/统计函数

Visual VM 中还有一组用于集合操作和统计的函数，可以方便地对结果集进行后处理或者统计操作。集合/统计函数主要有 contains()、count()、filter()、length()、map()、max()、min()、sort()和 top()等。

1. contains()函数

contains()函数判断给定集合是否包含满足给定表达式的对象。它的使用方法为 contains(set,boolexpression)，其中 set 为给定集合，boolexpression 为表达式。在 boolexpression 中，可以使用 contains()函数的如下内置对象。

- it：当前访问对象。
- index：当前对象索引。
- array：当前迭代的数组/集合。

下例返回被 File 对象引用的 String 对象集合。首先通过 referrers(s)得到所有引用 String 对象的对象集合，然后使用 contains()函数及其参数布尔等式表达式 classof(it).name == 'java.io.File')，将 contains()的筛选条件设置为类名是 java.io.File 的对象。

```
select s.toString() from java.lang.String s where contains(referrers(s),
"classof(it).name == 'java.io.File'")
```

本例的输出结果如下：

```
C:\Program Files\Java\jre6\lib\ext
C:\WINDOWS\Sun\Java\lib\ext
C:\Program Files\Java\jre6\lib\ext\dnsns.jar
C:\Program Files\Java\jre6\lib\ext\localedata.jar
C:\Program Files\Java\jre6\lib\ext\sunjce_provider.jar
C:\Program Files\Java\jre6\lib\ext\sunmscapi.jar
C:\Program Files\Java\jre6\lib\ext\sunpkcs11.jar
C:\Users\Administrator\workspace\Java_Perform\bin
56
```

通过该 OQL，得到了当前堆中所有 File 对象的文件名称，可以理解为当前 Java 程序通过 java.io.File 已打开或持有的所有文件（56 为文件名）。

2. count()函数

count()函数返回指定集合内满足给定布尔表达式的对象数量。它的基本使用方法为 count(set, [boolexpression])。其中参数 set 指定要统计总数的集合，boolexpression 为布尔条件表达式，可以省略，但如果指定，count()函数将只计算满足表达式的对象个数。在 boolexpression 表达式中，可以使用以下内置对象。

- it：当前的访问对象。
- index：当前的对象索引。
- array：当前迭代的数组/集合。

下例将返回堆中所有 java.io 包中的类的数量，布尔表达式使用正则表达式表示。

```
select count(heap.classes(), "/java.io./(it.name)")
```

下例将返回堆中所有类的数量。

```
select count(heap.classes())
```

3. filter()函数

filter()函数返回给定集合中，满足某一个布尔表达式的对象子集合，使用方法为 filter(set, boolexpression)。在 boolexpression 中，可以使用以下内置对象。

- it：当前的访问对象。
- index：当前的对象索引。
- array：当前迭代的数组/集合。

下例将返回所有 java.io 包中的类。

```
select filter(heap.classes(), "/java.io./(it.name)")
```

下例将返回当前堆中，引用了 java.io.File 对象并且不在 java.io 包中的所有对象实例。首先使用 referrers()函数得到所有引用 java.io.File 对象的实例，接着使用 filter()函数进行过滤，只选取不在 java.io 包中的对象。

```
select filter(referrers(f), "! /java.io./(classof(it).name)") from java.
io.File f
```

4. length()函数

length()函数返回给定集合的数量，使用方法为 length(set)。

下例将返回当前堆中所有类的数量。

```
select length(heap.classes())
```

5. map()函数

map()函数将结果集中的每一个元素按照特定的规则进行转换，以方便输出显示。它的使用方法为 map(set, transferCode)，其中 set 为目标集合，transferCode 为转换代码。在 transferCode 中可以使用以下内置对象。

- it：当前的访问对象。
- index：当前的对象索引。
- array：当前迭代的数组/集合。

下例将当前堆中的所有 File 对象进行格式化输出。

```
select map(heap.objects("java.io.File"), "index + '=' + it.path.toString()")
```

输出结果为：

```
0=C:\Program Files\Java\jre6\lib\ext
1=C:\WINDOWS\Sun\Java\lib\ext
2=C:\Program Files\Java\jre6\lib\ext\dnsns.jar
3=C:\Program Files\Java\jre6\lib\ext\localedata.jar
4=C:\Program Files\Java\jre6\lib\ext\sunjce_provider.jar
5=C:\Program Files\Java\jre6\lib\ext\sunmscapi.jar
6=C:\Program Files\Java\jre6\lib\ext\sunpkcs11.jar
7=C:\Users\Administrator\workspace\Java_Perform\bin
8=56
```

注意：map()函数可以用于对输出的数据格式化，它可以将集合中的每一个对象转换成特定的输出格式。

6．max()函数

max()函数用于计算并获得给定集合的最大元素，使用方法为 max(set, [express])，其中 set 为给定的集合，express 为比较表达式，指定元素间的比较逻辑。参数 express 可以省略，若省略，则执行数值比较。参数 express 可以使用以下内置对象。

- lhs：用于比较的左侧元素。
- rhs：用于比较的右侧元素。

下例将显示当前堆中最长的 String 长度。首先使用 heap.objects()函数得到所有 String 对象，接着使用 map()函数将 String 对象集合转换为 String 对象的长度集合，最后使用 max()函数得到集合中的最大元素。

```
select max(map(heap.objects('java.lang.String', false), 'it.count'))
```

以上 OQL 的输出为最大字符串长度，输出结果如下：

```
4096.0
```

下例将取得当前堆的最长字符串。它在 max()函数中设置了比较表达式，指定了集合中对象的比较逻辑。

```
select max(heap.objects('java.lang.String'), 'lhs.count > rhs.count')
```

与上例相比，它得到的是最大字符串对象，而非对象的长度，输出结果如下：

```
java.lang.String#3273
```

7．min()函数

min()函数计算并获得给定集合的最小元素，使用方法为 min(set, [expression])，其中

set 为给定的集合，expression 为比较表达式，指定元素间的比较逻辑。参数 expression 可以省略，若省略，则执行数值比较。参数 expression 可以使用以下内置对象。

- lhs：用于比较的左侧元素。
- rhs：用于比较的右侧元素。

下例将返回当前堆中数组长度最小的 Vector 对象的长度。

```
select min(map(heap.objects('java.util.Vector', false), 'it.elementData.
length'))
```

下例将得到数组元素长度最长的一个 Vector 对象。

```
select  min(heap.objects('java.util.Vector'),  'lhs.elementData.length  >
rhs.elementData.length')
```

8. sort()函数

sort()函数对指定的集合进行排序。它的一般使用方法为 sort(set, expression)，其中 set 为给定的集合，expression 为集合中对象的排序逻辑。在 expression 中可以使用以下内置对象。

- lhs：用于比较的左侧元素。
- rhs：用于比较的右侧元素。

下例将当前堆中的所有 Vector 按照内部数组的大小进行排序。

```
select sort(heap.objects('java.util.Vector'), 'lhs.elementData.length -
rhs.elementData.length')
```

下例将当前堆中的所有 Vector 类（包括子类），按照内部数据长度从小到大进行排序，并输出 Vector 对象的实际大小及对象本身。

```
select map(
  sort(
    heap.objects('java.util.Vector'),
    'lhs.elementData.length - rhs.elementData.length'
   ),
   '{ size: rsizeof(it), obj: it }'
   )
```

9. top()函数

top()函数返回在给定的集合中，按照特定顺序排序的前几个对象。一般使用方法为 top(set, expression,num)，其中 set 为给定的集合，expression 为排序逻辑，num 指定输出前几个对象。在 expression 中，可以使用以下内置对象。

- lhs：用于比较的左侧元素。
- rhs：用于比较的右侧元素。

下例将显示长度最长的前 5 个字符串。

```
select top(heap.objects('java.lang.String'), 'rhs.count - lhs.count', 5)
```

下例将显示长度最长的 5 个字符串，并输出它们的长度与对象。

```
select map(top(heap.objects('java.lang.String'), 'rhs.count - lhs.count',
5), '{ length: it.count, obj: it }')
```

10. sum()函数

sum()函数用于计算集合的累计值。它的一般使用方法为 sum(set,[expression])，其中参数 set 为给定的集合，参数 expression 用于映射当前对象到一个整数。参数 expression 可以省略，如果省略，可以使用 map()函数作为替代。

下例将计算所有 java.util.Properties 对象的可达对象的总大小。

```
select sum(map(reachables(p), 'sizeof(it)')) from java.util.Properties p
```

下例将使用 sum()函数的第二个参数 expression 代替 map()函数，实现相同的功能。

```
select sum(reachables(p), 'sizeof(it)') from java.util.Properties p
```

11. unique()函数

unique()函数将除去指定集合中的重复元素，返回不包含重复元素的集合。它的一般使用方法为 unique(set)。

下例将返回当前堆中有多少个不同的字符串。

```
select count(unique(map(heap.objects('java.lang.String'), 'it.value')))
```

6.6.5 程序化 OQL

Visual VM 不仅支持在 OQL 控制台上执行 OQL 查询语言，也可以通过其 OQL 相关的 JAR 包将 OQL 查询程序化，从而获得更加灵活的对象查询功能，实现堆快照分析的自动化。

在进行 OQL 开发前，工程需要引用 Visual VM 安装目录下的 JAR 包，如图 6.65 所示。

d:\tools\visualvm_134\profiler\modules*

文件名	扩展名	大小	日期时间	属性
..		<DIR>	2012-03-29 21:31	----
org-netbeans-lib-profiler	jar	1,424,264	2012-03-20 19:59	-a--
org-netbeans-lib-profiler-charts	jar	288,096	2012-03-20 19:59	-a--
org-netbeans-lib-profiler-common	jar	119,291	2012-03-20 19:59	-a--
org-netbeans-lib-profiler-ui	jar	1,526,025	2012-03-20 20:00	-a--
org-netbeans-modules-profiler	jar	1,315,634	2012-03-20 20:00	-a--
org-netbeans-modules-profiler-api	jar	151,785	2012-03-20 19:59	-a--
org-netbeans-modules-profiler-attach	jar	396,611	2012-03-20 20:00	-a--
org-netbeans-modules-profiler-heapwalker	jar	1,196,416	2012-03-20 20:00	-a--
org-netbeans-modules-profiler-oql	jar	154,717	2012-03-20 20:00	-a--
org-netbeans-modules-profiler-selector-api	jar	108,390	2012-03-20 20:00	-a--
org-netbeans-modules-profiler-selector-ui	jar	52,005	2012-03-20 20:00	-a--
org-netbeans-modules-profiler-utilities	jar	12,948	2012-03-20 20:00	-a--

图 6.65　Visual VM 中 OQL 相关的 JAR 包

以下代码是一段程序化 OQL 查询的示例代码，展示了如何通过程序来获取堆快照中的对象数据。

```java
public class OQLPragram {
    private OQLEngine instance;

    public OQLPragram() {
    }

    @Before                                      //打开一个快照文件
    public void setUp() throws IOException, URISyntaxException {
        instance = new OQLEngine(HeapFactory.createHeap(new File(
                "d:\\heapdump-1333200344576.hprof")));
    }

    @After
    public void tearDown() {
    }

    @Test
    //打印所有类的名称
    public void testForEachClass() throws Exception {
        System.out.println("heap.forEachClass");
        String query =
                "select heap.forEachClass(function(obj) { println
                 (obj.name); })";
        instance.executeQuery(query, null);
    }

    @Test
    //执行查询并返回前 20 个对象
    public void testIntResult() throws Exception {
        final boolean[] rslt = new boolean[] { true };
        instance.executeQuery("select a.toString() from java.lang.
        String a",
                new ObjectVisitor() {
                    int i = 0;

                    public boolean visit(Object o) {
                        while (i < 20) {        // 只显示前 20 个
                            System.out.println(o);
                            i++;
                            return false;
                        }
                        return true;
                    }
                });
    }

    @Test
    //执行一个返回多列的查询
    public void testMultivalue() throws Exception {
        instance.executeQuery(
                "select {content:toHtml(v),size:v.elementCount} from
                java.util.Vector v",
                new ObjectVisitor() {
                    public boolean visit(Object o) {
```

```
49                          System.out.println(o);
50                          return false;
51                      }
52                  });
53      }
54  }
```

第 9、10 行代码指定打开一个堆快照文件，第 21 行代码打印出堆中所有的类，第 32 行的 visit()方法传入参数 Object 为 OQL 查询结果集中的一个对象。visit()方法如果返回 false，则将继续访问结果集中的后续对象；如果返回 true，则停止访问后续对象。

注意：使用 Visual VM 的相关 JAR 包，可以将堆内存分析工作根据应用的自身情况进行自动化处理，大大降低了手工分析的工作量。

6.7 MAT 内存分析工具

MAT 是 Memory Analyzer Tool 的简称，它是一款功能强大的 Java 堆内存分析器，可以用于查找内存泄漏以及查看内存消耗情况。MAT 是基于 Eclipse 开发的一款免费的性能分析工具，读者可以在 http://www.eclipse.org/mat/上下载并使用 MAT。

6.7.1 初识 MAT

在分析堆快照前，首先需要导出应用程序的堆快照。在本书前文中提到的 jmap、JConsole 和 Visual VM 等工具都可以用于获得 Java 应用程序的堆快照文件。此外，MAT 本身也具有这个功能。

如图 6.66 所示，在 File 菜单中选择 Acquire Heap Dump 命令，在弹出对话框的当前 Java 应用程序列表中选择要分析的应用程序即可，如图 6.67 所示。

图 6.66 选择 Acquire Heap Dump 命令

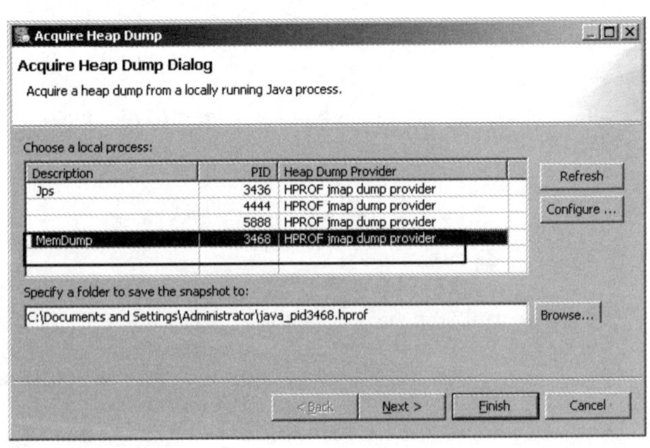

图 6.67 导出指定程序的堆快照

除了直接在 MAT 中导出正在运行的应用程序堆快照外，也可以通过 File 菜单中的 Open Heap Dump 命令打开一个既存的堆快照文件。

注意： 使用 MAT 既可以打开一个已有的堆快照，也可以直接从活动 Java 程序中导出堆快照。

图 6.68 所示为正常打开堆快照文件后的 MAT 界面。

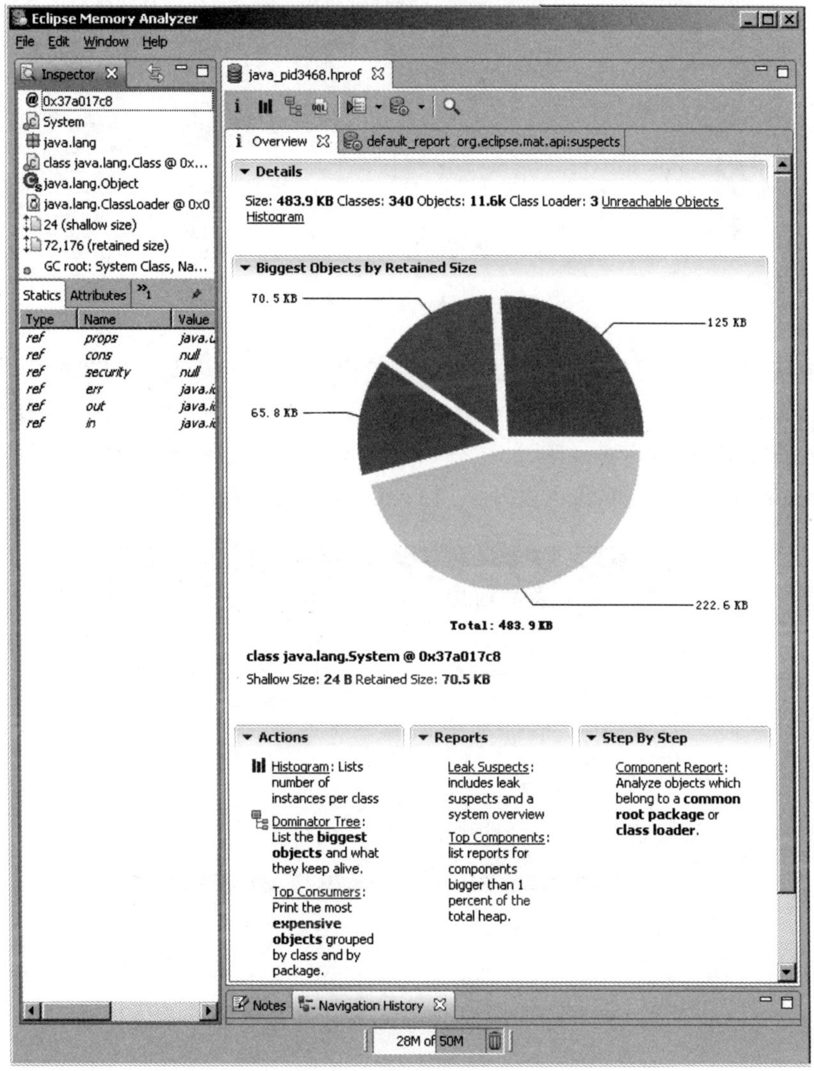

图 6.68　MAT 运行界面

在图 6.68 的右侧界面中显示了堆快照文件的大小、类、实例和 ClassLoader 的总数；饼图中显示了当前堆快照中最大的对象。将光标悬停在饼图中，可以在左侧的 Inspector 界面中查看该对象的详细信息。在饼图中单击，可以对选中的对象进行更多的操作。

单击工具栏上的柱状图按钮（如图 6.69 所示），可以查看当前堆的类信息，包括类的对象数量、浅堆（Shallow）大小和深堆（Retained）大小，如图 6.70 所示。

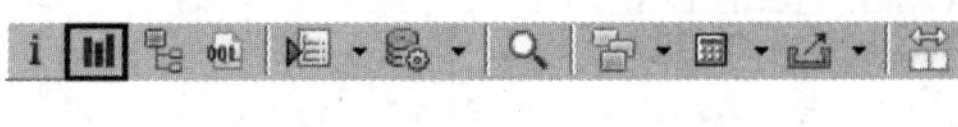

图 6.69　MAT 工具栏

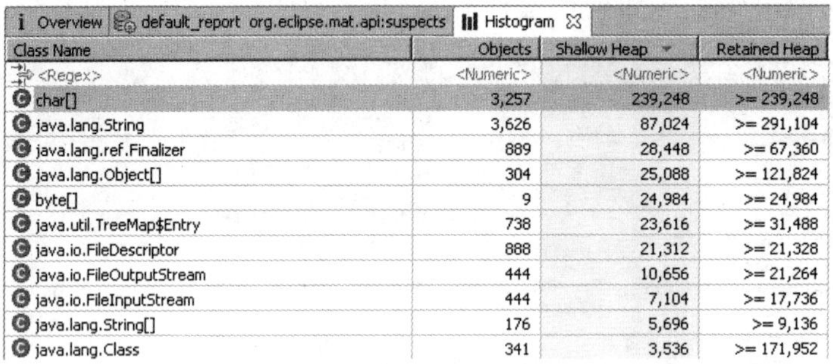

Overview
default_report org.eclipse.mat.api:suspects
Histogram
Class Name
Objects
Shallow Heap
Retained Heap
<Regex>
<Numeric>
<Numeric>
<Numeric>
char[] 3,257 239,248 >= 239,248
java.lang.String 3,626 87,024 >= 291,104
java.lang.ref.Finalizer 889 28,448 >= 67,360
java.lang.Object[] 304 25,088 >= 121,824
byte[] 9 24,984 >= 24,984
java.util.TreeMap$Entry 738 23,616 >= 31,488
java.io.FileDescriptor 888 21,312 >= 21,328
java.io.FileOutputStream 444 10,656 >= 21,264
java.io.FileInputStream 444 7,104 >= 17,736
java.lang.String[] 176 5,696 >= 9,136
java.lang.Class 341 3,536 >= 171,952

图 6.70　MAT 柱状图界面

通过柱状图界面，可以查找引用选中对象的对象集合以及选中对象所引用的对象集合。如图 6.71 所示，选中 java.util.Vector 对象并右击，在弹出的右键菜单中选择 List objects 命令，弹出的 with outgoing references 和 with incoming references 子命令分别表示查找 java.util.Vector 实例的引用对象，以及引用 java.util.Vector 实例的对象。

List objects
with outgoing references
with incoming references
Show objects by class
Merge Shortest Paths to GC Roots
Java Basics
Java Collections
Leak Identification
Immediate Dominators
Show Retained Set
Copy
Search Queries...
Calculate Minimum Retained Size (quick approx.)
Calculate Precise Retained Size
Columns...
java.util.Vector 8 192 127,728

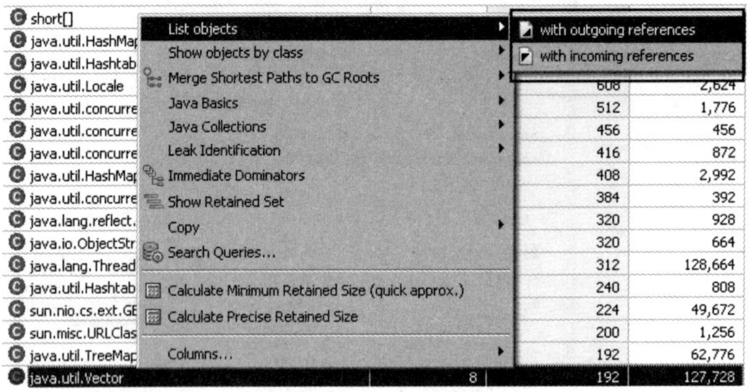

图 6.71　查找引用关系

注意：通过 MAT，可以根据对象间的引用关系对内存中的对象进行分析。

图 6.72 显示了选择 with incoming references 命令后的输出结果，展示了两个被主线程引用的 java.util.Vector 局部变量实例。

为了方便查看，柱状图还可以根据 ClassLoader 和包对类进行排序。图 6.73 显示了 MAT 的柱状图排序功能，以及一个按照包进行排序的柱状图输出命令。

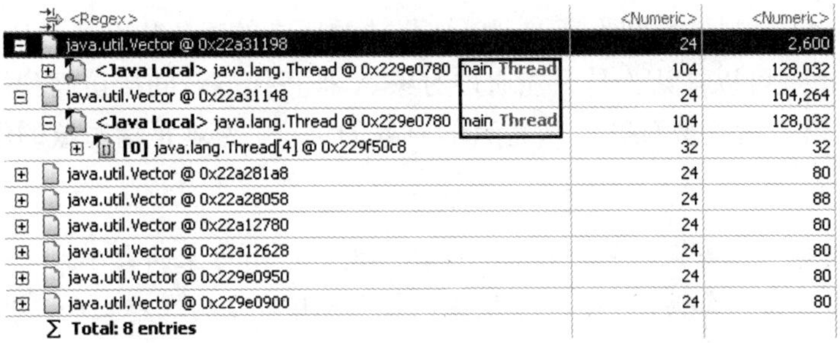

图 6.72　引用关系查询结果

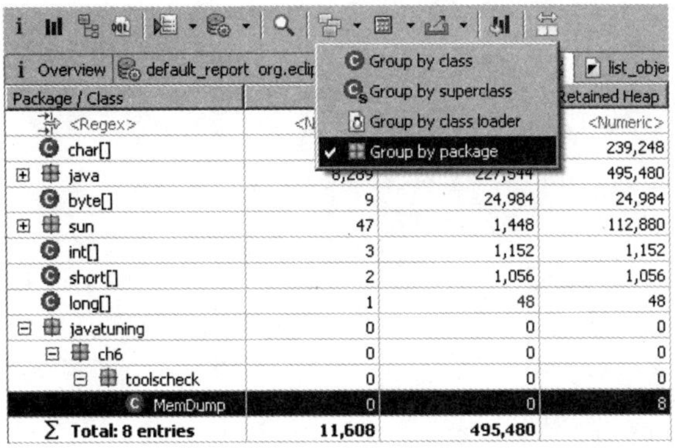

图 6.73　MAT 的排序功能

6.7.2　浅堆和深堆

浅堆（Shallow Heap）和深堆（Retained Heap）是两个非常重要的概念，它们分别表示一个对象结构所占用的内存大小和一个对象被执行 GC 操作后，可以真实释放的内存大小。

浅堆是指一个对象所消耗的内存。在 32 位系统中，一个对象引用会占据 4 个字节，一个 int 类型会占据 4 个字节，long 型变量会占据 8 个字节，每个对象头需要占用 8 个字节。

根据堆快照格式不同，对象的大小可能会向 8 字节进行对齐。以 String 对象为例，图 6.74 显示了 String 对象的几个属性。

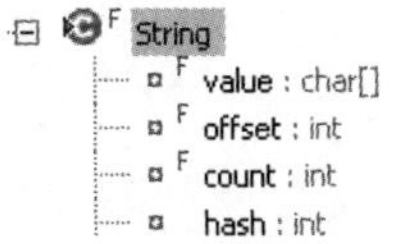

3 个 int 类型以及一个引用类型合计占用的内存为 3×4+4=16 字节，再加上对象头的 8 个字节，因此 String 对象占用的空间，即浅堆的大小是 16+8=24 字节。浅堆的大小只与对象的结构有关，与对象的实际内容无关。也就是说，无论字符串的长度是多少，内容是什么，浅堆的大小始终是 24 字节。

图 6.74　String 内部结构

深堆的概念略微复杂。要理解深堆，首先需要了解保留集（Retained Set）。对象 A

的保留集指当对象 A 被垃圾回收后，可以被释放的所有的对象集合（包括对象 A 本身），即对象 A 的保留集可以被认为是只能通过对象 A 被直接或者间接访问到的所有对象的集合。通俗地说，就是指仅被对象 A 所持有的对象的集合。**深堆是指对象的保留集中所有对象的浅堆之和。**

注意： 浅堆指对象本身占用的内存，不包括其内部引用对象的大小。一个对象的深堆指只能通过该对象访问到的（直接或间接）所有对象的浅堆之和，即对象被回收后，可以释放的真实空间。

下面这个例子很好地诠释了深堆的概念。首先是表示点的类定义：

```
public class Point {
    private int x;
    private int y;
    public Point(int x, int y) {
        super();
        this.x = x;
        this.y = y;
    }
    //省略 setter getter
}
```

接着是表示线的类定义：

```
public class Line {
    private Point startPoint;                          //线由两个点组成
    private Point endPoint;

    public Line(Point startPoint, Point endPoint) {
        super();
        this.startPoint = startPoint;
        this.endPoint = endPoint;
    }
    //省略 setter getter
}
```

主函数构造了 a、b、c、d、e、f、g 这 7 个点，以及 aLine、bLine、cLine 和 dLine 这 4 条线，并在程序最后将 a、b、c、d、e 这 5 个点设置为 null。具体代码如下：

```
public class ShallowRetainedDump {
    public static void main(String[] args) throws InterruptedException{
        Point a=new Point(0,0);                        //构造点
        Point b=new Point(1,1);
        Point c=new Point(5,3);
        Point d=new Point(9,8);
        Point e=new Point(6,7);
        Point f=new Point(3,9);
        Point g=new Point(4,8);
        Line aLine= new Line(a,b);                     //根据点构造线
        Line bLine= new Line(a,c);
```

```
            Line cLine= new Line(d,e);
            Line dLine= new Line(f,g);
            a=null;                                              //释放部分点
            b=null;
            c=null;
            d=null;
            e=null;
            Thread.sleep(1000000);
        }
    }
```

这段代码的对象引用关系如图 6.75 所示，其中 a、b、c、d、e 对象在使用完成后被设置为 null。

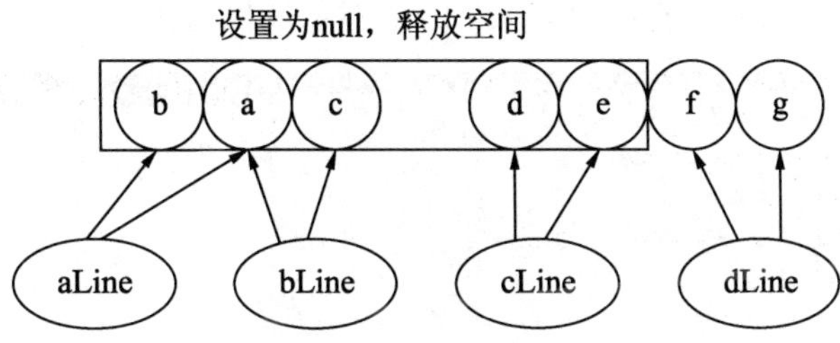

图 6.75　示例代码引用关系

根据 Point 类的结构，一个 Point 实例的浅堆大小为 4×2+8=16 字节，一个 Line 实例的浅堆大小为 4×2+8=16 字节。使用 MAT 得到该示例的内存快照文件，如图 6.76 所示。为了阅读方便，笔者将代码中的变量名标识到了内存快照中的对象上。

Class Name	Shallow...	Retaine...
<Regex>	<Numer...	<Numeric>
⊟ javatuning.ch6.toolscheck.shallowretained.Line @ 0x22a336d0 dLine	16	16
⊞ <class> class javatuning.ch6.toolscheck.shallowretained.Line @ 0x32a3ca00	0	0
f ⊞ startPoint javatuning.ch6.toolscheck.shallowretained.Point @ 0x22a32060	16	16
g ⊞ endPoint javatuning.ch6.toolscheck.shallowretained.Point @ 0x22a32070	16	16
Σ Total: 3 entries		
⊟ javatuning.ch6.toolscheck.shallowretained.Line @ 0x22a336c0 cLine	16	48
⊞ <class> class javatuning.ch6.toolscheck.shallowretained.Line @ 0x32a3ca00	0	0
d ⊞ startPoint javatuning.ch6.toolscheck.shallowretained.Point @ 0x22a32040	16	16
e ⊞ endPoint javatuning.ch6.toolscheck.shallowretained.Point @ 0x22a32050	16	16
Σ Total: 3 entries		
⊟ javatuning.ch6.toolscheck.shallowretained.Line @ 0x22a336b0 bLine	16	32
⊞ <class> class javatuning.ch6.toolscheck.shallowretained.Line @ 0x32a3ca00	0	0
a ⊞ startPoint javatuning.ch6.toolscheck.shallowretained.Point @ 0x22a32010	16	16
c ⊞ endPoint javatuning.ch6.toolscheck.shallowretained.Point @ 0x22a32030	16	16
Σ Total: 3 entries		
⊟ javatuning.ch6.toolscheck.shallowretained.Line @ 0x22a336a0 aLine	16	32
⊞ <class> class javatuning.ch6.toolscheck.shallowretained.Line @ 0x32a3ca00	0	0
a ⊞ startPoint javatuning.ch6.toolscheck.shallowretained.Point @ 0x22a32010	16	16
b ⊞ endPoint javatuning.ch6.toolscheck.shallowretained.Point @ 0x22a32020	16	16
Σ Total: 3 entries		
Σ Total: 4 entries		

图 6.76　示例代码堆快照展示

可以看到，所有的 Point 实例浅堆和深堆的大小都是 16 字节。而 dLine 对象，浅堆为 16 字节，深堆也是 16 字节，这是因为 dLine 对象内的两个点 f 和 g 没有被设置为 null，因此即使 dLine 被回收，f 和 g 也不会被释放。对象 cLine 内的引用对象 d 和 e 由于仅在 cLine 内还存在引用，因此只要 cLine 被释放，d 和 e 必然也作为垃圾被回收，即 d 和 e 在 cLine 的保留集内，因此 cLine 的深堆为 16×2+16=48 字节。

对于 aLine 和 bLine 对象，由于两者均持有对方的一个点，因此当 aLine 被回收时，公共点 a 在 bLine 中依然有引用存在，故不会被回收，点 a 不在 aLine 对象的保留集中，因此 aLine 的深堆大小为 16+16=32 字节。对象 bLine 与 aLine 完全一致。

在 MAT 中，无论是在柱状图还是对象列表中，选中对象并右击，在弹出的快捷菜单中都有 Show Retained Set 命令，它可用于显示指定类或者对象的保留集。图 6.77 和图 6.78 分别为在 bLine 对象上进行该操作，以及 bLine 对象的保留集。

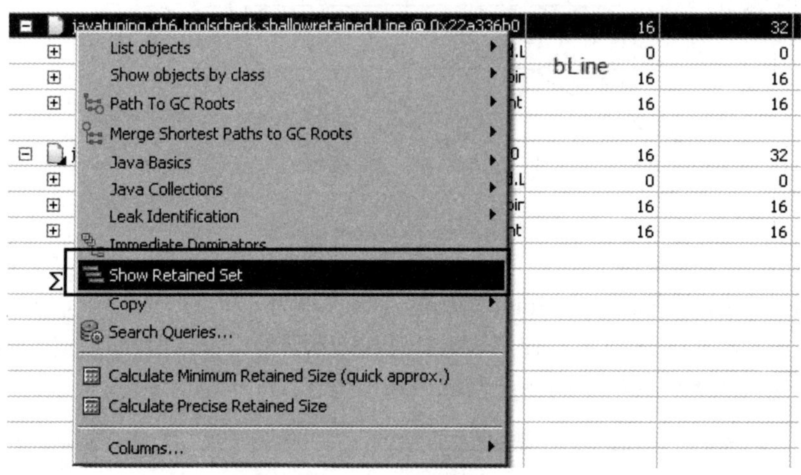

图 6.77　查询保留集

Class Name	Objects	Shallow Heap
<Regex>	<Numeric>	<Numeric>
javatuning.ch6.toolscheck.shallowretained.Point	1	16
javatuning.ch6.toolscheck.shallowretained.Line	1	16
Σ **Total: 2 entries**	**2**	**32**

图 6.78　保留集查询结果

6.7.3　支配树

MAT 提供了一个称为支配树（Dominator Tree）的对象图。支配树体现了对象实例间的支配关系。在对象引用图中，所有指向对象 B 的路径都经过对象 A，则认为对象 A 支配对象 B。如果对象 A 是离对象 B 最近的一个支配对象，则认为对象 A 为对象 B 的直接支配者。支配树是基于对象间的引用图所建立的，它具有以下基本性质：

- 对象 A 的子树（所有被对象 A 支配的对象集合）表示对象 A 的保留集（retained set）。
- 如果对象 A 支配对象 B，那么对象 A 的直接支配者也支配对象 B。
- 支配树的边与对象引用图的边不直接对应。

如图 6.79 所示，左图表示对象引用图，右图表示左图所对应的支配树。对象 A 和 B 由根对象直接支配，由于在到对象 C 的路径中可以经过 A，也可以经过 B，因此对象 C 的直接支配者也是根对象。对象 F 与对象 D 相互引用，因为到对象 F 的所有路径必然经过对象 D，因此对象 D 是对象 F 的直接支配者。而到对象 D 的所有路径中，必然经过对象 C，即使是从对象 F 到对象 D 的引用，从根节点出发，也是经过对象 C 的，所以对象 D 的直接支配者为对象 C。

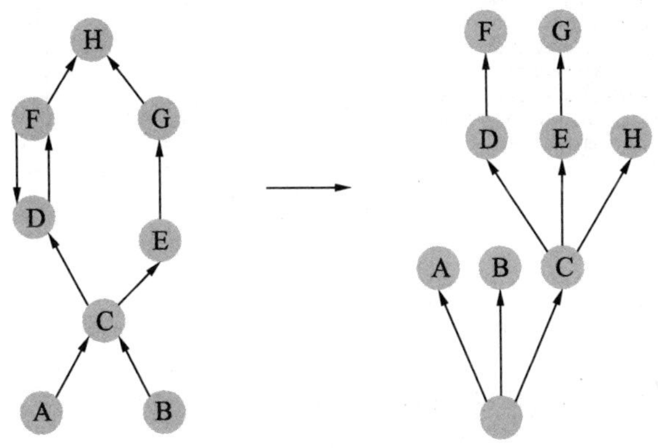

图 6.79 引用关系与支配树

同理，对象 E 支配对象 G。到达对象 H 的路径可以通过对象 D，也可以通过对象 E，因此对象 D 和 E 都不能支配对象 H，而经过对象 C 既可以到达 D 也可以达到 E，因此对象 C 为对象 H 的直接支配者。

在 MAT 中，单击工具栏上的对象支配树按钮，如图 6.80 所示，可以打开对象支配树视图。

图6.81 显示了对象支配树视图的一部分。该截图显示部分 main 线程对象的直接支配对象，即 main 线程对象被回收后将被释放的所有对象的集合。

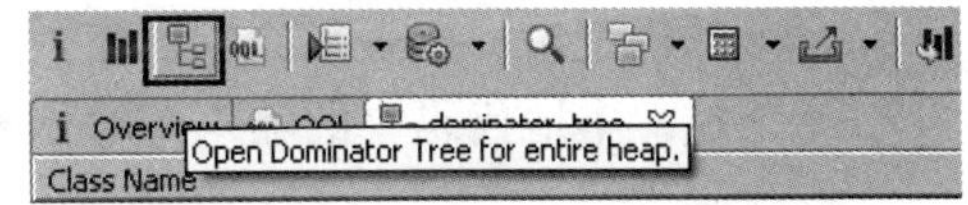

图 6.80 从工具栏打开支配树

注意：在对象支配树中，某一个对象的子树表示在该对象被回收后也将被回收的对象的集合。

Class Name	Shallow Heap	Retained ...	Percentage
	<Numeric>	<Numeric>	<Numeric>
java.lang.Thread @ 0x27f30780 main Thread	104	125,712	29.27%
java.util.Vector @ 0x27f568a0	24	122,400	28.50%
java.lang.ThreadLocal$ThreadLocalMap @ 0x27f3bef8	24	432	0.10%
java.util.Vector @ 0x27f568b8	24	360	0.08%
java.io.DataOutputStream @ 0x27f77260	24	48	0.01%
java.lang.String @ 0x27f568e0 0	24	40	0.01%
java.lang.String @ 0x27f56908 1	24	40	0.01%
java.lang.String @ 0x27f56930 2	24	40	0.01%
java.lang.String @ 0x27f56958 3	24	40	0.01%
java.lang.String @ 0x27f56980 4	24	40	0.01%
java.lang.String @ 0x27f569a8 5	24	40	0.01%
java.lang.String @ 0x27f569d0 6	24	40	0.01%
java.lang.String @ 0x27f569f8 7	24	40	0.01%
java.lang.String @ 0x27f56a20 8	24	40	0.01%
java.lang.String @ 0x27f56a48 9	24	40	0.01%
java.lang.String @ 0x27f56a70 10	24	40	0.01%
java.lang.String @ 0x27f56a98 11	24	40	0.01%
java.lang.String @ 0x27f56ac0 12	24	40	0.01%
java.lang.String @ 0x27f56ae8 13	24	40	0.01%
java.lang.String @ 0x27f56b10 14	24	40	0.01%
java.lang.String @ 0x27f56b38 15	24	40	0.01%
java.lang.String @ 0x27f56b60 16	24	40	0.01%
java.lang.String @ 0x27f56b88 17	24	40	0.01%
java.lang.String @ 0x27f56bb0 18	24	40	0.01%
java.lang.String @ 0x27f56bd8 19	24	40	0.01%
java.lang.String @ 0x27f56c00 20	24	40	0.01%
Total: 25 of 66 entries			

图 6.81　支配树显示结果

6.7.4　垃圾回收根

在 Java 系统中，作为垃圾回收的根节点可能是以下对象之一。

- 系统类：被 bootstrap/system ClassLoader 加载的类，例如在 rt.jar 包中的所有类。
- JNI 局部变量：本地代码中的局部变量，例如用户自定义的 JNI 代码或者 JVM 内部代码。
- JNI 全局变量：本地代码中的全局变量。
- 线程：开始，并且没有停止的线程。
- 在用同步锁：作为锁的对象。例如调用了 wait()或者 notify()方法的对象，或者调用了 synchronized(Object)操作的对象。
- Java 局部变量：如函数的输入参数及方法中的局部变量。
- 本地栈：本地代码中的输入、输出参数，例如用户自定义的 JNI 代码或者 JVM 内部代码。
- Finalizer：在等待队列中将要被执行析构函数的对象。
- Unfinalized：拥有析构函数，但是没有被析构且不在析构队列中的对象。
- 不可达对象：从任何一个根对象都无法到达的对象。但为了能够在 MAT 中分析，被 MAT 标志为根。
- 未知对象：未知的根类型，用于处理一些特殊的堆格式。

通过 MAT，可以列出所有的根对象，如图 6.82 所示。

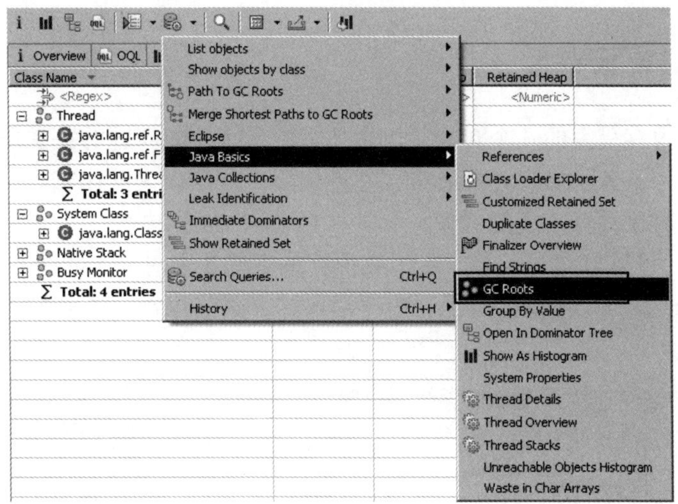

图 6.82　显示 GC Roots

6.7.5　内存泄漏检测

MAT 提供了自动检测内存泄漏，以及统计堆快照内对象分布情况的工具。图 6.83 展示了内存泄漏检测工具的使用方法。选择菜单中的 Leak Suspects 命令，MAT 会自动生成一份报告。这份报告罗列了系统内可能存在内存泄漏的问题点。图 6.84 展示了报告中给出的一个问题点样例。

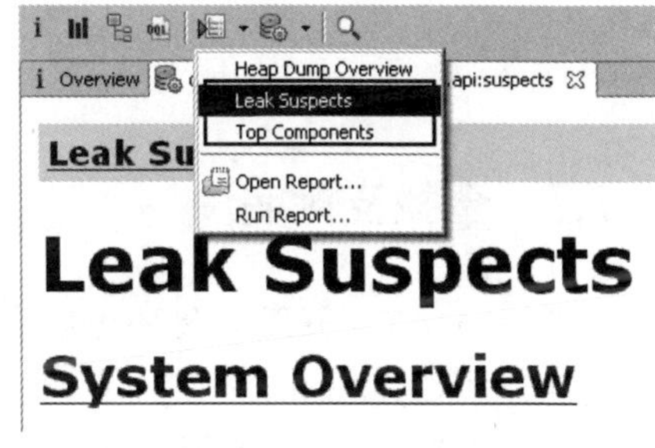

图 6.83　内存泄漏报告

注意：仔细阅读 MAT 给出的内存泄漏报告，可以帮助开发人员更快地找到系统的潜在问题。

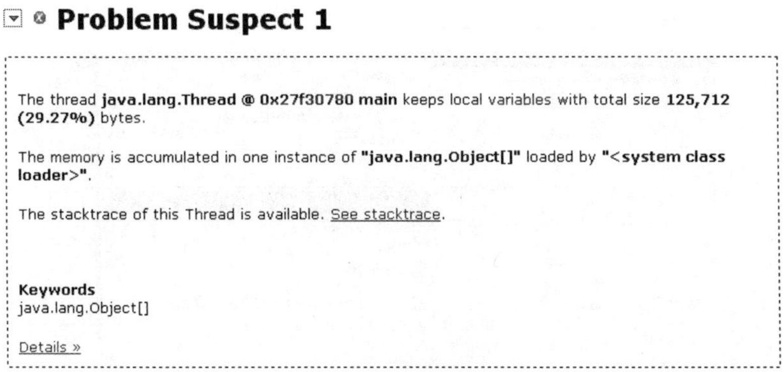

Problem Suspect 1

The thread **java.lang.Thread @ 0x27f30780 main** keeps local variables with total size **125,712 (29.27%)** bytes.

The memory is accumulated in one instance of **"java.lang.Object[]"** loaded by **"<system class loader>"**.

The stacktrace of this Thread is available. See stacktrace.

Keywords
java.lang.Object[]

Details »

图 6.84　内存泄漏报告样例

6.7.6 最大对象报告

系统中占用内存最大的几个对象，往往是解决系统性能问题的关键所在。如果应用程序发生内存泄漏，那么泄漏的对象通常会在堆快照中占据很大的比重。因此，查看和分析堆快照中最大的对象具有较高的价值。

在 MAT 中，可以自动查找并显示消耗内存最多的几个对象。如图 6.85 所示，通过选择 Top Consumers 命令，可以打开消耗内存最多的对象的报告，其中主要以饼图和表格的形式来展示。

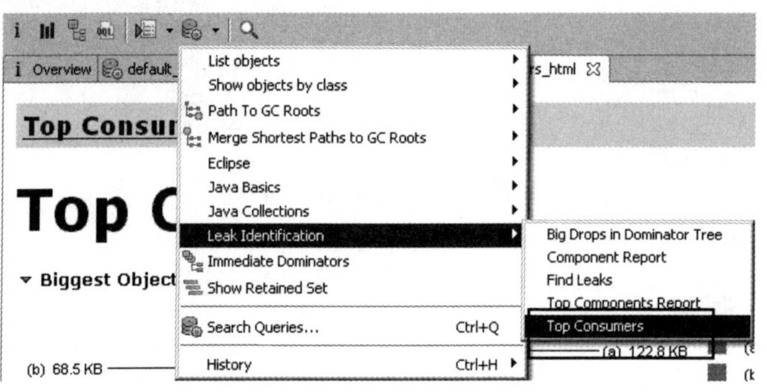

图 6.85 选择 Top Consumers 命令

6.7.7 查找支配者

通过 MAT，开发人员还可以很方便地查找某一个对象或者类的支配者（有关支配者的概念，可以参考 6.7.3 节“支配树”）。虽然在支配树页面中拥有完整的信息，但是通过 MAT 提供的支配者查找功能可以更方便地进行查找。图 6.86 显示了如何查找对象的支配者。

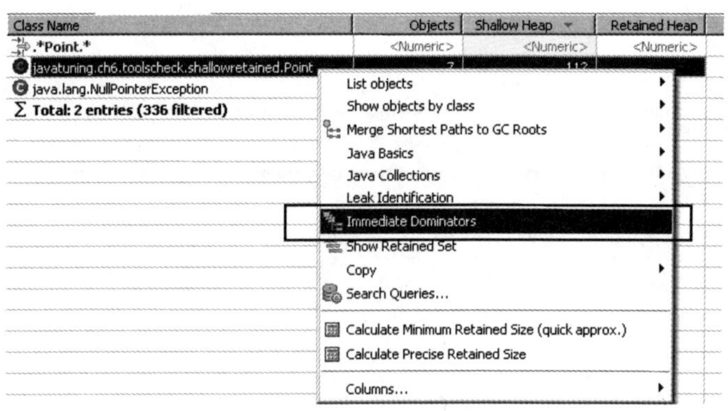

图 6.86 查找支配者

在选择 Immediate Dominators 命令后，会弹出一个参数对话框，用于设置查找参数，如图 6.87 所示。在参数对话框中，注意务必正确输入-skip 参数，否则查询结果会忽略所有定义在-skip 参数中的类和实例。

Immediate Dominators 会输出选中对象的直接支配者（将-skip 指定的对象排除在外）。

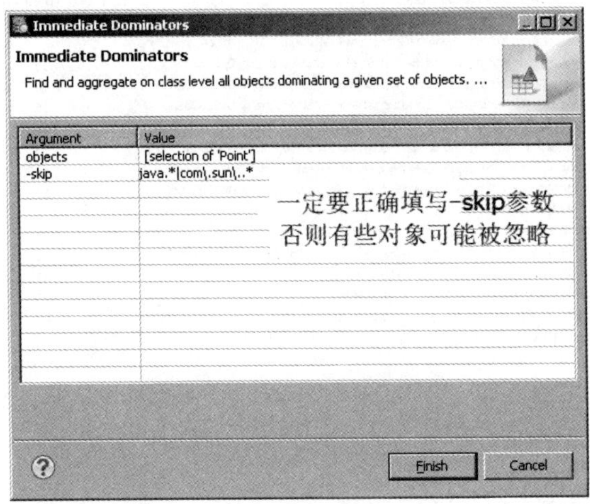

图 6.87　查找支配者的过滤参数

6.7.8　线程分析

在堆快照中，还包括当前的线程信息，通过 MAT 可以查看这些信息。如图 6.88 所示，通过 Thread Details、Thread Overview 和 Thread Stacks 这 3 个命令，可以查看线程详情。

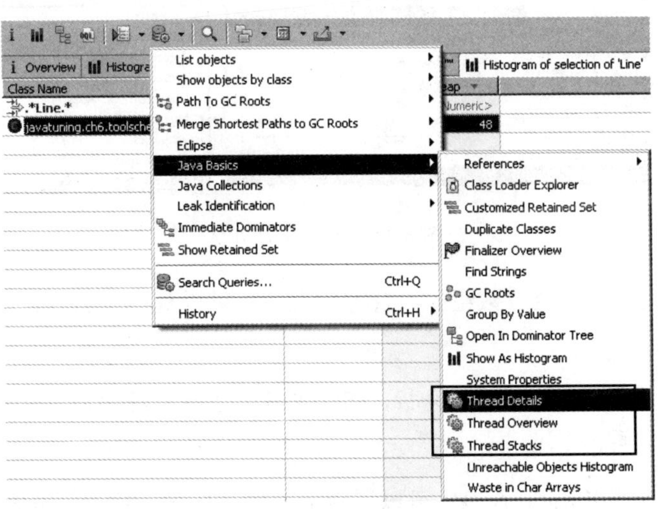

图 6.88　查看线程详情

图 6.89 所示为选择 Thread Stacks 命令后的输出结果，其中显示了当前堆快照中的所有线程及线程引用的对象。

Object / Stack Frame	Shallow Heap	Retained ...
	<Numeric>	<Numeric>
java.lang.Thread @ 0x229e0780 main	104	864
at java.lang.Thread.sleep(J)V (Native Method)		
at javatuning.ch6.toolscheck.shallowretained.ShallowRetainedDump.main([Ljava/lan		
<local> javatuning.ch6.toolscheck.shallowretained.Line @ 0x22a336c0	16	48
<local> javatuning.ch6.toolscheck.shallowretained.Line @ 0x22a336a0	16	32
<local> javatuning.ch6.toolscheck.shallowretained.Line @ 0x22a336b0	16	32
<local> java.lang.String[0] @ 0x22a30ac0	16	16
<local> javatuning.ch6.toolscheck.shallowretained.Point @ 0x22a32060	16	16
<local> javatuning.ch6.toolscheck.shallowretained.Point @ 0x22a32070	16	16
<local> javatuning.ch6.toolscheck.shallowretained.Line @ 0x22a336d0	16	16
Σ Total: 7 entries		
Σ Total: 2 entries		
java.lang.ref.Reference$ReferenceHandler @ 0x229e0a18 Reference Handler	104	184
java.lang.Thread @ 0x22a288b8 Attach Listener	104	184
java.lang.Thread @ 0x22a287b8 Signal Dispatcher	104	184
java.lang.ref.Finalizer$FinalizerThread @ 0x229e0b18 Finalizer	104	168
Σ Total: 5 entries		

图 6.89　选择 Thread Stacks 命令后的输出结果

6.7.9　集合使用情况分析

MAT 提供了一套对集合使用状态进行分析的工具，如图 6.90 所示。

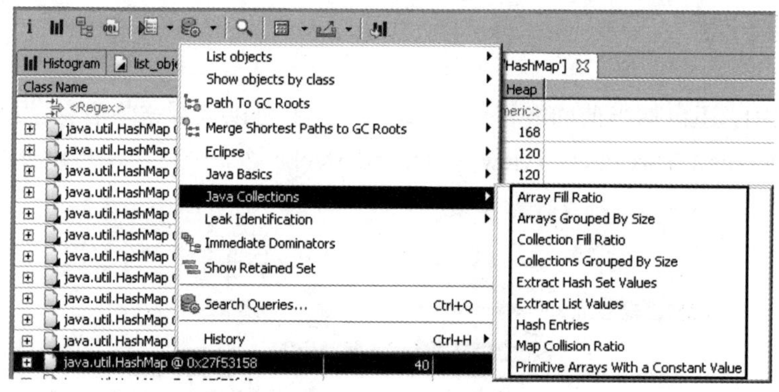

图 6.90　集合分析功能

使用这些工具，可以查看数组、集合的填充率；可以观察集合内的数据；也可以分析哈希表的冲突率。

注意： 通过对集合使用情况进行分析，可以更好地了解系统的内存使用情况，查找浪费的内存空间。

选择 Collection Fill Ratio 命令，可以展示给定集合的填充率。图 6.91 所示为该功能的输出结果，其中显示了填充率为 0、20%以下、80%以下和 100%以下的集合个数。

通过选择 Hash Entries 命令，可以查看 Hash 表的内容。图 6.92 所示为该功能的一个输出示例，其中显示了选中的 Hash 表的内容。对于表中的 Key 和 Value 对象，通过右键快捷菜单，还可以进一步分析它们的引用情况和其他具体信息。

Histogram | collection_fill_ratio [selection of 'Vector']

Fill Ratio	# Objects	Shallow Heap	Retained Heap
<Numeric>	<Numeric>	<Numeric>	<Numeric>
<= 0.00	3	72	>= 240
<= 0.20	3	72	>= 248
<= 0.80	1	24	360
<= 1.00	1	24	122,400
Σ Total: 4 entries	8	192	

图 6.91 展示集合填充率

Histogram | list_objects [selection of 'HashMap'] | hash_entries [selection of 'HashMap']

Collection	Key	Value
<Regex>		<Regex>
java.util.HashMap @ 0x27f50990	java.io.File @ 0x27f50ae8	sun.misc.MetaIndex @ 0x27f50b78
java.util.HashMap @ 0x27f50990	java.io.File @ 0x27f520e8	sun.misc.MetaIndex @ 0x27f52180
java.util.HashMap @ 0x27f50990	java.io.File @ 0x27f522a8	sun.misc.MetaIndex @ 0x27f52348
java.util.HashMap @ 0x27f50990	java.io.File @ 0x27f52468	sun.misc.MetaIndex @ 0x27f52500
java.util.HashMap @ 0x27f50990	java.io.File @ 0x27f526a8	sun.misc.MetaIndex @ 0x27f52740

图 6.92 查看 HashMap 表项

6.7.10 扩展 MAT

MAT 是基于 Eclipse 开发平台的产品，因此它也具有很好的扩展性。开发者可以使用 Eclipse 对 MAT 进行扩展，从而实现符合开发人员需要的功能更加强劲的内存分析工具。通过扩展 MAT，读者可以实现诸如自动对象查询、优化界面显示、报表增强等功能。本节将通过一个简单的 MAT 插件，介绍扩展 MAT 的基本步骤和方法。

注意： MAT 是基于 Eclipse 的，因此对 MAT 进行二次开发与开发 Eclipse 插件非常类似。

在 Java 中，java.lang.String 对象实现是基于内部的 value 字符数组、偏移量 offset 和字符串长度 count 来定义字符串 String 的真实取值的。如果内部数组 value 的实际长度很长，而字符串真实长度 count 的数值很小，则说明这个 String 的内存使用率不高，存在较为严重的内存浪费。

使用公式 count/value.length 可以计算当前 String 对象的内存使用率。在最优情况下，String 对象的内存使用率是 100%，即表示 value 数组中的所有字符都是当前字符串的内容。当使用类似 String.subString()的函数生成新的字符串时，String 对象通过调整 offset 和 count，而非创建新的 value 数组来生成新的字符串，此时 String 对象的内存利用率就会下降。

本节中展示的插件将在显示 String 对象时，展示 String 对象的内存利用率，帮助开发者快速定位可以优化的字符串对象。

为扩展 MAT，首先需要安装 MAT 程序及 Eclipse 开发工具。

（1）在 Eclipse 平台中添加 MAT 目标平台。在 Eclipse 中打开对话框：Windows | Preferences | Plug-in Development | Target Platform。添加 MAT 平台，选择 Add | Nothing | Next。在目标平台的 Locations 页面中，添加 Installation，并指定 MAT 的安装路径，如

图 6.93 所示。单击 Finish 按钮，并选择刚刚添加的 MAT 平台作为目标平台。图 6.94 所示为配置完成后的目标平台。

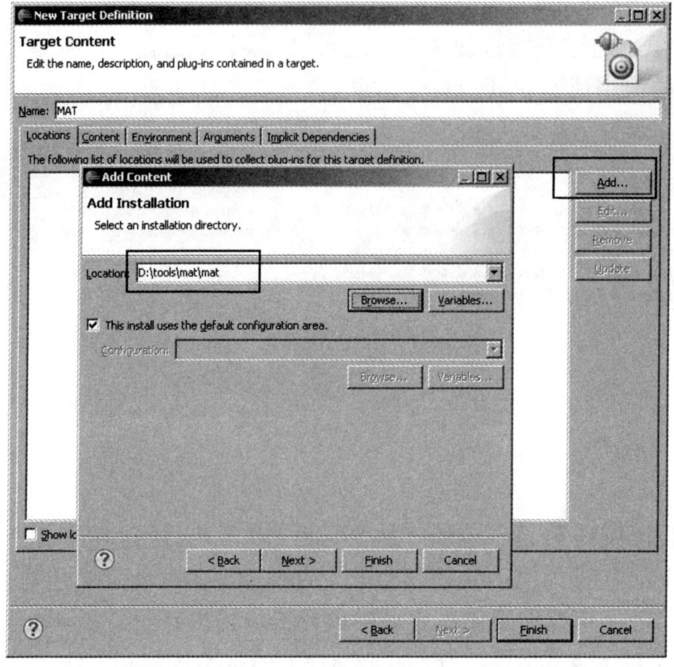

图 6.93　设置 MAT 安装路径

（2）创建一个插件工程。选择 File | New | Other | Plug-in project 命令，假设工程名称是 MATExtension，其他参数可以使用默认设置。创建完成后，在工程的 Dependencies 页面中添加 org.eclipse.mat.api 依赖，如图 6.95 所示。

图 6.94　设置目标平台

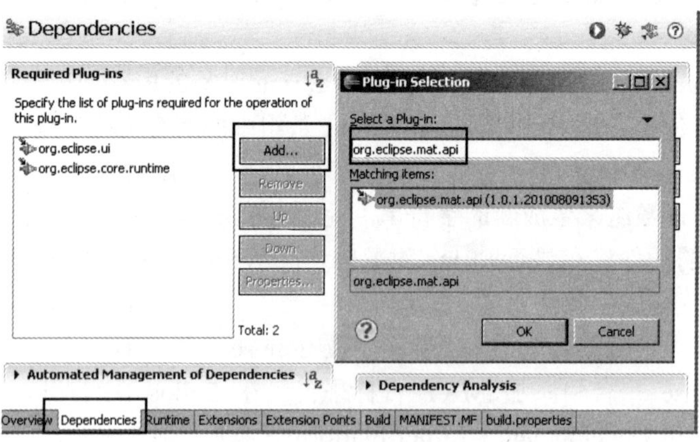

图 6.95　添加依赖

（3）添加插件的扩展点。在本例中添加 org.eclipse.mat.api.nameResolver，如图 6.96 所示。在实际开发中，读者可以根据自己的需要，选择合适的扩展点增强 MAT 的功能。接着填写扩展点的具体信息，如实现扩展点接口的类名和包名，Eclipse 会自动生成指定的类，如图 6.97 所示。

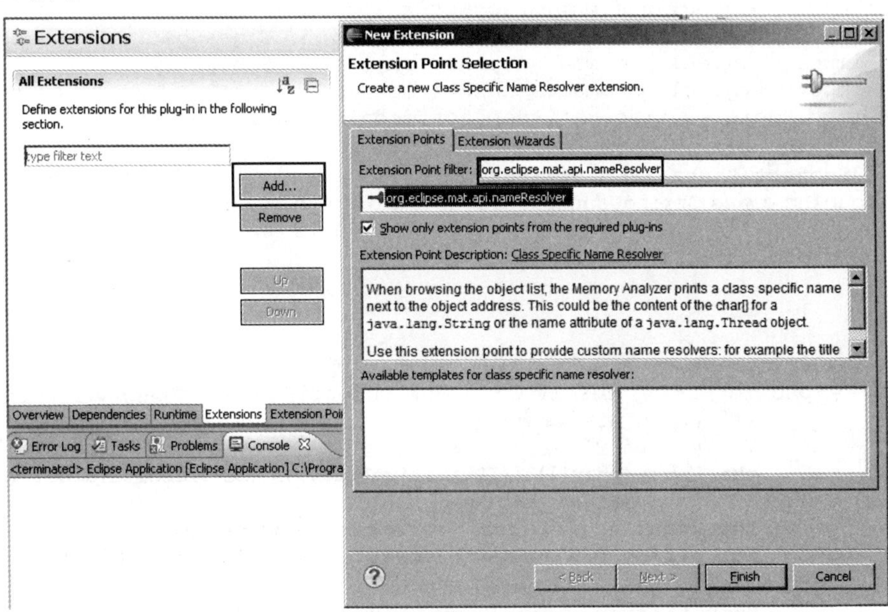

图 6.96　添加扩展点

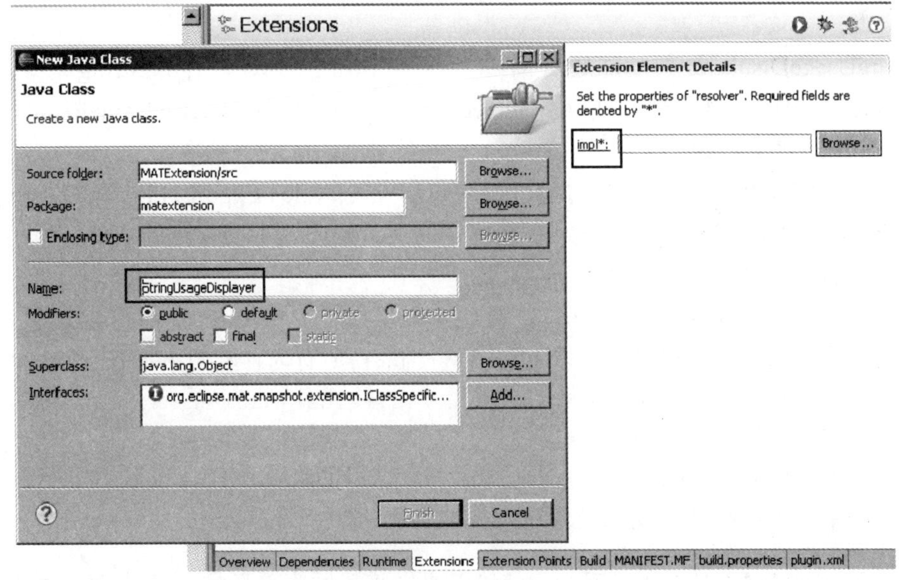

图 6.97　设置扩展类

编辑生成的 StringUsageDisplayer 类，具体代码如下：

```
package matextension;

import java.text.NumberFormat;

import org.eclipse.mat.SnapshotException;
import org.eclipse.mat.snapshot.extension.IClassSpecificNameResolver;
import org.eclipse.mat.snapshot.extension.Subject;
import org.eclipse.mat.snapshot.model.IObject;
import org.eclipse.mat.snapshot.model.IPrimitiveArray;

@Subject("java.lang.String")                         //只对 String 生效
public class StringUsageDisplayer implements IClassSpecificNameResolver {

    public StringUsageDisplayer() {

    }

    @Override
    public String resolve(IObject object) throws SnapshotException {
        if (((IPrimitiveArray) object.resolveValue("value")) == null)
            return "";
        char[] v = (char[]) ((IPrimitiveArray) object.resolveValue("value"))
                .getValueArray();
        int count = (Integer) object.resolveValue("count");
        int offset = (Integer) object.resolveValue("offset");
        double re = (((double) count) / v.length); //计算填充率
        NumberFormat numberFormat = NumberFormat.getNumberInstance();
        return "value:" + new String(v, offset, count) + ",usage:"
                + numberFormat.format(re);          //返回计算结果
    }
}
```

StringUsageDisplayer 的功能是当 MAT 中显示 String 对象时，计算 String 对象的 count 值与 value 数组的长度比值。注释@Subject 指定当前 IClassSpecificNameResolver 只对 java.lang.String 对象有效。

（4）当完成开发后，还需要对插件进行打包。选择 File | Export | Plug-in Development | Deployable plug-ins and fragments 命令，在打开的对话框中选中要打包的插件，并设置 MAT 的安装路径进行插件安装，如图 6.98 所示。

安装完成后，在 MAT 的 plugins 目录下就有了 MATExtension 插件的 JAR 包。

安装插件后的 MAT，可以使用以下 OQL 查询取得所有内存利用率不是 100%的 String。

```
SELECT * FROM java.lang.String s WHERE (s.value!=null and s.value.@length!=
s.count)
```

查询结果如图 6.99 所示，其中不仅显示了字符串的真实取值，也显示了当前字符串的内存使用率，可以帮助开发人员快速定位能够优化的字符串。

注意：通过对 MAT 的扩展，可以让 MAT 更贴近实际生产环境，使之更易于使用，提高了堆内存分析的效率。

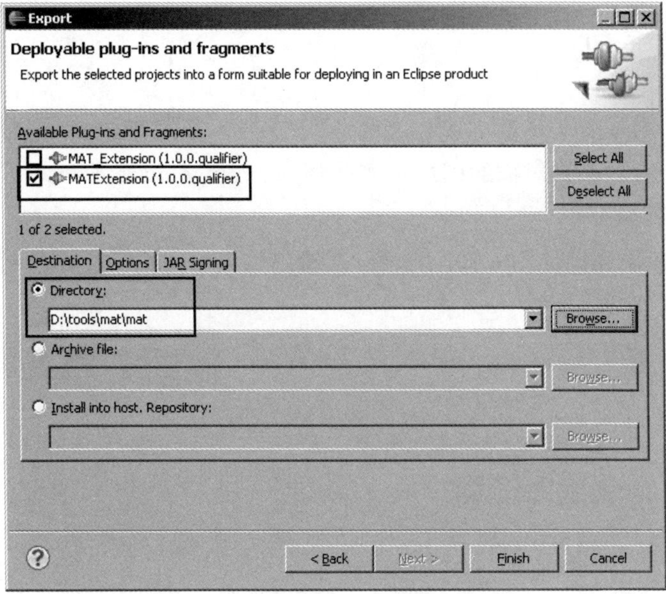

图 6.98　导出插件

Class Name	Shallow Heap	Retained Heap
<Regex>	<Numeric>	<Numeric>
java.lang.String @ 0x22a304f0 value:javatuning.ch6.toolscheck,usage:0.758	24	24
java.lang.String @ 0x22a2fc18 value:C:\Users\Administrator\workspace\Java_Perform\b	24	144
java.lang.String @ 0x22a2d7d0 value:javatuning.ch6.toolscheck,usage:0.758	24	24
java.lang.String @ 0x22a05fe0 value:C:\WINDOWS\Sun\Java\lib\ext,usage:0.435	24	24
java.lang.String @ 0x22a05fb8 value:C:\Program Files\Java\jre6\lib\ext,usage:0.548	24	24
java.lang.String @ 0x229f3e08 value:,usage:0	24	24
java.lang.String @ 0x229f3df0 value:C:\tools\eclipse-java-indigo-win32\eclipse,usage:0.	24	24
java.lang.String @ 0x229f3dd8 value:C:\Program Files\CVSNT\,usage:0.036	24	24
java.lang.String @ 0x229f3dc0 value:d:\tools\cvsnt\,usage:0.023	24	24
java.lang.String @ 0x229f3da8 value:D:\Microsoft Visual Studio\VC98\bin,usage:0.054	24	24
java.lang.String @ 0x229f3d90 value:D:\tools\Tools,usage:0.022	24	24
java.lang.String @ 0x229f3d78 value:D:\tools\MSDev98\Bin,usage:0.031	24	24
java.lang.String @ 0x229f3d60 value:D:\tools\Tools\WinNT,usage:0.031	24	24
java.lang.String @ 0x229f3d48 value:C:\Program Files\Common Files\Thunder Network\K	24	24
java.lang.String @ 0x229f3d30 value:d:\tools\apmserver\APMServ5.2.6\MySQL5.1\bin\,	24	24
java.lang.String @ 0x229f3d18 value:d:\tools\Subversion\bin,usage:0.036	24	24
java.lang.String @ 0x229f3d00 value:C:\WINDOWS\System32\Wbem,usage:0.037	24	24
Total: 17 of 28 entries		

图 6.99　通过插件显示字符串的内存使用率

6.8　MAT 对 OQL 的支持

MAT 的 OQL 语法与 Visual VM 支持的 OQL 有很大的区别。因此，笔者分为单独的两节分别对这两种 OQL 语言进行阐述。与 Visual VM 的 OQL 不同，MAT 的 OQL 在语法上更接近传统的 SQL 语句。

6.8.1 Select 子句

在 MAT 中，Select 子句的格式与 SQL 基本一致，用于指定要显示的列。Select 子句中可以使用“*”查看结果对象的引用实例（相当于 outgoing references）。例如：

```
SELECT * FROM java.util.Vector v
```

以上查询的输出结果如图 6.100 所示，在输出结果中，结果集中的每条记录都可以展开查看各自的引用对象。

Class Name	Shallow Heap	Retained Heap
	<Numeric>	<Numeric>
java.util.Vector @ 0x27f568b8	24	360
<class> class java.util.Vector @ 0x37a03e28 System Class	8	8
elementData java.lang.Object[80] @ 0x27f76818	336	336
Σ **Total: 2 entries**		
java.util.Vector @ 0x27f568a0	24	122,400
java.util.Vector @ 0x27f54f28	24	80
java.util.Vector @ 0x27f54dd8	24	88
java.util.Vector @ 0x27f52f80	24	80
java.util.Vector @ 0x27f52e28	24	80
java.util.Vector @ 0x27f30888	24	80
java.util.Vector @ 0x27f30838	24	80
Σ **Total: 8 entries**		

图 6.100　Select 查询的返回结果

与 Visual VM 的 OQL 类似，在 OQL 中，可以直接访问对象的属性。

下例输出所有 Vector 对象的内部数组，输出结果如图 6.101 所示。

```
SELECT v.elementData FROM java.util.Vector v
```

下例将显示 String 对象的长度及内部数组。

```
SELECT s.count, s.value FROM java.lang.String
```

MAT 还支持自定义列名，下例便使用 AS ColName 的形式自定义表格列名，结果如图 6.102 所示。

```
SELECT v.elementData AS "Data Array" FROM java.util.Vector v
```

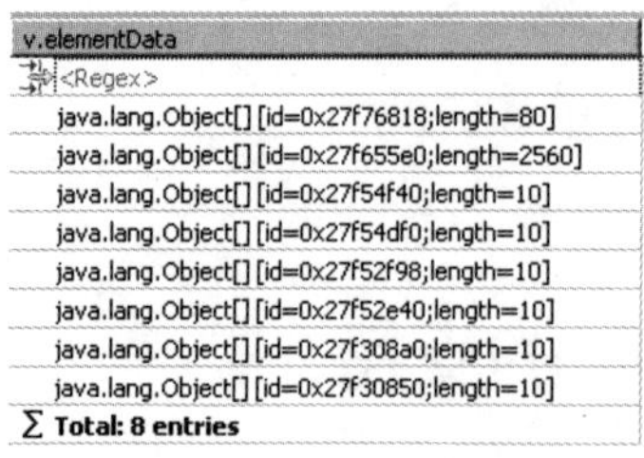

v.elementData
<Regex>
java.lang.Object[] [id=0x27f76818;length=80]
java.lang.Object[] [id=0x27f655e0;length=2560]
java.lang.Object[] [id=0x27f54f40;length=10]
java.lang.Object[] [id=0x27f54df0;length=10]
java.lang.Object[] [id=0x27f52f98;length=10]
java.lang.Object[] [id=0x27f52e40;length=10]
java.lang.Object[] [id=0x27f308a0;length=10]
java.lang.Object[] [id=0x27f30850;length=10]
Σ **Total: 8 entries**

图 6.101　指定查询列

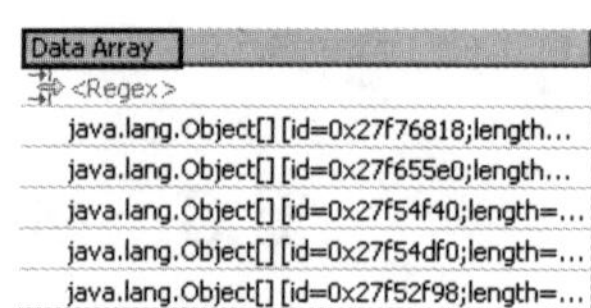

Data Array
<Regex>
java.lang.Object[] [id=0x27f76818;length...
java.lang.Object[] [id=0x27f655e0;length...
java.lang.Object[] [id=0x27f54f40;length=...
java.lang.Object[] [id=0x27f54df0;length=...
java.lang.Object[] [id=0x27f52f98;length=...

图 6.102　自定义列名

在 Select 子句中，使用 AS RETAINED SET 关键字可以得到指定对象的保留集。下例得到 javatuning.ch6.toolscheck.shallowretained.Line 对象的保留集，其结果如图 6.103 所示（堆快照文件为 6.7.2 节“浅堆和深堆”中的示例）。

```
SELECT AS RETAINED SET * FROM javatuning.ch6.toolscheck.shallowretained.Line
```

Class Name	Shallow Heap	Retained Heap
	<Numeric>	<Numeric>
javatuning.ch6.toolscheck.shallowretained.Point @ 0x22a32010	16	16
javatuning.ch6.toolscheck.shallowretained.Point @ 0x22a32020	16	16
javatuning.ch6.toolscheck.shallowretained.Point @ 0x22a32030	16	16
javatuning.ch6.toolscheck.shallowretained.Point @ 0x22a32040	16	16
javatuning.ch6.toolscheck.shallowretained.Point @ 0x22a32050	16	16
javatuning.ch6.toolscheck.shallowretained.Line @ 0x22a336a0	16	32
javatuning.ch6.toolscheck.shallowretained.Line @ 0x22a336b0	16	32
javatuning.ch6.toolscheck.shallowretained.Line @ 0x22a336c0	16	48
javatuning.ch6.toolscheck.shallowretained.Line @ 0x22a336d0	16	16
Σ Total: 9 entries		

图 6.103　查询对象保留集

在 Select 子句中，使用 OBJECTS 关键字可以将返回结果集中的项以对象的形式显示，例如下例的输出结果如图 6.104 所示。与图 6.101 相比，返回的结果已经被解析成完整的对象，而非简单的对象描述信息。

```
SELECT OBJECTS v.elementData FROM java.util.Vector v
```

注意：在 Select 子句中使用 OBJECTS 关键字，可以将结果集解析为对象。

DISTINCT 关键字用于在结果集中去除重复对象。下例的输出结果如图 6.105 所示，其中只有一条 class java.lang.String 记录。如果没有使用 DISTINCT 关键字，那么查询结果将为每个 String 实例输出其对应的 Class 信息。

```
SELECT DISTINCT OBJECTS classof(s) FROM java.lang.String s
```

Class Name	Shallow Heap	Retained Heap
<Regex>	<Numeric>	<Numeric>
java.lang.Object[10] @ 0x22a281c0	56	56
java.lang.Object[10] @ 0x22a28070	56	56
<class> class java.lang.Object[] @ 0x37a03140	0	0
[0] class javatuning.ch6.toolscheck.shallowretained.Shallo	0	0
[1] class javatuning.ch6.toolscheck.shallowretained.Point @	0	0
[2] class javatuning.ch6.toolscheck.shallowretained.Line @	0	0
Σ Total: 4 entries		
java.lang.Object[10] @ 0x22a12798	56	56
java.lang.Object[10] @ 0x22a12640	56	56
java.lang.Object[10] @ 0x229e0968	56	56
java.lang.Object[10] @ 0x229e0918	56	56
Σ Total: 6 entries		

图 6.104　OBJECTS 查询结果

Class Name	Shallow Heap	Retained Heap
<Regex>	<Numeric>	<Numeric>
class java.lang.String @ 0x37a014d8 System Class, Native Stack	16	40
<class> class java.lang.Class @ 0x37a01658 System Class, N	40	56
<classloader> java.lang.ClassLoader @ 0x0 <system class loa	56	56
serialPersistentFields java.io.ObjectStreamField[0] @ 0x229e0	16	16
CASE_INSENSITIVE_ORDER java.lang.String$CaseInsensitiveC	8	8
<super> class java.lang.Object @ 0x37a01358 System Class,	0	0
Σ Total: 5 entries		

图 6.105　DISTINCT 关键字的使用

6.8.2 From 子句

From 子句用于指定查询范围。它可以指定类名、正则表达式或者对象地址。

下例使用 From 子句指定类名进行搜索，并输出所有的 java.lang.String 实例。

```
SELECT * FROM java.lang.String s
```

下例使用正则表达式限定搜索范围，输出 javatuning.ch6 包下所有类的实例，如图 6.106 所示。

```
SELECT * FROM "javatuning\.ch6\..*"
```

Class Name	Shallow Heap	Retained Heap
<Regex>	<Numeric>	<Numeric>
javatuning.ch6.toolscheck.shallowretained.Line @ 0x22a336d0	16	16
javatuning.ch6.toolscheck.shallowretained.Line @ 0x22a336c0	16	48
javatuning.ch6.toolscheck.shallowretained.Line @ 0x22a336b0	16	32
javatuning.ch6.toolscheck.shallowretained.Line @ 0x22a336a0	16	32
javatuning.ch6.toolscheck.shallowretained.Point @ 0x22a32070	16	16
javatuning.ch6.toolscheck.shallowretained.Point @ 0x22a32060	16	16
javatuning.ch6.toolscheck.shallowretained.Point @ 0x22a32050	16	16
javatuning.ch6.toolscheck.shallowretained.Point @ 0x22a32040	16	16
javatuning.ch6.toolscheck.shallowretained.Point @ 0x22a32030	16	16
javatuning.ch6.toolscheck.shallowretained.Point @ 0x22a32020	16	16
javatuning.ch6.toolscheck.shallowretained.Point @ 0x22a32010	16	16
Σ Total: 11 entries		

图 6.106　正则表达式查询

也可以直接使用类的地址进行搜索。使用类的地址的好处是可以区分被不同 ClassLoader 加载的同一种类型。下例中的“0x37a014d8”即为类的地址。

```
select * from 0x37a014d8
```

有多种方法可以获得类的地址，在 MAT 中，最为简单的一种方法如图 6.107 所示。

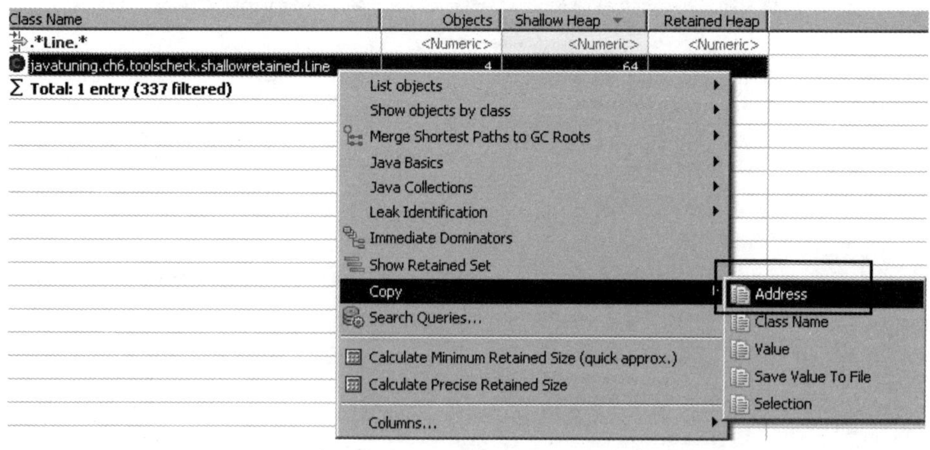

图 6.107　复制对象地址

在 From 子句中，还可以使用 INSTANCEOF 关键字返回指定类的所有子类实例。下例的查询返回了当前堆快照中所有的抽象集合实例，包括 java.util.Vector、java.util.ArrayList 和 java.util.HashSet 等。

```
SELECT * FROM INSTANCEOF java.util.AbstractCollection
```

在 From 子句中，还可以使用 OBJECTS 关键字，此时原本应该返回类的实例的查询，将返回类的信息。在笔者完稿前，该功能尚处于测试阶段。例如：

```
SELECT * FROM OBJECTS java.lang.String
```

以上查询的返回结果如图 6.108 所示。它仅返回一条记录，表示 java.lang.String 的类的信息。如果不使用 OBJECTS 关键字，这个查询将返回所有的 java.lang.String 实例。

Class Name	Shallow Heap	Retained Heap
<Regex>	<Numeric>	<Numeric>
class java.lang.String @ 0x37a014d8 Sy	16	40

图 6.108　OBJECTS 关键字用于 FROM 子句中

OBJECTS 关键字也支持与正则表达式一起使用。下面的查询返回了所有满足给定正则表达式的类，其结果如图 6.109 所示。读者可以与图 6.106 比较异同。

```
SELECT * FROM OBJECTS "javatuning\.ch6\..*"
```

Class Name	Shallow Heap	Retained Heap
<Regex>	<Numeric>	<Numeric>
class javatuning.ch6.toolscheck.shallowretained.Line @ 0x32a3ca00	0	0
class javatuning.ch6.toolscheck.shallowretained.Point @ 0x32a3c2a0	0	0
class javatuning.ch6.toolscheck.shallowretained.ShallowRetainedDump @ 0x32a3bbf8	0	0
Σ Total: 3 entries		

图 6.109　OBJECTS 关键字与正则表达式结合

注意：在 From 子句中使用 OBJECTS 关键字，将返回符合条件的类信息而非实例信息，这与 Select 子句中的 OBJECTS 关键字是完全不同的。

6.8.3　Where 子句

Where 子句用于指定 OQL 的查询条件，OQL 查询将返回只满足 Where 子句指定条件的对象。Where 子句的格式与传统的 SQL 极为相似。

下例返回长度大于 100 的字符串对象。

```
SELECT * FROM java.lang.String s WHERE s.count >= 100
```

下例返回包含 java 子字符串的所有字符串，使用了 LIKE 操作符，LIKE 操作符的操作参数为正则表达式。

```
SELECT * FROM java.lang.String s WHERE toString(s) LIKE ".*java.*"
```

下例返回所有 value 域不为 null 的字符串，使用了等于操作符。

```
SELECT * FROM java.lang.String s where s.value!=null
```

Where 子句支持多个条件的 AND、OR 运算。下例返回偏移量大于 0 并且长度大于 10 的所有字符串。

```
SELECT * FROM java.lang.String s where s.offset>0 and s.count>10
```

下例返回长度大于 100 或者内部 value 域长度大于 100 的字符串。

```
SELECT * FROM java.lang.String s WHERE s.value!=null and (s.count>100 OR
s.value.@length>100)
```

6.8.4 内置对象与方法

OQL 中可以访问堆内对象的属性，也可以访问堆内代理对象的属性。访问堆内对象的属性时格式如下：

```
[ <alias>. ] <field> . <field>. <field>
```

其中 alias 为对象名称。例如下例将访问 String 对象的 count 属性。

```
select * from java.lang.String s where s.count>200
```

下例将访问 java.io.File 对象的 path 属性，并进一步访问 path 的 value 属性。

```
SELECT f.path.value FROM java.io.File f
```

这些堆内对象的属性与 Java 对象是一致的，拥有与 Java 对象相同的结果。

MAT 为了能快捷地获取堆内对象的额外属性(比如对象占用的堆大小、对象地址等)，为每种元类型的堆内对象建立了相对应的代理对象，以增强原有的对象功能。访问代理对象的属性时格式如下：

```
[ <alias>. ] @<attribute>
```

其中 alias 为对象名称，attribute 为属性名。

下例将显示 String 对象中 value 数组的长度。

```
SELECT s.value.@length, s FROM java.lang.String s WHERE (s.count > 100)
```

下例将显示 File 对象的 ID、对象地址、代理对象的类型、类的类型、对象的浅堆大小及对象的显示名称。

```
SELECT f.@objectId, f.@objectAddress, f.@class, f.@clazz, f.@usedHeapSize,
f.@displayName FROM java.io.File f
```

下例将显示 java.util.Vector 内部数组的长度。

```
SELECT v.elementData.@length FROM java.util.Vector v
```

表 6.4 整理了 MAT 代理对象的基本属性。

表 6.4　MAT代理对象的基本属性

对 象 类 型	MAT中的对象类型	属　　性	说　　明
基对象	IObejct	objectId	对象ID
		objectAddress	对象地址
		class	代理对象类型
		clazz	对象类类型
		usedHeapSize	浅堆大小
		retainedHeapSize	深堆大小
		displayName	显示名称
Class对象	IClass	classLoaderId	ClassLoad的ID
数组	IArray	length	数组长度
元类型数组	IPrimitiveArray	valueArray	数组内容
对象数组	IObjectArray	referenceArray	数组内容，该数组中的成员为对象实例

除了使用代理对象的属性，OQL 中还可以使用代理对象的方法。使用格式如下：

```
[ <alias> . ] @<method>( [ <expression>, <expression> ] )
```

下例将显示长度大于 100 的字符串内部 char 数组 value 中，索引为 2 的字符。

```
SELECT s.value.@valueArray.get(2) FROM java.lang.String s WHERE (s.count >
100)
```

下例将显示 int 数组中索引下标为 2 的数据内容。

```
SELECT s.getValueAt(2) FROM int[] s WHERE (s.@length > 2)
```

下例将显示对象数组中，索引下标为 2 的对象。

```
SELECT OBJECTS s.@referenceArray.get(2) FROM java.lang.Object[] s WHERE
(s.@length > 2)
```

下例将显示当前堆中所有的类型。

```
select * from ${snapshot}.getClasses()
```

下例将显示所有的 java.util.Vector 对象及其子类型，其输出如图 6.110 所示。

```
select * from ${snapshot}.getClassesByName("java.util.Vector",true)
```

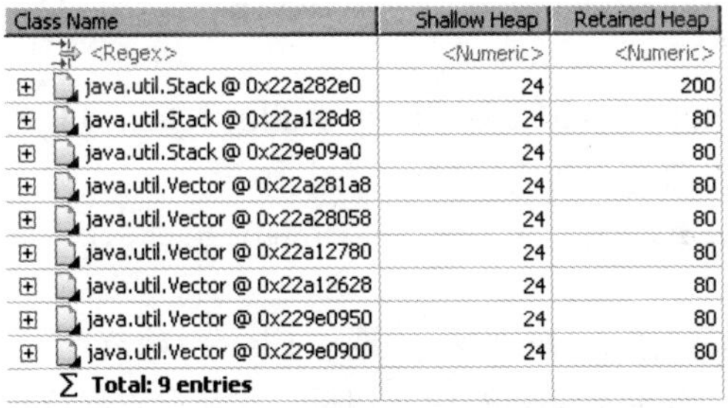

Class Name	Shallow Heap	Retained Heap
<Regex>	<Numeric>	<Numeric>
java.util.Stack @ 0x22a282e0	24	200
java.util.Stack @ 0x22a128d8	24	80
java.util.Stack @ 0x229e09a0	24	80
java.util.Vector @ 0x22a281a8	24	80
java.util.Vector @ 0x22a28058	24	80
java.util.Vector @ 0x22a12780	24	80
java.util.Vector @ 0x22a12628	24	80
java.util.Vector @ 0x229e0950	24	80
java.util.Vector @ 0x229e0900	24	80
Σ Total: 9 entries		

图 6.110　getClassesByName()函数的使用

下例将显示当前对象是否是数组。

```
SELECT c, classof(c).isArrayType() FROM ${snapshot}.getClasses() c
```

代理对象的方法整理如表 6.5 所示。

表 6.5 MAT代理对象的方法

对象类型	MAT中的对象类型	方法	说明
${snapshot}	ISnapshot	getClasses()	所有实例的集合
		getClassesByName(String name, boolean includeSubClasses)	根据名称选取符合条件的实例
类对象	IClass	hasSuperClass()	是否有超类
		isArrayType()	是否是数组
基对象	IObject	getObjectAddress()	取得对象地址
元类型数组	IPrimitiveArray	getValueAt(int index)	取得数组中给定索引的数据
Java元类型数组、对象数组或者对象列表	[] or List	get(int index)	取得数组或者列表中给定索引的数据

MAT 的 OQL 中还内置了一些有用的函数，如表 6.6 所示。

表 6.6 OQL中的内置函数

函数	作用
toHex(number)	转换为十六进制
toString(object)	转换为字符串
dominators(object)	取得直接支配对象
outbounds(object)	取得给定对象引用的对象
inbounds(object)	取得引用给定对象的对象
classof(object)	取得当前对象的类
dominatorof(object)	取得给定对象的直接支配者

下例将显示所有长度为 15 的字符串内容。

```
SELECT toString(s) FROM java.lang.String s WHERE ((s.count = 15) and
(s.value != null))
```

下例将显示所有 javatuning.ch6.toolscheck.shallowretained.Line 对象的直接支配对象，即给定对象回收后将释放的对象集合。

```
SELECT objects dominators(line) FROM javatuning.ch6.toolscheck.shallowretained.
Line line
```

以上查询的输出结果如图 6.111 所示，显示 Line 对象支配了 4 个 Point 对象。

函数 dominatorof()与 dominators()的功能相反，它获取直接支配当前对象的对象。例如：

```
SELECT objects dominatorof(line) FROM javatuning.ch6.toolscheck.shallowretained.
Line line
```

Class Name	Shallow Heap	Retained Heap
<Regex>	<Numeric>	<Numeric>
javatuning.ch6.toolscheck.shallowretained.Point @ 0x22a32040	16	16
javatuning.ch6.toolscheck.shallowretained.Point @ 0x22a32050	16	16
javatuning.ch6.toolscheck.shallowretained.Point @ 0x22a32030	16	16
javatuning.ch6.toolscheck.shallowretained.Point @ 0x22a32020	16	16
Σ Total: 4 entries		

图 6.111　dominators()函数的输出结果

以上查询的输出结果如图 6.112 所示，显示了所有直接被主线程支配的 Line 对象。

Class Name	Shallow Heap	Retained Heap
<Regex>	<Numeric>	<Numeric>
java.lang.Thread @ 0x229e0780 main Thread	104	864
java.lang.Thread @ 0x229e0780 main Thread	104	864
java.lang.Thread @ 0x229e0780 main Thread	104	864
java.lang.Thread @ 0x229e0780 main Thread	104	864
Σ Total: 4 entries		

图 6.112　dominatorof()函数的输出结果

注意：函数 dominatorof()与 dominators()的功能正好相反。dominatorof()用于获取直接支配当前对象的对象，而 dominators()用于获取直接支配的对象。

下例将取得引用 Line 的对象。

```
SELECT objects inbounds(line) FROM javatuning.ch6.toolscheck.shallowretained.
Line line
```

下例将取得堆快照中所有在javatuning.ch6包中的对象类型，输出结果如图6.113所示。

```
SELECT distinct objects classof(obj) FROM "javatuning.*ch6.*" obj
```

Class Name	Shallow Heap	Retained Heap
	<Numeric>	<Numeric>
class javatuning.ch6.toolscheck.shallowretained.Point @ 0x32a3c2a0	0	0
class javatuning.ch6.toolscheck.shallowretained.Line @ 0x32a3ca00	0	0
Σ Total: 2 entries		

图 6.113　classof()函数的输出结果

6.9　来自 JRockit 的礼物——JMC

在 Oracle 收购 Sun 之前，Oracle 的 JRockit 虚拟机提供了一款叫作 JRockit Mission Control 的虚拟机诊断工具。在 Oracle 收购 Sun 之后，Oracle 公司同时拥有了 Sun Hotspot 和 JRockit 两款虚拟机。根据 Oracle 对于 Java 的战略，在今后的发展中，会将 JRockit 的优秀特性移植到 Hotspot 上。其中，一个重要的改进就是在 Sun 的 JDK 中加入了 JRockit 的支持。在 Oracle JDK 7 update 40 之后，Mission Control 这款工具已经绑定在 Oracle JDK 中发布（很不幸，OpenJDK 中并没有该工具）。这是一款集性能监控、诊断为一体的多功能工具。

安装完 JDK 后，可以在%JAVA_HOME%/ bin 目录下找到这个工具。如图 6.114 所示为 JMC 运行后的主界面。

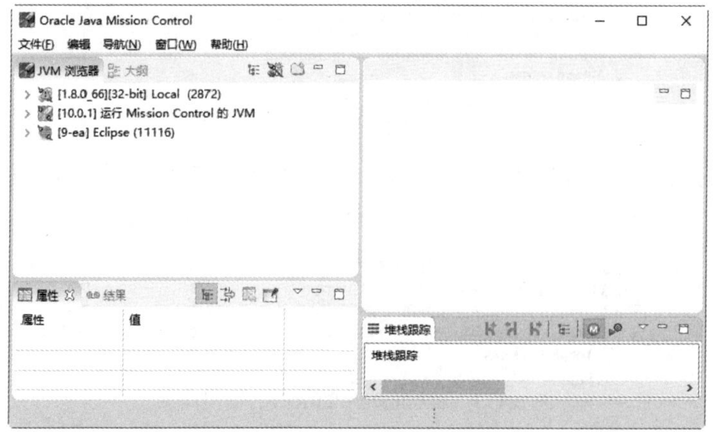

图 6.114 JMC 主界面

6.9.1 得到 JFR 文件

为了更好地使用 JMC 对生产环境中的虚拟机进行监控，我们需要首先采集到程序执行时的 JFR 文件，即 Java Flight Recorder，Java 飞行记录仪。它记录了 JVM 所有事件的历史数据，通过这些数据，程序性能分析人员可以结合以往的历史数据对 JVM 性能瓶颈进行分析诊断。JMC 也正是利用了这个文件，统计出了程序执行时的性能指标。

得到 JFR 文件的方法主要有 3 种，第 1 种是通过 Java 虚拟机的静态命令行指定的，例如：

```
-XX:+UnlockCommercialFeatures -XX:+FlightRecorder -XX:StartFlightRecording=
delay=10s,duration=10m,name=Profiling,filename=recording.jfr,settings=
profile -XX:FlightRecorderOptions=loglevel=info
```

其中，UnlockCommercialFeatures 表示解锁商业开关，可见这是一个商业功能；FlightRecorder 表示打开飞行记录仪；接着通过 StartFlightRecording 参数指定了启动飞行记录仪的各项参数，例如系统启动后，延时 10s 启动记录，飞行记录仪记录时长为 10min，保存的文件名为 recording.jfr，使用 profile 级别进行记录；最后通过 FlightRecorderOptions 选项将飞行记录仪自身的 log 级别设置为 info，帮助开发人员排查飞行记录自身的问题。

这里需要注意的是，JMC 自带两种样本采集级别，一个是 default，另外一个是 profile。两者的区别是：profile 提供了比 default 更多的性能指标及更加频繁的样本采集频率。根据笔者的经验，在绝大部分场景中，使用 default 方式采集 JFR 数据对系统整体的性能影响应该不会超过 5%，而使用 profile 则不会超过 10%。

第 2 种得到 JFR 文件的方法是使用动态命令行。首先，使用如下命令行参数启动 Java 程序：

```
-XX:+UnlockCommercialFeatures -XX:+FlightRecorder
```

此时，飞行记录仪并不会开始记录任何数据。接着，在需要记录的时候，手工执行如下命令：

```
jcmd java_pid JFR.start settings=profile
```

此时，飞行记录仪开始记录数据。当需要将记录数据导出为文件时，再执行以下命令：

```
jcmd java_pid JFR.dump filename=profile.jfr
```

到这里，便将这段时间内的性能统计数据导出来了。

第 3 种得到 JFR 的方法，则是在系统退出时自动保存，例如：

```
-XX:+UnlockCommercialFeatures -XX:+FlightRecorder  -XX:FlightRecorder
Options=defaultrecording=true,disk=true,repository=./tmp,dumponexit=true,
dumponexitpath=./
```

上述参数指定了 dumponexit 选项，也意味着程序在退出后会自动导出 JFR 文件。

6.9.2　Java 程序的整体运行情况

当使用 JMC 打开一个 JFR 后，便可以看到程序的整体运行信息了。

如图 6.115 所示，显示了程序在给定时间内的堆、CPU 和 GC 的整体情况，如最大值、平均值等，也有计算机整体 CPU 情况、JVM 应用及 JVM 内核 CPU 使用情况。在图 6.115 中，系统的整体运行健康状况一览无余。

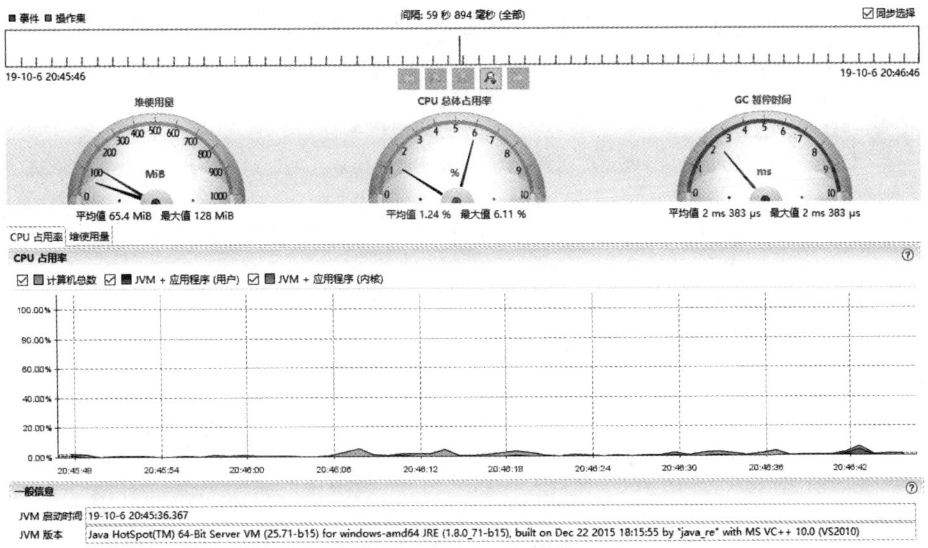

图 6.115　展示程序概要

6.9.3　CPU 分析

使用 JMC 的 CPU 分析功能，不仅可以获得热点方法，还可以知道调用的堆栈，十分有利于我们发现程序潜在的性能问题。

如图 6.116 所示，我们可以非常清楚地看到当前系统中只有 HoldCPUMain 一个类占用了大量的 CPU，并且它是通过产生随机数这种方式消耗 CPU 的。

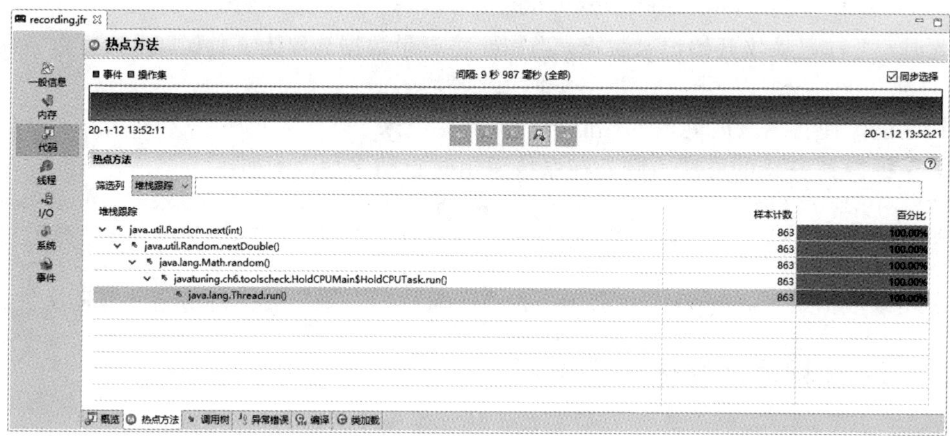

图 6.116　使用 JMC 进行 CPU 分析

6.9.4　内存分析

使用 JMC 还可以进行堆内存分析。如图 6.117 所示为堆的总体使用情况。

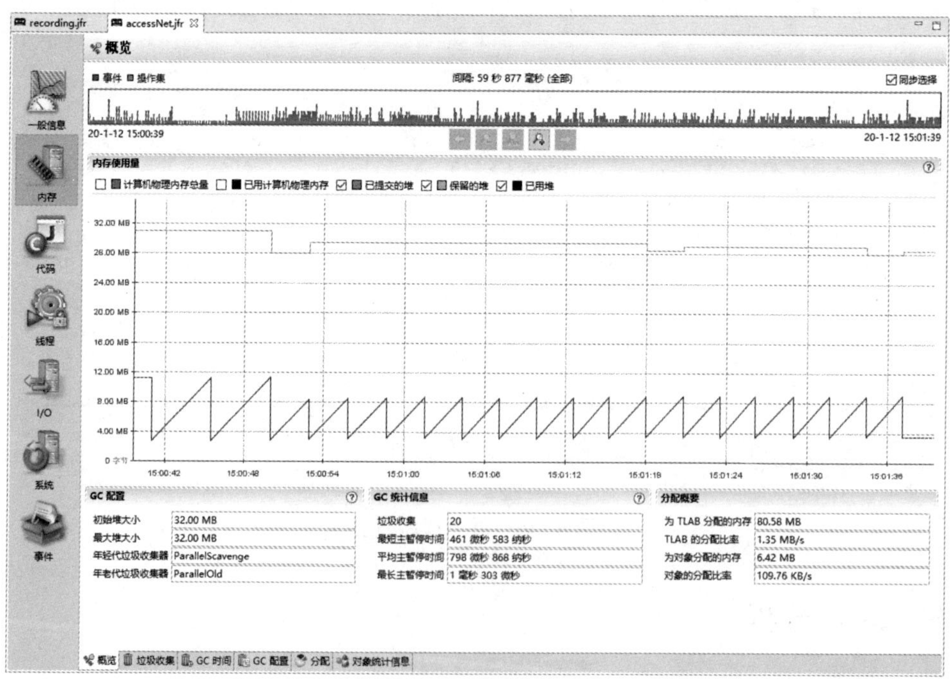

图 6.117　分析堆的总体情况

概览信息可以帮助我们总体上了解堆的使用情况及 GC 操作概况，对程序的大体情况有一个初步的了解。而“分配”选项卡则可以进一步帮助开发者定位内存的具体分配情况，如图 6.118 所示。

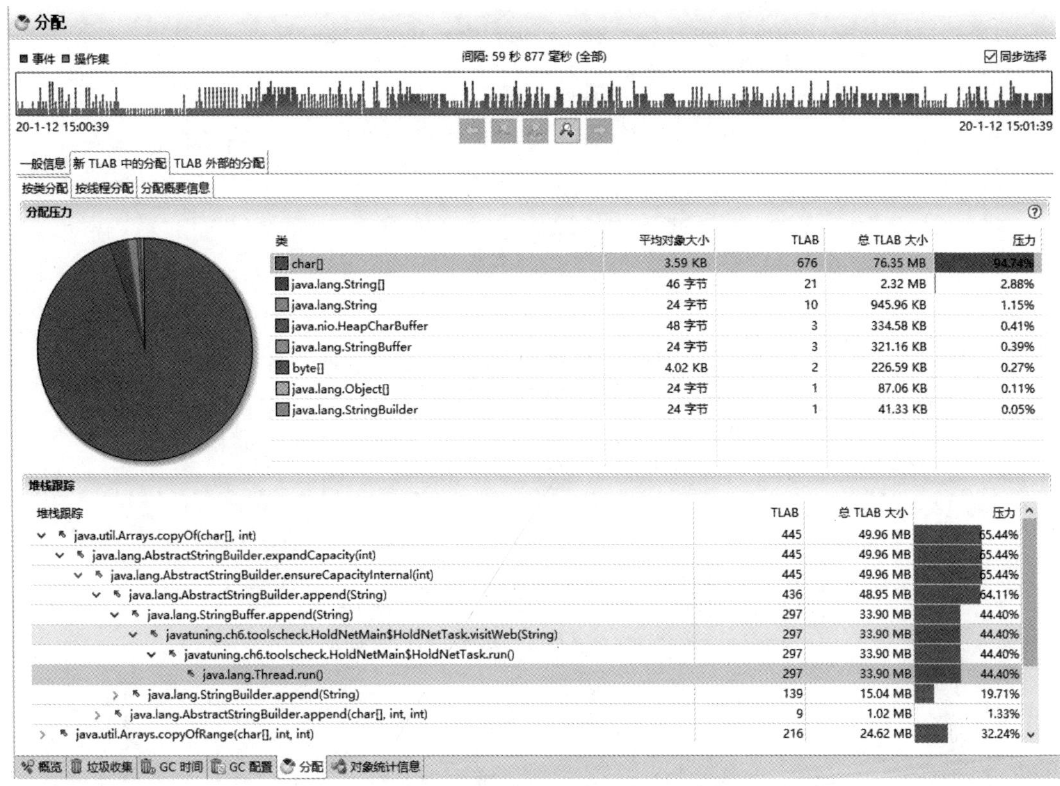

图 6.118　分析堆内存的具体分配细节

在“分配”选项卡中，列出了对象在 TLAB 中和非 TLAB 中的堆内存的具体分配情况。在这里可以非常清楚地看到什么对象被分配得最多，以及哪个函数调用产生了这些对象，这对于程序的内存优化是非常重要的。通常来说，那些堆内存被分配得最多的对象，往往是可以进行一些优化的，而堆栈跟踪则又告诉我们“去哪里”优化这些对象。

但需要注意的是，在 default 级别的 JFR 中，对象的分配信息并不会被记录抓取，因此如果需要获得这些具体的细节信息，则必须使用 profile 级别的抓取。

根据图 6.118 的提示，找到对应代码如下：

```
public static class HoldNetTask implements Runnable {
   public void visitWeb(String strUrl){
      URL url = null;
      URLConnection urlcon = null;
      InputStream is = null;
      try {
```

```
07              url = new URL(strUrl);
08              urlcon = url.openConnection();
09              is = urlcon.getInputStream();
10              BufferedReader buffer = new BufferedReader(new InputStreamReader(is));
11              StringBuffer bs = new StringBuffer();
12              String l = null;
13              while ((l = buffer.readLine()) != null) {
14                  bs.append(l).append("\r\n");
15              }
16          } catch (Exception e) {
17              e.printStackTrace();
18          } finally {
19              if (is != null) {
20                  try {
21                      is.close();
22                  } catch (IOException e) {
23                  }
24              }
25          }
26      }
27      @Override
28      public void run() {
29          while (true) {
30              visitWeb("http://www.baidu.com");
31          }
32      }
33  }
```

可以看到，visitWeb()函数中对 StringBuffer 进行追加字符串时，产生了大量的内存分配。而这些分配并非必需的，它们是由于初始 StringBuffer 容量不足，而不断进行扩展时所产生的对象分配（可以通过堆栈跟踪得出）。因此，如果在上述代码第 11 行预设 String-Buffer 的初始容量，就可以有效减少被分配的对象，从而提升系统性能。

6.9.5 I/O 分析

使用 JMC 也可以跟踪系统的 I/O 使用情况。在 I/O 页面上，可以分别看到文件和套接字的读取和写入情况。以套接字为例，可以看到程序所访问的远程主机地址及读取的数据量大小，如图 6.119 所示。

在套接字概览中，可以看到当前程序从 www.baidu.com 主机上读取了大约 4.48MB 数据。更进一步，通过“套接字读取”选项卡，则可以跟踪堆栈调用，更清楚地显示哪些方法调用产生并使用了这个套接字连接和数据，如图 6.120 所示。

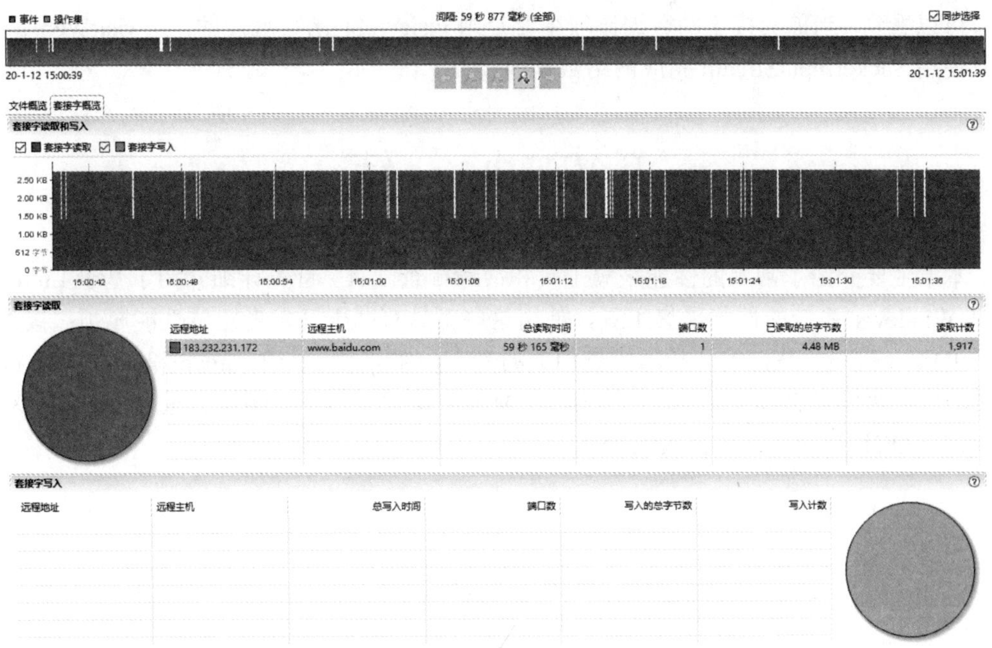

图 6.119　分析 I/O 使用情况

图 6.120　跟踪套接字使用堆栈

可以看到，当前套接字的数据读取主要是由 visitWeb()函数触发的，而 visitWeb()函数最终使用 SocketInputStream 完成网络数据的读取。

6.10 小 结

本章主要介绍了常用的性能采集工具和故障排查工具。首先详细介绍了基于 Linux 系统和 Windows 系统的性能采集工具，使用这些工具有助于开发者定位性能瓶颈；接着介绍了 JDK 自带的一些性能和故障排查相关的命令，如 jps、jstack、jmap 和 jcmd 等，以及免费的可视化工具 JConsole、Visual VM 和 MAT；此外，本章还用了大量篇幅介绍了对象查询语言 OQL 及功能非常强大的 JMC。